ro
ro
ro

ro ro ro

Die Zukunft hat bereits begonnen. Welches Schicksal hält sie für die Menschheit bereit? Bestsellerautor Michio Kaku gibt Einblicke in die spannende Welt von morgen und übermorgen. Und er stellt für uns das ganze Spektrum denkbarer Zukunftstechnologien auf die Probe: Weltraumaufzüge, Meteoritenabwehr, lasergetriebene Minisonden nach Alpha Centauri, Raumschiffe mit Antimaterie-Antrieb, das Erschaffen von Wurmlöchern durch negative Energie.

Denn das Schicksal der Erde ist ungewiss. Allzu viele Risiken bedrohen das Leben auf unserem Blauen Planeten. Deshalb rät nach Carl Sagan und Stephen Hawking auch Michio Kaku dringend zum Aufbruch ins Weltall. Auch in diesem Buch zeigt Michio Kaku, dass die technischen und biologischen Wunder der Zukunft längst begonnen haben und wohin sie uns noch führen können.

«Mit einem ansteckenden, geradezu phantastischen Optimismus breitet Michio Kaku die potentielle Zukunft der Menschheit im Weltall aus. Sein Buch ist Science Fiction im besten Sinne. Es ist leicht lesbar wie ein Roman.» *Deutschlandfunk Kultur*

Michio Kaku, geboren 1947, ist einer der berühmtesten Physiker der Welt. Er arbeitet und lehrt als Professor für Theoretische Physik an der City University of New York. In den USA ist er zudem ein Medienstar mit großer TV-Präsenz und eigener Radiosendung; längst hat er auch in Deutschland durch seine Auftritte in vielen Science-Dokus TV-Präsenz und Bekanntheit erlangt.

Michio Kaku

Abschied von der Erde

Die Zukunft der Menschheit

Aus dem Englischen von
Monika Niehaus und Bernd Schuh

Rowohlt Taschenbuch Verlag

Die amerikanische Originalausgabe erschien 2018 unter dem Titel «The Future of Humanity: Terraforming Mars, Interstellar Travel, Immortality, and Our Destiny Beyond Earth» bei Doubleday, New York.

Veröffentlicht im Rowohlt Taschenbuch Verlag, Hamburg, November 2023

Covergestaltung zero-media.net, München,
nach einem Entwurf von Anzinger und Rasp, München
Coverabbildung Detlev van Ravenswaay/Picture Press/Getty Images
Satz Questa bei Dörlemann Satz, Lemförde
Druck und Bindung CPI books GmbH, Leck
ISBN 978-3-499-63349-2

Die Rowohlt Verlage haben sich zu einer nachhaltigen Buchproduktion verpflichtet. Gemeinsam mit unseren Partnern und Lieferanten setzen wir uns für eine klimaneutrale Buchproduktion ein, die den Erwerb von Klimazertifikaten zur Kompensation des CO_2-Ausstoßes einschließt. *www.klimaneutralerverlag.de*

FSC www.fsc.org
MIX
Papier | Fördert gute Waldnutzung
FSC® C083411

Gewidmet meiner lieben Frau Shizue und
meinen Töchtern Michelle und Alyson

Inhalt

Vorwort

Eines Tages vor rund 74 000 Jahren wäre die Menschheit fast ausgestorben.[1]

Eine gewaltige Explosion in Indonesien sandte eine kolossale Wolke aus Asche, Rauch und Staub in den Himmel, die, nachdem sie sich gelegt hatte, eine Fläche von vielen tausend Quadratkilometern bedeckte. Der Ausbruch des Vulkans Toba war so heftig, dass er als die stärkste vulkanische Eruption der letzten 25 Millionen Jahre gilt. Dabei wurden unvorstellbare 2800 Kubikkilometer vulkanischen Materials in die Atmosphäre geschleudert. In der Folge wurden große Teile von Malaysia und Indien unter einer bis zu 10 Meter dicken Ascheschicht begraben. Die giftigen Gase und der Staub wanderten schließlich über Afrika und zogen eine Schleppe von Tod und Zerstörung hinter sich her.

Stellen Sie sich einen Moment lang das Chaos vor, das von dieser erdgeschichtlichen Katastrophe hervorgerufen wurde. Unsere Vorfahren wurden von der sengenden Hitze und den grauen Aschewolken, die die Sonne verdunkelten, in Angst und Schrecken versetzt. Viele wurden vergiftet oder erstickten an Ruß und Staub. Dann begannen die Temperaturen abrupt zu fallen, was zu einem so genannten vulkanischen Winter führte. So weit das Auge reichte, gingen Pflanzen und Tiere zugrunde, sodass nur eine öde, verwüstete Landschaft zurückblieb. Die überlebenden Menschen und Tiere waren gezwungen, in einer zerstörten Landschaft nach Nahrungsbrocken zu suchen, und die meisten unserer Vorfahren verhungerten. Es war, als würde die ganze Erde sterben. Die wenigen Überlebenden hatten nur ein einziges Ziel: so rasch und so weit wie möglich aus dieser Todeszone zu entkommen, in die sich ihre Welt verwandelt hatte.

Starke Hinweise auf diese Katastrophe lassen sich möglicherweise in unserem Erbgut finden.[2]

Genetikern ist die seltsame Tatsache aufgefallen, dass zwei beliebige heute lebende Menschen über eine fast identische

DNA-Zusammensetzung verfügen. Im Gegensatz dazu kann die DNA zweier beliebiger Schimpansen eine größere genetische Variationsbreite aufweisen, als man sie innerhalb der gesamten menschlichen Bevölkerung findet. Mathematisch lässt sich das Phänomen durch die Annahme erklären, dass die meisten Menschen durch den Vulkanausbruch ausgelöscht wurden und nur eine Handvoll unserer Vorfahren überlebten – rund 2000 Individuen. Bemerkenswerterweise sollte diese abgerissene, zerlumpte Bande von Menschen zu den Urmüttern und Urvätern werden, deren Nachkommen schließlich die ganze Welt besiedeln würden. Wir alle sind demnach fast so eng verwandt wie Brüder und Schwestern, die von einer sehr kleinen und sehr widerstandsfähigen Gruppe von Menschen abstammen, die leicht in den Festsaal eines modernen Hotels gepasst hätte.

Während diese Menschen durch die öde Landschaft streiften, hätten sie sich wohl kaum vorstellen können, dass ihre Nachfahren eines Tages jeden Winkel unseres Planeten beherrschen würden.

Wenn wir heute einen Blick in die Zukunft werfen, erkennen wir, dass die Ereignisse, die vor 74 000 Jahren stattfanden, tatsächlich eine Generalprobe für zukünftige Katastrophen sein könnten. Daran musste ich 1992 denken, als ich die erstaunliche Nachricht hörte, dass ein Planet entdeckt worden war, der einen fernen Stern umkreiste. Damit konnten die Astronomen erstmals belegen, dass es auch außerhalb unseres Sonnensystems Planeten gibt. Das war ein bedeutender Paradigmenwechsel in unserem Verständnis des Universums. Traurig machte mich jedoch der zweite Teil der Nachricht: Dieser fremde Planet umkreiste einen toten Stern, einen Pulsar, der von einer Supernovaexplosion zurückgeblieben war, die dabei wahrscheinlich alles Leben auf diesem Planeten ausgelöscht hatte. Kein der Wissenschaft bekannter Organismus kann der alles vernichtenden Gewalt nuklearer Energie widerstehen, die frei wird, wenn ein naher Stern explodiert.

Dann stellte ich mir eine Zivilisation auf diesem Planeten vor, die sich bewusst war, dass ihr Muttergestirn im Begriff war zu sterben, und die mit aller Kraft daran arbeitete, eine riesige Armada an Raumschiffen fertigzustellen, die sie in ein anderes Sternsystem bringen könnte. Auf dem Planeten musste ein schreckliches Chaos geherrscht haben, als die Bewohner voller Panik und Verzweiflung versuchten, einen der letzten Plätze in einem der abhebenden Raumschiffe zu ergattern. Ich stelle mir das Entsetzen der Zurückgelassenen vor, die ihr Ende fanden, als ihre Sonne explodierte.

Es ist so unausweichlich wie die Gesetze der Physik, dass die Menschheit eines Tages mit einem Ereignis der einen oder anderen Art konfrontiert wird, das ihr Aussterben bedeuten könnte. Aber werden wir wie unsere Vorfahren genug Schwung und Entschlossenheit besitzen, zu überleben und sogar zu blühen und zu gedeihen?

Wenn wir all die Lebensformen an unserem inneren Auge vorüberziehen lassen, die jemals auf Erden gelebt haben, von mikroskopisch kleinen Bakterien zu hoch aufragenden Bäumen, gigantischen Dinosauriern und unternehmungslustigen Menschen, stellen wir fest, dass 99,9 Prozent von ihnen schließlich ausgestorben sind. Das heißt, dass Aussterben die Norm ist und unsere Chancen bereits sehr schlecht stehen. Wenn wir den Boden unter unseren Füßen ausheben, um nach Fossilien zu suchen, finden wir Belege für viele frühere Lebensformen. Aber nur eine kleine Handvoll hat bis heute überlebt. Vor uns gab es Millionen Arten; sie tummelten sich unter der Sonne, und dann welkten sie dahin und starben aus. Das ist die Geschichte des Lebens.

Ganz gleich, wie sehr wir den Anblick eines romantischen Sonnenuntergangs schätzen, den Geruch einer frischen Meeresbrise und die Wärme eines Sommertages, eines Tages wird das alles enden und der Planet für menschliches Leben unbewohnbar werden. Die Natur wird sich schließlich gegen uns wenden, wie sie es bei all den bereits ausgestorbenen Lebensformen getan hat.

Wie die Geschichte des Lebens auf der Erde zeigt, gibt es für Organismen angesichts einer feindlichen Umwelt drei Möglichkeiten: Sie können diese Umwelt verlassen, sie können sich ihr anpassen oder sie werden aussterben. Doch wenn wir weit genug in die Zukunft schauen, werden wir uns eines Tages einer Katastrophe gegenüber sehen, die so gewaltig ist, dass Anpassung praktisch unmöglich ist. Entweder verlassen wir die Erde, oder wir werden untergehen. Einen anderen Weg gibt es nicht.

Solche Katastrophen haben sich in der Vergangenheit immer wieder ereignet, und sie werden sich zweifellos auch in der Zukunft ereignen. Die Erde hat bereits fünf große Aussterbezyklen durchlaufen, bei denen jeweils bis zu 90 Prozent aller Lebensformen ausgelöscht wurden. Und weitere derartige Ereignisse werden folgen, das ist so sicher wie das Amen in der Kirche.

In den nächsten Jahrzehnten sehen wir uns Bedrohungen gegenüber, die nicht natürlich, sondern weitgehend hausgemacht sind, eine Folge unserer eigenen Dummheit und Kurzsichtigkeit. Wir sind von einer globalen Klimaerwärmung bedroht, wenn sich die Erdatmosphäre gegen uns stellt. Wir sind von atomaren Massenvernichtungswaffen bedroht, da sich Kernwaffen in einigen der instabilsten Regionen der Welt ausbreiten. Wir sind von biologischen Massenvernichtungsmitteln wie aerogenen AIDS- oder Ebola-Erregern bedroht, die durch simples Husten oder Niesen übertragen werden können. Das könnte bis zu 98 Prozent der menschlichen Spezies vernichten. Zudem sehen wir uns weiterhin einer wachsenden Bevölkerung gegenüber, die die irdischen Ressourcen in rasender Geschwindigkeit aufbraucht. An irgendeinem Punkt könnten wir die Tragfähigkeitsgrenze der Erde überschreiten und uns in einem ökologischen Armageddon wiederfinden, in dem wir um die letzten verbliebenen Vorräte des Planeten konkurrieren.

Zu den selbstgeschaffenen Bedrohungen kommen Naturkatastrophen, auf die wir kaum Einfluss haben. Auf einer Skala von Jahrtausenden betrachtet, sehen wir uns dem Beginn einer neuen Eiszeit gegenüber. Im Lauf der letzten 100 000 Jahre war der größte Teil der Erdoberfläche von einer fast 800 Meter dicken Eisdecke überzogen. Die öde, gefrorene Landschaft führte zum Aussterben zahlreicher Tierarten. Dann, vor rund 10 000 Jahren, setzte Tauwetter ein. Diese kurze Warmperiode brachte den plötzlichen Aufstieg moderner Zivilisationen mit sich, und die Menschheit hat sich diese Periode zunutze gemacht, um sich auszubreiten und zu vermehren. Doch dieser Aufschwung hat sich während einer Zwischeneiszeit (Interglazialperiode) entwickelt, was bedeutet, dass es innerhalb der nächsten 10 000 Jahre wahrscheinlich zu einer weiteren Eiszeit kommen wird. Wenn sie eintritt, werden unsere Städte unter Bergen von Schnee verschwinden, und die Zivilisation wird unter einer Eisdecke begraben werden.

Zudem ist es möglich, dass der Supervulkan unter dem Yellowstone National Park aus seinem langen Schlummer erwacht, die Vereinigten Staaten auseinanderreißt und die Erde in eine erstickende, giftige Wolke aus Ruß- und Staubteilchen hüllt. Frühere Eruptionen fanden vor 630 000 Jahren, 1,3 Millionen und 2,1 Millionen Jahren statt. Zwischen den Ereignissen lagen also ungefähr 700 000 Jahre, daher steht uns in den nächsten 100 000 Jahren vielleicht ein weiterer Ausbruch bevor.

Auf einer Skala von Millionen Jahren droht uns ein weiterer Meteoriten- oder Kometeneinschlag ähnlich dem, der vor 65 Millionen Jahren das Ende der Dinosaurier einläutete. Damals schlug ein Felsbrocken von knapp 10 Kilometern Durchmesser auf der Halbinsel Yucatán im heutigen Mexiko ein und schleuderte feurige Trümmer in den Himmel, die anschließend zurück auf die Erde regneten. Wie beim Ausbruch des Toba-Vulkans, nur in viel größerem Maßstab, verdunkelten die Aschewolken anschließend die Sonne und führten weltweit zu Temperaturstürzen. Dadurch verkümmerte die Vegetation, und die Nahrungskette kollabierte. Pflanzenfressende (herbivore) Dinosaurier verhungerten, und das bedeutete auch das Ende für ihre fleischfressenden (carnivoren) Verwandten. Schließlich gingen 90 Prozent aller Lebensformen im Gefolge dieses katastrophalen Ereignisses zugrunde.

Jahrtausende lang hatten wir keine Ahnung davon, dass die Erde in einem Schwarm potenziell tödlicher Felsbrocken treibt. Erst in den letzten 20 Jahren haben Wissenschaftler begonnen, das reale Risiko eines großen Einschlags (Impakt) abzuschätzen. Inzwischen wissen wir, dass es mehrere tausend erdnahe Objekte (*near-Earth objects*, kurz NEOs) gibt, die die Erdumlaufbahn kreuzen und eine Gefahr für das Leben auf unserem Planeten darstellen. Bis Januar 2018 sind 17566 dieser Objekte katalogisiert worden. Aber das sind nur diejenigen, die wir gefunden haben. Astronomen schätzen, dass es möglicherweise mehrere Millionen unkartierter Objekte im Sonnensystem gibt, die an der Erde vorbeiziehen.

Bei einem früheren Interview sprach ich mit dem Astronomen Carl Sagan über diese Bedrohung. Und er meinte zu mir: «Wir leben in einem kosmischen Schießstand», umgeben von potenziellen Risiken. Es sei nur eine Frage der Zeit, bis ein großer Asteroid die Erde treffe, so Sagan. Wenn wir all diese Asteroiden auf irgendeine Weise zum Leuchten bringen könnten, würden wir sehen, dass der Nachthimmel mit Tausenden von bedrohlichen Lichtpunkten gefüllt ist.

Selbst in dem Fall, dass wir all diese Gefahren überstehen, gibt es eine weitere Bedrohung, die alle anderen in den Schatten stellt. In fünf Milliarden Jahren wird sich die Sonne zu einem Roten Riesen aufblähen, der den ganzen Himmel füllt. Dann wird die Sonne so gigantische Ausmaße annehmen, dass die Umlaufbahn der Erde innerhalb der sengenden solaren Atmosphäre verläuft, und die höllische Hitze wird jedes Leben in diesem Inferno auslöschen.

Im Gegensatz zu allen anderen Lebensformen auf diesem Planeten, die sich passiv in ihr Schicksal ergeben müssen, sind wir Menschen Herr über unser eigenes Geschick. Zum Glück haben wir inzwischen begonnen, Werkzeuge zu schaffen, die uns ermöglichen, unseren schlechten natürlichen Chancen zu trotzen, sodass wir nicht zu einer der 99,9 Prozent zum Aussterben bestimmten Lebensformen werden. In diesem Buch werden wir die Pioniere treffen, die über die Energie, die Vision und die Ressourcen verfügen, um das Schicksal der Menschheit zu verändern. Wir werden den Träumern begegnen, die glauben, dass die Menschheit im All leben und gedeihen kann. Wir werden die revolutionären technologischen Fortschritte analysieren, die es möglich machen, die Erde zu verlassen und uns anderswo im Sonnensystem und selbst jenseits davon niederzulassen.

Wenn es jedoch *eine* Lehre gibt, die wir aus der Geschichte ziehen können, dann die, dass sich die Menschheit angesichts von lebensbedrohenden Krisen der Herausforderung gewachsen gezeigt und immer nach noch höheren Zielen gestrebt hat. In gewissem Sinne steckt uns der Forschergeist in den Genen und ist fest in unserer Seele verankert.

Heute sehen wir uns jedoch der vielleicht größten aller Herausforderungen gegenüber: die engen Grenzen der Erde zu verlassen und uns ins All zu wagen. Die Gesetze der Physik sind klar; früher oder später werden wir uns globalen Krisen gegenübersehen, die unsere Existenz im Kern bedrohen.

Das Leben ist zu kostbar, um es auf einen einzigen Planeten zu beschränken und damit der Gnade all dieser planetaren Bedrohungen auszuliefern.

Wir bräuchten eine Versicherungspolice, erklärte mir Sagan. Er meinte, wir sollten eine «Zwei-Planeten-Species» werden. Mit anderen Worten: Wir brauchen einen Plan B.

In diesem Buch wollen wir die Geschichte, die Herausforderungen und die möglichen Lösungen diskutieren, die vor uns liegen. Der Weg wird nicht einfach sein, und es wird Rückschläge geben, aber uns bleibt keine Wahl.

Nach dem Beinahe-Aussterben vor rund 75 000 Jahren wagten sich unsere Vorfahren in die weite Welt hinaus und begannen, die ganze Erde zu besiedeln. Dieses Buch wird, so hoffe ich, aufzeigen, welche Schritte nötig sind, um die Hürden zu überwinden, auf die wir in Zukunft ohne Zweifel stoßen werden. Vielleicht ist es unser Schicksal, zu einer Art zu werden, die auf vielen Planeten zu Hause ist und zwischen den Sternen lebt.

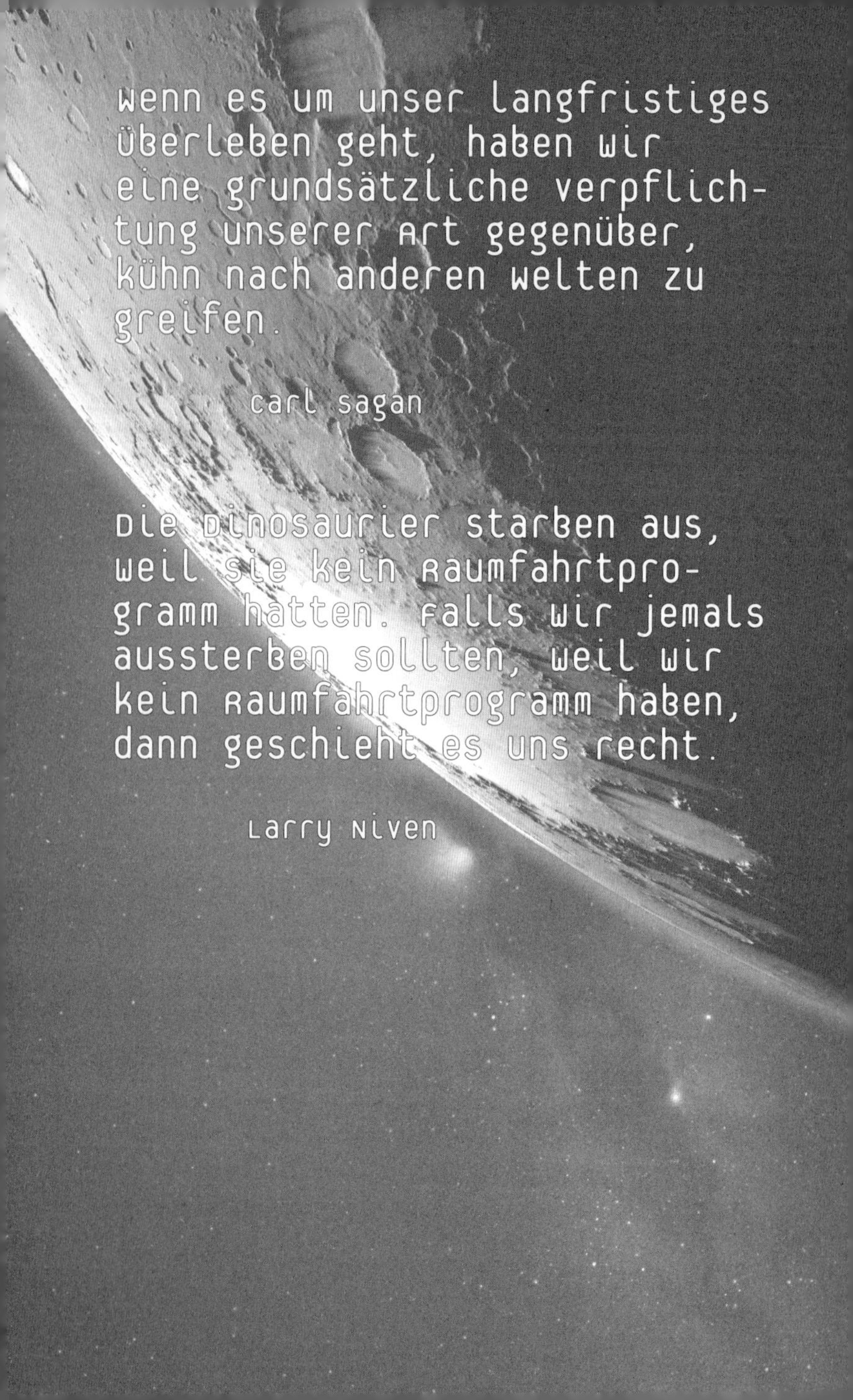

Wenn es um unser langfristiges Überleben geht, haben wir eine grundsätzliche Verpflichtung unserer Art gegenüber, kühn nach anderen Welten zu greifen.

Carl Sagan

Die Dinosaurier starben aus, weil sie kein Raumfahrtprogramm hatten. Falls wir jemals aussterben sollten, weil wir kein Raumfahrtprogramm haben, dann geschieht es uns recht.

Larry Niven

Einleitung
In Zukunft auf vielen Planeten zu Hause

Als Kind habe ich Isaac Asimovs *Foundation*-Trilogie gelesen, die als eine der berühmtesten Sagas in der Geschichte der Science-Fiction gilt. Ich war verblüfft, dass Asimov, statt über Schlachten mit Lasergewehren und Kriege mit Außerirdischen zu schreiben, eine einfache, aber profunde Frage stellte: Wo wird die menschliche Zivilisation in 50 000 Jahren stehen? Was ist letztendlich unser Schicksal?

In seiner wegweisenden Trilogie entwarf Asimov das Bild einer Menschheit, die sich über die gesamte Milchstraße ausgebreitet hat und Millionen Planeten besiedelt, welche zu einem riesigen galaktischen Reich vereinigt sind. Die Menschheit ist so weit gereist, dass die Lage der ursprünglichen Heimat, aus der diese große Zivilisation hervorging, im Nebel der Vorgeschichte verloren gegangen ist. Und in der Galaxie gibt es so viele hoch entwickelte Gesellschaften mit so vielen Menschen, die durch ein komplexes Netz wirtschaftlicher Bande verknüpft sind, dass es dank dieser riesigen statistischen Basis möglich ist, den zukünftigen Verlauf von Ereignissen so präzise vorherzusagen, als handele es sich um die Bewegung von Molekülen.

Vor Jahren lud ich Dr. Asimov ein, an unserer Universität zu sprechen. Während ich ihm zuhörte, war ich überrascht von der Breite seines Wissens. Dann stellte ich ihm eine Frage, die mich seit meiner Jugend interessierte: Was hatte ihn dazu gebracht, den *Foundation*-Zyklus zu schreiben? Wie war er dazu gekommen, sich ein Thema auszudenken, so groß, dass es die ganze Galaxie umfasste? Ohne Zögern antwortete er, er habe sich vom Aufstieg und Fall des Römischen Reiches inspirieren lassen. An der Geschichte des Reiches ließ sich ablesen, wie sich das Schicksal des römischen Volkes im Lauf seiner turbulenten Historie entwickelte.

Ich begann mich zu fragen, ob die Menschheit ebenfalls ein Schicksal hatte. Vielleicht besteht unser Geschick darin, schließlich eine Zivilisation zu schaffen, die die gesamte Milchstraße umfasst. Vielleicht sind die Sterne wirklich unser Schicksal.

Viele der Themen, die sich durch Asimovs Werk ziehen, wurden schon früher, in Olaf Stapledons bahnbrechendem Roman *Der Sternenschöpfer* (*Star Maker*) angesprochen. In diesem Roman träumt der Held davon, durch den Raum zu treiben, bis er ferne Planeten erreicht. Als reines Bewusstsein driftet er durch die Galaxie, wandert von Sternensystem zu Sternensystem und besucht fantastische fremde Reiche. Einige von ihnen steigen zu bedeutender Größe auf und läuten eine Ära der Fülle und des Friedens ein, manche schaffen mit ihren Sternenschiffen sogar interstellare Reiche. Andere zerfallen, zerstört von Bitterkeit, Zwietracht und Krieg.

Viele der revolutionären Konzepte in Stapledons Roman fanden Eingang in nachfolgende Science-Fiction-Erzählungen. So entdeckt unser Held im *Sternenschöpfer* beispielsweise, dass viele sehr weit fortgeschrittene Zivilisationen bewusst ihre Existenz vor weniger entwickelten Zivilisationen geheim halten, um sie nicht versehentlich mit fortschrittlicher Technologie zu infizieren. Dieses Konzept ähnelt der Ersten Direktive, einem der Leitprinzipien der Föderation in den *Star-Trek*-Serien.

Unser Held stößt auch auf eine Zivilisation, die technisch so weit fortgeschritten ist, dass ihre Vertreter ihre Sonne in eine gigantische Kugel hüllen, um all ihre Energie zu nutzen. Dieses Konzept, das später als Dyson-Sphäre bezeichnet werden sollte, ist inzwischen ein fester Bestandteil der Science-Fiction-Literatur.

Er trifft auch auf eine Rasse von Individuen, die in ständigem telepathischen Kontakt zueinander stehen. Jeder kennt die intimen Wünsche der anderen. Diese Idee geht den Borg in *Star*

Trek voraus, einer Gruppierung, bei denen sämtliche Individuen mental miteinander verbunden und dem Willen der Gesamtgesellschaft untergeordnet sind.

Und am Ende des Romans trifft der Held auf den Sternenschöpfer selbst, ein himmlisches Wesen, das ganze Universen schafft, alle mit eigenen physikalischen Gesetzen, und daran herumbastelt. Unser Universum ist nur eines in einem viel größeren Multiversum. Voller Staunen und Ehrfurcht beobachtet unser Held den Sternenschöpfer bei der Arbeit, wie dieser neue und aufregende Welten schafft und diejenigen verwirft, die ihm missfallen.

Stapledons wegweisender Roman war ein ziemlicher Schock für eine Welt, in der das Radio noch immer als Wunder der Technik galt. In den 1930er Jahren erschien die Idee einer raumfahrenden Zivilisation absurd. Damals waren Propellerflugzeuge Stand der Technik, die kaum die Wolkendecke durchstoßen konnten, und die Möglichkeit, zu den Sternen zu reisen, erschien hoffnungslos weit entfernt.

Der Sternenschöpfer war sofort ein Erfolg. Arthur C. Clarke bezeichnete ihn als einen der besten SF-Romane aller Zeiten. Er regte die Fantasie einer ganzen Generation von Nachkriegs-SF-Autoren an. In der allgemeinen Öffentlichkeit geriet der Roman jedoch inmitten des Chaos und des Gemetzels des Zweiten Weltkriegs bald in Vergessenheit.

Neue Planeten im Raum finden

Nun, da die Kepler-Sonde und irdische Astronomenteams rund 4000 Planeten entdeckt haben, die um andere Sterne in der Milchstraße kreisen, beginnt man sich zu fragen, ob die von Stapledon beschriebenen Zivilisationen vielleicht tatsächlich existieren.

Im Jahr 2017 identifizierten NASA-Wissenschaftler nicht nur einen, sondern gleich sieben erdgroße Planeten, die um einen nahen, nur 39 Lichtjahre von der Erde entfernten Stern kreisen. Von diesen sieben Planeten befinden sich drei so nahe an ihrem Mutterstern, dass sie flüssiges Wasser aufweisen könnten. Schon sehr bald werden Astronomen sagen können, ob diese und andere Planeten eine Atmosphäre haben, die Wasserdampf enthält. Da flüssiges Wasser das «universelle Lösungsmittel» ist und als ideale Umgebung für die organischen Verbindungen dienen kann, aus denen sich das DNA-Molekül zusammensetzt, ließe sich möglicherweise nachweisen, dass die Voraussetzungen für Leben im Universum häufig gegeben sind. Vielleicht stehen wir kurz davor, den Heiligen Gral der planetarischen Astronomie zu finden, eine Zwillingsschwester der Erde im All.

Etwa um dieselbe Zeit machten Astronomen eine weitere bahnbrechende Entdeckung: Sie stießen auf einen erdgroßen Planeten namens Proxima Centauri b, der um den Stern Proxima Centauri kreist; dieser steht unserer Sonne am nächsten und ist nur 4,2 Lichtjahre entfernt. Wissenschaftler spekulieren, dass dieser Stern zu den ersten gehören wird, die erkundet werden.

Diese Planeten stellen nur einige wenige der neueren Einträge in die riesige Enzyklopädie extrasolarer Planeten dar, die praktisch jede Woche auf den neuesten Stand gebracht werden muss. Sie enthält seltsame, ungewöhnliche Sternensysteme, von denen Stapledon nur hätte träumen können – darunter Systeme, in denen sich vier oder mehr Sterne umeinander drehen. Wenn man sich irgendeine bizarre Formation von Himmelskörpern vorstellen kann, glauben manche Astronomen, dann existiert sie wahrscheinlich auch irgendwo in der Galaxie, solange sie kein physikalisches Gesetz verletzt.

Das heißt, dass wir grob abschätzen können, wie viele Planeten von Erdgröße es in der Milchstraße gibt. Da sie rund 100 Milliarden Sterne enthält, könnte es allein in unserer Galaxie 20 Milliarden erdgroße Planeten geben, die um einen sonnenähnlichen Stern kreisen. Und da es 100 Milliarden Galaxien gibt, die wir mit unseren Instrumenten sehen können, können wir abschätzen, wie viele erdgroße Planeten es im sichtbaren Universum gibt: erstaunliche zwei Milliarden Billionen.

Wenn man einmal realisiert hat, dass unsere Milchstraße voller bewohnbarer Planeten steckt, sieht man den Nachthimmel nicht mehr in derselben Weise wie zuvor.

Nachdem Astronomen diese erdgroßen Planeten identifiziert haben, wird das nächste Ziel sein, deren Atmosphäre zu analysieren und nach Sauerstoff und Wasserdampf zu suchen, die als Anzeichen für Leben gelten, sowie auf Radiowellen zu lauschen, die die Existenz einer intelligenten Zivilisation signalisieren. Eine derartige Entdeckung wäre einer der großen Wendepunkte der menschlichen Geschichte, vergleichbar mit der Beherrschung des Feuers. Sie würde nicht nur unsere Beziehung zum Rest des Universums neu definieren, sie würde auch unser Schicksal verändern.

Renaissance der Raumfahrt

Dank dieser aufregenden Entdeckungen von Exoplaneten und der frischen Ideen einer neuen Generation von Visionären erlebt das Publikumsinteresse an der Raumfahrt gegenwärtig eine Renaissance. Ursprünglich wurde das amerikanische Raumfahrtprogramm vom Kalten Krieg und der Rivalität der Großmächte befeuert. Die Öffentlichkeit hatte nichts dagegen, atemberaubende 5,5 Prozent des nationalen Bundeshaushalts in das Apollo-Mondprogramm zu stecken, weil das nationale Prestige auf dem Spiel stand. Dieser fieberhafte Wettstreit ließ sich jedoch nicht auf Dauer durchhalten, und die Finanzierung brach schließlich zusammen.

Vor rund 50 Jahren betraten amerikanische Astronauten zum ersten Mal die Mondoberfläche. Nun sind die Saturn-V-Rakete und das Space Shuttle demontiert und rosten, in Einzelteile zerlegt, in Museen und auf Schrotthalden, ihre Geschichte verstaubt in alten Büchern. In den darauf folgenden Jahren wurde die NASA als «Reisebüro für Reisen ins Nirgendwo» kritisiert. Jahrelang hat sie Zeit verschwendet, um doch nur dorthin zu kommen, wo schon alle anderen vor ihr waren.

Die wirtschaftliche Situation hat sich jedoch inzwischen geändert. Die Kosten für die Raumfahrt, die einst so hoch waren, dass sie das Budget einer Nation ernsthaft belasten konnten, sind ständig gefallen, und zwar größtenteils durch den Zustrom von Energie, Geld und Enthusiasmus einer wachsenden Kohorte von Unternehmern. Unzufrieden mit dem Schneckentempo der NASA, haben Milliardäre wie Elon Musk, Richard Branson und Jeff Bezos ihre Scheckhefte gezückt, um neue Raketen zu bauen. Sie wollen nicht nur Profit machen, sondern sich auch ihren Jugendtraum erfüllen, nämlich zu den Sternen zu fliegen.

Inzwischen gibt es einen wiedererwachten nationalen Willen. Die Frage ist nicht länger, *ob* die USA Astronauten zum Roten Planeten schicken werden, sondern *wann*. Der ehemalige amerikanische Präsident Barack Obama meinte, Astronauten würden den Roten Planeten irgendwann nach 2030 betreten, und Präsident Donald Trump hat die NASA aufgefordert, dieses Ziel rascher zu erreichen.

Eine Flotte von Raketen und Raumschiffmodulen, die für eine interplanetare Reise geeignet sind – wie das Weltraum-Startsystem (Space Launch System, SLS) der NASA, eine Trägerrakete mit der Orion-Kapsel, und Elon Musks Falcon-Heavy-Trägerrakete mit der Dragon-Kapsel –, befindet sich in einer frühen Testphase. Sie werden den Transport schwerer Lasten übernehmen und unsere Astronauten zum Mond, zu den Asteroiden, zum Mars und weiter ins All bringen. Tatsächlich sind durch diese Mission so viel Publicity und Enthusiasmus entfacht worden, dass sich bereits ein Wettstreit zu entwickeln beginnt. Vielleicht wird sich ein Raketenstau rund um den Mars bilden, wenn die verschiedenen Gruppen darum konkurrieren, die erste Flagge in den Marsboden zu rammen.

Manche Experten vertreten die Ansicht, dass wir in ein neues Goldenes Zeitalter der Raumfahrt eintreten und die Erforschung des Universums nach Jahren der Vernachlässigung wieder zu einem aufregenden Teil der amerikanischen Agenda werden wird.

Wenn wir in die Zukunft schauen, können wir in Umrissen erkennen, wie die Wissenschaft die Erforschung des Alls transformieren wird. Aufgrund revolutionärer Fortschritte auf einer breiten Front moderner Technologien können wir nun spekulieren, dass sich unsere Zivilisation eines Tages womöglich ins All wagt, um zu den Sternen zu reisen und Planeten zu besiedeln. Auch für dieses langfristige Ziel kann man inzwischen einen plausiblen Zeitrahmen angeben und abschätzen, wann gewisse kosmische Meilensteine erreicht sein werden.

In diesem Buch möchte ich die Schritte diskutieren, die nötig sind, um dieses ehrgeizige Ziel zu erreichen. Der Schlüssel, um zu verstehen, wie sich unsere Zukunft entwickeln könnte, liegt jedoch im Verständnis der Wissenschaft, die hinter all diesen wunderbaren Entwicklungen steckt.

Revolutionäre technologische Fortschritte

Wir wissen nicht, wo die Grenzen der Wissenschaft liegen, aber es könnte helfen, die bisherige Menschheitsgeschichte kurz Revue passieren zu lassen. Wenn unsere Vorfahren uns heute sehen könnten, was würden sie von uns denken? Den größten Teil der menschlichen Geschichte hindurch war unser Leben erbärmlich, ein Überlebenskampf in einer feindlichen, mitleidlosen Welt, und die durchschnittliche Lebenserwartung lag, auch aufgrund der hohen Kindersterblichkeit, bei 20 bis 30 Jahren. Die meisten Menschen waren Nomaden und trugen all ihr Hab und Gut auf dem Rücken. Jeder Tag war ein Kampf um Nahrung und Unterschlupf. Unsere Vorfahren lebten in ständiger Furcht vor

Raubtieren, Krankheiten und Hunger. Wenn unsere Ahnen uns heute sehen könnten – mit unserer Fähigkeit, Bilder von einem Moment zum anderen über den ganzen Planeten zu schicken, mit bemannten Raketen, die zum Mond und noch weiter fliegen können, mit selbständig fahrenden Autos –, würden sie uns wohl für Magier und Zauberer halten.

Wie die Geschichte zeigt, kommen wissenschaftliche Revolutionen in Wellen, oft angeregt durch Fortschritte in der Physik. Im 19. Jahrhundert wurde die erste naturwissenschaftlich-technische Welle durch Physiker ermöglicht, die die Theorie der Thermodynamik entwickelten. Das erlaubte Ingenieuren den Bau der Dampfmaschine, was die Lokomotive und die Industrielle Revolution nach sich zog. Dieser tiefgreifende technologische Wandel befreite die Zivilisation vom Fluch der Unwissenheit, zermürbender körperlicher Arbeit und Armut und katapultierte uns ins Maschinenzeitalter.

Im 20. Jahrhundert wurde die zweite Welle von Physikern in Gang gesetzt, die die Gesetze der Elektrizität und des Magnetismus entschlüsselten, was wiederum das elektrische Zeitalter auf den Weg brachte. Das ermöglichte die Elektrifizierung der Städte, denn es kamen Dynamos, Generatoren, TV, Radio und Radar auf. Die zweite Welle hob das moderne Raumfahrtprogramm aus der Taufe, das uns zum Mond brachte.

Im 21. Jahrhundert hat uns die dritte Welle des naturwissenschaftlichen Fortschritts, bei der Quantenphysiker an vorderster Front standen, High-Tech-Geräte wie Transistor und Laser beschert. Das machte den Supercomputer, das Internet, moderne Telekommunikation, GPS und die Masse der winzigen Chips möglich, die in jeden Bereich unseres Lebens vorgedrungen sind.

In diesem Buch werde ich die Technologien beschreiben, die uns bei der Erforschung der Planeten und Sterne noch weiter führen werden. In Teil I werden wir über die Bemühungen sprechen, eine permanente Mondbasis zu errichten und den Mars zu kolonisieren wie auch zu terraformieren. Dazu werden wir die vierte naturwissenschaftliche Welle einsetzen müssen, zu der künstliche Intelligenz, Nanotechnologie und Biotechnologie gehören. Das Terraforming des Mars überfordert unsere heutigen Fähigkeiten noch, doch die Technologie des 22. Jahrhunderts wird uns erlauben, diesen öden Eisblock in eine bewohnbare Welt zu verwandeln. Wir werden auf selbstreplizierende Roboter, superstarke, leichte Nanomaterialien und gentechnisch veränderte Pflanzen zurückgreifen, um die Kosten drastisch zu senken und den Mars in ein veritables Paradies zu verwandeln. Schließlich werden wir den Mars hinter uns lassen und Siedlungen auf den Asteroiden sowie auf den Monden der Gasriesen Jupiter und Saturn errichten.

In Teil II riskieren wir einen Blick in eine Zeit, in der wir so weit sind, das Sonnensystem zu verlassen und die nahe gelegenen Sterne zu erkunden. Wiederum geht diese Mission über das hinaus, was gegenwärtig technisch möglich ist, doch Technologien der fünften Welle werden uns diesen Schritt ermöglichen: Nanoschiffe, Lasersegel, Staustrahltriebwerke mit Fusionsantrieb, Antimaterie-Antriebe. Bereits heute finanziert die NASA die nötigen physikalischen Studien, die nötig sind, um interstellare Reisen Wirklichkeit werden zu lassen.

In Teil III analysieren wir, was erforderlich wäre, um unseren Körper so zu verändern, dass wir ein neues Zuhause zwischen den Sternen finden können. Eine interstellare Reise kann unter Umständen Jahrzehnte oder gar Jahrhunderte dauern, daher müssen wir uns möglicherweise gentechnisch verändern, um längere Zeit im All überleben zu können – vielleicht durch Verlängern der menschlichen Lebensspanne. Auch wenn es heute noch keinen Jungbrunnen gibt, verfolgen Forscher vielversprechende Ansätze, die uns erlauben, den Alterungsprozess zu verlangsamen und vielleicht gar zu stoppen. Unsere Nachkommen werden vielleicht eine Art von Unsterblichkeit erleben. Zudem müssen wir vielleicht unseren Körper gentechnisch verändern, um auf fernen Planeten mit einer anderen Schwerkraft, anderer

Zusammensetzung der Atmosphäre und anderen ökologischen Bedingungen überleben zu können.

Dank des Human Connectome Project, bei dem jedes Neuron im menschlichen Gehirn kartiert werden soll, sind wir eines Tages vielleicht in der Lage, unsere Konnektome auf gigantischen Laserstrahlen ins All zu schicken, was eine Reihe von Problemen interstellarer Reisen beseitigen würde. Ich nenne dies *Laser-Porting* («Laser-Übertragung»), und dieses Verfahren könnte unserem Bewusstsein erlauben, die Milchstraße oder selbst das Universum mit Lichtgeschwindigkeit zu erkunden, sodass wir uns keine Sorgen über die offensichtlichen Gefahren interstellarer Reisen zu machen brauchen.

Wenn unsere Vorfahren vergangener Jahrhunderte uns heute für Magier und Zauberer hielten, wie würden wir dann unsere Nachkommen in einem Jahrhundert ansehen?

Höchstwahrscheinlich würden wir unsere Nachfahren für etwas Ähnliches wie griechische Götter halten. Wie Merkur werden sie in der Lage sein, durch den Raum zu eilen, um nahe gelegene Planeten zu besuchen. Wie Venus hätten sie einen perfekten, unsterblichen Körper. Wie Apollo hätten sie unbegrenzten Zugang zur Energie der Sonne. Wie Zeus könnten sie mentale Befehle formulieren und ihre Wünsche in Wirklichkeit umsetzen. Und dank Gentechnik könnten sie mythologische Tiere wie Pegasus realisieren.

Anders gesagt ist es unser Schicksal, zu den Göttern zu werden, die wir einst fürchteten und verehrten. Wir werden diskutieren, was passieren könnte, wenn wir auf eine Zivilisation treffen, die uns eine Million Jahre voraus ist und über die Fähigkeit verfügt, die Galaxie zu durchstreifen und das Gefüge von Raum und Zeit zu verändern. Vielleicht können sie mit Schwarzen Löchern spielen und Wurmlöcher für Reisen mit Überlichtgeschwindigkeit nutzen.

Im Jahr 2016 erreichten Spekulationen über fortgeschrittene Zivilisationen im All unter Astronomen und in den Medien einen fiebrigen Höhepunkt; damals machte die Nachricht die Runde, Astronomen hätten Indizien für eine kolossale «Megastruktur» gefunden, vielleicht so groß wie die Dyson-Sphäre, die um einen fernen Stern in vielen Lichtjahren Entfernung kreist. Auch wenn die Beweislage keineswegs überzeugend ist, wurden Wissenschaftler zum ersten Mal mit Indizien konfrontiert, dass «da draußen» möglicherweise tatsächlich eine weit fortgeschrittene Zivilisation existiert.

Und schließlich werden wir die Möglichkeit diskutieren, dass wir uns nicht nur dem Tod der Erde, sondern des ganzen Universums gegenübersehen. Auch wenn unser Universum noch jung ist, lässt sich in ferner Zukunft der Tag voraussehen, an dem es zum Big Freeze, dem «Großen Einfrieren», kommen könnte, wenn die Temperaturen auf Werte nahe dem absoluten Nullpunkt fallen und alles Leben, das wir kennen, wahrscheinlich aufhört zu existieren. An diesem Punkt ist unsere Technologie vielleicht so weit fortgeschritten, dass wir das Universum verlassen und uns durch den Hyperraum in ein neues, jüngeres Universum wagen können.

Die Theoretische Physik (mein eigenes Arbeitsgebiet) lässt es möglich erscheinen, dass unser Universum nur eine einzelne Blase ist, die in einem Multiversum anderer Blasenuniversen treibt. Vielleicht lässt sich unter den anderen Universen im Multiversum eine neue Heimat für uns finden. Wenn wir die Vielzahl der Universen bestaunen, können wir vielleicht die großen Entwürfe des Sternenschöpfers entschlüsseln.

Die fantastischen Ideen der Science-Fiction, die einst als Produkte einer überhitzten Vorstellungskraft von Träumern angesehen wurden, könnten demnach eines Tages Wirklichkeit werden.

Die Menschheit ist dabei, sich auf ihr vielleicht größtes Abenteuer einzulassen. Und die Lücke, die die Spekulationen von Asimov und Stapledon von der Realität trennt, könnte von den erstaunlichen und raschen Fortschritten der Naturwissenschaften überbrückt werden. Und der erste Schritt auf unserer langen Reise zu den Sternen beginnt, wenn wir die Erde verlassen. Wie ein altes chinesisches Sprichwort sagt, beginnt eine Reise von tausend Meilen mit dem ersten Schritt. Die Reise zu den Sternen beginnt mit der allerersten Rakete.

Teil I
Die Erde verlassen

jeder, der oben auf dem größten wasserstoff-sauerstoff-Treib-stoffgemisch der welt sitzt, wohl wissend, dass sie die ganze sache unten gleich zünden werden, und der sich dann nicht ein paar sorgen macht, versteht nicht ganz, was da abläuft.

Astronaut john Young

Kapitel 1
Startvorbereitungen

Am 19. Oktober 1899 kletterte ein 17-jähriger Junge auf einen Kirschbaum und hatte eine Offenbarung. Er hatte gerade H. G. Wells' *Krieg der Welten* (*War of the Worlds*) gelesen und mit Begeisterung die Idee aufgegriffen, den Weltraum mit Raketen zu erforschen. Er stellte sich vor, wie wunderbar es wäre, eine Vorrichtung zu entwickeln, die *möglicherweise* sogar zum Mars reisen könnte, und sah die Menschheit vor seinen inneren Augen den Roten Planeten erkunden. Als er wieder von dem Baum herunterkletterte, hatte sich sein Leben für immer verändert. Dieser Junge sollte sein Leben dem Traum widmen, eine Rakete zu konstruieren, die seine Vision Wirklichkeit werden lassen würde. Diesen 19. Oktober sollte er den Rest seines Lebens feiern.

Sein Name war Robert Goddard, und er machte sich daran, die erste flüssigkeitsgetriebene Mehrstufenrakete zu perfektionieren. Damit setzte er Ereignisse in Gang, die den Lauf der menschlichen Geschichte veränderten.

Ziolkowski – ein einsamer Visionär

Goddard gehörte zu einer Handvoll Pionieren, die, obwohl isoliert, arm und von ihren Zeitgenossen verspottet, gegen alle Widerstände ihren Weg machten und die Grundlagen für die Raumfahrt legten. Einer dieser Visionäre war der große russische Raketenwissenschaftler Konstantin Ziolkowski (1857–1935), der die theoretische Basis für die Raumfahrt schuf und Goddard den Weg ebnete. Ziolkowski lebte zurückgezogen und in großer Armut und schlug sich als Lehrer durch. Als Jugendlicher verbrachte er den größten Teil seiner Zeit in der Bibliothek, verschlang wissenschaftliche Zeitschriften, lernte die Newton'schen Bewegungsgesetze kennen und wandte sie auf die Raumfahrt an.[1] Sein Traum war, zum Mond und zum Mars zu reisen. Ganz allein und ohne Hilfe der wissenschaftlichen Gemeinschaft ergründete er die Mathematik, Physik und Mechanik von Raketen. Unter anderem berechnete er die Fluchtgeschwindigkeit von der Erde – das heißt, die Geschwindigkeit, die nötig ist, um der Anziehungskraft der Erde zu entkommen – zu 40 000 Kilometer pro Stunde, was deutlich mehr war als die 24 Kilometer pro Stunde, die man damals mit Pferden erreichen konnte.

Im Jahr 1903 veröffentlichte er seine berühmte Raketengrundgleichung, mit deren Hilfe sich die Maximalgeschwindigkeit einer Rakete berechnen ließ, wenn man ihr Gewicht und ihre Treibstoffversorgung kennt. Wie die Gleichung zeigte, bestand zwischen Treibstoffmenge und Geschwindigkeit ein exponentieller Zusammenhang. Normalerweise könnte man annehmen, dass man, um die Geschwindigkeit einer Rakete zu verdoppeln, einfach die Treibstoffmenge verdoppeln muss. Stattdessen steigt die benötigte Treibstoffmenge jedoch exponentiell mit der Geschwindigkeitsänderung an, sodass enorme Treibstoffmengen nötig sind, um der Rakete einen zusätzlichen Schub zu verleihen.

Diese exponentielle Beziehung machte deutlich, dass man riesige Treibstoffmengen brauchen würde, um die Erde zu verlassen. Mit seiner Formel konnte Ziolkowski zum ersten Mal abschätzen, wie viel Treibstoff nötig war, um den Mond zu erreichen, lange bevor seine Vision Wirklichkeit wurde.

Ziolkowski ließ sich von dem Motto leiten: «Es stimmt, die Erde ist die Wiege der Menschheit, aber der Mensch kann nicht ewig in der Wiege bleiben. Das Sonnensystem wird unser Kindergarten.» Er war Anhänger einer philosophischen Denkrichtung, die als Kosmismus bezeichnet wird und besagt, dass die Zukunft der Menschheit in der Erforschung des Weltraums liegt. 1911 schrieb er: «Seinen Fuß auf den Boden eines Asteroiden zu setzen, einen Stein vom Mond in die Hand zu nehmen, im ätherischen Raum Stationen einzurichten, Ringe des Lebens um Erde, Mond und Sonne zu bilden, den Mars aus wenigen Dutzend Werst zu beobachten, auf seinen Monden oder gar auf ihm selbst zu landen – was könnte närrischer erscheinen?»[2]

Ziolkowski war zu arm, um seine mathematischen Gleichungen in reale Modelle umzusetzen; der nächste Schritt wurde daher von Richard Goddard übernommen, der tatsächlich den Prototyp baute, der eines Tages die Basis der Raumfahrt bilden würde.

Robert Goddard – Vater der Raketentechnik

Robert Goddard begann sich bereits als Kind für Naturwissenschaft und Technik zu interessieren, als er miterlebte, wie seine Heimatstadt elektrischen Strom bekam. Er gelangte zu der Überzeugung, dass die Wissenschaft jeden Aspekt unseres Lebens revolutionieren würde. Sein Vater ermutigte dieses Interesse und schenkte ihm ein Teleskop, ein Mikroskop sowie ein Abonnement des *Scientific American*. Zunächst begann der Junge mit Flugdrachen und Ballons zu experimentieren. Eines Tages stieß er bei seiner Lektüre in der Bibliothek auf Isaac Newtons berühmte *Principia Mathematica* und lernte die Bewegungsgesetze kennen. Bald konzentrierte er sich auf die Anwendung der Newton'schen Gesetze auf die Raketentechnik.

Systematisch verwandelte Goddard seine Neugier in ein nützliches wissenschaftliches Werkzeug, indem er drei Erfindungen einführte. Zunächst experimentierte er mit verschiedenen Treibstofftypen und erkannte, dass Treibstoff in Pulverform ineffizient ist. Die Chinesen hatten bereits vor Jahrhunderten das Schießpulver entwickelt und es zum Antrieb von Raketen eingesetzt, doch Schießpulver verbrennt ungleichmäßig, und daher blieben ihre Raketen vorwiegend Spielzeug. Goddards erster Geistesblitz war, pulverförmigen durch flüssigen Treibstoff zu ersetzen, der sich präzise kontrollieren ließ, sodass er sauber und stetig verbrannte. Er baute eine Rakete mit zwei Tanks, von denen der eine einen

Treibstoff wie Alkohol, der andere ein Oxidationsmittel wie flüssigen Sauerstoff enthielt. Diese Flüssigkeiten wurden mit Hilfe einer Reihe von Leitungen und Ventilen in die Brennkammer eingespeist, wo es zu einer sorgfältig kontrollierten Explosion kam, die die Rakete antrieb.

Goddard erkannte, dass sich die Treibstofftanks der Rakete während des Fluges allmählich leerten. Seine nächste Neuerung bestand daher in der Einführung von mehrstufigen Raketen, die leere Treibstofftanks abwarfen und sich daher unterwegs eines Teils des toten Gewichts entledigen konnten: dadurch vergrößerten sich ihre Reichweite und Effizienz beträchtlich.

Und drittens führte er Kreiselstabilisatoren, so genannte Gyroskope, ein. Sobald ein Gyroskop in Rotation versetzt wird, weist seine Achse stets in dieselbe Richtung, selbst dann, wenn man das Gerät dreht. Wenn die Achse beispielsweise zum Polarstern weist, zeigt sie weiterhin in diese Richtung, wenn man sie auf den Kopf stellt. Das heißt, dass ein Raumschiff, wenn es von seiner Flugbahn abkommt, seine Antriebsraketen verändern kann, um diese abweichende Bewegung zu kompensieren und auf seinen ursprünglichen Kurs zurückzukehren. Goddard erkannte, dass er seine Raketen mit Hilfe von Gyroskopen auf Zielkurs halten konnte.

Im Jahr 1926 schrieb er mit dem ersten erfolgreichen Start einer flüssigkeitsgetriebenen Rakete Geschichte. Sie erhob sich knapp 14 Meter über den Boden, blieb 2,5 Sekunden in der Luft und landete rund 50 Meter entfernt in einem Kohlfeld. (Der Startplatz der Rakete ist heute für jeden Raketenwissenschaftler heiliger Boden und zu einer *National Historic Landmark* erklärt worden.)

In seinem Labor am Clark College entwickelte er die Grundarchitektur sämtlicher chemischer Raketen. Die donnernden Ungetüme, die wir heute von ihren Startrampen abheben sehen, sind direkte Nachfahren der von ihm gebauten Prototypen.

Hohn und Spott

Trotz seiner Erfolge erwies sich Goddard als der ideale Prügelknabe für die Medien. Als 1926 durchsickerte, dass er sich ernsthaft mit Raumfahrt beschäftigte, veröffentlichte die *New York Times* eine vernichtende Kritik, die einen weniger großen Wissenschaftler am Boden zerstört hätte. «Dass Professor Goddard», ätzte die *Times*, «mit seinem ‹Lehrstuhl› im Charles College ... die Beziehung zwischen Kraft und Gegenkraft wie auch die Tatsache, dass es etwas Besseren als eines Vakuums bedarf, gegen das man die Gegenkraft einsetzen kann, nicht bekannt sei – so etwas zu behaupten, wäre absurd. Natürlich *scheint* es nur so, als fehle ihm das Wissen, das jedes Schulkind in der Mittelstufe erwirbt.»[3] Und 1929 erschien die Lokalzeitung von Worchester mit der süffisanten Schlagzeile: «Mondrakete verfehlt ihr Ziel um 238 799 ½ Meilen.» Klar war, dass die *Times* und andere Zeitschriften Newtons Bewegungsgesetze nicht verstanden und irrigerweise annahmen, Raketen könnten sich im Vakuum des Weltraums nicht bewegen.

Newtons drittes Gesetz, das besagt, dass es für jede Kraft (*actio*) eine gleich große, entgegengerichtete Kraft (*reactio*) gibt, regiert die Raumfahrt. Dieses Gesetz ist jedem Kind bekannt, das schon einmal einen Ballon aufgeblasen und zugesehen hat, wie er nach dem Loslassen in alle Richtungen davonfliegt. Die Triebkraft ist die Luft, die plötzlich aus dem Ballon strömt, und die Reaktion ist die Vorwärtsbewegung des Ballons. Genauso ist bei einer Rakete die Kraft das heiße Gas, das aus dem einen Ende ausgestoßen wird, während die Gegenkraft der Vortrieb der Rakete ist, die sie selbst im Vakuum des Weltraums vorwärts treibt.

Goddard starb 1945 und erlebte daher nicht mehr, dass sich die Redakteure der *Times* nach der Apollo-Landung auf dem Mond 1969 bei ihm entschuldigten. Sie schrieben: «Es ist nun zweifelsfrei erwiesen, dass eine Rakete im Vakuum funktionieren kann. Die *Times* bedauert ihren Irrtum.»

Raketen für Krieg und Frieden

In der ersten Phase der Raketentechnik gab es Träumer wie Ziolkowski, die die Physik und Mathematik der Raumfahrt ausarbeiteten. In der zweiten Phase gab es Leute wie Goddard, die die ersten Prototypen dieser Rakete tatsächlich bauten. In der dritten Phase gerieten Raketenwissenschaftler in den Blick wichtiger Regierungen. Wernher von Braun sollte die Skizzen, Träume und Modelle seiner Vorgänger nehmen und mit Hilfe der deutschen Regierung – und später der US-Regierung – riesige Raketen konstruieren, die die ersten Menschen auf den Mond brachten.[4]

Der berühmteste aller Raketenwissenschaftler war von Adel. Sein Vater, ein Freiherr, war während der Weimarer Republik Ernährungsminister, und seine Mutter konnte ihre Wurzeln bis zu den Königshäusern von Frankreich, Dänemark, Schottland und England zurückverfolgen. Als Kind war von Braun ein talentierter Pianist und komponierte sogar eigene Musikstücke; möglicherweise hätte er zu einem berühmten Musiker oder Komponisten heranwachsen können. Doch sein Schicksal nahm seinen Lauf, als seine Mutter ihm ein Teleskop schenkte. Denn der Weltraum schlug ihn in seinen Bann. Er verschlang Science-Fiction-Bücher und ließ sich von den Geschwindigkeitsrekorden raketenbetriebener Automobile inspirieren. Als Jugendlicher rief er auf der Tiergartenallee in Berlin einen Tumult hervor, als er eine Reihe von Feuerwerksknallern an einem Spielzeugauto befestigte und zündete. Zu seiner großen Freude zischte das Auto ab wie, nun, eben wie eine Rakete. Die Polizei zeigte leider wenig Verständnis. Er wurde in Gewahrsam genommen, doch aufgrund des Einflusses seines Vaters rasch wieder entlassen. Wie er sich Jahre später noch gern erinnerte: «Das Ganze übertraf meine kühnsten Erwartungen. Der Wagen zog einen Feuerschweif hinter sich her wie ein Komet. Als die Raketen ihr funkensprühendes Leben mit einem mächtigen Donnerschlag aushauchten, rollte der Wagen majestätisch aus und hielt an.»

Wie von Braun gestand, war er nie gut in Mathematik. Aber sein brennender Wunsch, die Raketentechnik zu perfektionieren, brachte ihn dazu, Differenzial- und Integralrechnung, Newtons Gesetze und die Mechanik der Raumfahrt zu meistern. Wie er seinem Lehrer irgendwann anvertraute: «Ich plane, zum Mond zu fliegen.»[5]

Er studierte Physik und machte 1934 seinen Doktor. Doch er verbrachte viel Zeit beim Berliner Verein für Raumschiffahrt, einer Organisation, die auf dem Raketenflugplatz Berlin in Reinickendorf aus übrig gebliebenen Teilen Raketen baute und testete. In diesem Jahr testete der Verein erfolgreich eine Rakete, die eine Höhe von mehr als drei Kilometern erreichte.

Von Braun hätte Physikprofessor an irgendeiner deutschen Universität werden und gelehrte Artikel über Astronomie und Astronautik schreiben können. Aber Krieg lag in der Luft, und alle deutschen Gesellschaften und Vereine, einschließlich der Hochschulen, wurden militarisiert. Im Gegensatz zu seinem Vorgänger Robert Goddard, der das US-Militär um finanzielle Unterstützung bat, aber abgewiesen wurde, wurde von Braun von der nationalsozialistischen Regierung mit offenen Armen empfangen. Das deutsche Heereswaffenamt, immer auf der Suche nach neuen Waffen, kam auf ihn zu und bot ihm großzügige finanzielle Unterstützung an. Seine Arbeit galt als so heikel, dass seine Doktorarbeit von der Armee als «geheim» eingestuft wurde und erst 1960 veröffentlicht wurde.

Allen Berichten zufolge war von Braun apolitisch. Raketentechnik war seine Leidenschaft, und wenn die Regierung seine Forschung finanzierte, dann akzeptierte er das. Die NSDAP bot ihm einen Lebenstraum an: Leitung eines massiv unterstützten Projekts zum Bau der Rakete der Zukunft mit einem so gut wie unbegrenzten Budget unter Mitarbeit der Crème de la Crème der deutschen Wissenschaft. Von Braun behauptete später, seine Mitgliedschaft in der NSDAP und selbst in der SS sei eine Art Initiationsritus für Regierungsmitarbeiter gewesen und habe keineswegs seine politischen Ansichten widergespiegelt. Aber wenn man einen Pakt mit dem Teufel schließt, fordert der Teufel immer mehr.

Die Konstruktion der V2

Unter von Brauns Leitung wurde aus den Notizen und Skizzen von Ziolkowski und den Prototypen von Goddard die «Vergeltungswaffe» V2, eine hochentwickelte Rakete, die London und Antwerpen terrorisierte und ganze Stadtviertel in Schutt und Asche legte. Die V2 war die erste Großrakete. Sie ließ Goddards Raketen wie Spielzeuge erscheinen. Die V2 war rund 14 Meter hoch und startbereit rund 13 Tonnen schwer. Sie flog mit einer Geschwindigkeit von 5600 Kilometern pro Stunde und erreichte eine Maximalhöhe von 84,5 Kilometern. Sie traf ihr Ziel mit dreifacher Schallgeschwindigkeit, und bis auf ein doppeltes Knackgeräusch beim Durchbrechen der Schallmauer gab es keine akustische Warnung. Und sie besaß eine Reichweite von etwa 320 Kilometern. Gegenmaßnahmen waren nicht möglich, denn kein Mensch konnte sie verfolgen und kein Flugzeug sie vom Himmel holen.

Die V2 setzte eine Anzahl von Weltrekorden und stellte alle früheren Leistungen im Hinblick auf Geschwindigkeit und Reichweite von Raketen in den Schatten. Es war die erste Langstreckenrakete und die erste Rakete, die die Schallmauer durchbrach. Und besonders eindrucksvoll: Es war die erste Rakete, die die Grenzen der Atmosphäre durchbrach und in den Weltraum eindrang.

Die britische Regierung war so verblüfft vom Auftauchen dieser modernen Waffe, dass es ihr buchstäblich die Sprache verschlug. So erfanden sie die Geschichte von den fehlerhaften Gasleitungen, die all diese Explosionen hervorgerufen haben sollten. Da der Urheber dieser schrecklichen Explosionen jedoch eindeutig aus der Luft gekommen war, sprach man in der Öffentlichkeit sarkastisch von «fliegenden Gasleitungen». Erst als die Nationalsozialisten offiziell bekannt gaben, eine neue Kriegswaffe gegen die Briten eingesetzt zu haben, gab Winston Churchill schließlich zu, dass England von Raketen angegriffen worden war.

Plötzlich sah es so aus, als könnte die Zukunft Europas und der westlichen Zivilisation selbst von der Arbeit einer kleinen, isolierten Gruppe von Wissenschaftlern unter Leitung Wernher von Brauns abhängen.

Die Schrecken des Krieges

Deutschlands fortgeschrittene Raketentechnik forderte enorm viele Menschenleben. Mehr als 3000 V2-Raketen wurden gegen die Allierten abgefeuert, was zu 9000 Toten führte. Vermutlich war der Blutzoll unter den Kriegsgefangenen, die die V2-Raketen unter schrecklichen Bedingungen in Arbeitslagern bauten, sogar noch höher – mindestens 12 000 Tote. Der Teufel forderte seinen Preis. Von Braun erkannte zu spät, dass er bis zum Hals mit drinsteckte.

Er war entsetzt, als er den Ort besuchte, wo die Raketen gebaut wurden. Als ein anderer Kollege gefragt wurde, ob von Braun die Todeslager jemals kritisiert habe, antwortete er: «Wenn er das getan hätte, wäre er meiner Meinung nach auf der Stelle erschossen worden.»

Von Braun wurde zu einer Schachfigur des Monsters, das er geholfen hatte zu erschaffen. 1944, als sich die militärische Lage für das Deutsche Reich verschlechterte, betrank er sich auf einer Party und meinte, der Krieg liefe nicht gut. Alles, was er wolle, sei, an Raketentechnik zu arbeiten. Und er bedauerte, dass sie an diesen Kriegswaffen arbeiteten statt an einem Raumschiff. Leider war auf der Party ein Spitzel zugegen, und als seine betrunkenen Äußerungen nach oben gemeldet wurden, wurde er von der Gestapo verhaftet. Zwei Wochen verbrachte er in einer Gefängniszelle in Polen, wobei er jeden Augenblick befürchten musste, erschossen zu werden. Während Hitler überlegte, was mit von Braun geschehen sollte, kamen weitere Anschuldigungen ans Licht, darunter Gerüchte, er sympathisiere mit dem Kommunismus. Einige Entscheidungsträger befürchteten, er könne sich nach England absetzen und die V2-Einsätze sabotieren.

Schließlich rettete ein direkter Appell Speers bei Hitler von Brauns Leben, denn man hielt ihn noch immer für unverzichtbar für das Raketenprogramm.

Die V2 war ihrer Zeit um Jahrzehnte voraus, aber sie wurde erst Ende 1944 permanent im Kampf eingesetzt – zu spät, um den Kollaps des Nazi-Regimes zu verhindern, denn die Rote Armee und die alliierten Kräfte standen schon vor Berlin.

Im Jahr 1945 ergaben sich von Braun und hundert seiner Mitarbeiter den Alliierten. Zusammen mit 300 Eisenbahnwaggons voller V2-Raketen und Raketenteilen wurden sie in die USA geschmuggelt. Das geschah im Rahmen eines Programms namens *Operation Paperclip*, bei dem es darum ging, ehemalige Nazis eingehend zu befragen und zu rekrutieren.

Die amerikanische Armee untersuchte die V2 penibel – diese wurde schließlich die Grundlage der Redstone-Rakete –, und von Brauns Akten sowie diejenigen seiner Mitarbeiter wurden «entnazifiziert». Doch von Brauns höchst ehrgeizige Rolle im Dritten Reich sollte ihn auch weiterhin verfolgen. Der Comedian Mort Sahl spottete über von Brauns Karriere: «Ich strebe nach den Sternen, doch manchmal treffe ich dabei London».[6] Und der Sänger Tom Lehrer reimte trocken: «Sind die Raketen erst oben, wen kümmert's, wo sie reinhau'n. Das ist nicht meine Sache, sagt Wernher von Braun.»

Raketentechnik und die Rivalität zwischen den Supermächten

In den 1920er und 1930er Jahren verpassten die Vertreter der US-amerikanischen Regierung eine strategische Gelegenheit, als sie die zukunftsweisende Arbeit, die in ihrem eigenen Hinterhof geleistet wurde, nicht erkannten. Eine zweite strategische Gelegenheit verpassten sie nach dem Krieg im Zusammenhang mit der Ankunft von Wernher von Braun. In den 1950er Jahren ließen sie von Braun und seine Mitarbeiter in der Luft hängen, ohne sich wirklich für deren Arbeit zu interessieren. Schließlich kam es zu einem Wettstreit unter den Streitkräften. Die Army baute unter von Brauns Führung die Redstone-Rakete, die Navy hatte die Vanguard- und die Air Force die Atlas-Rakete.

Ohne unmittelbare Verpflichtungen für die Army begann von Braun, sich für naturwissenschaftliche Bildung zu interessieren. Zusammen mit Walt Disney schuf er eine Fernsehserie, die die Fantasie zukünftiger Raketenwissenschaftler anregte. In den Folgen skizzierte von Braun in groben Umrissen einen ehrgeizigen Plan, auf dem Mond zu landen wie auch eine Raumschiffflotte zu entwickeln, um den Mars zu erreichen.

Während das US-amerikanische Raumfahrtprogramm nur mühsam vorankam, legten die Russen ein rascheres Tempo vor.[7] Josef Stalin und Nikita Chruschtschow erkannten die strategische Bedeutung des Raumfahrtprogramms und machten es zur Chefsache. Das sowjetische Programm wurde Sergei Koroljow unterstellt, dessen Identität höchster Geheimhaltung unterlag. Jahrelang wurde er nur anonym als «der Chefkonstrukteur» bezeichnet. Die Russen hatten ebenfalls eine Reihe V2-Ingenieure gefangen genommen und brachten sie in die Sowjetunion. Unter ihrer Anleitung nahmen die Sowjets den Grundentwurf der V2 und bauten auf dieser Basis rasch eine Reihe von Raketen. Im Wesentlichen basierten sowohl das gesamte Arsenal der USA als auch dasjenige der UdSSR darauf, V2-Raketen zu modifizieren oder zu verkoppeln, die wiederum auf Goddards bahnbrechenden Prototypen basierten.

Eines der Hauptziele der USA wie auch der UdSSR war es, den ersten künstlichen Satelliten ins All zu schießen. Es war Isaac Newton selbst, der als Erster das Konzept vorschlug. In einer heute berühmten Zeichnung notierte Newton, dass eine Kanonenkugel, wenn man sie von einer Bergspitze abfeuert, in der Nähe des Bergfußes landet. Seiner Bewegungsgleichung zufolge gilt jedoch: Je schneller sich die Kanonenkugel bewegt, desto weiter gelangt sie. Wenn die Anfangsgeschwindigkeit groß genug ist, kann die Kanonenkugel in eine Umlaufbahn um die Erde gelangen und zu einem Satelliten werden. Newton erzielte damit einen historischen Durchbruch: Wenn man «Kanonenkugel» durch «Mond» ersetzt, dann sollte sich die Umlaufbahn des Mondes anhand seiner Bewegungsgleichung präzise voraussagen lassen.

In seinem Gedankenexperiment mit der Kanonenkugel stellte er eine Schlüsselfrage: Wenn ein Apfel fällt, fällt der Mond dann ebenfalls? Da sich die Kanonenkugel im freien Fall befindet, wenn sie um die Erde kreist, muss Gleiches für den Mond gelten. Newtons Erkenntnis setzte eine der bedeutendsten Revolutionen in der ganzen Geschichte in Gang. Er konnte nun die Bewegung von Kanonenkugeln, Monden, Planeten – von fast allem – berechnen. So lässt sich mit Hilfe seines Bewegungsgesetzes zum Beispiel leicht zeigen, dass man die Kanonenkugel mit einer Geschwindigkeit von knapp 29 000 Kilometer pro Stunde abfeuern muss, um sie auf eine Umlaufbahn um die Erde zu bringen.

Newtons Vision wurde Wirklichkeit, als die Sowjetunion im Oktober 1957 den Sputnik, den ersten künstlichen Satelliten der Welt, ins All schoss.

Das Sputnik-Zeitalter

Der immense Schock, den der Start des Sputnik für die amerikanische Psyche bedeutete, ist nicht zu unterschätzen. Die amerikanische Bevölkerung erkannte rasch, dass die Sowjetunion im Hinblick auf Raketentechnik führend in der Welt war. Die Demütigung verstärkte sich, als der Start der Vanguard-Rakete der Navy zwei Monate später, der per Fernsehen in alle Welt übertragen wurde, katastrophal fehlschlug. Ich erinnere mich noch lebhaft daran, wie ich als Kind meine Mutter bat, noch aufbleiben zu dürfen, um die Rakete starten zu sehen. Widerstrebend stimmte sie zu. Zu meinem großen Schrecken musste ich miterleben, wie die Rakete kurz abhob, dann zurückfiel, umkippte und in der darauf folgenden gewaltigen Explosion ihre eigene Startrampe zerstörte. Ich konnte genau erkennen, wie der Kegel an der Spitze der Rakete, der den Satelliten enthielt, umfiel und in einem riesigen Flammenball verschwand.

Die Demütigung setzte sich fort, als der zweite Startversuch einer Vanguard-Rakete einige Monate später ebenfalls fehlschlug. Die Presse schäumte und bezeichnete die Rakete in Anlehnung an «Sputnik» als «Flopnik» und «Kaputnik». Die sowjetische UN-Delegation spottete sogar, man sollte den Vereinigten Staaten wohl ein wenig Hilfe anbieten.

Dieses Mediendesaster, das ein schwerer Schlag für das amerikanische Selbstbewusstsein war, führte dazu, dass Wernher von Braun den Auftrag erhielt, so schnell wie möglich einen Satelliten, Explorer I, mit der Juno I als Trägerrakete ins All zu bringen. Die Juno I basierte auf der Redstone-Rakete, die wiederum auf die V2 zurückging.

Aber die Sowjets hatten noch einige Asse im Ärmel. In den nächsten Jahren dominierte eine Reihe von historischen «ersten Malen» die Schlagzeilen:

1957: Sputnik 2 trug das erste Tier, einen Hund namens Laika, in eine Umlaufbahn um die Erde.
1957: Lunik 1 war die erste Rakete, die am Mond vorbeiflog.
1959: Lunik 2 war die erste Rakete, die auf dem Mond aufschlug.
1959: Lunik 3 war die erste Rakete, die die Rückseite des Mondes fotografierte.
1960: Sputnik 5 brachte die ersten Tiere (u.a. zwei Hunde) sicher aus dem All zurück auf die Erde.
1961: Venera 1 war die erste Sonde, die an der Venus vorbeiflog.

Das russische Raumfahrtprogramm krönte seine Leistung 1961 mit der sicheren Rückkehr des Astronauten Juri Gagarin auf die Erde.

Ich erinnere mich genau an diese Jahre, als Sputnik überall in den USA für Verstörung sorgte. Wie konnte eine anscheinend unterentwickelte Nation wie die Sowjetunion uns plötzlich überholt haben?

Kommentatoren kamen zu dem Schluss, das Grundübel dieses Fiaskos sei das US-amerikanische Bildungssystem. Amerikanische Schüler fielen hinter ihre sowjetischen Altersgenossen zurück. Eine Crash-Kampagne musste auf die Beine gestellt werden, um mit Hilfe von viel Geld, Ressourcen und medialer Aufmerksamkeit eine neue Generation amerikanischer Naturwissenschaftler hervorzubringen, die mit den Russen konkurrieren konnte. Artikel aus dieser Zeit trugen Überschriften wie «Iwan kann lesen, Johnny hingegen nicht».

Aus dieser aufgewühlten Zeit stammte die Sputnik-Generation, eine Gruppe von Studenten, die es als ihre nationale Pflicht ansahen, Physiker, Chemiker oder Raketenwissenschaftler zu werden.

Präsident Eisenhower stand unter enormem Druck, dem Militär zu erlauben, scheinbar glücklosen zivilen Wissenschaftlern die Kontrolle über das amerikanische Raumfahrtprogramm aus den Händen zu nehmen, doch er beharrte tapfer auf einer fortgesetzten zivilen Oberaufsicht und schuf die NASA (National Aeronautics and Space Administration. Dann forderte Präsident John F. Kennedy 1962 in Antwort auf Gagarins Raumflug ein beschleunigtes Programm und verlangte, bis zum Ende des Jahrzehnts Menschen auf den Mond zu bringen.

Dieser Aufruf rüttelte die Nation wach. Ab dem Jahr 1966 gingen atemberaubende 5,5 Prozent des amerikanischen Bundeshaushalts in das Mondlandeprogramm. Wie immer unternahm die NASA nur vorsichtige Schritte und perfektionierte in einer Serie von Starts die Technik, die nötig war, um eine Mondlandung zu bewerkstelligen. Zuerst kam die mit einer Person bemannte Mercury-Raumkapsel, dann die mit zwei Personen bemannte Gemini-Kapsel und schließlich die mit drei Personen bemannte Apollo-Kapsel. Zudem meisterte die NASA auch sorgfältig jeden einzelnen Schritt der geplanten Weltraumreise. Zunächst verließen die Astronauten die Sicherheit ihres Raumschiffs und unternahmen ihren ersten Raumspaziergang. Dann übten die Astronauten das komplizierte Andocken ihres Raumschiffs an ein anderes Schiff. Anschließend umkreisten Astronauten den Mond vollständig, ohne ihn zu betreten. Und schließlich war die NASA bereit, Astronauten direkt auf dem Mond landen zu lassen.

Von Braun wurde zum Bau der Saturn V hinzugezogen, der damals größten Rakete, die jemals gebaut worden war. Diese Rakete war ein wirklich wunderbares Meisterwerk der Ingenieurskunst. Sie überragte die Freiheitsstatue um 20 Meter. Sie konnte eine Nutzlast von 120 Tonnen in eine Erdumlaufbahn tragen. Am wichtigsten war jedoch, dass sie große Nutzlasten auf eine Geschwindigkeit von mehr als 40 000 Kilometer pro Stunde beschleunigen konnte, die Fluchtgeschwindigkeit von der Erde.

Die Möglichkeit einer tödlichen Katastrophe war bei der NASA immer gegenwärtig. Präsident Richard Nixon hatte für seine Fernsehansprache zum Ergebnis der Apollo-11-Mission zwei Texte vorbereitet, einen für den Fall, dass das Unternehmen fehlgeschlagen war und die amerikanischen Astronauten auf dem Mond umgekommen waren. Und dieses Szenario wäre auch beinahe Wirklichkeit geworden. In den letzten Sekunden vor dem Aufsetzen der Mondlandefähre gab der Computer in der Kapsel Alarm. Daraufhin übernahm Neil Armstrong die manuelle Kontrolle und landete die Kapsel sanft auf dem Mond. Wie spätere Analysen zeigten, hatten sie nur noch Treibstoff für 50 Sekunden; die Kapsel hätte abstürzen können. Zum Glück konnte Präsident Nixon am 20. Juli 1969 die andere Ansprache verlesen und den Astronauten zu ihrer erfolgreichen Landung gratulieren. Bis heute ist die Saturn V die einzige Rakete, die jemals Menschen über den erdnahen Orbit hinaus transportiert hat. Erstaunlicherweise funktionierte sie perfekt. Insgesamt wurden 15 Saturn-Raketen gebaut, und 13 wurden ins All geschickt, ohne dass irgendetwas passierte. Zwischen Dezember 1968 und Dezember 1972 transportierte die Saturn V insgesamt 24 Astronauten Richtung Mond, sei es, um dort zu landen, oder um an unserem Trabanten vorbeizufliegen, und die Apollo-Astronauten wurden zu Recht als Helden bejubelt, die die nationale Reputation wiederhergestellt hatten.

Auch die Russen beteiligten sich mit aller Macht am Rennen zum Mond. Sie stießen jedoch auf eine Reihe von Schwierigkeiten. Koroljow, der das sowjetische Raumfahrtprogramm geleitet hatte, starb 1966. Vier Testflüge der N1-Rakete, die russische Astronauten zum Mond bringen sollte, schlugen fehl. Aber entscheidend war wahrscheinlich die Tatsache, dass die Wirtschaft der Sowjetunion, die schon durch den Kalten Krieg strapaziert war, mit der doppelt so leistungsfähigen amerikanischen Wirtschaft nicht mithalten konnte.

Im Raum verloren

Ich erinnere mich an den Moment, als Neil Armstrong und Buzz Aldrin ihren Fuß im Juli 1969 auf den Mond setzten. Ich war in der US Army, beim Training in Fort Lewis, Washington, und fragte mich, ob ich zum Kämpfen nach Vietnam geschickt werden würde. Es war aufregend zu wissen, dass direkt von unseren Augen Geschichte geschrieben wurde, aber es war auch beunruhigend zu wissen, dass ich, sollte ich auf dem Schlachtfeld fallen, meine Erinnerungen an die historische Mondlandung nicht mit meinen zukünftigen Kindern würde teilen können.

Nach dem letzten Start einer Saturn-V-Rakete 1972 richtete die amerikanische Öffentlichkeit ihre Aufmerksamkeit auf andere Dinge. Der Kampf gegen die Armut war in vollem Gange, und der Vietnamkrieg verschlang immer mehr Geld und Menschenleben. Zum Mond zu fliegen erschien wie Luxus, wenn Landsleute nebenan hungerten oder fern der Heimat starben.

Die astronomischen Kosten des Raumfahrtprogramms ließen sich nicht mehr vermitteln, und es wurden Pläne für die Post-Apollo-Ära geschmiedet. Auf dem Tisch lagen mehrere Vorschläge. Einer der Vorschläge war, unbemannte Raketen ins All zu schicken; er wurde von den militärischen, kommerziellen und wissenschaftlichen Gruppen unterstützt, denen es weniger um heroische Bilder als um wertvolle Nutzlasten ging. Ein anderer Vorschlag betonte, wie wichtig es sei, Menschen in den Weltraum zu schicken, denn es war schon immer einfacher, Kongress und Steuerzahler zu bewegen, Geld für Astronauten im All zu bewilligen, als dafür, irgendeine namenlose, langweilige Sonde auf Reisen zu schicken.

Beide Gruppen wollten einen raschen und preisgünstigen Zugang zum Weltall statt teurer Missionen im Abstand von mehreren Jahren. Das Endergebnis war jedoch ein seltsames Mischwesen, mit dem keiner zufrieden war: Astronauten sollten zusammen mit Ladung und Fracht ins All geschickt werden.

Der Kompromiss wurde in Form des Space Shuttle realisiert, das 1981 erstmals zum Einsatz kam. Dieses Gefährt war ein Wunder der Ingenieurskunst und schöpfte aus all den Lehren und modernen technologischen Entwicklungen der vorangegangenen Jahrzehnte. Das Space Shuttle konnte eine Nutzlast von etwa 27 Tonnen in den Orbit transportieren und dann an der Internationalen Raumstation andocken. Anders als die Apollo-Module, die nach jedem Flug ausgemustert wurden, war das Space Shuttle so entworfen, dass es teilweise wiederverwendet werden konnte. Es konnte sieben Astronauten ins All tragen und sie dann wie ein Flugzeug wieder nach Hause fliegen. Infolgedessen sah es so aus, als könnten Raumflüge allmählich Routine werden. Die amerikanische Öffentlichkeit gewöhnte sich daran, winkende Astronauten zu sehen, die von ihrem letzten Flug zur Internationalen Raumstation zurückkehrten – die Raumstation selbst war das Produkt eines Kompromisses zwischen den vielen Nationen, die die Rechnung zahlten.

Im Lauf der Zeit ergaben sich Probleme mit dem Space Shuttle. Obgleich es Ziel der Shuttle-Konstruktion gewesen war, Geld zu sparen, begannen zum einen die Kosten zu explodieren, sodass jeder Start schließlich rund eine Milliarde US-Dollar verschlang. Ein Objekt mit dem Shuttle auf eine erdnahe Umlaufbahn zu schicken, kostete pro Kilo etwa 30 000 Dollar, etwa das Vierfache der Kosten anderer Transportsysteme. Unternehmen klagten, es wäre viel billiger, ihre Satelliten mit konventionellen Raketen ins All zu bringen. Zum anderen fanden die Flüge nur unregelmäßig statt, denn zwischen den Starts lagen oft viele Monate. Selbst die US Air Force zeigte sich frustriert über diese Einschränkungen und sagte schließlich einige ihrer Space-Shuttle-Starts zugunsten anderer Optionen ab.

Der Physiker Freeman Dyson vom Institute for Advanced Study in Princeton, New Jersey, hat seine eigene Ansicht zu der Frage, warum das Space Shuttle die in es gesetzten Erwartungen nicht erfüllte. Wenn wir uns die Geschichte des Schienenverkehrs anschauen, stellen wir fest, dass die Bahn zunächst als Beförderungsmittel für Güter aller Art diente, einschließlich Menschen und Waren. Gütertransport und Personenbeförderung hatten jedoch jeweils ihre ganz eigenen Prioritäten und Probleme und wurden schließlich voneinander getrennt, was die Effizienz erhöhte und die Kosten senkte. Beim Space Shuttle kam es jedoch nie zu dieser Trennung und es blieb eingekeilt zwischen den Interessen des Waren- und der Passagiertransports. Aus dem «alles für alle» wurde vor allem aufgrund von Kostenexplosion und Flugverzögerungen «nichts für niemanden».

Nach der *Challenger-* und der *Columbia*-Tragödie, die 14 Astronauten das Leben kostete, verschlechterte sich die Lage. Diese Katastrophen ließen die öffentliche, private und staatliche Unterstützung für das Raumfahrtprogramm schwinden. Wie die Physiker James und Gregory Benford schrieben: «Der Kongress begann, die NASA primär als Arbeitsbeschaffungsprogramm zu sehen, nicht als Forschungseinrichtung.»[8] Sie stellten auch fest: «In der Raumstation wurde nur sehr wenig nützliche Wissenschaft betrieben ... in der Station ging es um Weltraumcamping, nicht um Leben im All.»

Ohne den Schub des Kalten Kriegs verlor das Raumfahrtprogramm rasch an finanzieller Unterstützung und Schwung. Damals, in der Hochzeit des Apollo-Programms, hieß es bei der NASA scherzhaft, man brauche im Kongress nur ein einziges Wort zu sagen, um Gelder lockerzumachen: «Russland!» Dann würde der Kongress sein Scheckbuch öffnen und fragen: «Wie viel?» Aber diese Tage waren schon lange vergangen. Wie Isaac Asimov meinte, machten wir einen entscheidenden Punkt – und dann nahmen wir unseren Ball und gingen nach Hause.

Schließlich spitzten sich die Dinge 2011 zu, als der damalige Präsident Barack Obama mit einem einzigen Federstrich das *Constellation*-Programm (den Ersatz für das Shuttle), das Mond-Programm und das Mars-Programm aufhob. Um die Steuerlast für die Bevölkerung zu senken, entzog er diesen Programmen die finanzielle Unterstützung, wohl in der Hoffnung, der Privatsektor werde einspringen. 20 000 Veteranen des Raumfahrtprogramms wurden auf einen Schlag entlassen, das kollektive Wissen der besten und klügsten Köpfe der NASA verschleudert. Die größte Demütigung war, dass amerikanische Astronauten, die über Jahrzehnte in direkter Konfrontation mit russischen Astronauten gestanden hatten, nun gezwungen sein würden, per Anhalter in russischen Trägerraketen mitzufliegen. Die Blütezeit der Raumforschung war anscheinend vorbei, die Talsohle erreicht.

Das Problem lässt sich in einem einzigen, sechs Buchstaben langen Wort zusammenfassen: *Kosten*. Es kostet fast 20 000 Dollar, um ein Kilo Nutzlast in eine erdnahe Umlaufbahn zu bringen. Stellen Sie sich vor, Ihr Körper bestünde aus reinem Gold. Dann müssten Sie nach heutigen Goldpreisen zwei Drittel davon verkaufen, um in den Orbit zu kommen. Etwas auf den Mond zu transportieren, kann leicht 200 000 Dollar pro Kilo kosten. Um Dinge auf den Mars zu bringen, sind mehr als zwei Millionen Dollar pro Kilo nötig. Und um einen Astronauten auf den Mars zu bringen, muss man Schätzungen zufolge zwischen 400 und 500 Milliarden Dollar rechnen.

Ich lebe in New York City. Für mich war es ein trauriger Tag, als das Space Shuttle in die Stadt kam. Auch wenn neugierige Touristen Schlange standen und jubelten, als das Shuttle die Straßen entlanggefahren wurde, war es das Ende einer Ära. Das Raumschiff wurde ausgestellt und fand schließlich einen Liegeplatz an der 42. Straße. Ohne Ersatz in Sicht schien es so, als gäben wir die Wissenschaft und damit unsere Zukunft auf.

Wenn ich in diese dunkle Zeit zurückschaue, denke ich manchmal an das Schicksal der großen kaiserlichen chinesischen Flotte im 15. Jahrhundert. Damals waren die Chinesen die unbestrittenen Führer, was Naturwissenschaft und Forschung anging. Sie erfanden Schießpulver, Kompass und Druckerpresse. Sie hatten nicht ihresgleichen, was militärische Macht und Technologie anging. In Europa gab es noch Jahrhunderte später Religionskriege und Inquisition, Hexenprozesse und Aberglauben, und große Wissenschaftler und Visionäre wie Giordano Bruno und Galileo wurden lebendig verbrannt oder unter Hausarrest gestellt, ihre Schriften verboten. Europa musste damals Technologien importieren und war nicht die Quelle von Neuerungen.

Unter dem Kommando von Admiral Zhen He schickte der chinesische Kaiser die ehrgeizigste Expedition aller Zeiten übers Meer, eine Flotte von 317 riesigen Dschunken, jede fünf Mal so lang wie die Schiffe des Kolumbus, bemannt mit 28 000 Seeleuten. Die nächsten 400 Jahre sollte die Welt nichts Vergleichbares zu Gesicht bekommen. Zwischen 1405 und 1433 erforschte Admiral Zheng He nicht nur einmal, sondern sieben Mal die damals bekannte Welt, segelte um Südostasien und vorbei am Mittleren Osten, bis er schließlich in Ostafrika vor Anker ging. Alte Holzschnitte zeigen seltsame Tiere, beispielsweise eine Giraffe, die er von seinen Entdeckungsreisen mitbrachte und dem Hofstaat in einer Parade präsentierte.

Aber als der Kaiser starb, entschieden die neuen Herrscher, dass sie kein Interesse am Erforschen und Entdecken hätten. Sie erließen sogar ein Dekret, das einem chinesischen Bürger den Besitz eines Bootes untersagte. Die Flotte selbst moderte vor sich hin oder diente als Brennholz, und Berichte über Admiral Zheng Hes große Leistungen wurden unterdrückt. Nachfolgende Kaiser unterbanden erfolgreich den Kontakt zwischen China und dem Rest der Welt. China wandte sich nach innen, mit katastrophalen Folgen, die schließlich zu Niedergang, totalem Zusammenbruch, Chaos, Bürgerkrieg und Revolution führten.

Manchmal denke ich darüber nach, wie einfach es für eine Nation ist, nach vielen fetten Jahren selbstzufrieden zu werden und dem Niedergang entgegenzugehen. Da dic Naturwissenschaften der Motor des Wohlstands sind, geraten Nationen, die Wissenschaft und Technik den Rücken kehren, schließlich in eine Abwärtsspirale.

Das US-Raumfahrtprogramm erlebte einen ähnlichen Niedergang. Doch inzwischen haben sich die politischen und wirtschaftlichen Umstände geändert. Die Bühne wird neu besetzt, an die Stelle von kühnen Astronauten treten wagemutige Milliardäre und Unternehmer. Diese Renaissance wird von neuen Ideen, neuer Energie und neuen finanziellen Mitteln gespeist. Aber kann uns diese Kombination aus privaten Geldern und staatlicher Finanzierung den Weg zu den Sternen ebnen?

Aus deinem Licht ward mein Geist geboren. Du bist meine Sonne, mein Mond und all meine Sterne.
e. e. cummings

Kapitel 2
Das neue Goldene Zeitalter der Raumfahrt

Anders als der Niedergang der chinesischen Marine, der sich über Jahrhunderte hinzog, erlebt das bemannte Raumfahrtprogramm der Vereinigten Staaten nach wenigen Jahrzehnten der Vernachlässigung gegenwärtig eine Renaissance. Eine ganze Reihe von Faktoren hat zu dieser Wende beigetragen.

Ein Faktor sind Finanzspritzen von Unternehmern aus dem Silicon Valley. Eine seltene Kombination aus privater und staatlicher Finanzierung ermöglicht die Konstruktion einer neuen Generation von Raketen. Gleichzeitig rücken die sinkenden Kosten der Raumfahrt eine Reihe von Projekten in den Bereich des Möglichen. Auch die öffentliche Unterstützung für die Raumfahrt ist an einen Wendepunkt gekommen, und Amerikaner erwärmen sich wieder für Hollywood-Filme und TV-Serien über die Erforschung des Weltalls.

Und was am wichtigsten ist: Die NASA konzentriert sich endlich wieder auf das Wesentliche. Am 8. Oktober 2015 verkündete die NASA nach Jahren des Durchwurstelns, des Schwankens und der Unschlüssigkeit ihr langfristiges Ziel: Astronauten auf den Mars zu schicken. Die NASA skizzierte sogar einige grobe Ziele für ihre eigene Zukunft, als Erstes die Rückkehr zum Mond. Statt des Endziels soll der Mond diesmal jedoch lediglich als Zwischenstation auf dem Weg zum Mars dienen. Die einst steuerlose Organisation hatte plötzlich wieder ein Ziel. Experten begrüßten diese Entscheidung, denn die NASA beanspruchte offenbar erneut die Führung auf dem Gebiet der Raumerkundung.

Lassen Sie uns daher zunächst unseren nächsten himmlischen Nachbarn, den Mond, diskutieren und dann weiter in die Tiefen des Raumes vordringen.

Das Rückgrat der Bemühungen der NASA, wieder zum Mond zu fliegen, bildet eine Kombination aus dem Space Launch System (SLS, etwa «Weltraum-Startsystem»), einer Trägerrakete, und der Orion-Kapsel. Beide sind Überbleibsel von Präsident Obamas Budgetkürzungen Anfang der 2010er Jahre, als er dem Constellation-Programm den Geldhahn zudrehte. Der NASA gelang es jedoch, das Raummodul der Constellation, die Orion-Kapsel, sowie die SLS-Trägerrakete zu retten, die sich noch im Planungsstadium befand. Ursprünglich für völlig unterschiedliche Missionen vorgesehen, wurden sie kombiniert, um das Basis-Startsystem der NASA zu schaffen.

Gegenwärtig ist geplant, dass die SLS/Orion-Rakete Mitte der 2020er Jahre einen bemannten lunaren Vorbeiflug durchführt.

Das Erste, was einem beim SLS/Orion-System auffällt, ist, dass es so ganz anders aussieht als sein Vorgänger, das Space Shuttle. Es erinnert viel mehr an die Saturn-V-Rakete. Seit rund 45 Jahren ist die Saturn V ein Museumsstück. Doch in einem gewissen Sinne ist sie nun in Form der SLS-Trägerrakete wiederauferstanden. Wenn man das SLS/Orion-System betrachtet, beschleicht einen ein Déjà-vu-Gefühl.

Die SLS kann eine Nutzlast von 130 Tonnen tragen, was der Leistung der Saturn V vergleichbar ist. Statt in einem Schiff an der Seite der Trägerrakete zu sitzen, wie es im Space Shuttle der Fall war, befinden sich die Astronauten in einer Kapsel direkt oben auf der Trägerrakete, wie bei der Apollo-Kapsel auf der Saturn V. Im Gegensatz zum Space Shuttle ist das SLS/Orion-System vor allem dazu bestimmt, Astronauten zu befördern und keine Fracht. Zudem ist das SLS/Orion-System nicht dazu entworfen, nur einen erdnahen Orbit zu erreichen. Vielmehr soll es wie die Saturn V Fluchtgeschwindigkeit von der Erde erreichen.

Die Orion-Kapsel ist so ausgelegt, dass sie vier bis sechs

Besatzungsmitglieder transportieren kann, während die Apollo-Kapsel auf der Saturn V nur Platz für drei Personen hatte. Wie die Apollo-Kapsel ist die Orion-Kapsel innen ziemlich eng. Sie hat einen Durchmesser von ca. 5 Meter, eine Höhe von 3,4 Meter und wiegt etwa 26 Tonnen. (Weil Platz seinen Preis hat, waren Astronauten in der Regel klein. Juri Gagarin, beispielsweise, maß nur 1,57 Meter.)

Und im Gegensatz zur Saturn V, die speziell für den Mondflug konstruiert war, kann die SLS-Rakete ihre Besatzung fast überallhin bringen – zum Mond, zu den Asteroiden und sogar zum Mars.

Zudem gibt es in den Vereinigten Staaten Milliardäre, die das Schneckentempo der NASA-Bürokratie leid sind und schon recht bald Astronauten auf dem Mond und sogar auf dem Mars sehen wollen. Diese jungen Unternehmer griffen Präsident Obamas Vorschlag auf, private Unternehmen sollten das bemannte Raumfahrtprogramm übernehmen.

Advokaten der NASA betonen, dass deren vorsichtiges Vorgehen auf Sicherheitsbedenken beruht. Die Anhörung vor dem Kongress, die nach den beiden Space-Shuttle-Katastrophen angesetzt wurde, hätte fast zur Einstellung des Raumfahrtprogramms geführt, das in der Öffentlichkeit stark umstritten war. Eine weitere Katastrophe dieses Ausmaßes hätte das Ende des Programms bedeuten können. Zudem verweisen sie darauf, dass die NASA in den 1990er Jahren versuchte, dem Mantra «Schneller, besser, billiger» zu folgen. Als die Sonde Mars Observer jedoch 1993 aufgrund eines Lecks im Treibstofftank kurz vor ihrem Einschwenken auf die Marsumlaufbahn verloren ging, waren viele der Ansicht, die NASA habe die Mission möglicherweise überstürzt, und der Slogan «Schneller, besser, billiger» wurde still und leise beerdigt.

Daher muss man zwischen den Hitzköpfen, die ein schnelleres Tempo vorlegen wollen, und den Bürokraten, die überall Sicherheitsrisiken sehen und die Kosten eines Fehlschlags fürchten, einen Kompromiss finden.

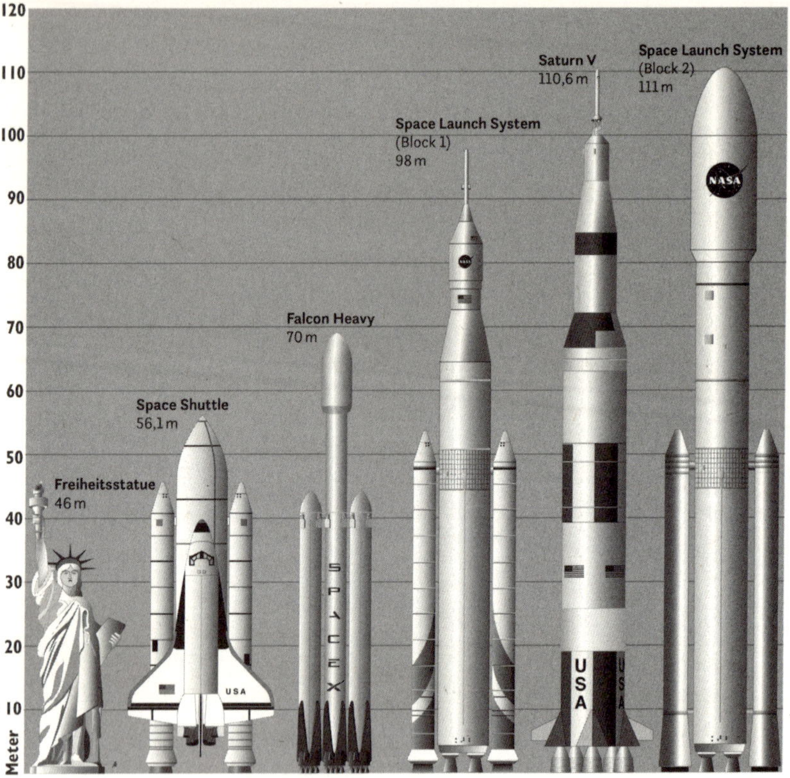

Diese Gegenüberstellung vergleicht die ursprüngliche Saturn-V-Rakete, die die amerikanischen Astronauten zum Mond brachte, und das Space Shuttle mit anderen Raketen, die getestet wurden.

Nichtsdestotrotz haben zwei Milliardäre die Führung bei der Beschleunigung des Raumfahrtprogramms übernommen: Jeff Bezos, Gründer von Amazon und Besitzer der *Washington Post*, und Elon Musk, Gründer von PayPal, Tesla und SpaceX.

Die Presse redet schon von der «Schlacht der Milliardäre».

Bezos wie auch Musk planen, die Menschheit ins All zu schicken. Während Musk langfristig denkt und seinen Blick auf den Mars richtet, hat Bezos ein näheres Ziel vor Augen und konzentriert sich auf den Mond.

Zum Mond

Menschen von überall her haben sich in Florida versammelt, um einen Blick auf die Kapsel zu werfen, in der amerikanische Astronauten zum Mond fliegen wollen. Die Mondkapsel wird drei Astronauten zu einem einzigartigen Rendezvous bringen, das es in der Geschichte der Menschheit noch nie gegeben hat, einem Treffen mit einem anderen Himmelskörper. Die Reise zum Mond wird rund drei Tage dauern, und die Astronauten werden Dinge erleben, die sie noch nie zuvor erlebt haben, zum Beispiel Schwerelosigkeit. Nach einer heroischen Reise wird das Raumschiff schließlich sicher im Pazifik landen, und seine Passagiere werden als Helden gefeiert werden, die ein neues Kapitel in der Geschichte der Menschheit aufgeschlagen haben.

All die nötigen Berechnungen wurden mit Hilfe der Newton'schen Gesetze durchgeführt, sodass eine präzise Flugbahn garantiert war. Das Problem ist nur: Eigentlich handelt es sich um eine Geschichte, die Jules Verne in seinem Zukunftsroman *Von der Erde zum Mond* (*De la Terre à la Lune*) geschildert hat; sie wurde 1865, direkt nach dem Ende des Amerikanischen Bürgerkriegs, veröffentlicht. Und die Organisatoren des Mondfluges waren keine NASA-Wissenschaftler, sondern Mitglieder des Kanonenclubs in Baltimore.

Wirklich bemerkenswert ist dabei, dass Jules Verne mehr als 100 Jahre vor der ersten Mondlandung so viele Einzelheiten des tatsächlichen Mondfluges vorhersagen konnte. Er konnte die Größe der Kapsel, den Startplatz und die Methode der Rückkehr zur Erde und der Landung korrekt angeben.

Der einzige größere Fehler in seinem Roman war der Gebrauch einer riesigen Kanone, um die Astronauten zum Mond zu schicken. Die plötzliche Beschleunigung durch den Abschuss würde rund das Zwanzigtausendfache der Erdschwerkraft betragen und damit zweifellos jedermann im Raumschiff töten. Vor Aufkommen von Raketen mit Flüssigtreibstoff gab es für Verne jedoch keine andere Möglichkeit, eine solche Reise zu realisieren.

Verne nahm zudem an, dass die Astronauten schwerelos werden würden, aber nur an einem Punkt, auf halbem Weg zwischen Erde und Mond. Er erkannte nicht, dass ihre Schwerelosigkeit die ganze Reise hindurch anhalten würde. (Selbst heute noch irren sich manche Kommentatoren, wenn es um Schwerelosigkeit geht, und behaupten, diese würde durch das Fehlen von Schwerkraft im Raum hervorgerufen. Tatsächlich ist der Raum erfüllt von Gravitation, die so stark ist, dass sie Riesenplaneten wie Jupiter auf einen Orbit um die Sonne zwingt. Die Erfahrung der Schwerelosigkeit wird dadurch hervorgerufen, dass alles mit derselben Geschwindigkeit fällt. Daher fällt ein Astronaut innerhalb eines Raumschiffs mit derselben Geschwindigkeit wie sein Schiff und erlebt die Illusion, die Schwerkraft sei ausgeschaltet.)

Heutzutage sind es nicht die Privatvermögen der Mitglieder des Baltimorer Kanonenclubs, die dieses neue Wettrennen im Raum anfachen, sondern die Scheckbücher von Mogulen wie Jeff Bezos. Statt darauf zu warten, dass ihm die NASA grünes Licht für den Bau von Raketen und Startrampen mit Steuergeldern gibt, gründete er sein eigenes Unternehmen, Blue Origin, und baut sie selbst, mit seinem eigenen Taschengeld.

Das Projekt ist bereits aus dem Planungsstadium heraus. Blue Origin hat ein eigenes neues Raketensystem namens New Shepard entwickelt (benannt nach Alan Shepard, dem ersten Amerikaner, der mit einer Suborbitalrakete ins All flog). Tatsächlich war die New-Shepard-Rakete die erste Suborbitalrakete der Welt, die erfolgreich wieder auf ihrem eigenen Startplatz landete und dabei Elon Musks Falcon-Rakete knapp schlug (dies war die erste wiederverwendbare Rakete, die tatsächlich eine Nutzlast in eine Umlaufbahn beförderte).

Bezos' New-Shepard-Rakete ist allerdings nur suborbital, das heißt, dass sie 29 000 Kilometer pro Stunde erreichen und in eine erdnahe Umlaufbahn gelangen kann. Sie wird uns nicht zum

Mond bringen, doch sie könnte die erste amerikanische Rakete sein, die Touristen routinemäßig einen Ausflug ins All ermöglicht. Blue Origin hat kürzlich ein Video einer hypothetischen Reise mit New Shepard ins Netz gestellt, und es sah so aus, als reise man erster Klasse mit einem Luxusliner. Wenn man die Raumkapsel betritt, ist man sofort von ihrer Geräumigkeit beeindruckt. Weit entfernt von den beengten Quartieren, wie man sie oft in Science-Fiction-Filmen sieht, gibt es genug Platz für sechs Touristen, die auf luxuriösen, zurückklappbaren schwarzen Ledersitzen angeschnallt werden. Durch große Fenster von rund 70 Zentimeter Breite und 110 Zentimeter Höhe schaut man ins All. «Jeder Sitzplatz ist ein Fensterplatz, die größten Fenster, die es jemals bei einem Raumflug gab!», erklärt Bezos. Raumfahrt war noch nie so bequem und großartig.

Da Sie als Passagier im Begriff sind, ins All zu reisen, sind ein paar Vorsichtsmaßnahmen nötig. Zwei Tage vor dem Ausflug fliegen Sie nach Van Horn, Texas, wo die Abschussrampen von Blue Origin stehen. Dort treffen Sie auf Ihre Mitpassagiere und hören einige kurze Vorträge der Crew. Da die Reise vollständig automatisiert ist, begleiten die Crewmitglieder die Touristen nicht.

Ihr Instrukteur erklärt Ihnen, dass der ganze Trip elf Minuten dauern wird, in denen Sie knapp 100 Kilometer senkrecht nach oben jagen und die Grenze zwischen der Atmosphäre und dem Weltraum erreichen. Draußen wird sich der Himmel zunächst dunkelpurpur und dann tintenschwarz verfärben. Sobald die Kapsel das All erreicht, können Sie sich losschnallen und vier Minuten Schwerelosigkeit genießen. Dann werden Sie wie ein Zirkusartist fliegen, frei von den irdischen Zwängen der Schwerkraft.

Manchen Menschen wird in der Schwerelosigkeit übel und sie müssen sich übergeben, aber das sollte kein Problem sein, erklärt der Instrukteur, da der Flug so kurz ist.

(Zum Training der Astronauten setzt die NASA den «Vomit Comet» (*vomit* engl. für Erbrechen) ein, ein KC-135-Flugzeug, mit dem sich Schwerelosigkeit simulieren lässt. Der Vomit Comet steigt steil auf, stellt plötzlich seinen Antrieb rund 30 Sekunden lang ab und fällt dann zurück Richtung Boden. Die Astronauten sind nun wie ein Stein, der in die Luft geschleudert wurde – sie befinden sich im freien Fall. Wenn das Flugzeug seinen Antrieb wieder anstellt, plumpsen die Astronauten zurück auf den Boden. Dieser Prozess wird mehrere Stunden lang wiederholt.

Am Ende des Trips mit der New Shepard aktiviert die Kapsel Fallschirme und landet dann mit Hilfe ihrer eigenen Raketen sanft auf dem Boden. Eine Wasserlandung im Meer ist nicht nötig. Und im Gegensatz zum Space Shuttle verfügt die Kapsel über ein Sicherheitssystem, sodass die Passagiere aus der Kapsel herausgeschleudert werden können, sollte beim Start etwas schiefgehen. (Das Raumschiff *Challenger* hatte kein derartiges Sicherheitssystem, und sieben Astronauten starben.)

Blue Origin hat noch keinen Preis für diesen Suborbitaltrip ins All genannt, doch Experten vermuten, er könne bei etwa 200 000 Dollar pro Passagier liegen. Das ist der Preis für einen Trip mit einer konkurrierenden Suborbitalrakete, die von Richard Branson entwickelt wurde, einem anderen Milliardär, der sich in die Annalen der Raumfahrt eingeschrieben hat. Branson ist der Gründer von Virgin Atlantic Airways und von Virgin Galactic, und er unterstützt die Bemühungen des Luft- und Raumfahrtingenieurs Burt Rutan. 2004 machte Rutans SpaceShipOne Schlagzeilen, als es den mit 10 Millionen Dollar dotierten Ansari XPRIZE gewann. SpaceShipOne war in der Lage, die Atmosphärengrenze rund 100 Kilometer über der Erdoberfläche zu erreichen. Obgleich SpaceShipTwo 2014 bei einem Testfug über die Mojave-Wüste abstürzte, wobei der Kopilot ums Leben kam, plant Branson weitere Raketentests und hofft, Raumtourismus Wirklichkeit werden zu lassen. Die Zeit wird zeigen, welches Raketensystem kommerziell erfolgreich ist. Aber es scheint klar, dass der Raumtourismus kommt.

Bezos baut noch einen weiteren Raketentyp, der Menschen in

eine Erdumlaufbahn schicken soll. Es handelt sich um die New-Glenn-Rakete, benannt nach dem Astronauten John Glenn, dem ersten Amerikaner in einer Erdumlaufbahn. Die Rakete wird bis zu drei Stufen haben, rund 95 Meter hoch sein und eine Gesamtschubkraft von rund 20 Millionen Newton entwickeln. Auch wenn sich die New-Glenn-Rakete noch im Planungsstadium befindet, hat Bezos durchblicken lassen, dass er eine noch weiter entwickelte Rakete namens New Armstrong plane, die über den Erdorbit hinaus bis zum Mond fliegen kann.

Als Kind träumte Bezos davon, ins All zu fliegen, vor allem mit der Crew der *Enterprise* im *Star-Trek*-Universum. Er beteiligte sich an Rollenspielen, die auf der Fernsehserie basierten, und übernahm dabei die Rolle von Spock, Captain Kirk und sogar des Computers. Bei seinem High-School-Abschluss, einem Lebensabschnitt, in dem die meisten Teenager von ihrem ersten Auto oder dem Abschlussball träumen, entwickelte er einen visionären Plan für das nächste Jahrhundert. Er sagte, er wolle «Hotels im All bauen, Freizeitparks, Yachten und Kolonien für zwei oder drei Millionen Menschen, die auf einer Umlaufbahn um die Erde kreisen».

«Die ganze Idee besteht darin, die Erde zu erhalten ... das Ziel ist, in der Lage zu sein, Menschen zu evakuieren. Der Planet würde zu einem Park werden», schrieb er.[1] Nach Bezos' Ansicht ließe sich die industrielle Verschmutzung des Planeten schließlich irgendwann in den Raum auslagern.

Um den Worten auch Taten folgen zu lassen, gründete er später das Unternehmen Blue Origin, um die Raketen der Zukunft zu bauen. Der Name seines Raketenunternehmens spielt auf den Planeten Erde an, der aus dem All wie eine blaue Kugel erscheint. Das Ziel ist, «zahlenden Gästen Reisen ins All zu ermöglichen. Die Vision für Blue ist sehr einfach», meint er. «Wir wollen dafür sorgen, dass Millionen Menschen im Weltall leben und arbeiten. Das wird noch viel Zeit brauchen, aber ich denke, es ist ein lohnenswertes Ziel.»

Im Jahr 2017 verkündete Bezos, er plane in naher Zukunft mit Blue Origin einen Pendelverkehr zum Mond einzurichten. Er stellt sich ein großes Unternehmen vor, das – genau wie Amazon rasch eine Vielzahl von Produkten auf Knopfdruck zum Verbraucher schickt – Maschinen und Baumaterial, Güter und Dienstleistungen zum Mond transportiert. Der Mond, der einst als einsamer Außenposten im All galt, soll in Zukunft zu einer geschäftigen industriellen und kommerziellen Drehscheibe werden, mit dauerhaft bemannten Basen und Produktionsstätten.

Dieses lockere Reden über Städte auf dem Mond würde man normalerweise als das wirre Geschwätz eines Exzentrikers abtun. Doch wenn es von einem der reichsten Männer der Erde kommt, der das Ohr des Präsidenten, des Kongresses und der Redakteure der *Washington Post* hat, nimmt man das alles ziemlich ernst.

Eine Mondbasis

Um diese ambitionierten Projekte refinanzieren zu können, haben sich Astronomen eingehend mit der Frage beschäftigt, ob es physikalisch machbar und wirtschaftlich sinnvoll ist, Rohstoffquellen auf dem Mond zu erschließen, und mindestens drei potenzielle Ressourcen gefunden, deren Ausbeutung sich lohnt.

In den 1990er Jahren entdeckten Wissenschaftler zu ihrer Überraschung auf der Südhemisphäre des Mondes große Mengen Eis.[2] Dort, im Schatten großer Gebirgsketten und Krater, herrscht ständige Dunkelheit, und die Temperaturen liegen unterhalb des Gefrierpunkts. Das Eis stammt wahrscheinlich aus Kometeneinschlägen in der Frühzeit des Sonnensystems. Kometen bestehen hauptsächlich aus Eis, Staub und Gesteinsbrocken; daher kann jeder Komet, der an einer dieser schattigen Stellen auf die Mondoberfläche trifft, Ablagerungen von Wasser und Eis hinterlassen. Das Wasser wiederum lässt sich in Sauerstoff und Wasserstoff spalten (wobei es sich zufällig um die beiden Hauptkomponenten von Raketentreibstoff handelt). Das könnte den Mond in eine kosmische Tankstelle verwandeln. Das Wasser könnte auch zum Trinken gereinigt oder zur Bewässerung von kleinen Landwirtschaften verwendet werden.

Tatsächlich hat eine andere Gruppe von Unternehmern aus dem Silicon Valley eine Gesellschaft namens Moon Express gegründet, um die Eislagerstätten auf dem Mond auszubeuten. Es ist die erste Gesellschaft, die von der amerikanischen Regierung die Erlaubnis für dieses kommerzielle Unterfangen erhalten hat. Vorläufig ist das Ziel von Moon Express jedoch bescheidener. Das Unternehmen will zunächst ein Fahrzeug auf den Mond transportieren, das systematisch nach Eislagerstätten sucht. Die Gesellschaft verfügt dank privater Finanzierung bereits über genug Mittel für diese Mission. Daher kann die Sache nun losgehen.

Experten haben das Mondgestein, das von den Apollo-Astronauten zur Erde zurückgebracht wurde, analysiert und glauben, dass es weitere kommerziell interessante Elemente auf dem Mond gibt. Seltene Erden sind für die Elektronik-Industrie von entscheidender Bedeutung, sind auf der Erde aber vorwiegend in China zu finden. (Seltene Erden gibt es überall in geringen Mengen, doch die chinesischen Vorkommen decken 97 Prozent des Welthandels. China verfügt über rund 30 Prozent der weltweiten Vorkommen.) Vor ein paar Jahren wäre es fast zu einem Handelskrieg gekommen, als die chinesischen Lieferanten abrupt die Preise für diese Schlüsselelemente erhöhten und der Welt klar wurde, dass China beinahe über ein Monopol verfügt. Es wird angenommen, dass die Vorräte in den nächsten Jahrzehnten zur Neige gehen, was die Suche nach Alternativen dringend macht. In Mondgestein sind Seltene Erden gefunden worden, daher könnte es sich eines Tages kommerziell lohnen, sie auf dem Mond abzubauen. Platin ist ein anderes wichtiges Element für die Elektronik-Industrie, und die Präsenz von platinhaltigen Mineralien, vielleicht Überbleibsel von Asteroideneinschlägen in der Frühzeit des Sonnensystems, sind ebenfalls auf dem Mond gefunden worden.

Und schließlich ist es möglich, dass wir dort auf Helium-3 stoßen, das bei Fusionsreaktionen eine große Rolle spielt. Wenn Wasserstoffatome bei extrem hohen Temperaturen zusammenkommen, verschmelzen die Wasserstoffkerne miteinander, sodass Helium entsteht, dazu große Mengen an Energie und Wärme. Diese überschüssige Energie kann zum Antrieb von Maschinen genutzt werden. Dieser Prozess erzeugt jedoch auch große Mengen an gefährlichen Neutronen. Der Vorteil des Fusionsprozesses mit Helium-3 ist, dass dabei stattdessen ein überschüssiges Proton frei wird, das sich leichter handhaben und durch elektromagnetische Felder ablenken lässt. Fusionsreaktoren befinden sich noch immer in einem höchst experimentellen Stadium, und bislang gibt es auf der Erde noch keinen solchen Reaktor. Doch wenn sie sich als erfolgreich erweisen sollten, könnte auf dem Mond Helium-3 abgebaut werden, um damit die Fusionsreaktoren der Zukunft zu füttern.

Aber das wirft auch eine knifflige juristische Frage auf: Ist es legal, territoriale Ansprüche auf den Mond zu erheben und dort Rohstoffe abzubauen?

Im Jahr 1967 unterzeichneten die Vereinigten Staaten, die Sowjetunion und viele andere Nationen den Weltraumvertrag (Langtitel: *Vertrag über die Grundsätze zur Regelung der Tätigkeiten von Staaten bei der Erforschung und Nutzung des Weltraums einschließlich des Mondes und anderer Himmelskörper*), der den Unterzeichnern untersagt, Himmelskörper wie den Mond in Besitz zu nehmen. Er verbietet auch die Verbringung von Kernwaffen in die Erdumlaufbahn, auf den Mond oder anderswohin im Weltraum. Die Testung von Kernwaffen im All wird ebenfalls verboten. Der Weltraumvertrag, der erste und einzige seiner Art, gilt bis heute.

Der Vertrag sagt jedoch nichts über eine private Inbesitznahme von Land oder den Gebrauch des Mondes für kommerzielle Zwecke – wahrscheinlich deshalb, weil sich niemand beim Entwurf des Vertrages vorstellen konnte, dass Privatpersonen jemals in der Lage sein würden, zum Mond zu fliegen. Aber diese Probleme müssen bald angesprochen werden, vor allem jetzt, wo die Preise für Reisen ins All sinken und Milliardäre den Weltraum kommerzialisieren wollen.

Die Chinesen haben angekündigt, bis 2025 Astronauten auf den Mond zu bringen.[3] Wenn sie dort ihre Flagge aufpflanzen, wird dies ein weitgehend symbolischer Akt sein. Aber was geschieht, wenn irgendein privates Unternehmen Anspruch auf ein Stück Mond erhebt, nachdem er oder sie mit einem privaten Raumschiff dort gelandet ist?

Wenn diese technischen und politischen Probleme gelöst sind, ist die nächste Frage: Wie wird es wohl sein, auf dem Mond zu leben?

Leben auf dem Mond

Die bisherigen Astronauten verbrachten nur kurze Zeit auf dem Mond, gewöhnlich ein paar Tage. Um den ersten bemannten Außenposten zu schaffen, müssen zukünftige Astronauten längere Zeit dort verbringen. Sie müssten sich an die Bedingungen auf dem Mond gewöhnen, die sich, wie Sie sich wohl vorstellen können, deutlich von denen auf der Erde unterscheiden.

Ein Faktor, der die Aufenthaltsdauer von Astronauten auf dem Mond begrenzt, ist die Verfügbarkeit von Luft, Wasser und Nahrung, denn die mitgebrachten Vorräte dürften höchstens einige Wochen vorhalten.[4] Anfangs müsste alles von der Erde zum Mond transportiert werden. Alle paar Wochen müssten die Vorräte der Station aus unbemannten Mondsonden aufgefüllt werden. Diese Lieferungen würden etwas Ähnliches wie ein Rettungsseil für die Astronauten werden. Das bedeutet aber auch, dass jeder Unfall der Versorgungsschiffe einen Notfall auslösen könnte. Nach dem

Bau einer Mondbasis, selbst wenn es sich zunächst um eine nur temporäre Konstruktion handelt, wäre wohl eine der ersten Aufgaben der Astronauten, für genügend Sauerstoff zum Atmen und den Anbau von Nahrungsmitteln zu sorgen. Es gibt eine Reihe von chemischen Reaktionen, bei denen Sauerstoff frei wird, und das nötige Wasser ist vorhanden. Dieses Wasser könnte in hydroponischen Gärten auch zur Zucht von Pflanzen eingesetzt werden.

Zum Glück stellt die Kommunikation mit der Erde kein großes Problem dar, denn es dauert nur wenig mehr als eine Sekunde, um ein Radiosignal vom Mond zur Erde zu schicken. Abgesehen von einer kleinen Verzögerung könnten die Astronauten ihre Mobiltelefone und das Internet benutzen, als befänden sie sich auf der Erde, daher könnten sie in ständigem Kontakt mit Familie und Freunden bleiben und die neuesten Nachrichten empfangen.

Anfangs müssten die Astronauten in Inneren ihrer Raumkapsel leben. Wenn sie sich nach draußen wagen, dann, um als Erstes große Solarmodule zu entfalten, um Energie zu ernten. Da ein Mondtag einem Erdmonat entspricht, erhält jede Seite des Mondes zwei Wochen Tageslicht, gefolgt von zwei Wochen Dunkelheit. Daher bräuchten die Astronauten große Batterien, um die während des zweiwöchigen «Tages» gesammelte elektrische Energie zu speichern, die sie für die Nutzung in der darauf folgenden langen «Nacht» benötigen.

Einmal auf dem Mond, wollen die Astronauten vielleicht zu den Polen reisen, und das aus mehreren Gründen. Es gibt Berggipfel in den Polarregionen, wo die Sonne niemals untergeht, daher könnte eine Solarfarm mit vielen tausend Solarpaneelen für einen ununterbrochenen Nachschub an Energie sorgen. Die Astronauten könnten sich auch die Eislagerstätten im Schatten der großen Gebirgsketten und Krater an den Polen zunutze machen. Schätzungen zufolge könnten in der Nordpolarregion 600 metrische Tonnen Eis in meterdicken Schichten lagern. Dieses Eis könnte abgebaut und gereinigt als Trinkwasser verwendet oder zur Sauerstoffgewinnung herangezogen werden. Auch der Mondboden, der eine erstaunliche Menge Sauerstoff enthält, könnte abgebaut werden. Tatsächlich enthält eine halbe Tonne Mondboden rund 50 Kilo Sauerstoff.

Die Astronauten müssten sich an die geringere Gravitation des Mondes gewöhnen. Nach Newtons Gravitationstheorie hängt die Anziehungskraft eines Planeten von seiner Masse ab. Die Anziehungskraft des Mondes beträgt entsprechend ein Sechstel der Erdanziehungskraft.

Das heißt, dass sich schwere Maschinen auf dem Mond viel leichter bewegen lassen. Und die Fluchtgeschwindigkeit ist ebenfalls viel geringer, sodass Raketen auf dem Mond leichter starten und landen können. In Zukunft ist ein betriebsamer Raumschiffhafen auf dem Mond eine realistische Möglichkeit.

Die Astronauten müssten jedoch einfache Bewegungen wie Laufen neu lernen. Die Apollo-Astronauten stellten fest, dass das Laufen auf dem Mond eine recht beschwerliche Angelegenheit war. Sie fanden heraus, dass Hüpfen die schnellste und effizienteste Fortbewegungsmethode war. Aufgrund der geringeren Anziehungskraft des Mondes kann man viel weiter hüpfen als schreiten und die eigene Bewegung besser kontrollieren.

Ein weiteres Problem ist die Strahlung. Das spielt für Missionen, die nur ein paar Tage dauern, keine große Rolle. Wenn die Astronauten jedoch mehrere Monate auf dem Mond verbringen, kann die Strahlenbelastung so hoch werden, dass das Krebsrisiko steigt. (Ähnliche medizinische Probleme könnten auf dem Mond leicht zu lebensbedrohlichen Situationen eskalieren. Alle Astronauten bräuchten ein Erste-Hilfe-Training, und einige wären wahrscheinlich Ärzte. Wenn ein Astronaut auf dem Mond beispielsweise einen Herzanfall hat oder an einer Blinddarmentzündung erkrankt, würde der Arzt höchstwahrscheinlich eine Telefonkonferenz mit Spezialisten auf der Erde einberufen, die, falls nötig, möglicherweise eine Operation per Fernsteuerung durchführen würden. Roboter vor Ort könnten, geleitet von geschickten Händen auf der Erde, verschiedene mikrochirurgische Eingriffe vornehmen.) Die Astronauten bräuchten tägliche «Wetterberichte» von Astronomen, die die Sonnenaktivität überwachen. Statt drohende Stürme anzukündigen, würden diese Wetterberichte vor gewaltigen Sonneneruptionen warnen, die geballt gefährliche Strahlung in den Raum katapultieren. Wenn es auf der Sonne zu einem gigantischen Ausbruch kommt, müssten die Astronauten Schutz suchen. Nach Eintreffen der Warnung blieben den Astronauten aber noch mehrere Stunden, bevor ein tödlicher Regen geladener subatomarer Teilchen die Basis trifft.

Eine Möglichkeit, sich vor gefährlicher Strahlung zu schützen, könnte im Bau einer unterirdischen Basis in einer Lavaröhre auf dem Mond bestehen. Diese Röhren, Überbleibsel uralter Vulkane, sind zum Teil riesig, mit einem Durchmesser von bis zu 300 Metern, und sie würden ausreichend Schutz vor Strahlung von der Sonne und aus dem Weltall bieten.

Sobald die Astronauten eine zeitweilige Unterkunft errichtet haben, würde die Erde die nötigen Maschinen und Baumaterialien senden, um mit dem Bau einer permanenten Mondbasis zu beginnen. Die Lieferung von vorfabrizierten Teilen und aufblasbaren Produkten könnte diesen Prozess beschleunigen. (In dem Film *2001 – Odyssee im Weltraum* leben die Astronauten in riesigen modernen unterirdischen Mondbasen, die mit Landevorrichtungen für Raketen ausgerüstet sind und als Hauptquartier dienen, um den Abbau von Rohstoffen auf dem Mond zu koordinieren. Unser erstes Hauptquartier auf dem Mond ist wohl noch nicht so luxuriös, doch die im Film vorgestellte Vision wird vielleicht in nicht allzu ferner Zukunft realisiert werden.)

Beim Bau dieser unterirdischen Basen wird es nötig sein, Maschinenteile zu produzieren und zu reparieren. Auch wenn Großgeräte wie Bulldozer und Kräne von der Erde geschickt werden müssen, lassen sich kleinere Maschinenteile aus Plastik mit Hilfe von 3-D-Druckern vor Ort herstellen.

Idealerweise würde man Anlagen installieren, die in der Lage sind, Metalle zu verarbeiten. Es ist jedoch nicht möglich, einen Hochofen zu bauen, denn es gibt keine Luft, um ihn zu speisen. Experimente haben jedoch gezeigt, dass der Mondboden, wenn er durch Mikrowellen erhitzt wird, geschmolzen und zu steinharten keramischen Ziegeln verarbeitet werden kann, die als Grundbausteine für die gesamte Mondbasis verwendet werden könnten. Prinzipiell ließe sich die gesamte Infrastruktur aus diesem Material errichten, das sich direkt aus dem Mondboden gewinnen lässt.

Erholung und Unterhaltung auf dem Mond

Und schließlich müsste es eine Quelle der Unterhaltung auf dem Mond geben, eine Möglichkeit, Dampf abzulassen und sich zu entspannen. Als Apollo 14 im Jahr 1971 auf dem Mond landete, wussten die NASA-Offiziellen nicht, dass Commander Alan Shepard heimlich ein Eisen 6, einen mittelstarken Golfschläger, in die Raumkapsel geschmuggelt hatte. Sie waren völlig überrascht, als er den Schläger nahm und einen Golfball 200 Meter über die Mondoberfläche schlug. Das war das erste und bisher einzige Mal, dass jemand auf einem anderen Himmelskörper Sport betrieb. (Ein Replikat des Golfschlägers ist heute im Smithsonian National Air and Space Museum in Washington, D.C., ausgestellt.) Da es keine Luft gibt und die Schwerkraft so gering ist, würde Sport auf dem Mond eine ganz neue Herausforderung darstellen und Möglichkeiten für einige bemerkenswerte Leistungen bieten.

Auf den Apollo-Missionen 15, 16 und 17 unternahmen die Astronauten mit dem Lunar Roving Vehikel Ausflüge über die staubige Mondoberfläche, jedes Mal zwischen 27 und 35 Kilometer Länge. Das war nicht nur ein wissenschaftlich wichtiges Unterfangen, sondern auch ein Abenteuer, denn als erste Menschen sahen sie die majestätischen Krater und Gebirge des Mondes aus nächster Nähe. In Zukunft wird die Benutzung von Strandbuggys nicht nur die Kartierung der Mondoberfläche, die Installation von Solaranlagen und den Bau der ersten Mondstation beschleunigen, sondern auch der Erholung dienen. Vielleicht wird es eines Tages dann auch die ersten Wettrennen auf dem Mond geben.

Mond-Tourismus und Mond-Erkundungen könnten zu beliebten Freizeitbeschäftigungen werden, um die Wunder einer außerirdischen Landschaft zu genießen. Angesichts der geringen Schwerkraft könnten Wanderer lange Strecken zurücklegen, ohne zu ermüden. Bergsteiger könnten sich mühelos über steile Abhänge abseilen. Und vom Rand der Krater und Bergspitzen aus könnten sie einen ungetrübten Blick über die seit Milliarden Jahren buchstäblich unberührte Mondlandschaft genießen. Höhlenforscher werden begeistert sein von dem Netzwerk gigantischer Lavaröhren, die sich durch den Mondboden ziehen. Auf der Erde wurden Höhlen von unterirdischen Flüssen aus dem Fels gewaschen und enthalten Belege für geologisch alte Wasserbewegungen in Form von Stalagmiten und Stalagtiten. Auf dem Mond gibt es jedoch keine nennenswerten Vorräte an flüssigem Wasser. Die Höhlen auf dem Mond wurden stattdessen durch Ströme flüssiger Lava ins Gestein gegraben. Sie sehen völlig anders aus als die Höhlen auf der Erde.

Woher kommt der Mond?

Sobald die Ressourcen an der Mondoberfläche erfolgreich abgebaut werden können, werden wir uns sicher den möglichen Reichtümern tief im Inneren des Mondes zuwenden. Ihre Entdeckung würde die ökonomische Landschaft verändern, wie es die zufällige und unerwartete Entdeckung von Erdöl auf der Erde tat. Aber wie sieht das Innere des Mondes aus? Um darauf zu antworten, müssen wir uns eine andere Frage stellen: Woher kommt der Mond?

Der Ursprung des Mondes fasziniert die Menschen seit Jahrtausenden. Da der Mond die Nacht beherrscht, ist er oft mit Dunkelheit oder Verrücktheit in Zusammenhang gebracht worden. Das englische Wort *lunatic* (Verrückter) leitet sich vom lateinischen *luna*, Mond, ab.

Antike Seefahrer waren fasziniert von dem Zusammenhang zwischen Mond, Gezeiten und Sonne und nahmen richtigerweise an, dass zwischen allen dreien ein enger Zusammenhang besteht.

Den Menschen der Antike fiel eine weitere seltsame Tatsache auf: Wir bekommen immer nur eine Seite des Mondes zu Gesicht. Denken Sie an die vielen Male, wo Sie zum Mond aufgeschaut haben, und machen Sie sich klar, dass der Mond Ihnen immer dieselbe Seite zugewandt hat.

Es war Isaac Newton, der schließlich alle Puzzleteile zu einem Gesamtbild zusammenfügte. Er berechnete, dass die Gezeiten von dem gravitationsbedingten Zug ausgelöst werden, die Sonne und Mond auf die Weltmeere ausüben. Seine Theorie zeigte darüber hinaus, dass auch die Erde Gezeiteneffekte auf den Mond ausübt. Da der Mond aus Gestein besteht und keine Meere aufweist, wird er tatsächlich von der Erde verformt, und diese Kraft führt dazu, dass er sich ein wenig ausbeult. Irgendwann mündete seine Bewegung in einer Umlaufbahn um die Erde. Schließlich verlangsamte sich seine Bewegung, bis die Rotation des Mondes so eng an die Rotation der Erde gekoppelt wurde, dass er uns immer dieselbe Seite zuwendet. Das wird als gebundene Rotation bezeichnet, und so etwas geschieht überall im Sonnensystem, auch bei den Monden von Jupiter und Saturn.

Anhand der Newton'schen Gesetze lässt sich auch zeigen, dass Gezeitenkräfte den Mond auf eine Spiralbahn zwingen, die ihn langsam weg von der Erde führt. Jedes Jahr nimmt der Radius seiner Umlaufbahn um rund 4 Zentimeter zu. Dieser kleine Effekt lässt sich mit Hilfe von Laserstrahlen messen, die auf den Mond gerichtet werden – die amerikanischen Astronauten hinterließen auf dem Mond einen Spiegel, der solche Messungen erleichtert;

anschließend misst man die Zeit bis zur Rückkehr der Strahlen zur Erde. Hin- und Rückreise dauern nur rund zwei Sekunden, doch dieser Wert steigt allmählich an. Wenn der Mond sich auf einer Spiralbahn von uns fortbewegt, können wir durch Zurückspulen des Videos seine frühere Umlaufbahn rekapitulieren.

Wie eine rasche Überschlagsrechnung zeigt, hat sich der Mond vor Milliarden Jahren von der Erde getrennt. Und moderne Hinweise sprechen dafür, dass es vor 4,5 Milliarden Jahren, kurz nach Bildung der Erde, zu einem kosmischen Zusammenprall zwischen der Erde und einem großen Asteroiden kam. Dieser Asteroid, den wir Theia nennen, war etwa so groß wie der Mars. Computersimulationen erlauben uns, dieses dramatische Ereignis nachzuvollziehen, bei dem ein großer Brocken aus der Erde gerissen und in den Weltraum geschleudert wurde. Da es sich bei dem Kontakt jedoch eher um einen Streifschuss als um einen direkten Treffer handelte, blieb der innere Eisenkern der Erde weitgehend intakt. Daher besitzt der Mond zwar ein wenig Eisen, doch weil ihm ein geschmolzener Eisenkern fehlt, weist er kein wesentliches Magnetfeld auf.

Nach der Kollision ähnelte die Erde einem Pac-Man, denn ein dicker Bissen fehlte. Aufgrund von Anziehungskräften fanden Erde und Mond jedoch schließlich zu einer Kugelform zurück. Belege für die Kollisionstheorie lieferten die Astronauten, die fast eine halbe Tonne Gestein von ihrem historischen Ausflug vom Mond zurückbrachten. Bei einer Gesteinsanalyse wurde festgestellt, dass Mond und Erde fast aus denselben Stoffen bestehen, darunter Silikat, Sauerstoff und Eisen. Im Gegensatz dazu zeigen Analysen zufällig ausgewählter Gesteinsproben aus dem Asteroidengürtel eine ganz andere Zusammensetzung als irdisches Gestein.

Meine persönliche Begegnung mit Mondgestein hatte ich als Graduate Student in Theoretischer Physik im Berkeley Radiation Laboratory. Damals hatte ich Gelegenheit, einen solchen Gesteinsbrocken unter einem starken Mikroskop zu betrachten. Das, was ich dort sah, überraschte mich. Es gab winzige, von Kleinstmeteoren hervorgerufene Krater, die vor Milliarden Jahren auf den Mond geprallt waren. Bei näherer Betrachtung erkannte ich dann Krater in diesen Kratern. Und darin noch kleinere Krater. Diese Kette von Kratern-in-Kratern wäre in irdischem Gestein unmöglich, weil diese Mikrometeore beim Eintritt in die Atmosphäre verglüht wären. Aber sie konnten auf die Mondoberfläche prallen, weil der Mond keine Atmosphäre hat. (Das bedeutet auch, dass Mikrometeore ein Problem für Astronauten auf dem Mond sein könnten.)

Da die Zusammensetzung des Mondes derjenigen der Erde so ähnlich ist, könnte es sein, dass der Abbau des Mondinneren sich nur dann lohnen würde, wenn man Städte auf dem Mond errichten will. Wahrscheinlich ist es zu teuer, Mondgestein zurück zur Erde zu bringen, wenn es nur das bietet, was wir bereits haben. Lunares Material könnte jedoch von unschätzbarem Wert sein, wenn es darum geht, auf dem Mond eine lokale Infrastruktur mit Gebäuden und Straßen zu schaffen.

Spaziergang auf dem Mond

Was würde passieren, wenn Sie auf dem Mond Ihren Raumanzug ablegten? Ohne Luft würden Sie ersticken, aber es gibt einen noch beunruhigenderen Aspekt: Ihr Blut würde zu kochen beginnen.

Auf Meereshöhe kocht Wasser bei 100 °Celsius. Wenn der atmosphärische Druck sinkt, sinkt auch die Siedetemperatur. Ich erinnere mich an einen Vorfall aus meiner Kinderzeit, der mir dieses Prinzip eindrucksvoll vor Augen führte. Es war bei einem Campingausflug in die Berge. Wir brieten Eier über einem Feuer in der Pfanne. Die Eier, die in der Pfanne brutzelten, sahen köstlich aus. Aber als ich sie aß, hätte ich mich fast übergeben. Sie schmeckten schrecklich. Da wurde ich darauf hingewiesen, dass der Luftdruck sinkt, wenn man einen Berg hinaufsteigt, und damit auch der Siedepunkt des Wassers. Obgleich die brutzelnden Eier wie normale Spiegeleier aussahen, waren sie nicht durchgegart. Die Eier brutzelten zwar in der Pfanne, waren aber nicht besonders heiß. Ein anderes Mal wurde ich an diese Tatsache erinnert, als ich als Kind Weihnachten feierte. Zu Hause hatten wir altertümliche Weihnachtslichter; sie bestanden aus dünnen Wasserröhrchen, die senkrecht auf die elektrischen Kerzen gesetzt wurden. Wenn wir sie anstellten, sahen sie einfach großartig aus. Das leuchtend bunt gefärbte Wasser in den Röhren begann sofort zu kochen. Dann tat ich etwas Dummes. Ich griff mit der bloßen Hand nach diesen Röhrchen mit kochendem Wasser. Ich hatte erwartet, sofort die intensive Hitze kochenden Wassers zu spüren, aber ich spürte fast nichts. Jahre später begriff ich, was passiert war. In dem Röhrchen herrschte ein partielles Vakuum. Infolgedessen besaß das Wasser einen niedrigeren Siedepunkt, sodass selbst die Wärme einer kleinen elektrischen Befestigung ausreichte, die Flüssigkeit zum Kochen zu bringen, doch das kochende Wasser war überhaupt nicht heiß.

Die Astronauten auf dem Mond werden es mit demselben physikalischen Phänomen zu tun bekommen, wenn ihr Raumanzug auf dem Mond oder anderswo im All ein Loch bekommt. Wenn die Luft aus dem Anzug strömt, sinkt der Druck im Anzug, ebenso der Siedepunkt des Wassers. Schließlich wird das Blut im Körper des Astronauten zu kochen beginnen.

Wenn wir hier auf der Erde in unserem Sessel sitzen, vergessen wir leicht, dass wir einem Luftdruck von rund 1 Kilogramm pro Quadratzentimeter Haut ausgesetzt sind, denn auf uns lastet eine hohe Luftsäule. Warum werden wir nicht zerdrückt? Weil in unserem Inneren derselbe Gegendruck nach außen wirkt, was zu einem Gleichgewicht führt. Aber wenn wir auf den Mond reisen, verschwindet der auf uns lastende Luftdruck, dann gibt es nur noch den von innen nach außen wirkenden Druck.

Mit anderen Worten wäre es ein ziemlich schlechte Idee, den Raumanzug bei einem Mondspaziergang abzulegen. Wie könnte eine dauerhafte Mondbasis aussehen? Leider hat die NASA keine offizielle Blaupause veröffentlicht, daher müssen wir auf die Fantasie von Science-Fiction-Schriftstellern und Hollywood-Drehbuchautoren zurückgreifen, um einen ungefähren Eindruck zu bekommen. Doch sobald eine Mondbasis errichtet worden ist, sollten wir uns bemühen, sie völlig autark zu machen. Ein solches sich selbst erhaltendes System würde die Kosten beträchtlich senken. Das würde jedoch eine beträchtliche Infrastruktur erfordern: Fabriken, um Gebäude zu bauen, große Treibhäuser für die Nahrungsproduktion, Chemieanlagen zur Erzeugung von Sauerstoff und riesige Sonnenkollektoren zur Energiegewinnung. Um all das zu bezahlen, braucht man eine Geldquelle. Da der Mond weitgehend aus demselben Material wie die Erde besteht, müssen wir möglicherweise über den Mond hinausschauen, um eine Mondsiedlung zu finanzieren. Darum haben Unternehmer aus dem Silicon Valley bereits die Asteroiden ins Visier genommen. Im All gibt es Millionen Asteroiden, und sie könnten unschätzbare Reichtümer bergen.

Killerasteroiden sind Mutter Naturs Art zu fragen: «Wie kommt ihr mit eurem Raumfahrtprogramm voran?»

Anonymus

Kapitel 3
Rohstoffquellen im All

Thomas Jefferson war stark beunruhigt.

Er hatte Napoleon gerade mehr als 15 Millionen Dollar bezahlt, damals (1803) eine königliche Summe und die kostspieligste und umstrittenste Entscheidung seiner Karriere als Präsident. Damit hatte er die Größe der Vereinigten Staaten auf einen Streich verdoppelt. Das Land würde sich nun bis zu den Rocky Mountains erstrecken. Der Kauf von Louisiana (*Louisiana Purchase*) würde zu einem der größten Erfolge oder Misserfolge seiner Präsidentschaft werden.

Während er die riesigen Weiten völlig unerforschten Landes auf der Karte betrachtete, fragte er sich, ob er seine Entscheidung bereuen würde.

Schließlich würde er Meriwether Lewis und William Clark ausschicken, um das Gebiet zu erkunden, das er erworben hatte. War es ein wildes Paradies, das darauf wartete, besiedelt zu werden, oder trostloses Ödland?

Privat gestand er sich ein, dass es so oder so wohl noch weitere tausend Jahre dauern würde, um einen derart riesigen Landstrich zu kolonialisieren.

Einige Jahrzehnte später geschah jedoch etwas, das alles veränderte. Im Jahr 1848 wurde in Sutter's Mill in Kalifornien Gold gefunden. Die Nachricht schlug ein wie eine Bombe. Mehr als 300 000 Menschen strömten in die Wildnis, um dort ihr Glück zu suchen. Von überall her liefen Schiffe in den Hafen von San Francisco ein. Die kalifornische Wirtschaft explodierte geradezu. Im nächsten Jahr bewarb sich Kalifornien darum, ein eigener Bundesstaat der Vereinigten Staaten zu werden.

Farmer, Rancher und Geschäftsleute folgten den Goldsuchern, und so stieg San Francisco zu einer der größten Städte des Westens auf. 1869 kam die Eisenbahn nach Kalifornien. Sie verband den neuen Bundesstaat mit dem Rest der USA und unterstützte eine Infrastruktur, die Transport und Kommerz förderte und zu einem raschen Bevölkerungswachstum in der Region führte. Das Mantra des 19. Jahrhunderts war: «Auf nach Westen, junger Mann!» Mag er auch mit allerlei Exzessen einhergegangen sein, so half der Goldrausch doch, den Westen für die Besiedlung zu öffnen und einen solchen Aufschwung möglich zu machen.

Heute fragt sich mancher, ob die Gewinnung von Rohstoffen aus dem Asteroidengürtel zu einem weiteren Goldrausch – diesmal im All – führen könnte. Private Unternehmer haben bereits Interesse an einer Erkundung dieser Region und ihrer potenziellen Reichtümer geäußert, und die NASA hat mehrere Missionen finanziert, deren Ziel es ist, einen Asteroiden zur Erde zu bringen.

Könnte uns die nächste große Expansion in den Asteroidengürtel führen? Und wenn ja, wie könnten wir diese neue Weltraum-Wirtschaft in unsere bestehende Wirtschaft inkorporieren und unterhalten? Man kann sich eine potenzielle Analogie zwischen der landwirtschaftlichen Nachschubkette im Wilden Westen des 19. Jahrhunderts und einer zukünftigen Versorgungskette vorstellen, die die Asteroiden einbezieht. Im 19. Jahrhundert trieben Cowboys Rinderherden von Ranches im Südwesten fast tausend Meilen bis vor die Tore von Städten wie Chicago. Dort wurde das Fleisch verarbeitet und mit der Bahn weiter nach Osten geschickt, um die Nachfrage in den urbanen Regionen zu befriedigen. Genau so, wie diese Viehtriebe den Südwesten mit dem Nordosten verbanden, kann sich vielleicht eine Wirtschaft entwickeln, die den Asteroidengürtel mit dem Mond und der Erde verbindet. Der Mond wäre dann das Chicago der Zukunft, wo wertvolle Mineralien aus dem Asteroidengürtel verarbeitet und anschließend zur Erde geschifft werden.

Der Ursprung des Asteroidengürtels

Bevor wir uns weiter mit den Details der Rohstoffgewinnung auf Asteroiden beschäftigen, ist es vielleicht hilfreich, ein paar Begriffe zu definieren, die oft durcheinandergeworfen werden: *Meteor, Meteorit, Asteroid* und *Komet*. Ein *Meteor* ist ein Felsbrocken, der in der Atmosphäre verglüht, während er über den Himmel jagt. Der Schweif eines Meteors, der von der Bewegungsrichtung wegzeigt, wird durch die Luftreibung verursacht. In einer klaren Nacht kann man, wenn man zum Himmel aufschaut, manchmal alle paar Minuten einen Meteor sehen.

Ein Gesteinsbrocken, der tatsächlich auf der Erde aufschlägt, wird als *Meteorit* bezeichnet.

Asteroiden sind Gesteinstrümmer im Sonnensystem. Die meisten von ihnen finden sich im Asteroidengürtel zwischen Mars und Jupiter und sind Überbleibsel gescheiterter Planeten. Wenn man die Massen aller bekannten Asteroiden zusammenrechnete, würde die resultierende Masse nur rund 4 Prozent der Mondmasse ausmachen. Die meisten kennen wir jedoch noch nicht, und potenziell gibt es Milliarden dieser Kleinkörper. Meistens bleiben Asteroiden auf stabilen Umlaufbahnen im Asteroidengürtel, aber gelegentlich bricht einer davon aus, trifft auf die Erdatmosphäre und verglüht als Meteor.

Ein *Komet* ist ein Block aus Eis und Gestein, der weit jenseits der Erde seinen Ursprung hat. Während sich Asteroiden innerhalb des Sonnensystems aufhalten, ziehen viele Kometen an den Außenrändern des Sonnensystems, im Kuiper-Gürtel, oder sogar außerhalb des Sonnensystems, in der Oort'schen Wolke, ihre Bahnen. Die Kometen, die wir am Nachthimmel sehen, sind diejenigen, deren Orbit oder Flugbahn sie in die Nähe der Sonne geführt hat. Wenn sich Kometen der Sonne nähern, bläst der Sonnenwind Eis- und Staubteilchen vom Kometen weg, sodass der Kometenschweif von der Sonne fort weist statt entgegen der Bewegungsrichtung.

Im Lauf der Jahre hat sich ein Szenario herauskristallisiert, das verstehen lässt, wie sich das Sonnensystem gebildet hat. Vor rund fünf Milliarden Jahren war unsere Sonne eine riesige, langsam rotierende Wolke, die hauptsächlich aus gasförmigem Wasserstoff und Helium sowie Staub bestand. Sie hatte einen Durchmesser von mehreren Lichtjahren (ein Lichtjahr entspricht der Entfernung, die das Licht in einem Jahr zurücklegt, rund 10 Billionen Kilometer). Aufgrund ihrer großen Masse zog sich die Wolke gravitationsbedingt allmählich zusammen. Als ihre Größe abnahm, begann sie sich immer schneller zu drehen, genau wie eine Eiskunstläuferin, die bei einer Pirouette ihre Arme anzieht. Schließlich kondensierte die Wolke zu einer schnell rotierenden Scheibe, in deren Zentrum die Sonne stand. In der Scheibe aus Gas und Staub rund um die Sonne herum begannen sich Protoplaneten zu bilden, die durch die Absorption von weiterem Material wuchsen. Dieser Prozess erklärt, warum sich alle Planeten in derselben Richtung und derselben Ebene um die Sonne drehen.

Einer Theorie zufolge geriet einer dieser Protoplaneten zu nah an den Jupiter, den größten der Planeten, und wurde von dessen enormer Gravitation auseinandergerissen, wodurch sich der Asteroidengürtel bildete. Nach einer anderen Theorie könnte der Zusammenstoß zweier Protoplaneten zur Entstehung des Asteroidengürtels geführt haben.

Man kann sich das Sonnensystem als Formation aus vier Gürteln vorstellen, die um die Sonne kreisen: Der innere Gürtel besteht aus den Felsplaneten Merkur, Venus, Erde und Mars; als Nächstes folgt der Asteroidengürtel, anschließend der Gasriesengürtel mit Jupiter, Saturn, Uranus und Neptun, und schließlich der Kometengürtel, auch Kuiper-Gürtel oder Kuiper Belt genannt. Und jenseits dieser vier Gürtel liegt eine kugelförmige Wolke von Kometen, die das Sonnensystem umgibt, die Oort'sche Wolke.

Wasser, ein einfaches Molekül, war eine häufige Verbindung im frühen Sonnensystem, kam jedoch je nach Entfernung von der Sonne in verschiedenen Aggregatzuständen vor. In Sonnennähe, wo Wasser als Wasserdampf vorliegt, finden wir die Planeten Merkur und Venus. Die Erde ist weiter von der Sonne entfernt, und so kann hier Wasser in flüssiger Form existieren. Damit liegt die Erde in der so genannten Goldlöckchen-Zone, wo die Temperaturen das Vorhandensein von flüssigem Wasser erlauben. Jenseits dieser Zone verwandelt sich Wasser in Eis. Daher weisen Mars und die Planeten und Kometen Wasser hauptsächlich in gefrorener Form auf.

Rohstoffabbau auf den Asteroiden

Den Ursprung der Asteroiden und daher ihre Zusammensetzung zu verstehen, ist für den Abbau von Rohstoffen von entscheidender Bedeutung.

Die Idee, Bergbau auf Asteroiden zu betreiben, ist nicht so grotesk, wie sie vielleicht auf den ersten Blick erscheinen mag. Tatsächlich wissen wir eine ganze Menge über die Zusammensetzung der Asteroiden, weil einige von ihnen auf der Erde aufgeschlagen sind. Sie bestehen aus Eisen, Nickel, Kohlenstoff und Kobalt, und sie enthalten auch beträchtliche Mengen an Seltenen Erden und wertvollen Metallen wie Platin, Palladium, Rhodium, Ruthenium, Iridium und Osmium. Diese Elemente findet man natürlicherweise auf der Erde, aber sie sind selten und sehr teuer. Wenn sich die Vorräte dieser Ressourcen auf der Erde in den nächsten Jahrzehnten ihrem Ende zuneigen, könnte sich ein Abbau im Asteroidengürtel wirtschaftlich lohnen. Und wenn man einen Asteroiden dazu bringen könnte, um den Mond zu kreisen, ließe er sich beliebig ausbeuten.

Im Jahr 2012 gründete eine Gruppe von Unternehmern eine Firma namens Planetary Resources mit dem Ziel, auf Asteroiden wertvolle Mineralien abzubauen und zur Erde zu bringen. Dieser ehrgeizige und potenziell höchst lukrative Plan wurde von einigen der einflussreichsten Persönlichkeiten in Silicon Valley unterstützt, darunter Larry Page, CEO von Googles Unternehmensdach Alphabet Inc., sowie dessen Vorstandsvorsitzender Eric Schmidt und Oscar-Preisträger James Cameron.

In gewissem Sinne sind Asteroiden im All kreisende Goldminen. Im Juli 2015 kam beispielsweise ein Asteroid der Erde bis auf 1,6 Millionen Kilometer nahe, rund die vierfache Entfernung Erde—Mond. Er hatte einen Durchmesser von ca. 300 Metern, und sein Kern enthielt Schätzungen zufolge 90 Millionen Kilogramm Platin im Wert von 2,7 Billionen Dollar. Planetary Resources schätzt den Wert des Platins in einem Asteroiden von nur 20 Meter Durchmesser auf 25 bis 50 Milliarden Dollar. [1]Die Firma ist so weit gegangen, eine Liste von kleinen, nahe gelegenen Asteroiden anzufertigen, die «reif» zur Ausbeutung sind. Sollte es gelingen, einen von ihnen erfolgreich zur Erde zu schaffen, würden seine Mineralvorkommen seinen Investoren ein Vielfaches ihres Einsatzes als Gewinn einbringen.

Was die rund 16 000 Asteroiden angeht, die als erdnahe Objekte gelten (also diejenigen, deren Orbit den Erdorbit kreuzt), so haben Astronomen eine Zwölfer-Liste angelegt, die ideale Kandidaten für eine Gewinnung von Rohstoffen enthält. Berechnungen zufolge ist es möglich, diese zwölf Asteroiden – jeder 3 bis 20 Meter im Durchmesser – durch eine geringfügige Verlagerung ihrer Bahn in einen Orbit um den Mond oder die Erde zu bugsieren.

Aber dort draußen gibt es noch viele andere. Im Januar 2017 entdeckten Astronomen einen neuen Asteroiden, und zwar erst wenige Stunden vor seinem Vorbeiflug. Er jagte nur rund 50 000 Kilometer an der Erde vorbei (das entspricht lediglich 13 Prozent der Entfernung Erde—Mond). Zum Glück hatte er lediglich einen Durchmesser von 7 Metern und hätte, wenn er uns getroffen hätte, keinen großen Schaden angerichtet. Dieser Vorfall bestätigte jedoch aufs Neue, dass ständig eine große Zahl von Asteroiden an der Erde vorbeifliegt, wobei die meisten von ihnen unentdeckt bleiben.

Erforschung der Asteroiden

Asteroiden sind so wichtig, dass sich die NASA ihre Erforschung als ersten Schritt in Richtung Mars-Mission auf die Fahnen geschrieben hat. Im Jahr 2012, einige Monate nachdem die Firma Planetary Resources ihre Pläne auf einer Pressekonferenz öffentlich gemacht hatte, kündigte die NASA ihr Robotic Asteroid Prospector-Projekt an, bei dem es um eine Machbarkeitsanalyse der Roh-stoffgewinnung [auf Asteroiden] geht. Dann, im Herbst 2016, schoss die NASA eine Milliarden-Dollar-Sonde, OSIRIS-REx, ins All, um Bennu zu treffen, einen Asteroiden von rund 500 Metern Durchmesser, der 2135 an der Erde vorbeifliegen wird. 2018 wird die Sonde Bennu erreichen, auf dem Asteroiden landen und Gesteinsproben von 2 bis 70 Unzen Gewicht zur Analyse zurück zur Erde bringen. Der Plan ist nicht ohne Risiko, denn die NASA fürchtet, dass selbst eine geringfügige Störung in Bennus Orbit dazu führen könnte, dass der Asteroid bei seinem nächsten Vorbeiflug die Erde trifft. (Wenn es tatsächlich dazu kommen sollte, würde dies mit der Wucht von 1000 Hiroshima-Bomben geschehen.) Diese Mission könnte jedoch unschätzbare Erkenntnisse darüber liefern, wie man Körper im Raum abfängt und analysiert.

Die NASA ist zudem dabei, die Asteroid Redirect Mission (ARM) zu entwickeln, bei der es darum geht, Felsbrocken von Asteroiden aus dem Raum zur Erde zu holen. Die Finanzierung ist nicht garantiert, doch die Hoffnung besteht, dass die Mission eine neue Einkommensquelle für das Raumprogramm eröffnet. ARM besteht aus zwei Schritten. Zunächst soll eine unbemannte Sonde ins All geschickt werden, um einen Asteroiden abzupassen, der mit Hilfe von irdischen Teleskopen sorgfältig ausgewählt wurde. Nach Durchführung einer detaillierten Analyse der Oberflächenbeschaffenheit soll die Sonde landen und mit ihren hakenartigen Greifwerkzeugen einen größeren Gesteinsbrocken packen, dann abheben und Richtung Mond fliegen, wobei sie den Brocken an einer Leine hinter sich herzieht.

Im zweiten Schritt, so der Plan, verlässt eine bemannte Mission die Erde, wobei die Astronauten die SLS-Rakete mit der Orion-Kapsel benutzen. Die Kapsel dockt an der Robotersonde an, während beide den Mond umkreisen. Astronauten verlassen die Orion und entnehmen Proben aus dem Felsbrocken, um sie zu analysieren. Schließlich trennt sich die Orion wieder von der Robotersonde und kehrt zur Erde zurück, wo sie im Meer landet.

Eine mögliche Komplikation dieser Mission ist, dass wir nicht viel über die physikalische Struktur von Asteroiden wissen. Vielleicht sind sie massiv, vielleicht bestehen sie aber auch aus einer Gruppe kleinerer Felsbrocken, die durch die Gravitation zusammengehalten werden; in diesem Fall würden sie bei der Landung einer Sonde auseinanderbrechen. Darum sind weitere Untersuchungen nötig, bevor die Mission fortgesetzt werden kann.

Ein bemerkenswertes Merkmal von Asteroiden ist ihre höchst unregelmäßige Form. Sie sehen wie deformierte Kartoffeln aus, und je kleiner sie sind, desto unregelmäßiger sind sie in der Regel geformt.

Das wiederum wirft eine Frage auf, die Kinder oft stellen: Warum sind Sterne, die Sonne und die Planeten allesamt rund? Warum können Sterne und Planeten nicht würfel- oder pyramidenförmig sein? Während kleine Asteroiden eine geringe Masse und daher auch eine zu geringe Gravitation aufweisen, um sie zu verformen, besitzen große Objekte wie Planeten und Sterne riesige Gravitationsfelder. Die Gravitation wirkt gleichmäßig in alle Richtungen und ist anziehend; daher verformt sie ein unregelmäßiges Objekt zu einer Kugel. Deshalb waren Planeten vor Milliarden Jahren nicht unbedingt rund, doch im Lauf der Zeit komprimierte die gravitative Anziehungskraft sie zu glatten Kugeln.

Eine andere Frage, die Kinder oft stellen, ist, warum Raumsonden nicht zerstört werden, wenn sie den Asteroidengürtel durchfliegen. In dem Film *Krieg der Sterne* (*Star Wars*) werden die Helden in ihren Raumschiffen oft von großen, herumfliegenden Felsbrocken bedroht. Auch wenn dieses Hollywood-Szenario für Spannung sorgt, ist die Objektdichte des Asteroidengürtels zum Glück viel geringer, es handelt sich vorwiegend um ein leeres Vakuum, in dem gelegentlich Felsbrocken treiben. Zukünftige Rohstoffprospektoren und Siedler, die sich auf der Suche nach neuem Land ins All wagen, werden es größtenteils recht einfach finden, im Asteroidengürtel zu navigieren.

Wenn diese Stufen der Asteroidenerkundung nach Plan ablaufen sollten, ist das Endziel eine permanente Station, um zukünftige Missionen mit allem Nötigen zu versorgen und zu unterstützen. Ceres, der größte Himmelskörper im Asteroidengürtel, könnte sich als ideale Basis für Operationen erweisen. Ceres, dessen Name sich von der griechischen Göttin für den Ackerbau ableitet, wurde kürzlich in den Rang eines Zwergplaneten erhoben, wie Pluto, und ist vermutlich ein Himmelskörper, dem es nie gelang, genug Masse anzusammeln, um mit seinen planetaren Nachbarn zu konkurrieren. Für einen Himmelskörper ist Ceres klein – er besitzt nur rund ein Viertel der Mondgröße, hat keine Atmosphäre und nur eine geringe Schwerkraft. Für einen Asteroiden ist Ceres hingegen riesig; der Zwergplanet hat einen Durchmesser von rund 9000 Kilometern und enthält rund ein Drittel der Masse des gesamten Asteroidengürtels. Angesichts seiner geringen Schwerkraft könnte Ceres eine ideale Raumstation abgeben, denn Raketen könnten dort problemlos landen und wieder starten, was gute Voraussetzungen für den Bau eines Raumschiffhafens sind.

Die Dawn-Raumsonde der NASA (*dawn* engl. für Morgendämmerung), die 2007 gestartet wurde und seit 2015 um Ceres kreist, zeigte eine kugelförmige, aber stark von Kratern übersäte Masse, die vorwiegend aus Eis und Fels besteht. Vermutlich enthalten viele Asteroiden wie Ceres Eis, aus dem sich Wasserstoff und Sauerstoff als Treibstoff gewinnen ließen. Kürzlich haben Wissenschaftler am Infrared Telescope Facility der NASA beobachtet, dass der Asteroid 24 Themis vollständig von Eis bedeckt ist, das an der Oberfläche Spuren organischer Verbindungen aufweist. Diese Entdeckung stützt die Vermutung, dass Asteroiden und Kometen vor Milliarden Jahren einen Teil des ursprünglichen Wassers und auch Aminosäuren auf die Erde gebracht haben.

Da Asteroiden im Vergleich zum Mond und zu den Planeten klein sind, werden sie sich wahrscheinlich nicht zu permanenten Aufenthaltsorten für Siedler entwickeln. Eine stabile Gemeinschaft im Asteroidengürtel zu schaffen, wäre schwierig. Größtenteils gibt es keine Luft zum Atmen, kein Wasser zum Trinken, keine Energie, die man verbrauchen, und keinen Boden, auf dem man Nahrung anbauen könnte – und so gut wie keine Schwerkraft. Daher werden Asteroiden wahrscheinlich nur Rohstoffprospektoren und Robotern als zeitweiliges Quartier dienen.

Sie könnten sich jedoch als wichtiger Zwischenschritt für das Hauptziel erweisen, eine bemannte Mission zum Mars.

Da liegt der Mars und wartet auf uns.

Buzz Aldrin

Ich würde gern auf dem Mars sterben – allerdings nicht bei der Landung.

Elon Musk

Kapitel 4
Alles auf Mars

Elon Musk ist so etwas wie ein Querdenker, ein Unternehmer mit einer kosmischen Mission: die Raketen zu bauen, die uns eines Tages zum Mars bringen werden. Ziolkowski, Goddard und von Braun träumten von einem Flug zum Mars, aber Musk könnte derjenige sein, der diesen Traum tatsächlich umsetzt. Dabei bricht er alle Spielregeln.

Bereits als Kind in Südafrika verliebte er sich in das Raumfahrtprogramm und baute damals sogar schon selbst eine Rakete. Sein Vater, ein Ingenieur, förderte sein Interesse. Schon früh kam Musk zu dem Schluss, das Risiko, dass die Menschheit ausstirbt, lasse sich nur durch einen Griff nach den Sternen vermeiden. Und so beschloss er, eines seiner Ziele würde sein, «das Leben auf viele Planeten zu bringen», ein Thema, das sich wie ein roter Faden durch sein ganzes Leben zieht.

Neben dem Raketenbau hatte er zwei weitere Leidenschaften: Computer und Geschäfte. Seit seinem 10. Lebensjahr beschäftigte er sich mit Programmieren, und bereits mit 12 Jahren verkaufte er sein erstes Videospiel, *Blaster*, für 500 Dollar. Er war rastlos und hoffte, eines Tages nach Amerika zu gehen. Mit 17 Jahren emigrierte er auf eigene Faust nach Kanada. Als er seinen Bachelor in Physik von der University of Pennsylvania erhielt, fühlte er sich hin und her gerissen zwischen zwei Karrieren: Ein Weg führte Richtung Physiker oder Ingenieur, als Konstrukteur von Raketen oder anderen High-Tech-Geräten. Der andere führte in Richtung Geschäftsleben, wo er seine Computerkenntnisse einsetzen konnte, um ein Vermögen anzuhäufen und damit die Mittel, seine Vision privat zu finanzieren.

Das Dilemma spitzte sich zu, als er 1995 an der Stanford University mit seinem Promotionsstudium in Angewandter Physik begann. Nach nur zwei Tagen brach er das Studium ab und stürzte sich in die Welt der Internet-Startups. Er lieh sich 28 000 Dollar und gründete ein Software-Unternehmen, das einen Online-Stadtführer für Medienunternehmen produzierte. Dieses Unternehmen verkaufte er vier Jahre später für 341 Millionen Dollar. Sein Nettogewinn aus diesem Verkauf betrug 22 Millionen Dollar, die er sofort in ein neues Unternehmen namens X.com investierte, aus dem sich PayPal entwickeln sollte. Im Jahr 2002 erwarb eBay PayPal für 1,5 Milliarden Dollar, von denen 165 Millionen auf Musk entfielen.

Derart ausgestattet, benutzte er seinen neuen Reichtum dazu, sich seine Träume zu erfüllen, und gründete SpaxeX und Tesla Motors. Zeitweise investierte er 90 Prozent seines gesamten Nettovermögens in seine beiden Unternehmen. Im Gegensatz zu anderen Luft- und Raumfahrtunternehmen, die auf einer bekannten Technik basierende Raketen bauten, entwarf SpaceX ein revolutionäres Design für eine wiederverwendbare Rakete. Durch Wiederverwendung der Trägerrakete, die normalerweise nach jedem Start auf den Müll wandert, wollte Musk die Kosten für einen Raumflug um einen Faktor 10 senken.

Beinahe aus dem Nichts entwickelte Musk die Falcon-Rakete (benannt nach dem *Millenium Falcon* aus dem *Krieg der Sterne*), die eine Raumkapsel namens Dragon (benannt nach «Puff, the Magic Dragon») ins All tragen sollte. Im Jahr 2012 schrieb die Falcon-Rakete Geschichte, denn sie flog als erste kommerzielle Rakete die Internationale Raumstation an. Es war auch die erste Rakete, die nach einem Orbitalflug erfolgreich wieder auf der Erde landete. Seine erste Frau, Justine Musk, meint: «Ich vergleiche ihn gern mit dem Terminator. Er startet sein Programm und ... macht ... einfach ... immer ... weiter.»

Im Jahr 2017 gelang Musk ein weiterer wichtiger Erfolg, als er eine gebrauchte Trägerrakete erneut ins All schoss. Die zuvor gestartete Rakete war wieder auf ihrer Startrampe gelandet, überholt und ein zweites Mal ins All geschickt worden. Wiederverwendbarkeit könnte die Wirtschaftlichkeit der Raumfahrt revolutionieren. Denken Sie nur an den Gebrauchtwagenmarkt. Kurz nach dem Zweiten Weltkrieg konnten sich viele Menschen noch kein Auto leisten, vor allem GIs und junge Leute nicht. Die Gebrauchtwagenindustrie versetzte Durchschnittsbürger in die Lage, Autos zu kaufen, und veränderte damit alles, einschließlich unseres Lebensstils und unserer sozialen Beziehungen. Heute werden in den Vereinigten Staaten pro Jahr fast 20 Millionen Gebrauchtwagen verkauft, das 2,2-Fache der Neuwagenkäufe. Musk hofft, dass seine Falcon-Rakete den Raumfahrtmarkt in derselben Weise transformieren wird und die Raketenpreise fallen werden. Die meisten Organisationen wird es wenig kümmern, ob die Raketen, mit denen sie ihre Satelliten ins All schicken, brandneu oder bereits gebraucht sind. Sie werden sich für die preisgünstigste und zuverlässigste Option entscheiden.

Die erste wiederverwendbare Rakete war ein Meilenstein, doch Musk versetzte die Öffentlichkeit in noch größeres Staunen, als er die Details seines ehrgeizigen Plans für einen Marsflug erläuterte. Er plant, 2018 eine unbemannte Sonde zum Mars zu schicken, gefolgt von einer bemannten Mission 2024, und die NASA somit um ein Jahrzehnt zu schlagen. Sein Ziel besteht letztendlich darin, nicht nur einen Außenposten auf dem Mars zu errichten, sondern eine komplette Siedlung. Er stellt sich vor, eine Flotte von tausend modifizierten Falcon-Raketen, jede bemannt mit hundert Siedlern, ins All zu schicken, um die erste Kolonie auf dem Roten Planeten zu gründen. Der Schlüssel zu Musks Plan sind die dramatisch sinkenden Kosten für die Raumfahrt und frischen Innovationen. Die finanziellen Kalkulationen für eine Marsmission liegen gewöhnlich zwischen 400 und 500 Milliarden Dollar, doch Musk schätzt, dass er eine Marsrakete für nur 10 Milliarden Dollar bauen und starten kann. Zunächst werden Tickets zum Mars sehr teuer sein, aber schließlich werden die Preise wegen der sinkenden Kosten für einen Raumflug auf rund 200 000 Dollar pro Person (Hin- und Rückflug) sinken. Das ist mit den 200 000 Dollar vergleichbar, die der 100-Kilometer-Trip über die irdische Atmosphäre mit dem SpaceShipTwo von Virgin Galactic kostet, oder mit den 20 bis 40 Millionen Dollar, die Schätzungen zufolge ein Flug zur Internationalen Raumstation mit einer russischen Rakete kosten soll.

Das von Musk vorgeschlagene Raketensystem hieß ursprünglich Mars Colonial Transporter, aber er benannte es in Interplanetary Transport System um, denn, wie er sagte: «Dieses System gibt uns tatsächlich die Freiheit, überall dorthin im Sonnensystem zu fliegen, wohin wir wollen.» Seine langfristige Vision ist, ein Netzwerk zu errichten, das die Planeten so verbindet, wie Autobahnen die amerikanischen Großstädte verbinden.

Musk sieht Potenzial für eine Zusammenarbeit mit anderen Teilen seines Multimilliarden-Dollar-Imperiums. Tesla hat eine fortgeschrittene Version eines Elektroautos entwickelt, und Musk hat stark in Solarenergie investiert, die die wichtigste Energiequelle für jeden Mars-Außenposten wäre. Daher ist Musk in einer idealen Position, um die elektrische Maschinerie und die Solarbatterien zu liefern, die nötig sind, um eine Marskolonie zu realisieren.

Während die NASA manchmal elend langsam und träge ist, sind Unternehmer überzeugt, frische innovative Ideen und Techniken rasch einführen zu können. «Da gibt es die dumme Vorstellung bei der NASA, dass Misserfolg keine Option ist», meinte Musk.[1] «Hier [bei SpaceX] ist Misserfolg eine Option. Wenn nichts schiefgeht, hat man nicht genug riskiert.»

Musk ist vielleicht das zeitgenössische Gesicht des Raumfahrtprogramms: ungestüm, furchtlos und bilderstürmerisch, dazu innovativ und smart. Er verkörpert einen neuen Typ von Raketenwissenschaftler, den Unternehmer-Milliardär-Wissenschaftler. Er wird oft mit Tony Stark verglichen, dem Alter Ego von Iron Man, einem weltgewandten Industriellen und Erfinder, der sich in Gesellschaft von Industriekapitänen genauso zu Hause fühlt wie in der von Ingenieuren. Tatsächlich wurde die erste Folge von *Iron Man* im SpaceX-Hauptquartier in Los Angeles gedreht, und wenn Besucher zum SpaceX-Sitz fahren, werden sie von einer lebensgroßen Statue von Tony Stark in einem *Iron-Man*-Outfit begrüßt. Musk beeinflusste sogar eine Modekollektion zum Thema Weltraum, die auf der New Yorker Fashion Week von Modedesigner Nick Graham vorgestellt wurde, der dazu erklärte: «Es wird gesagt, Mars sei das neue Schwarz – der Mars ist wirklich ganz unglaublich trendy, was jedermanns Ambitionen angeht. Die Idee war, die Herbstkollektion 2025 zu zeigen, also des Jahres, in dem Elon Musk die ersten Menschen auf den Mars bringen will.»[2]

Musk fasste seine Philosophie so zusammen: «Ich habe wirklich kein anderes Motiv für die persönliche Anhäufung von Reichtum als dass ich in der Lage sein will, meinen größtmöglichen Beitrag zu leisten, um das Leben auf viele Planeten zu bringen.»[3] Peter Diamandis von XPRIZE meinte dazu: «Dahinter steht ein weitaus stärkerer Antrieb als nur Profitabilität. [Musks] Vision ist ebenso berauschend wie mächtig.»

Ein neuer Weltraumwettlauf zum Mars

All dieses Reden über den Mars musste zwangsläufig die Konkurrenz auf den Plan rufen. Der geschäftsführende Vorstand von Boeing, CEO Dennis Muilenburg, meinte dazu: «Ich bin überzeugt, dass der erste Mensch, der seinen Fuß auf den Mars setzt, mit einer Boeing-Rakete dorthin kommt.»[4] Dass er diese erstaunliche Bemerkung eine Woche, nachdem Musk seine Mars-Pläne erläutert hatte, machte, war wohl kein Zufall. Musk beherrscht vielleicht die Schlagzeilen, doch Boeing kann auf eine lange Geschichte erfolgreicher Weltraumflüge zurückblicken. Schließlich war Boeing das Unternehmen, das die Trägerrakete für die berühmte Saturn V herstellte, welche die amerikanischen Astronauten zum Mond brachte, und Boeing steht gegenwärtig unter

Vertrag, die riesige SLS-Trägerrakete zu bauen, die Basis der von der NASA geplanten Marsmission.

Unterstützer der NASA verweisen zu Recht darauf, dass die öffentliche Finanzierung in der Vergangenheit für wichtige Projekte, beispielsweise für das Hubble Space Telescope, einem Juwel des Raumprogramms, entscheidend war. Hätten private Investoren ein solch riskantes Unterfangen finanziert, ohne Hoffnung, ihren Aktionären dafür eine Rendite zahlen zu können? Möglicherweise ist die Unterstützung großer, bürokratischer Organisationen bei Unternehmungen unverzichtbar, die zu kostspielig für Privatinvestoren sind oder bei denen nur wenig Hoffnung auf Gewinn besteht.

Beide konkurrierende Programme haben ihre Vorteile. Boeings SLS, die 130 Tonnen in den Weltraum transportieren kann, kann größere Nutzlasten als Musks Falcon Heavy tragen, die es auf 64 Tonnen Nutzlast bringt. Die Falcon-Rakete ist jedoch möglicherweise kostengünstiger. Mit rund 2000 Dollar pro Kilo oder rund 10 Prozent des üblichen Preises für kommerzielle Raumfahrzeuge bietet SpaceX gegenwärtig den günstigsten Preis für den Transport eines Satelliten ins All an. Wenn SpaceX seine Technik der Raketen-Wiederverwendung perfektioniert, könnten die Preise noch weiter fallen.

Die NASA befindet sich in einer komfortablen Position, denn zwei Anbieter streiten sich um ein Vorzeigeprojekt. Sie kann sich im Prinzip noch immer zwischen der SLS und der Falcon Heavy entscheiden. Als er nach der Herausforderung seitens Boeing gefragt wurde, meinte Musk: «Ich denke, es ist gut, wenn es viele Wege zum Mars gibt ... wenn man viele Eisen im Feuer hat ... Wissen Sie, je mehr, desto besser.»[5]

Der Sprecher der NASA meinte dazu: «Die NASA freut sich über jeden, der den nächsten großen Sprung wagen will – und die Reise zum Mars vorantreibt ... Diese Reise wird die Besten und Klügsten erfordern ... bei der NASA haben wir im Lauf der letzten Jahre hart daran gearbeitet, einen nachhaltigen Plan zur

Erkundung des Mars zu entwickeln und eine Koalition aus internationalen und privaten Partnern zu schmieden, um diese Vision zu unterstützen.»[6] Letzten Endes könnte sich der Wettbewerbsgeist als Aktivposten für das Raumfahrtprogramm erweisen.

In diesem Wettbewerb steckt jedoch eine gewisse poetische Gerechtigkeit. Durch Miniaturisierung der Elektronik öffnete das Raumfahrtprogramm die Tür zur Computerrevolution. Und inspiriert von ihren Kindheitserinnerungen an dieses Raumfahrtprogramm kehrten die durch die Computerrevolution geschaffenen Milliardäre zu ihrem Ausgangspunkt zurück und investierten einen Teil ihres Vermögens wieder in die Erkundung des Weltalls.

Auch Europäer, Chinesen und Russen haben den Wunsch geäußert, zwischen 2040 und 2060 eine bemannte Mission zum Mars zu schicken, doch die Finanzierung dieses Projekts bleibt problematisch. Es gilt jedoch als ziemlich sicher, dass China bis 2025 auf dem Mond landen wird. Der Vorsitzende Mao klagte einst, China sei so rückständig, dass es nicht einmal in der Lage sei, eine Kartoffel in den Himmel zu schießen. Seitdem haben sich die Dinge allerdings grundlegend geändert. China hat inzwischen in den 1990er Jahren von den Russen erworbene Raketen verbessert und bereits zehn so genannte «Taikonauten» in eine Erdumlaufbahn befördert. Das Land plant zudem, eine Raumstation zu bauen und bis 2020 eine Rakete vergleichbar der Saturn V zu entwickeln. In seinen verschiedenen Fünfjahresplänen folgt China getreulich dem von Russen und Amerikanern vorgezeichneten Weg.

Selbst die optimistischsten Visionäre sind sich klar darüber, dass sich die Astronauten auf einer Reise zum Mars einer ganzen Reihe von Gefahren gegenübersehen werden. Als Musk gefragt wurde, ob er selbst gern den Mars besuchen würde, gab er freimütig zu, dass die Wahrscheinlichkeit, beim ersten Trip zum Mars zu sterben, «recht hoch» sei, und meinte, er würde gern seine Kinder aufwachsen sehen.

Reisen ins All sind kein Sonntagsspaziergang

Die Liste der potenziellen Gefahren einer bemannten Marsmission ist lang und eindrucksvoll.

Die erste Gefahr ist ein katastrophaler Fehlschlag. Wir befinden uns seit mehr als 50 Jahren im Raumfahrtzeitalter, doch die Wahrscheinlichkeit für einen schrecklichen Raketenunfall beträgt noch immer rund 1 Prozent. In einer Rakete gibt es hunderte bewegliche Teile, und jedes kann dazu führen, dass eine Mission tragisch endet. Beim Space Shuttle kamen auf 135 Starts zwei katastrophale Unfälle; das entspricht einer Fehlschlagquote von rund 1,5 Prozent. Insgesamt liegt das Risiko eines tödlichen Unfalls im Rahmen des Raumfahrtprogramms bei 3,3 Prozent. Von den 544 Menschen, die jemals ins All geflogen sind, haben 18 den Tod gefunden. Nur sehr Mutige sind bereit, sich auf einen riesigen gefüllten Raketen-Treibstofftank zu setzen und sich mit einer Geschwindigkeit von 40 000 Kilometern pro Stunde ins All schießen zu lassen, ohne zu wissen, ob sie zurückkehren werden.

Und dann ist da noch der «Mars-Fluch». Rund drei Viertel aller Sonden, die zum Mars geschickt werden, erreichten ihr Ziel nicht – hauptsächlich wegen der großen Entfernung, Problemen mit der Strahlung, mechanischem Versagen, Kommunikationsverlust, Mikrometeoriten usw. Dennoch haben die Vereinigten Staaten in dieser Beziehung eine weitaus bessere Erfolgsbilanz als die Russen, bei denen 14 Versuche fehlschlugen, den Roten Planeten zu erreichen.

Ein anderes Problem ist die Länge der Reise zum Mars. Die Reise zum Mond im Rahmen des Apollo-Programms dauerte nur drei Tage, eine Reise zum Mars wird jedoch mehr als neun Monate in Anspruch nehmen; samt Rückflug muss man rund zwei Jahre rechnen. Ich habe einmal das NASA-Trainingszentrum in der Nähe von Cleveland, Ohio besucht, wo Wissenschaftlerteams die Belastungen der Raumfahrt analysieren. Aufgrund der Schwerelosigkeiten leiden Astronauten bei längeren Aufenthalten im All unter Muskel- und Knochenabbau. Unsere Körperphysiologie ist auf das Leben auf einem Planeten mit Erdschwerkraft feinabgestimmt. Wäre die Erde auch nur um wenige Prozent größer oder kleiner, müsste unser Körper neu konstruiert werden, um hier zu überleben. Je länger wir uns im Raum aufhalten, desto stärker baut unser Körper ab. Der russische Astronaut Waleri Poljakow konnte nach seinem Weltrekord – 437 Tage im All – bei seiner Rückkehr kaum noch aus seiner Raumkapsel kriechen.

Interessant ist, dass Astronauten im All mehrere Zentimeter größer werden, weil sich ihre Wirbelsäule streckt. Zurück auf der Erde, schrumpfen sie wieder auf ihre normale Größe. Die Astronauten laufen zudem Gefahr, pro Monat im All 1 Prozent ihrer Knochenmasse zu verlieren. Um diesen Verlust zu verlangsamen, müssen sie zwei Stunden pro Tag auf dem Laufband trainieren. Dennoch kann es ein ganzes Jahr dauern, bis Astronauten, die ein halbes Jahr auf der Internationalen Raumstation verbracht haben, ihre ursprüngliche Knochenmasse wiedergewonnen haben – und manchmal gelingt es ihnen nie mehr. (Eine weitere Konsequenz der Schwerelosigkeit, die bis vor kurzem nicht ernstgenommen wurde, ist eine Schädigung des Sehnervs. In der Vergangenheit haben Astronauten nach einem längeren Aufenthalt im All eine Verschlechterung ihrer Sehkraft festgestellt. Wie sorgfältige Scans ihrer Augen gezeigt haben, sind ihre Sehnerven häufig entzündet, wahrscheinlich aufgrund des erhöhten Augendrucks.)

In Zukunft müssen unsere Raumkapseln möglicherweise rotieren, um künstlich Schwerkraft zu erzeugen. Wir erleben diesen Effekt jedes Mal, wenn wir auf einer Kirmes in einem sich drehenden Zylinder an die Wand gepresst werden. Die Zentrifugalkraft erzeugt diese künstliche Gravitation und drückt uns gegen die Wand des Zylinders. Gegenwärtig wäre ein rotierendes Raumschiff zu teuer in der Produktion, und das Konzept lässt sich nur schwer umsetzen. Die rotierende Kabine müsste zudem recht groß sein, sonst würden sich die Zentrifugalkräfte nicht gleichmäßig verteilen; den Astronauten würde übel werden und sie würden die Orientierung im Raum verlieren.

Darüber hinaus stellt die Strahlung im All ein Problem dar; das gilt vor allem für den Sonnenwind und die kosmische Strahlung. Wir vergessen oft, dass die Erde durch eine dichte Atmosphäre und starke Magnetfelder gegen Strahlung geschützt ist. Auf Meereshöhe absorbiert unsere Atmosphäre den größten Teil der schädlichen Strahlung aus dem All, aber selbst auf einem normalen Linienflug nehmen wir pro Flugstunde ein zusätzliches Millirem an Strahlung auf – die Strahlenbelastung eines solchen Überlandfluges entspricht damit der Belastung einer dentalen Röntgenaufnahme. Astronauten auf dem Flug zum Mars müssten Strahlungsgürtel rund um die Erde passieren, was sie starken Strahlendosen aussetzen und ihr Risiko für Krankheiten wie Krebs und vorzeitiges Altern erhöhen würde. Im Lauf einer zweijährigen interplanetaren Mission würde ein Astronaut etwa 200 Mal so viel Strahlung aufnehmen wie sein auf der Erde zurückgebliebener Zwilling. (Diese Statistik muss man jedoch in den richtigen Zusammenhang stellen. Das Risiko eines Astronauten, irgendwann im Leben an Krebs zu erkranken, würde von 21 Prozent auf 24 Prozent steigen. Aber auch wenn das eine nicht zu vernachlässigende Steigerung ist, verblasst dieses Risiko im Vergleich zu den viel größeren Gefahren, die Astronauten durch einfache Pannen oder Unglücksfälle drohen.)

Kosmische Strahlung aus den Tiefen des Weltalls ist manchmal so intensiv, dass Astronauten tatsächlich kleine Lichtblitze sehen, wenn subatomare Teilchen die Flüssigkeit in ihren Augäpfeln ionisieren. Ich haben mehrere Astronauten interviewt, die diese Blitze als wunderschön beschrieben haben – sie können aber starke Strahlungsschäden im Auge hinterlassen.

Und das Jahr 2016 brachte schlechte Nachrichten, was den Effekt von Strahlung auf das Gehirn angeht. Wissenschaftler der University of California, Irving, setzten Mäuse Strahlendosen äquivalent denjenigen aus, denen Astronauten während einer zweijährigen Reise durchs All ausgesetzt wären. Und sie fanden Hinweise auf irreparable Hirnschäden; zudem zeigten die Mäuse Verhaltensstörungen und wurden sehr unruhig und nervös. Zumindest sprechen diese Ergebnisse dafür, dass die Astronauten im All sicher abgeschirmt werden müssen.

Darüber hinaus sind Astronauten im Weltraum von riesigen Sonneneruptionen bedroht. Im Jahr 1972, als Apollo 17 auf ihren Flug zum Mond vorbereitet wurde, traf eine starke Sonneneruption die Mondoberfläche. Wenn die Astronauten in diesem Moment auf dem Mond herumgelaufen wären, hätte dies ihr Ende bedeuten können. Anders als kosmische Strahlung, die nach dem Zufallsprinzip auftritt, lassen sich Sonneneruptionen jedoch zum Glück von der Erde aus verfolgen, sodass es möglich ist, Astronauten mit mehreren Stunden Vorlauf über die Gefahr zu informieren. In einigen Fällen wurden Astronauten auf der Internationalen Raumstation vor Sonneneruptionen gewarnt und angewiesen, sich in besser geschützte Teile der Raumstation zurückzuziehen.

Und dann gibt es auch noch Mikrometeore, die die Außenhülle eines Raumschiffs beschädigen können. Eine genaue Untersuchung des Space Shuttles belegte den Einschlag zahlreicher Kleinstmeteore. Die Aufschlagkraft eines Mikrometeors von der Größe einer Briefmarke, der mit einer Geschwindigkeit von 64 000 Kilometer pro Stunde durch den Raum rast, würde ausreichen, um ein Loch in eine Rakete zu schlagen, was zu einem raschen Druckabfall führen würde. Es könnte ratsam sein, Raummodule in getrennte Kammern zu unterteilen, um ein beschädigtes Teilstück rasch von den anderen isolieren zu können.

Psychologische Schwierigkeiten stellen eine ganz andere Art von Problemen dar. Es ist sicherlich eine Herausforderung, mit einer kleinen Gruppe von Mitpassagieren über längere Zeit in einer engen Kapsel eingeschlossen zu sein. Selbst mit einer Batterie psychologischer Tests lässt sich nicht zuverlässig vorhersagen, wie – oder ob – Menschen kooperieren. Schließlich könnte unser Leben von jemandem abhängen, der uns auf die Nerven geht.

Auf dem Weg zum Mars

Nach Monaten intensiver Spekulationen legten die NASA und Boeing 2017 schließlich Einzelheiten ihrer geplanten Marsexpedition offen. Bill Gerstenmaier vom Human Exploration and Operations Directorate der NASA verkündete einen überraschend ambitionierten Zeitplan für die nötigen Schritte, um Astronauten zum Roten Planeten zu schicken.[7]

Als Erstes wird nach jahrelangen Tests die SLS/Orion-Rakete 2019 ins All starten. Sie wird vollautomatisch fliegen, ohne Astronauten, und auf eine Umlaufbahn um den Mond einschwenken. Vier Jahre später sollen nach 50 Jahren Abwesenheit wieder Astronauten zum Mond zurückkehren. Die Mission soll drei Wochen dauern, aber die Astronauten werden den Mond lediglich umkreisen, nicht auf seiner Oberfläche landen. Dabei geht es weniger um eine Erkundung des Mondes, sondern hauptsächlich darum, die Zuverlässigkeit des SLS/Orion-Systems zu testen.

Im neuen Plan der NASA gibt es jedoch eine überraschende Wendung, die viele Analysten erstaunt hat. Das SLS/Orion-System ist demnach nur eine Übung zum Warmwerden. Es soll als das Hauptbindeglied dienen, mit dem die Astronauten die Erde verlassen und ins All fliegen. Zum Mars soll uns jedoch ein völlig neuer Typ Rakete bringen.

Zunächst, so die NASA, soll die Deep Space Gateway (etwa: Tor zum All) gebaut werden; sie ähnelt der Internationalen Raumstation, ist aber kleiner und kreist um den Mond, nicht um die Erde. Auf der Deep Space Gateway, die als Tankstelle und Nachschubstation für Missionen zum Mars und zu den Asteroiden dienen soll, werden Astronauten leben. Die Deep Space Gateway soll die Basis für einen dauerhaften Aufenthalt von Menschen im Raum bilden. Der Bau dieser lunaren Raumstation wird 2023 beginnen, und sie soll 2026 einsatzbereit sein. Zum Bau werden voraussichtlich vier SLS-Missionen nötig sein.

Am wichtigsten ist jedoch die Rakete, die die Astronauten

zum Mars bringen soll. Es handelt sich um ein völlig neues System namens Deep Space Transport, das vorwiegend im All konstruiert werden soll. Im Jahr 2019 soll die Deep Space Transport erstmals ernsthaft getestet werden und 300 bis 400 Tage lang den Mond umkreisen. Dieser Test soll wertvolle Informationen für langfristige Missionen im All liefern. Und schließlich soll die Deep Space Transport im Jahr 2033 die ersten amerikanischen Astronauten auf eine Umlaufbahn um den Mars transportieren.

Das Programm der NASA ist von vielen Experten gelobt worden, denn es ist methodisch aufgebaut und zeigt, wie sich mit Hilfe einer Schritt-für-Schritt-Planung eine ausgeklügelte Infrastruktur auf dem Mond errichten lässt.

Der Plan der NASA steht jedoch in einem scharfen Kontrast zu Musks Vision. Der NASA-Plan ist sorgfältig ausgearbeitet und erfordert die Schaffung einer permanenten Infrastruktur im lunaren Orbit, aber das kostet Zeit, vielleicht zehn Jahre mehr, als von Musk geplant. SpaceX verzichtet völlig auf eine lunare Raumstation und peilt den Mars direkt an, vielleicht schon 2022. Ein Nachteil für Musks Plan ist allerdings, dass die Dragon-Raumkapsel deutlich kleiner als die Deep Space Transport ist. Die Zeit wird uns lehren, welcher Ansatz oder welche Kombination von Ansätzen besser ist.

Der erste Flug zum Mars

Da immer mehr Details über die erste Marsmission bekannt werden, kann man nun über die Schritte spekulieren, die nötig sind, um zum Roten Planeten zu gelangen. Lassen Sie uns überlegen, wie sich der Plan der NASA in den nächsten Jahrzehnten umsetzen ließe.

Die Menschen, die als Erste diese historische Marsmission antreten werden, sind wahrscheinlich schon geboren und büffeln vielleicht bereits auf der Highschool Astronomie. Vermut-

Die Raumstation Deep Space Transport der NASA soll auf einer Umlaufbahn um den Mond kreisen und als Tankstelle und Nachschubstation für Missionen zum Mars dienen.

lich gehören sie zu den vielen hundert Menschen, die sich für die erste Mission zu einem anderen Planeten bewerben. Nach einem harten Training werden vielleicht vier Kandidaten oder Kandidatinnen aufgrund ihrer Fähigkeiten und Erfahrungen ausgewählt, darunter wahrscheinlich ein routinierter Pilot, ein Ingenieur, ein Naturwissenschaftler und ein Arzt.

Etwa um das Jahr 2033 werden sie nach einigen besorgt-kritischen Interviews mit der Presse schließlich an Bord der Orion-Kapsel gehen. Auch wenn die Orion doppelt so geräumig ist wie die ursprüngliche Apollo-Kapsel, wird es innen ziemlich eng sein, aber das macht nichts, weil die Reise zum Mond nur drei Tage dauert. Wenn das Raumschiff schließlich abhebt, spüren die Astronauten die Vibrationen, die der brennende Treibstoff der

SLS-Trägerrakete in der Kapsel hervorruft. Die ganze Reise zum Mond sieht ganz ähnlich aus wie die ursprüngliche Apollo-Mission und fühlt sich auch so an.

Hier enden die Ähnlichkeiten jedoch. Von diesem Punkt an schwebt der NASA eine radikale Abkehr von der Vergangenheit vor. Wenn die Astronauten auf ihre Mondumlaufbahn einschwenken, sehen sie die Deep Space Transport, die erste Raumstation der Welt, die den Mond umkreist. Die Astronauten docken an der Station an und ruhen sich etwas aus.

Dann wechseln sie in die Deep Space Transport über, die anders aussieht als jedes andere Raumschiff in der Geschichte der Menschheit. Das Raumschiff und die Mannschaftsräume ähneln einem langen Bleistift mit einem Radiergummi an einem Ende (das die Kapsel enthält, in der die Astronauten leben und arbeiten). Längs des Bleistifts sind zahlreiche gigantische Batterien ungewöhnlich langer, schmaler Solarmodule angeordnet, sodass die Rakete aus der Ferne ein wenig an ein Segelboot erinnert. Und während die Orion-Kapsel rund 25 Tonnen wiegt, wiegt die Deep Space Transport 41 Tonnen.

Die Deep Space Transport wird die nächsten zwei Jahre das Zuhause der Astronauten sein. Diese Kapsel ist viel größer als die Orion und bietet ihnen genug Raum, um sich ein wenig zu strecken. Das ist wichtig, denn sie müssen täglich trainieren, um Muskel- und Knochenschwund vorzubeugen, der sie beim Eintreffen auf dem Mars lahmlegen könnte.

An Bord der Deep Space Transport stellen sie die Triebwerke der Rakete an. Aber statt einen mächtigen Ruck zu spüren und ein riesiges Flammenbündel aus dem Hinterende der Rakete schießen zu sehen, beschleunigen die Ionentriebwerke geschmeidig und steigern allmählich die Geschwindigkeit. Die Astronauten, die aus den Fenstern schauen, sehen nur das sanfte luminöse Glühen von heißen Ionen, die ständig aus den Triebwerken der Rakete ausgestoßen werden.

Die Deep Space Transport benutzt ein neues Antriebssystem, um Astronauten durchs Weltall zu tragen, den so genannten solar-elektrischen Ionenantrieb. Die riesigen Solarmodule fangen Sonnenlicht ein und wandeln es in elektrische Energie um. Diese Energie dient dazu, Elektronen aus den Atomen eines Gases (beispielsweise Xenon) zu lösen, sodass geladene Teilchen (Ionen) entstehen. Ein elektrisches Feld jagt diese Ionen dann aus dem einen Ende der Rakete, sodass Schub erzeugt wird. Im Gegensatz zu einem chemischen Antrieb, der nur ein paar Minuten lang feuern kann, kann ein Ionenantrieb über Monate oder gar Jahre hinweg langsam beschleunigen.

Dann beginnt der lange und langweilige Trip zum Mars selbst, der rund neun Monate in Anspruch nehmen wird. Das größte Problem für die Astronauten ist in diesem Reiseabschnitt die Langeweile; daher müssen sie ständig ihre Muskeln trainieren, Gesellschaftsspiele spielen, um ihre Aufmerksamkeit wach zu halten, kopfrechnen, sich mit ihren Lieben daheim unterhalten, im Web surfen usw. Abgesehen von gelegentlichen Kurskorrekturen gibt es während der eigentlichen Reise wenig zu tun. Abwechslung könnte ein gelegentlicher Raumspaziergang bringen, um kleine Reparaturen vorzunehmen oder abgenutzte Teile zu ersetzen. Mit dem Fortschreiten der Reise nimmt die Zeit, die nötig ist, um eine Radiobotschaft zur Erde zu senden, allmählich zu und steigt schließlich auf 24 Minuten. Das könnte für die Astronauten, die an eine unmittelbare Kommunikation gewöhnt sind, ziemlich frustrierend sein.

Wenn sie aus ihren Fenstern schauen, können sie beobachten, wie der Rote Planet vor ihnen auftaucht und sich allmählich immer stärker ins Bild schiebt. Die Aktivität an Bord des Raumschiffs steigt, während die Astronauten mit ihren Vorbereitungen beginnen. Schließlich zünden sie ihre Raketen, um ihr Raumschiff abzubremsen, sodass sie sanft auf eine Marsumlaufbahn einschwenken können.

Aus dem All bietet sich ihnen ein ganz anderer Anblick als der Blick auf die Erde. Statt blauer Meere, grüner bewaldeter Berge und den Lichtern der Städte breitet sich unter ihnen eine öde, trostlose Landschaft voller rötlicher Wüstenflächen, majestätischer Gebirge, tiefer Schluchten, viel länger als auf der Erde, und riesiger Wirbelstürme aus, die manchmal den ganzen Planeten in eine Sandwolke einhüllen können.

Einmal im Orbit, begeben sie sich in die Marskapsel und trennen sich vom Mutterschiff, das weiterhin den Mars umkreist. Sobald ihre Kapsel in die Marsatmosphäre eindringt, steigen die Temperaturen dramatisch an, doch der Hitzeschild absorbiert die intensive Hitze, die durch die atmosphärische Reibung erzeugt wird. Schließlich wird der Hitzeschild abgeworfen, die Kapsel zündet ihre Rückstoßraketen und landet sanft und sicher auf der Marsoberfläche.

Sobald sie die Kapsel verlassen und die Oberfläche des Mars betreten, öffnen diese Pioniere ein neues Kapitel in der Geschichte der Menschheit und bringen uns einen historischen Schritt näher an unser Ziel, *Homo sapiens* zu einer Spezies zu machen, die auf vielen Planeten zu Hause ist.

Die Astronauten werden mehrere Monate auf dem Roten Planeten verbringen, bevor die Erde für die Rückreise wieder richtig steht. Das gibt ihnen Zeit, das Gelände zu untersuchen, Experimente durchzuführen, beispielsweise nach Spuren von Wasser und mikrobiellem Leben zu suchen und Solarmodule zur Energiegewinnung zu errichten. Ein mögliches Ziel könnte das Bohren nach Eis im Permafrost sein, denn unterirdisches Eis könnte eines Tages zu einer lebenswichtigen Quelle für Trinkwasser werden, ebenso für Sauerstoff zum Atmen und Wasserstoff als Treibstoff.

Nach Abschluss ihrer Mission kehren die Astronauten zu ihrer Raumkapsel zurück und heben wieder ab. (Wegen der geringeren Anziehungskraft des Mars braucht die Kapsel viel weniger Treibstoff, als nötig wäre, um von der Erde abzuheben.) Die Astronauten docken am Hauptschiff in der Umlaufbahn an und bereiten sich auf die neunmonatige Rückreise zur Erde vor.

Bei ihrer Rückkehr landen sie irgendwo im Ozean. Zurück auf festem Boden, werden sie sicherlich als Helden gefeiert, die den ersten Schritt zur Schaffung eines neuen Zweiges der Menschheit wagten.

Wie Sie gesehen haben, haben wir es auf dem Weg zum Roten Planeten mit vielen Herausforderungen und Gefahren zu tun. Mit der Begeisterung der Öffentlichkeit und mit dem Engagement der NASA und privater Unternehmen stehen die Anzeichen jedoch nicht schlecht, dass wir in den nächsten ein bis zwei Jahrzehnten eine bemannte Mission auf den Mars schicken werden. Das führt uns dann zur nächsten Herausforderung: den Mars in ein neues Zuhause zu verwandeln.

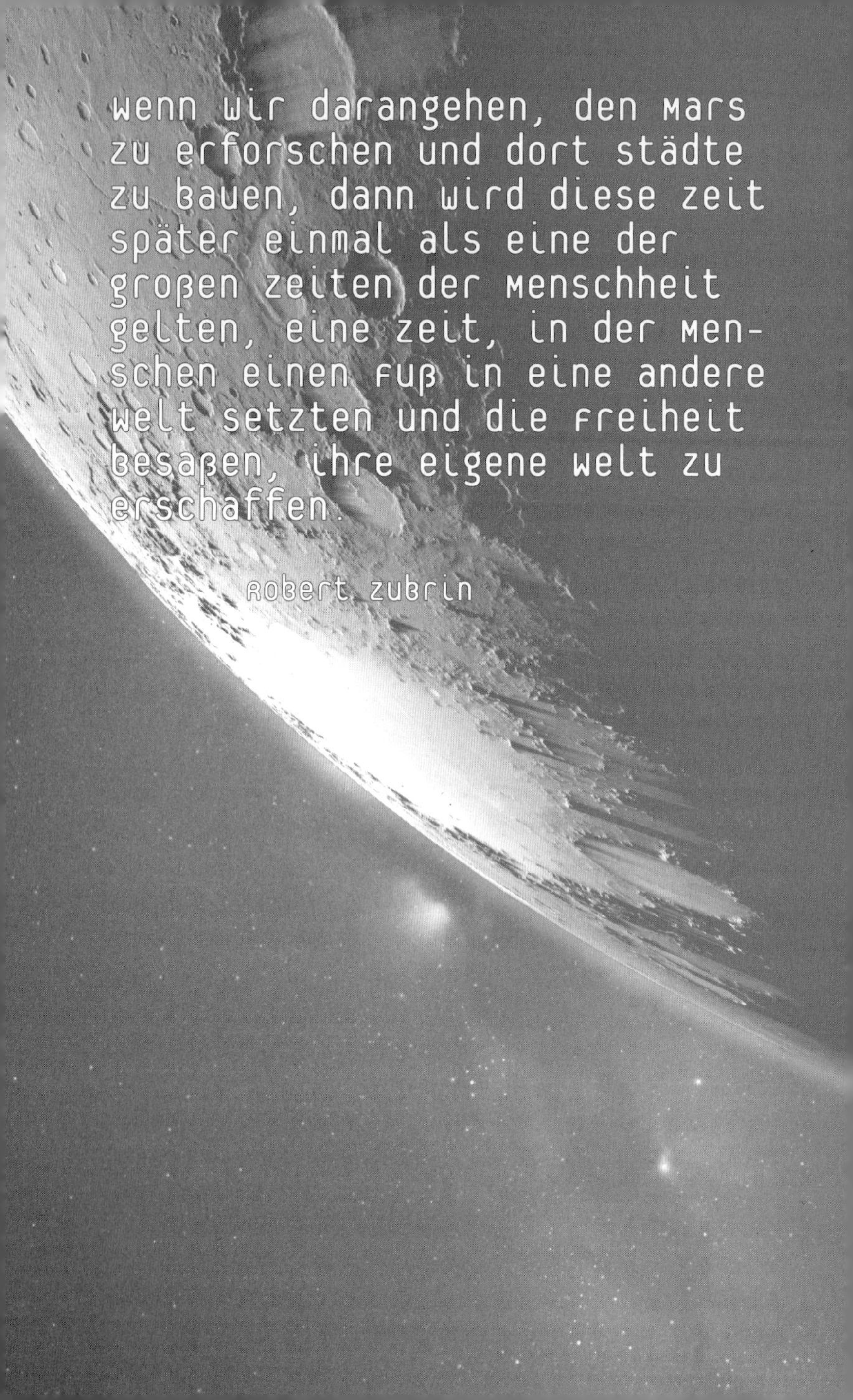

Wenn wir darangehen, den Mars zu erforschen und dort Städte zu bauen, dann wird diese Zeit später einmal als eine der großen Zeiten der Menschheit gelten, eine Zeit, in der Menschen einen Fuß in eine andere Welt setzten und die Freiheit besaßen, ihre eigene Welt zu erschaffen.

Robert Zubrin

Kapitel 5
Mars: Der Gartenplanet

In dem 2015 erschienenen Kinofilm *The Martian* (*Der Marsianer – Rettet Charles Watney*) steht der Astronaut, gespielt von Matt Damon, vor dem ultimativen Dilemma: auf einem gefrorenen, öden, luftlosen Planeten allein zu überleben. Von seinen Crewkollegen versehentlich zurückgelassen, hat er nur Vorräte für einige Tage. Er braucht seinen ganzen Mut und sein ganzes Wissen, um bis zum Eintreffen einer Rettungsmission zu überleben.

Der Film war so realistisch, dass er den Zuschauern einen Eindruck von den Schwierigkeiten vermittelt, denen sich Marskolonisten gegenübersehen würden. Zum einen sind da die gewaltigen Staubstürme, die den Planeten in eine Wolke aus rotem Staub einhüllen, fein wie Talkumpuder, und das Raumschiff im Film nahezu umstürzen lassen. Die Atmosphäre besteht fast völlig aus Kohlendioxid, und der atmosphärische Druck beträgt nur 1 Prozent des Drucks auf der Erde. Daher würde ein Astronaut, wenn er sich der dünnen Marsluft aussetzte, innerhalb weniger Minuten ersticken, und sein Blut würde anfangen zu kochen. Um genug Sauerstoff zum Atmen zu erzeugen, muss Matt Damon in der künstlichen Atmosphäre seiner Raumstation eine chemische Reaktion ablaufen lassen.

Und da ihm bald die Lebensmittel ausgehen, muss er in einem künstlichen Garten rasch seine eigenen Nahrungspflanzen anbauen. Um sie zu düngen, benutzt er seine eigenen Ausscheidungen.

Einen nach dem anderen unternimmt der Astronaut in *Der Marsianer* die qualvollen, aber notwendigen Schritte, die nötig sind, um auf dem Mars ein Ökosystem zu schaffen, das ihn am Leben erhalten kann. Der Film trug dazu bei, die Fantasie einer neuen Zuschauergeneration anzuregen. Die Faszination, die der Mars auf uns ausübt, hat jedoch eine lange und interessante Geschichte, die bis ins 19. Jahrhundert zurückreicht.

Im Jahr 1877 bemerkte der italienische Astronom Giovanni Schiaparelli seltsame Linien auf dem Mars, die das Ergebnis natürlicher Prozesse zu sein schienen. Er nannte diese Linien *canali*. Als der italienische Text ins Englische übersetzt wurde, geschah jedoch ein folgenschwerer Fehler. Aus den *canali* wurden *canals* statt *channels*, was *Kanäle* im Sinne von künstlich angelegten Strukturen bedeutet. Eine einfache Fehlübersetzung wurde zum Anlass für eine Fülle fantastischer Spekulationen und ließ den «Marsmännchen»-Mythos entstehen. Der reiche und exzentrische Astronom Percival Lowell spekulierte, der Mars sei ein sterbender Planet, und die Marsianer hätten in einem verzweifelten Versuch, ihre verdorrenden Felder zu bewässern, Kanäle gegraben, um Wasser von den Polkappen herbeizuschaffen. Lowell widmete sein ganzes Leben dem Versuch, seine Vermutung zu beweisen, und baute mit Hilfe seines beträchtlichen Vermögens in Flagstaff, mitten in der Wüste von Arizona, ein damals hochmodernes Observatorium. (Er konnte die Existenz der Marskanäle nie beweisen, und viele Jahre später zeigten Aufnahmen von Raumsonden, dass die Kanäle visuelle Täuschungen sind. Aber das Lowell-Observatorium erzielte auf anderen Gebieten Erfolge; es trug zur Entdeckung des Zwergplaneten Pluto bei und lieferte die ersten Hinweise für die anhaltende Expansion unseres Universums.)

Im Jahr 1897 schrieb H. G. Wells *The War of the Worlds* (*Krieg der Welten*). In diesem Roman planen die Marsianer, die Menschheit auszulöschen und die Erde so zu «terraformieren», dass ihr Klima wie das Marsklima wird. Das Buch rief eine neue Literaturgattung ins Leben – man könnte sie als das «Angriff vom Mars»-Genre bezeichnen –, und die müßigen, esoterischen Diskussionen professioneller Astronomen wurden plötzlich zu einer Überlebensfrage für die Menschheit.

Am Tag vor Halloween 1938 griff Orson Welles Auszüge aus

dem Roman auf und schuf eine Reihe kurzer, dramatischer und realistischer Hörpiele. Das Programm wurde so präsentiert, als würde die Erde tatsächlich gerade von feindlich gesinnten Marsianern angegriffen. Einige Hörer gerieten in Panik, während sie die ständig aktualisierten Nachrichten der Invasion verfolgten – dass die Streitkräfte von Todesstrahlen ausgeschaltet worden seien und sich die Marsianer mit riesigen Tripoden auf New York City zubewegten. Die von entsetzten Hörern gestreuten Gerüchte verbreiteten sich rasch über das ganze Land. Als Folge dieser Verwirrung versprachen die wichtigsten Medien, niemals wieder einen Scherz so unters Volk zu bringen, als sei er real. Dieses Verbot gilt bis heute.

Viele Menschen ließen sich von der Mars-Hysterie anstecken. Der junge Carl Sagan begeisterte sich für Romane über den Mars, beispielsweise für die Buchreihe *John Carter vom Mars*. Im Jahr 1912 versuchte sich Edgar Rice Burroughs, berühmt für seine Tarzan-Romane, als Science-Fiction-Autor und schrieb über einen amerikanischen Bürgerkriegssoldaten, der sich plötzlich auf dem Mars wiederfindet. Dabei nahm Burroughs an, John Carter werde wegen der im Vergleich zur Erde geringen Schwerkraft auf dem Mars physisch zum Superman werden. Er könne unglaublich weit springen und den finsteren Außerirdischen Thark im Kampf besiegen, um die wunderschöne Dejah Thoris zu retten. Kulturhistoriker sind der Meinung, dass diese Erklärung für John Carters Superkräfte die Basis für die Superman-Story bildete. Die 1938er Ausgabe der *Action Comics*, in der Superman erstmals auftritt, erklärt seine übermenschlichen Kräfte mit der schwachen Anziehungskraft der Erde im Vergleich zu der seines Heimatplaneten Krypton.

Leben auf dem Mars

In der Science-Fiction-Literatur mag es romantisch klingen, seine Zelte auf dem Mars aufzuschlagen, doch die Wirklichkeit ist ziemlich beängstigend. Eine vernünftige Strategie, um auf dem Mars zu überleben, besteht darin, das zu nutzen, was zur Verfügung steht, zum Beispiel Eis. Da der Mars ein gefrorener Festkörper ist, braucht man nur ein paar Fuß tief zu graben, bis man auf Permafrost stößt. Dann kann man das Eis ausheben, schmelzen und reinigen, um Trinkwasser zu gewinnen oder Sauerstoff zum Atmen bzw. Wasserstoff zum Heizen und als Raketentreibstoff herzustellen. Zum Schutz vor Strahlung und Staubstürmen müssten die Kolonisten unterirdische Schutzräume im Gestein bauen. (Da die Marsatmosphäre so dünn und das marsianische Magnetfeld so schwach ist, wird Strahlung aus dem All nicht absorbiert oder abgelenkt wie auf der Erde, und das ist ein großes Problem.) Oder es könnte von Vorteil sein, die erste Marsbasis in einer gigantischen Lavaröhre in der Nähe eines Vulkans zu errichten, wie wir es bereits im Zusammenhang mit dem Mond diskutiert haben. Angesichts der Häufigkeit von Vulkanen auf dem Mars ist die Auswahl an geeigneten Örtlichkeiten vermutlich groß.

Ein Tag auf dem Mars dauert in etwa so lange wie ein Tag auf der Erde. Die Neigung der Drehachse des Mars in Bezug auf die Sonne entspricht ebenfalls derjenigen der Erde. Aber Kolonisten müssten sich an die geringe Schwerkraft des Mars gewöhnen, die nur 40 Prozent der Erdschwerkraft beträgt, und wie auf dem Mond müssten sie viel Sport treiben, um Muskel- und Knochenschwund vorzubeugen. Zudem müssten sie mit dem eisigen Klima zurechtkommen und ständig darum kämpfen, nicht zu erfrieren. Die Temperaturen auf dem Mars überschreiten nur selten den Gefrierpunkt von Wasser, und nach Sonnenuntergang können sie auf bis zu –127 °Celsius fallen, daher kann jeder Ausfall der Energieversorgung lebensbedrohlich sein.

Selbst wenn wir 2030 die erste bemannte Mission zum Mars schicken können, könnte es wegen dieser Probleme bis 2050 oder noch länger dauern, bis man ausreichend Ausrüstung und Vorräte für einen permanenten Außenposten auf den Roten Planeten transportiert hätte.

Sport auf dem Mars

Weil es so wichtig ist, sich körperlich zu betätigen, um Muskelschwund zu verhindern, müssen Astronauten auf dem Mars viel Sport treiben und werden zu ihrer großen Freude feststellen, dass sie schier übermenschliche Fähigkeiten besitzen.

Sportarenen auf dem Mars müssten völlig neu geplant werden. Da die Gravitation auf dem Mars nur wenig mehr als ein Drittel der irdischen Gravitation beträgt, kann man prinzipiell auf dem Mars dreimal so hoch springen und einen Ball dreimal so weit werfen; daher müssten Basketball- und Fussballfelder deutlich größer sein.

Zudem beträgt der Atmosphärendruck auf dem Mars nur 1 Prozent desjenigen auf der Erde, was bedeutet, dass die Aerodynamik von Bällen völlig anders ist. Die Hauptschwierigkeit ist die präzise Kontrolle des Balls. Auf der Erde erhalten Spitzensportler Millionen Dollar, weil es ihnen immer wieder in verblüffender Weise gelingt, die Bewegung eines Balls zu kontrollieren, was jahrelange Übung erfordert. Diese Fertigkeit beruht unter anderem darauf, dass sie in der Lage sind, die Eigendrehung des Balls zu kontrollieren.

Wenn sich ein Ball durch die Luft bewegt, zieht er eine Schleppe von Turbulenzen hinter sich her, kleine Wirbel, die dazu führen, dass er ein wenig schlingert und abgebremst wird. (Bei einem Baseball werden diese Wirbel von den Nähten auf dem Ball hervorgerufen, die den Spin bestimmen. Bei einem Golfball sind die Dimpel auf der Oberfläche die Ursache. Bei einem Fußball entstehen sie durch die Nähte zwischen den einzelnen Flicken, die die Oberfläche bilden.)

Football-Spieler werfen den Ball so, dass er sich rasch auf einer Spiralbahn durch die Luft bewegt. Dieser Spin verringert die Wirbelbildung auf der Balloberfläche, sodass der Ball präziser geworfen werden und ohne zu trudeln viel weiter fliegen kann. Da der Ball sich rasch dreht, verhält er sich zudem wie ein kleines Gyroskop und weist daher stabil immer in dieselbe Richtung, was den Football auf Kurs hält und ihn einfacher fangen lässt.

Die Physik der Luftströmung zeigt auch, dass viele Mythen, die sich um das Werfen eines Baseballs ranken, einen wahren Kern haben. Seit Generationen behaupten Baseball-Pitcher, sie könnten Knuckleballs und Curveballs werfen, die ihnen erlauben, die Flugbahn des Balls in einer Weise zu steuern, die scheinbar den Gesetzen des gesunden Menschenverstands widerspricht.

Zeitlupenvideos zeigen, dass diese Behauptung korrekt ist. Wenn ein Baseball so geworfen wird, dass er so gut wie keinen Spin hat (wie bei einem «Knuckleball»), ist die Wirbelentwicklung maximal und die Flugbahn des Balls nicht voraussehbar. Wenn der Ball einen starken Spin hat, kann es sein, dass der Luftdruck auf der einen Seite des Baseballs größer ist als auf der anderen (das liegt am so genannten Bernoulli-Effekt), und daher schlingert der Ball in bestimmter Weise.

All das bedeutet, dass irdische Weltklassesportler auf dem Mars wegen des dortigen niedrigeren Luftdrucks möglicherweise ihre Fähigkeit zur Ballkontrolle einbüßen, sodass sich an ihrer Stelle eine völlig neue Generation von marsianischen Sportlern entwickeln könnte. Eine Sportart auf der Erde perfekt zu beherrschen, bedeutet auf dem Mars möglicherweise nicht viel.

Wenn wir uns die Liste der Sportarten anschauen, die heute olympische Disziplinen sind, stellen wir fest, dass alle ohne Ausnahme modifiziert werden müssten, um der reduzierten Schwerkraft und dem reduzierten Luftdruck auf dem Mars gerecht zu werden. Tatsächlich könnte sich eine neue marsianische Olympiade entwickeln, einschließlich völlig neuer Sportarten, die auf der Erde nicht möglich sind und bislang auch noch gar nicht existieren.

Die Bedingungen auf dem Mars könnten darüber hinaus Artistik und Eleganz anderer Sportarten steigern. Eine Eiskunstläuferin, zum Beispiel, kann sich auf der Erde nur rund vier Mal in der Luft drehen. Kein Eisläufer hat jemals einen Fünffach-Sprung zustande gebracht. Die Sprunghöhe hängt nämlich von der Startgeschwindigkeit ab, die Sprungkraft von der herrschenden Gravitation. Auf dem Mars können sich Eiskunstläuferinnen drei Mal höher in die Luft schrauben als auf der Erde und wegen der verringerten Gravitation und des geringeren Luftdrucks atemberaubende Sprünge und Pirouetten meistern. Turner auf der Erde können wunderbare Drehungen und Wendungen zeigen, weil sie mit ihrer Muskelkraft gegen ihr Gewicht ankommen. Auf dem Mars würde ihre Kraft ihr reduziertes Körpergewicht jedoch noch in viel größerem Maße übertreffen und ihnen bisher noch nie gesehene Kunstfiguren erlauben.

Touristen auf dem Mars

Sobald unsere Astronauten die grundlegenden Herausforderungen gemeistert haben, die ihr Überleben auf dem Mars sichern, können sie einige der ästhetischen Vorzüge genießen, die der Rote Planet bietet.

Wegen der geringen Schwerkraft und der dünnen Atmosphäre auf dem Mars und dem Fehlen von flüssigem Wasser können die marsianischen Gebirge im Vergleich zu ihren irdischen Pendants wirklich in den Himmel wachsen. Der Olympus Mons auf dem Mars ist der größte bekannte Vulkan im ganzen Sonnensystem. Er ist rund 2,5 Mal höher als der Mount Everest und so breit, dass er, wenn man ihn in die Vereinigten Staaten versetzte, von New York City bis nach Montreal in Kanada reichen würde.

Das schwache Gravitationsfeld hat auch zur Folge, dass Bergsteiger nicht durch schwere Rucksäcke belastet würden und fabelhafte Ausdauerleistungen erbringen könnten, ähnlich wie die Astronauten auf dem Mond.

In der Nachbarschaft des Olympus Mons liegen in gerader Linie drei kleinere Vulkane. Präsenz und Position dieser kleineren Vulkane sprechen für frühere tektonische Aktivität auf dem Mars. Die Hawaii-Inseln auf der Erde liefern eine nützliche Analogie. Unter dem Pazifikboden liegt eine stationäre Magmakammer, und wenn sich die tektonische Platte über dieser Magmakammer verschiebt, entlädt sich der Druck des Magmas in regelmäßigen Abständen nach oben, durchbricht die Kruste und schafft so die nächste Insel der hawaiischen Inselkette. Auf dem Mars ist die tektonische Aktivität offenbar jedoch schon vor langer Zeit erloschen, ein Hinweis darauf, dass der Kern des Planeten abgekühlt ist.

Der größte Mars-Canyon und wahrscheinlich der größte Canyon im ganzen Sonnensystem, Mariner Valley, ist so gigantisch, dass er sich, würde man ihn in die Vereinigten Staaten verpflanzen, von New York City bis Los Angeles reichte. Wanderern, die über den Grand Canyon gestaunt haben, würde dieses extraterrestrische Netzwerk von Canyons den Atem verschlagen. Aber im Gegensatz zum Grand Canyon gibt es am Grund des Mariner Valley keinen Fluss. Der jüngsten Theorie zufolge liegt der rund 5000 Kilometer lange Canyon an der Schnittstelle zweier geologisch alter tektonischer Platten, ähnlich wie es beim San-Andreas-Graben in Kalifornien der Fall ist.

Ein besonders attraktives Touristenziel könnten die beiden riesigen Polkappen des Roten Planeten werden, die sich in ihrer Zusammensetzung von den irdischen Polkappen unterscheiden, denn dort kommen zwei Arten von Eis vor. Ein Eiskappentyp besteht aus gefrorenem Wasser. Eisflächen dieses Typs stellen Fixpunkte der Landschaft dar und verändern sich das ganze marsianische Jahr hindurch kaum. Der andere Typ besteht aus

Trockeneis, also gefrorenem Kohlendioxid, und die Trockeneisflächen wachsen oder schrumpfen je nach Jahreszeit. Im Sommer verdampft das Trockeneis und verschwindet, sodass nur die aus Wasser bestehenden Eiskappen zurückbleiben. Infolgedessen verändert sich das Aussehen der Polkappen im Lauf des Jahres.

Während sich die Erdoberfläche ständig verändert, hat sich die grundlegende Marstopologie in den letzten Milliarden Jahren kaum gewandelt. Daher weist der Mars Merkmale auf, für die es auf der Erde kein Pendant gibt; das gilt zum Beispiel für Tausende von riesigen Meteoritenkratern, die sich vor langer Zeit gebildet haben. Auch die Erde besaß einst riesige Meteoritenkrater, doch Wasser- und Winderosion haben viele von ihnen verschwinden lassen. Zudem wird der größte Teil der Erdoberfläche aufgrund tektonischer Aktivitäten alle paar Millionen Jahre recycelt; daher sind alte Krater längst wieder zu neuer Erdkruste geworden. Schaut man jedoch den Mars an, so sieht man eine Landschaft, die wie in der Zeit eingefroren zu sein scheint.

In vielerlei Hinsicht wissen wir tatsächlich über die Oberfläche des Mars mehr als über diejenige der Erde. Rund zwei Drittel der Erdoberfläche ist von Ozeanen bedeckt, während es auf dem Mars keine Meere gibt. Die Orbiter-Sonden, die zum Mars geschickt wurden, haben jeden Quadratmeter seiner Oberfläche fotografiert und uns eine detaillierte Landkarte seines Terrains geliefert. Die Kombination von Eis, Schnee, Staub und Sanddünen auf dem Mars schafft neuartige geologische Formationen aller Art, die es auf der Erde so nicht gibt. Eine Wanderung über den Mars wäre wohl der Traum eines jeden passionierten Wanderers.

Ein offensichtliches Problem bei der Vermarktung des Roten Planeten als Touristenattraktion könnten die marsianischen Monsterstürme sein, Staubteufel genannt, die recht häufig vorkommen und fast täglich im Zickzack über die Staubwüsten jagen. Ihre trichterförmigen Wirbel können höher aufragen als der Mount Everest und lassen irdische Sturmgebilde, die nur wenige hundert Fuß in den Himmel reichen, wie Zwerge erscheinen. Es gibt auch heftige, planetengroße Staubstürme, die den ganzen Mars wochenlang in eine Sanddecke hüllen können. Aufgrund des geringen atmosphärischen Drucks auf dem Mars richten sie jedoch keinen großen Schaden an. Für einen Astronauten würden sich Marswinde mit einer Geschwindigkeit von 100 Kilometern pro Stunde wie irdische Winde mit 10 Kilometer pro Stunde anfühlen. Solche Stürme sind vielleicht lästig und pusten feine Staubteilchen in Raumanzüge, Maschinen und Fahrzeuge, was zu Fehlfunktionen und Pannen führen kann, doch sie würden keine Gebäude zum Einsturz bringen.

Aufgrund der dünnen Luft brauchen Flugzeuge auf dem Mars viel größere Tragflächen als auf der Erde, um genügend Auftrieb zu entwickeln. Ein mit Solarenergie betriebenes Flugzeug bräuchte eine enorm große Oberfläche und könnte zu teuer sein, um Fliegen als Freizeitvergnügen zu betreiben. Es ist wenig wahrscheinlich, dass Marstouristen eines Tages über die Mars-Canyons fliegen wie irdische Touristen über den Grand Canyon. Aber Ballons und Prallluftschiffe (Blimps) könnten trotz der niedrigen Temperaturen und des geringen atmosphärischen Drucks brauchbare Transportalternativen sein. Sie könnten die Marsoberfläche viel niedriger überfliegen als die Orbiter-Sonden, aber dennoch große Bereiche der Oberfläche abdecken. Eines Tages könnten ganze Flotten von Ballons und Blimps über den geologischen Wundern dieses Planeten ein regelmäßiger Anblick sein.

Mars: Ein Garten Eden

Um eine dauerhafte Präsenz auf dem Roten Planeten aufrechtzuerhalten, müssen wir einen Weg finden, diese lebensfeindliche Umwelt in einen Garten Eden zu verwandeln.

Robert Zubrin, ein Luft- und Raumfahrtingenieur, der für Martin Marietta und Lockheed Martin gearbeitet hat, ist Gründer der Mars Society und seit Jahren einer der entschiedensten

Befürworter einer Besiedlung des Roten Planeten. Sein Ziel ist, die Öffentlichkeit zu überzeugen, eine bemannte Mission zu finanzieren. Es gab eine Zeit, da war er ein einsamer Rufer in der Wüste, der jeden zu überzeugen versuchte, der ihm zuhörte, doch inzwischen suchen Unternehmen und Regierungen seinen Rat.

Ich habe ihn bei mehreren Gelegenheiten interviewt, und jedes Mal haben mich sein Enthusiasmus, seine Energie und seine Engagement beeindruckt. Als ich ihn fragte, was diese Faszination für das Weltall in ihm ausgelöst hat, erzählte er mir, alles habe in seiner Kindheit, mit dem Lesen von Science-Fiction-Romanen, begonnen. Zudem faszinierte ihn Wernher von Brauns Vision, der bereits 1952 in einer Fernsehserie skizzierte, wie eine Mission von zehn im Orbit zusammengesetzten Raumschiffen eine Crew von 70 Astronauten zum Mars bringen könne.

Ich fragte Dr. Zubrin weiter, wie aus seiner Begeisterung für Science-Fiction ein lebenslanges Streben nach dem Erreichen des Mars wurde. «Tatsächlich war Sputnik der Auslöser,[1] für mich als Kind war es einfach wunderbar!» Er war vom Start des ersten künstlichen Satelliten der Welt 1957 dermaßen begeistert, weil dies bedeutete, dass die Romane, die er las, eines Tages Wirklichkeit werden könnten. Science-Fiction, davon war er überzeugt, würde eines Tages Science – Wissenschaft – werden.

Dr. Zubrin gehört zu der Generation, die miterlebt hat, wie sich die Vereinigten Staaten, bei null beginnend, zur größten Raumfahrtnation des Planeten entwickelten. Dann kamen der Vietnamkrieg und innenpolitische Konflikte, und über den Mond zu spazieren erschien auf einmal fern und unwichtig. Budgets wurden zusammengestrichen, Programme wurden abgebrochen. Aber obgleich sich die öffentliche Meinung gegen das Raumfahrtprogramm wandte, blieb Dr. Zubrin bei seiner Überzeugung, dass der Mars unser nächstes Ziel sein sollte. Im Jahr 1989 weckte Präsident George H.W. Bush kurzzeitig das Interesse der Öffentlichkeit, als er Pläne verkündete, bis 2020 den Mars zu erreichen – bis Studien im Folgejahr ergaben, dass diese Mission rund 450 Milliarden Dollar verschlingen würde. Die Amerikaner schockte diese gigantische Summe, und die Mars-Mission wurde wieder einmal auf die lange Bank geschoben.

Zubrin verbrachte Jahre mit der mühsamen Aufgabe, Unterstützung für seinen ambitionierten Plan zu suchen. Da er erkannte, dass die Öffentlichkeit kein derart teures Unterfangen billigen würde, schlug Zubrin eine Reihe neuartiger, aber realistischer Ansätze zur Kolonisierung des Roten Planeten vor. Bevor er seine Pläne darlegte, hatten die meisten Leute keinen ernsthaften Gedanken daran verschwendet, wie sich zukünftige Raumfahrtmissionen finanzieren lassen.

In seinem 1990 veröffentlichten Vorschlag, Mars Direct, reduzierte Zubrin die Kosten, indem er die Mission in zwei Teile aufspaltete. Zunächst sollte eine unbemannte Rakete, Earth Return Vehicle, zum Mars geschickt werden. Diese Rakete trägt eine kleine Menge Wasserstoff – nur 8 Tonnen –, kombiniert ihn aber mit dem Kohlendioxid, das natürlicherweise in unbegrenzter Menge in der Marsatmosphäre verfügbar ist. Diese chemische Reaktion erzeugt bis zu 12 Tonnen Methan und Sauerstoff und liefert genug Raketentreibstoff für die anschließende Rückreise. Sobald der Treibstoff zur Verfügung steht, starten Astronauten in einem zweiten Fahrzeug, der Mars Habitat Unit, die lediglich genug Treibstoff für den Hinflug zum Mars mitführt. Nach ihrer Landung führen die Astronauten wissenschaftliche Experimente durch. Dann verlassen sie die Mars Habitat Unit und wechseln in das Earth Return Vehicle der ursprünglichen Mission über, das mit dem neu produzierten Raketentreibstoff aufgetankt ist. Mit diesem Gefährt können sie dann zur Erde zurückkehren.

Kritiker zeigen sich manchmal entsetzt, wenn sie hören, dass Zubrin dafür plädiert, Astronauten nur ein Ticket für den Hinflug zu geben, als würde er sie auf dem Mars sterben lassen wollen. Daher legt er Wert auf die Feststellung, dass sich der Treibstoff für den Rückflug auf dem Mars erzeugen lässt. Aber er fügt hinzu: «Das Leben ist eine Fahrt in nur eine Richtung, und *eine* Möglichkeit, es zu verbringen, besteht darin, auf den Mars zu fliegen und dort einen Ableger der menschlichen Zivilisation zu gründen.» Er ist fest überzeugt, dass sich Historiker in 500 Jahren nicht etwa an all die belanglosen Kriege und Konflikte des 21. Jahrhunderts erinnern werden, sondern dass die Menschheit die Gründung ihrer neuen Gemeinschaft auf dem Mars feiern wird.

Die NASA hat seitdem einige Aspekte der Mars-Direct-Strategie übernommen; sie hat die Philosophie des Mars-Programms verändert und Kosten, Effizienz und Nutzung vorhandener Ressourcen Priorität eingeräumt. Zubrins Mars Society hat auch einen Prototyp einer realen Marsbasis konstruiert. Die Vereinigung wählte Utah als Sitz der Mars Desert Research Station (MDRS), weil die Umgebung dort einer Simulation der Bedingungen auf dem Roten Planeten am nächsten kam: kalt, einsam, öde und ohne Pflanzen und Tiere. Das Kernstück der MDRS ist ihr Habitat, ein zweistöckiges zylindrisches Gebäude, das sieben Crewmitglieder aufnehmen kann. Es gibt auch ein großes Observatorium zur Sternbeobachtung. Die MDRS nimmt interessierte Freiwillige auf, die einen zwei- bis dreiwöchigen Aufenthalt in der Station verbringen. Die Freiwilligen werden trainiert, sich wie echte Astronauten mit bestimmten Pflichten zu verhalten, beispielsweise Experimente durchzuführen, Instandhaltungsarbeiten zu übernehmen und Beobachtungen zu machen. Die Organisatoren der MDRS versuchen, die Erfahrung so realistisch wie möglich zu gestalten, und nutzen diese Aufenthalte als Möglichkeit, zu testen, wie sich ein längeres Zusammenleben relativ fremder Menschen in der Isolation des Mars psychologisch auswirkt. Seit Beginn des Programms 2001 haben mehr als 1000 Freiwillige daran teilgenommen.

Die Verlockung des Mars ist so groß, dass sie einige Unternehmen zweifelhafter Art auf den Plan gerufen hat. Die MDRS sollte nicht mit dem Mars-One-Programm verwechselt werden, das denjenigen, die eine Reihe von Tests bestanden haben, einen dubiosen Hinflug zum Mars anbietet. Obwohl sich hunderte

Interessenten beworben haben, verfügt das Programm über keine konkreten Mittel, um zum Mars zu gelangen. Die Initiatoren behaupten, sie würden ihre Rakete via Spendenwerbung und durch einen Film über ihre Mission finanzieren. Skeptiker sind der Ansicht, dass die Initiatoren des Mars-One-Programms zwar recht geschickt darin sind, die Presse an der Nase herumzuführen, aber kaum über wissenschaftliche Expertise verfügen.

Ein weiterer eigenwilliger Versuch, eine isolierte Kolonie zu gründen wie diejenige, die wir auf dem Mars zu schaffen hoffen, war ein Projekt namens Biosphere 2, finanziert mit 150 Millionen Dollar aus dem Vermögen der Bass-Familie.[2] In der Wüste von Arizona wurde ein drei Morgen großer, überkuppelter Komplex aus Glas und Stahl errichtet. Diese Kuppel kann acht Menschen sowie 3000 Pflanzen- und Tierarten aufnehmen und sollte ursprünglich als abgeschlossenes Habitat dienen. Damit sollte getestet werden, ob Menschen in einer kontrollierten isolierten Umgebung überleben können, wie wir sie vielleicht eines Tages auf einem anderen Planeten schaffen könnten. Von seinem Start im Jahr 1991 an litt das Projekt unter Missgeschicken, Streitigkeiten, Skandalen und Pannen, die mehr Schlagzeilen machten als echte wissenschaftliche Ergebnisse. Zum Glück wurden die Einrichtungen 2011 von der University of Arizona übernommen, und seitdem haben sie sich zu einem vernünftigen Forschungszentrum entwickelt.

Den Mars terraformieren

Aufgrund seiner Erfahrungen mit MDRS und anderen Projekten vermutet Dr. Zubrin, dass die Besiedlung des Mars in vorhersehbaren Schritten ablaufen wird. Seiner Ansicht nach ist es vorrangig, auf dem Mars zunächst eine Basis für 20 bis 50 Astronauten zu schaffen. Einige würden vielleicht nur ein paar Monate bleiben, während andere ihr ganzes restliches Leben hier verbringen und die Basis zu ihrer neuen Heimat machen würden. Mit der Zeit würden die Menschen auf dem Mars beginnen, sich weniger als Astronauten denn als Siedler zu betrachten.

Anfangs müssten die meisten Vorräte von der Erde eingeflogen werden, doch in der zweiten Phase, wenn die Bevölkerung auf ein paar tausend Menschen angewachsen ist, würde man beginnen, die Ressourcen des Planeten zu nutzen. Die rötliche Färbung des Sands auf dem Mars geht auf seinen Gehalt an Eisenoxid (Rost) zurück; daher könnten die Siedler Eisen und Stahl zum Bauen herstellen. Elektrizität lässt sich mit Hilfe von großen Solarparks gewinnen, die Sonnenenergie sammeln. Das Kohlendioxid in der Atmosphäre ließe sich nutzen, um Pflanzen zu kultivieren. So könnte die Mars-Kolonie mit der Zeit autark und zukunftsfähig werden.

Der nächste Schritt ist der schwierigste von allen. Auf lange Sicht muss die Kolonie einen Weg finden, um die Atmosphäre langsam zu erwärmen, sodass zum ersten Mal seit drei Milliarden Jahren wieder flüssiges Wasser auf dem Roten Planeten fließt. Das würde Landwirtschaft und schließlich auch Städte möglich machen. An diesem Punkt treten wir ins dritte Stadium ein, und auf dem Mars könnte sich eine neue Zivilisation entwickeln.

Überschlagsrechnungen zeigen, dass es momentan unerschwinglich wäre, den Mars zu terraformieren, und es Jahrhunderte dauern würde, diesen Prozess zum Abschluss zu bringen. Verlockend und vielversprechend sind jedoch geografische Hinweise, dass es einst auf der Oberfläche des Mars sehr viel flüssiges Wasser gab, das Flussbetten, Flussufer und selbst die Umrisse eines uralten Ozeans von der Größe der Vereinigten Staaten in den Boden gegraben hat. Vor mehreren Milliarden Jahren kühlte der Mars rascher ab als die Erde und hatte bereits ein tropisches Klima, als die Erdoberfläche noch geschmolzen war. Diese Kombination von mildem Klima und großen Wasseransammlungen hat einige Wissenschaftler zu der Spekulation veranlasst, das DNA-Molekül könne vom Mars stammen. In diesem Szenario katapultierte der Einschlag eines gigantischen Meteors riesige Mengen an Trümmern ins All – von denen einige später auf der Erde landeten und sie mit marsianischer DNA befruchteten. Wenn diese Theorie korrekt ist, dann müssen Sie nur in den Spiegel schauen, um einem Marsianer zu begegnen.

Zubrin verweist darauf, dass Terraforming kein neuer oder seltsamer Prozess ist. Tatsächlich terraformiert das DNA-Molekül ständig die Erde. Das Leben hat jeden Aspekt der irdischen Ökologie neu geformt, von der Zusammensetzung der Atmosphäre bis zur Topografie der Erde und dem Aufbau unserer Meere. Also folgen wir lediglich dem eigenen Drehbuch der Natur, wenn wir uns daranmachen, den Mars zu terraformieren.

Dem Mars Starthilfe geben

Um den Prozess des Terraforming in Gang zu setzen, könnten wir die Atmosphäre mit Methan und Wasserdampf impfen, um einen künstlichen Treibhauseffekt auszulösen. Diese Treibhausgase würden Sonnenlicht einfangen und die Temperatur der Eiskappen stetig erhöhen. Beim Schmelzen dieser Eiskappen werden dann Wasserdampf und Kohlendioxid frei.

Wir können auch Satelliten in eine Umlaufbahn um den Mars schicken, die konzentriertes Sonnenlicht auf die Eiskappen lenken. Die Satelliten könnten so synchronisiert werden, dass sie über einem bestimmten Punkt am Himmel stehen und Energie auf die Polarregionen fokussieren. Auf der Erde richten wir unsere TV-Satellitenschüsseln auf einen ähnlichen geostationären Satelliten in rund 36 000 Kilometer Höhe aus, der wie am Himmel festgenagelt erscheint, weil er die Erde alle 24 Stunden genau einmal umkreist. (Geostationäre Satelliten ziehen ihre Bahnen über dem Äquator. Das heißt, dass die von diesen Satelliten gebündelte Energie entweder die Pole unter einem gewissen Winkel trifft oder zunächst zum Äquator hinabgeschickt und dann zu den Polen weitergeleitet werden muss. Leider sind beide Alternativen mit einem gewissen Energieverlust verbunden.)

Diesem Szenario zufolge würden die marsianischen Satelliten riesige Planen von mehreren Kilometern Durchmesser voller Spiegel oder Solarmodule entfalten. Das Sonnenlicht könnte entweder gebündelt und dann auf die Eiskappen gerichtet werden, oder die Energie könnte mit Hilfe von Solarzellen konvertiert und dann in Form von Mikrowellen zum Boden geschickt werden. Dies ist einer der effizientesten – wenn auch kostspieligsten – Ansätze, den Mars zu terraformieren, denn er ist ungefährlich, umweltfreundlich und stellt sicher, dass die Marsoberfläche nur minimal in Mitleidenschaft gezogen wird.

Es sind auch andere Strategien vorgeschlagen worden. Wir können überlegen, ob wir auf Titan, einem der Saturnmonde, Methan abbauen und zum Mars bringen. Dieses Methan könnte zu dem erwünschten Treibhauseffekt führen – wenn es darum geht, Wärme zu speichern, ist Methan 20 Mal effizienter als Kohlendioxid. Eine weitere Möglichkeit wäre, in der Nähe befindliche Asteroiden oder Kometen zu nutzen. Wie bereits erwähnt, bestehen Kometen weitgehend aus Eis, und Asteroiden enthalten Ammoniak, ein Treibhausgas. Wenn sie zufällig am Mars vorbeifliegen, kann man sie geringfügig aus ihrer Bahn ablenken, sodass sie auf einen Orbit um den Mars einschwenken. Dann kann man ihre Bahn weiter so beeinflussen, dass sie sich schließlich in einer sehr langsamen Todesspirale auf den Mars zubewegen. Wenn sie in die Marsatmosphäre eintreten, werden sie durch die entstehende Reibung aufgeheizt, bis sie sich auflösen und Wasserdampf sowie Ammoniak freisetzen. Diese Flugbahn würde, vom Mars aus gesehen, einen wunderbaren Anblick bieten. In einem gewissen Sinne kann man die Asteroid Redirect Mission (ARM) der NASA als Generalprobe für ein derartiges Unternehmen ansehen. Wie bereits erwähnt, ist ARM eine zukünftige NASA-Mission, deren Ziel es ist, Gesteinproben zu sammeln oder die Flugbahn eines Kometen bzw. Asteroiden vorsichtig zu verändern. Natürlich muss diese Technik verfeinert werden, oder wir riskieren, einen riesigen Asteroiden auf den Mars zu lenken und in einer Kolonie großen Schaden anzurichten.

Eine unorthodoxere Idee, die von Elon Musk stammt, ist, die Eiskappen zum Schmelzen zu bringen, indem man hoch über ihnen Wasserstoffbomben zündet. Diese Methode ist heute mit Standardtechnologie umsetzbar. Im Prinzip sind Wasserstoffbomben in der Herstellung relativ kostengünstig, und wir verfügen sicherlich über die Möglichkeit, eine große Anzahl von ihnen mit bereits heute existierenden Raketen über den Eiskappen zur Explosion zu bringen. Niemand weiß jedoch, wie stabil die Eiskappen sind oder welche langfristigen Folgen ein solches Vorgehen haben könnte, und viele Wissenschaftler fürchten unvorhergesehene Konsequenzen.

Wenn die Eiskappen des Mars völlig abschmelzen würden, so würde die frei werdende Wassermenge Schätzungen zufolge ausreichen, um einen den Planeten bedeckenden Ozean von 4,5 bis 9 Metern Tiefe zu füllen.

Den Wendepunkt erreichen

Ziel all dieser Vorschläge ist es, die Marsatmosphäre zu einem Wendepunkt zu bringen, ab dem die Erwärmung selbständig fortschreitet. Die Temperatur um 6 °Celsius zu erhöhen, könnte ausreichen, den Schmelzprozess einzuleiten. Die von den Eiskappen freigesetzten Treibhausgase würden die Atmosphäre aufheizen. Das Kohlendioxid, in grauer Vorzeit in der Wüste als Karbonat im Gestein gebunden, würde ebenfalls frei werden und zur planetaren Erwärmung und damit zu einer weiteren Eisschmelze beitragen. Daher würde die Erwärmung des Mars ohne weitere Einwirkung von außen weitergehen. Je stärker sich der Planet aufheizt, desto mehr Wasserdampf und Treibhausgase werden freigesetzt, was den Planeten noch stärker erwärmt. Dieser Prozess könnte beinahe endlos weitergehen und würde den atmosphärischen Druck auf dem Mars erhöhen.

Sobald in den uralten Flussbetten des Mars wieder flüssiges Wasser fließt, könnten Siedler großflächige landwirtschaftliche Kulturen anlegen. Pflanzen lieben Kohlendioxid, daher könnten die ersten Pflanzen im Freien gezüchtet und ihre Abfallprodukte dazu eingesetzt werden, eine Humusschicht zu schaffen. Damit würde eine weitere positive Rückkopplungsschleife in Gang gesetzt: Mehr Pflanzen würden mehr Humus erzeugen, auf dem weitere Pflanzen gezüchtet werden können. Der Marsboden enthält zudem wertvolle Nährstoffe, wie Magnesium-, Natrium- und Kaliumverbindungen, die für das Pflanzenwachstum wichtig sind. Und wenn das Pflanzenwachstum voranschreitet, werden die Pflanzen immer mehr Sauerstoff freisetzen, ein essenzieller Bestandteil des Mars-Terraforming.

Wissenschaftler haben Treibhäuser gebaut, die die harschen Bedingungen auf dem Mars simulieren, um zu testen, ob Pflanzen und Bakterien dort überleben können. Im Jahr 2014 ging das Institute for Advanced Concepts der NASA eine Partnerschaft mit Techshot ein, um Bio-Kuppeln mit einer kontrollierten Umwelt zu schaffen und dort Sauerstoff produzierende Cyanobakterien und Algen zu züchten. Wie vorläufige Tests zeigen, können gewisse irdische Lebensformen dort tatsächlich gedeihen. Im Jahr 2012 wiesen Wissenschaftler am Mars Simulation Laboratory, das vom Deutschen Zentrum für Luft- und Raumfahrt betrieben wird, nach, dass Flechten (eine symbiotische Lebensgemeinschaft von Pilzen und Algen oder Cyanobakterien) unter diesen Bedingungen mindesten einen Monat lang überleben könnten. 2015 wiesen Wissenschaftler an der University of Arkansas nach, dass vier Arten von methanbildenden Mikroorganismen (so genannten Methanogenen) in einer Umwelt überdauern können, die der marsianischen Ökologie ähnelt.

Noch ehrgeiziger ist das Mars Ecopoiesis Test Bed der NASA, ein Projekt, das darauf abzielt, widerstandsfähige Bakterien und

Pflanzen, wie extremophile, photosynthetisch aktive Algen und Cyanobakterien, an Bord eines Rovers auf den Mars zu schicken. Diese Lebensformen sollen in kleinen Kanistern mit lichtdurchlässiger Kuppel verpackt und wie Korkenzieher dort in den Marsboden gedreht werden, wo es vermutlich vorübergehend flüssiges Wasser gibt. Biosensoren suchen dann nach Anzeichen für die Bildung von Sauerstoff, wie er bei der Photosynthese entsteht. Falls dieses Experiment erfolgreich sein sollte, könnte es sein, dass der Mars eines Tages mit Anlagen dieser Art in großem Stil Sauerstoff und Nahrung produziert.

Mit Beginn des 22. Jahrhunderts sollten die Technologien der vierten Welle – Nanotechnologie, Biotechnologie und KI – so weit fortgeschritten sein, dass sie bedeutenden Einfluss auf das Terraforming des Mars nehmen können.

Einige Biologen spekulieren, dass die Gentechnik zu modifizierten Algenarten führen kann, die speziell an das Leben auf dem Mars angepasst sind, vielleicht an die spezielle chemische Zusammensetzung des Bodens oder an die Verhältnisse in neu gebildeten Seen. Diese Algen sollen in der kalten, dünnen, kohlendioxidreichen Atmosphäre gedeihen und als Abfallprodukt ihres Stoffwechsels große Mengen Sauerstoff freisetzen. Sie sollen essbar sein und könnten gentechnisch so verändert werden, dass sie Aromen von der Erde nachahmen. Zudem sollten sie einen idealen Dünger produzieren.

In dem Kinofilm *Star Trek II: Der Zorn des Khan (The Wrath of Khan)* wurde im Rahmen des Genesis-Projekts eine fantastische neue Technologie eingeführt. Die Technologie war in der Lage, tote Planeten in kürzester Zeit in üppige, lebensfreundliche Welten zu verwandeln, indem ein spezieller Container wie eine Bombe explodiert und eine Ladung Zellen mit gentechnisch stark veränderter DNA freisetzt. Sobald sich diese Super-DNA in allen Winkeln des Planeten verteilt hat, schlagen die Zellen Wurzeln, und dichte Wälder bilden sich, sodass der ganze Planet innerhalb weniger Tage terraformiert wird.

Im Jahr 2016 veröffentlichte Claudius Gros, Professor für Theoretische Physik an der Universität Frankfurt, einen Artikel in der Fachzeitschrift *Astrophysics and Space Science*, in dem er beschrieb, wie ein Genesis-Projekt tatsächlich aussehen könnte. Seiner Meinung nach wird eine primitive Version des Genesis-Projekts in 50 bis 100 Jahren zur Verfügung stehen. Zunächst müssten Wissenschaftler auf der Erde die Ökologie des unbelebten Planeten sorgfältig analysieren. Die Temperatur sowie die Zusammensetzung von Boden und Atmosphäre würde darüber entscheiden, welche Typen von Mikroorganismen eingeführt werden sollten. Dann würde man Flotten von Roboterdrohnen zu dem Planeten schicken, um Millionen nanogroßer Abwurfkapseln mit einer ganzen Batterie von Mikroorganismen über der Planetenoberfläche zu verteilen. Nach der Landung der Kapseln würden die aus diesen Kapseln freigesetzten Mikroorganismen die Ressourcen des Planeten nutzen, sich reproduzieren und in ihrer neuen Heimat eine Evolution in Gang setzen.

Dr. Gros ist überzeugt, dass sich Leben auf einem neu besamten Planeten auf altmodische Weise entwickeln muss, nämlich per Evolution. Er warnt, dass es zu «ökologischen Katastrophen von globalem Ausmaß» kommen kann, wenn wir versuchen, diesen Prozess zu beschleunigen, vor allem dann, wenn ein Typ Lebensform sich so stark ausbreitet, dass er die anderen verdrängt.

Wird das Terraforming von Dauer sein?

Wenn es uns gelingt, den Mars zu terraformieren, was sollte ihn davon abhalten, anschließend wieder in seinen ursprünglichen wüsten und leeren Zustand zurückzukehren? Diese Frage bringt uns zurück zu einer entscheidenden Frage, die sich Astronomen und Geologen seit Jahrzehnten stellen: Warum haben sich Venus, Erde und Mars so unterschiedlich entwickelt?

Als sich das Sonnensystem bildete, ähnelten sich die drei

Planeten in vielerlei Weise. Sie alle zeigten vulkanische Aktivität, durch die große Mengen an Kohlendioxid, Wasserdampf und anderen Gasen in ihre Atmosphäre freigesetzt wurden. (Aus diesem Grund besteht die Atmosphäre von Venus und Mars selbst heute noch fast ausschließlich aus Kohlendioxid.) Der Wasserdampf kondensierte zu Wolken, und der Regen grub Flussläufe und Seen aus. Hätten sie sich näher an der Sonne befunden, wären ihre Ozeane verdampft, wären sie weiter entfernt gewesen, wären ihre Ozeane gefroren. Aber alle drei lagen in oder zumindest in unmittelbarer Nähe der Goldlöckchen-Zone, der Gürtelregion rund um einen Stern, in der Wasser flüssig bleibt. Flüssiges Wasser ist das «Universallösungsmittel», in dem sich die ersten organischen Verbindungen materialisierten.

Venus und Erde sind fast gleich groß. Sie sind himmlische Zwillinge, und eigentlich hätten sie dieselbe Evolution durchmachen sollen. Science-Fiction-Autoren stellten sich die Venus einst als grünen Urwald vor, ein perfektes Urlaubsgebiet für abgespannte Astronauten. In den 1930er Jahren schuf Edgar Rice Burroughs in *Piraten der Venus (Pirates of Venus)* einen weiteren interplanetaren Haudegen, Carson Napier, der den Planeten als dschungelartiges Wunderland voller Abenteuer und Gefahren beschrieb. Inzwischen haben Wissenschaftler jedoch erkannt, dass Venus und Mars der Erde in keiner Weise ähneln. Vor Milliarden Jahren geschah etwas, das diese drei Planeten ganz unterschiedliche Wege einschlagen ließ.

Im Jahr 1961, als romantische Vorstellungen von einem venusianischen Utopia noch die Fantasie der Öffentlichkeit bewegten, stellte Carl Sagan die umstrittene Behauptung auf, die Venus leide unter den Folgen eines unkontrollierbaren Treibhauseffekts und es sei dort höllisch heiß. Seiner neuartigen und beunruhigenden Theorie zufolge stellt Kohlendioxid eine Einbahnstraße für Sonnenlicht dar: Die Strahlung kann das Kohlendioxid in der Venusatmosphäre problemlos durchdringen, da das Gas transparent ist. Aber die von der Oberfläche des Planeten reflektierte Strahlung hat sich in Infrarotstrahlung oder Wärme umgewandelt, die nicht so einfach durch die Atmosphäre wieder ins All entkommen kann. Die Strahlungsenergie ist gefangen, ähnlich wie ein Treibhaus im Winter das Sonnenlicht einfängt oder wie sich Autos in der Sommersonne aufheizen. Dieser Prozess läuft auch auf der Erde ab, doch auf der Venus ist er stark beschleunigt, da sie viel näher an der Sonne liegt, und das Ergebnis ist ein unkontrollierbarer Treibhauseffekt.

Dass Sagan mit seiner Vermutung recht hatte, zeigte sich bereits im Folgejahr, als die Raumsonde Mariner 2 bei ihrem Vorbeiflug an der Venus etwas wirklich Schockierendes enthüllte: Die Temperaturen dort betrugen annähernd 500 °Celsius, heiß genug, um Zinn, Blei und Zink zu schmelzen. Statt eines tropischen Paradieses war die Venus ein Höllenloch, einem Hochofen vergleichbar. Nachfolgende Aufnahmen aus dem All bestätigten diese schlechten Neuigkeiten. Und Regen brachte auch keine Erleichterung, denn er bestand aus ätzender Schwefelsäure. Wenn man daran denkt, dass sich der Name Venus auf die römische Göttin der Liebe und Schönheit bezieht, liegt eine gewisse Ironie darin, dass diese stark reflektierende Schwefelsäure der Grund dafür ist, dass unser Schwesterplanet am Nachthimmel so hell strahlt.

Zudem stellte sich heraus, dass der Atmosphärendruck auf der Venus fast 100 Mal so hoch ist wie auf der Erde. Der Treibhauseffekt liefert dafür eine Erklärung. Der größte Teil des Kohlendioxids auf der Erde wird recycelt, in den Ozeanen gelöst und im Sediment gebunden. Auf der Venus stiegen die Temperaturen jedoch derart an, dass die Ozeane verdampften. Und statt im Sediment gebunden zu werden, entwich das Gas. Je mehr Kohlendioxid aus dem Gestein ausgaste, desto heißer wurde der Planet, sodass eine positive Rückkopplungsschleife entstand.

Wenn man auf der Oberfläche der Venus steht, ist es aufgrund des hohen Atmosphärendrucks so, als befände man sich auf der Erde 1000 Meter unter der Meeresoberfläche. Man würde zerquetscht wie eine Ameise. Aber selbst wenn man einen Weg fände, diesem Druck und den sengenden Temperaturen zu widerstehen, würde man sich noch immer einer Szene aus Dantes *Inferno* gegenübersehen. Die venusianische Atmosphäre ist so dicht, dass man beim Gehen das Gefühl hätte, durch Sirup zu waten, und der Grund unter den Füßen würde sich weich und matschig anfühlen, da er aus geschmolzenem Metall besteht. Der saure Regen würde durch den kleinsten Riss im Raumanzug dringen, und bei einem einzigen falschen Schritt könnte man in einem Pfuhl geschmolzener Magma versinken.

Angesichts dieser Verhältnisse kommt ein Terraforming der Venus offenbar nicht in Frage.

Was passierte mit den Ozeanen auf dem Mars?

Wenn unser Zwilling, die Venus, sich so anders entwickelte, weil sie näher an der Sonne liegt, wie erklären wir dann die Evolution des Mars?

Der Schlüssel zur Beantwortung dieser Frage ist, dass der Mars nicht nur weiter von der Sonne entfernt liegt, sondern auch viel kleiner ist und daher rascher abkühlte als die Erde. Sein Kern ist nicht mehr geschmolzen. Die Magnetfelder eines Planeten entstehen durch die Strömung von geschmolzenem Metall in seinem Kern, die elektrische Ströme hervorruft. Da der Kern des Mars aus festem Gestein besteht, kann er kein merkliches Magnetfeld erzeugen. Zudem wird angenommen, dass ein heftiges Meteoritenbombardement vor rund drei Milliarden Jahren so viel Chaos auf dem Mars auslöste, dass das ursprüngliche Magnetfeld zerstört wurde. Das könnte erklären, warum der Mars sein Wasser und seine Atmosphäre verlor. Ohne ein Magnetfeld zum Schutz vor schädlicher kosmischer Strahlung und Sonneneruptionen wurde die Atmosphäre vom Sonnenwind allmählich in den Weltraum geblasen. Und als der Atmosphärendruck sank, verdampften die Ozeane.

Ein weiterer Prozess beschleunigte den Verlust der Atmosphäre. Ein Großteil des ursprünglichen Kohlendioxids auf dem Mars löste sich in den Ozeanen und wandelte sich in Kohlenstoffverbindungen um, die anschließend auf dem Meeresboden abgelagert wurden. Auf der Erde werden die Kontinente durch tektonische Aktivitäten immer wieder recycelt, sodass Kohlendioxid erneut an die Oberfläche gelangt. Aber weil der Kern des Mars wahrscheinlich fest ist, gibt es keine relevante tektonische Aktivität, und sein Kohlendioxid blieb auf Dauer am Meeresgrund gefangen. Als der Kohlendioxidspiegel zu fallen begann, setzte ein umgekehrter Treibhauseffekt ein und der Planet versank in einen tiefen Kälteschlaf.

Die dramatischen Kontraste zwischen Mars und Venus helfen uns, die geologische Geschichte der Erde besser zu verstehen. Der Erdkern könnte schon vor Milliarden Jahren abgekühlt sein. Doch er ist noch immer flüssig, denn im Gegensatz zum Marskern enthält er stark radioaktive Elemente wie Uran und Thorium mit Halbwertszeiten von Milliarden Jahren. Wann immer wir mit der furchterregenden Macht eines Vulkanausbruchs oder den Verheerungen eines starken Erdbebens konfrontiert sind, erleben wir hautnah, wie die Energie im radioaktiven Kern der Erde Ereignisse an der Erdoberfläche beeinflusst und dazu beiträgt, den Kreislauf des Lebens in Gang zu halten.

Die Wärme, die von radioaktiven Reaktionen tief im Erdinneren erzeugt wird, sorgt dafür, dass der Eisenkern in Bewegung bleibt und ein Magnetfeld erzeugt. Dieses Magnetfeld schützt die Atmosphäre vor dem Sonnenwind und lenkt tödliche Strahlung aus dem All ab. (Wir sehen diesen Effekt in Form von Polarlichtern, die entstehen, wenn die Strahlung der Sonne auf das Magnetfeld der Erde trifft. Das Magnetfeld rund um die Erde wirkt wie ein gigantischer Trichter und lenkt Strahlung aus dem All in Richtung Pole, sodass der größte Teil der Strahlung entweder abgelenkt oder von der Atmosphäre absorbiert wird.) Die Erde ist größer als der Mars, daher kühlte sie nicht so rasch ab. Zudem gab es auf der Erde kein heftiges Meteoritenbombardement, das das irdische Magnetfeld zum Kollabieren gebracht hätte.

Wir sollten nun zu unserer früheren Frage zurückkehren, wie wir den Roten Planeten davon abhalten können, nach seinem Terraforming zu seinem früheren Zustand zurückzukehren. Eine ambitionierte Methode besteht in der Erzeugung eines künstlichen Magnetfeldes auf dem Mars. Zu diesem Zweck müssten wir riesige supraleitende Spulen rund um den Marsäquator platzieren. Mit Hilfe der elektromagnetischen Gesetze können wir berechnen, wie viel Energie und Material nötig ist, um diesen Gürtel aus Superkonduktoren zu erzeugen. Ein derart aufwendiges Unterfangen übersteigt unsere Fähigkeit im 21. Jahrhundert jedoch beträchtlich.

Siedler auf dem Mars würden diese Gefahr jedoch wohl nicht als drängendes Problem ansehen. Die terraformierte Atmosphäre könnte ein Jahrhundert oder sogar noch länger relativ stabil bleiben, daher könnten Anpassungen langsam, im Lauf von Jahrhunderten, vorgenommen werden. Der Unterhaltsaufwand würde sich vielleicht als lästig erweisen, wäre aber ein kleiner Preis für den neuen Außenposten der Menschheit im All.

Das Terraforming des Mars ist ein wichtiges Ziel für das 22. Jahrhundert. Aber Wissenschaftler schauen auch schon über den Roten Planeten hinaus. Die vielversprechendsten neuen Ziele sind möglicherweise die Monde der Gasriesen, darunter Europa, ein Jupitermond, und Titan, ein Saturnmond. Früher hielt man die Monde der Gasriesen für karge Gesteinsbrocken, die sich allesamt ähnelten, doch inzwischen gelten sie als einzigartige Wunderländer, jeder mit seinem eigenen Spektrum an Geysiren, Ozeanen, Schluchten und atmosphärischen Erscheinungen. Diese Monde gelten heute als zukünftige Habitate für menschliches Leben.

wie hell und wunderbar ist ein komet, der an unserem planeten vorbeifliegt – solange er tatsächlich vorbeifliegt.
isaac asimov

Kapitel 6
Gasriesen, Kometen und mehr

In einer schicksalhaften Woche im Januar 1610 machte Galileo Galilei eine Entdeckung, die die Grundfesten der Kirche ins Wanken bringen, unser Verständnis des Universums erschüttern und eine Revolution in Gang setzen sollte.

Mit dem Teleskop, das er gerade gebaut hatte, betrachtete er den Planeten Jupiter und war erstaunt, vier leuchtende Objekte zu entdecken, die um den Jupiter kreisten. Er hatte im All ein «Sonnensystem» *en miniature* gefunden. Ihm war sofort klar, dass seine Entdeckung weitreichende kosmologische und theologische Konsequenzen hatte. Seit Jahrhunderten lehrte die Kirche – und berief sich dabei auf Aristoteles –, dass sich alle Himmelskörper einschließlich der Sonne und der Planeten um die Erde drehen. Doch hier gab es ein Gegenbeispiel. Die Erde war als Zentrum des Universums entthront. Auf einen Schlag waren die vermeintlichen Wahrheiten, die die Kirchendoktrin und 2000 Jahre Astronomie geleitet hatten, null und nichtig.

In der Öffentlichkeit riefen Galileis Entdeckungen große Aufregung hervor. Er brauchte keine Armee von Spindoktoren und PR-Managern, um die Menschen von der Wahrheit seiner Beobachtungen zu überzeugen. Sie konnten mit ihren eigenen Augen sehen, dass er recht hatte, und als er im folgenden Jahr nach Rom reiste, bereitete die Bevölkerung ihm einen triumphalen Empfang. Die Kirche war jedoch alles andere als erfreut. Seine Bücher wurden verboten, er wurde von der Inquisition vor Gericht gestellt und mit Folter bedroht, wenn er nicht von seinen häretischen Vorstellungen abließe.

Galilei war persönlich der Überzeugung, dass Wissenschaft und Religion nebeneinander existieren könnten. Er schrieb, Ziel der Wissenschaft sei es, herauszufinden, wie der Himmel funktioniert, Ziel der Religion, herauszufinden, wie man in den Himmel kommt. Mit anderen Worten geht es in der Wissenschaft um die Naturgesetze, in der Religion hingegen um Ethik, und es gibt keinen Konflikt zwischen beidem, solange man diesen Unterschied nicht vergisst. Doch als beide Sphären während seines Prozesses miteinander kollidierten, war Galilei gezwungen, seine Theorien zu widerrufen, sonst wäre er zum Tode verurteilt worden. Seine Ankläger erinnerten ihn daran, dass der Mönch Giordano Bruno für kosmologische Aussagen lebendig verbrannt wurde, die viel weniger ketzerisch waren als die seinigen. Zwei Jahrhunderte sollten vergehen, bis das Verbot seiner Bücher schließlich aufgehoben wurde.

Heute, vier Jahrhunderte später, haben diese vier Jupitermonde – die oft auch als Galilei'sche Monde bezeichnet werden – erneut eine Revolution in Gang gesetzt. Manche Experten glauben sogar, dass sie zusammen mit den Monden von Saturn, Uranus und Neptun den Schlüssel zum Leben im Universum bereithalten könnten.

Die Gasriesen

Als die Raumsonden Voyager 1 und 2 zwischen 1979 und 1989 an den Gasriesen vorbeiflogen, bestätigten sie, wie ähnlich diese Planeten einander waren. Sie alle bestehen primär aus Wasserstoff- und Heliumgas, etwa in einem Gewichtsverhältnis von 3 zu 1. (Diese Mischung aus Wasserstoff und Helium bildet auch die Grundzusammensetzung der Sonne und zudem des größten Teils des Universums selbst. Sie datiert wahrscheinlich fast 14 Milliarden Jahre zurück, als rund ein Viertel des ursprünglich vorhandenen Wasserstoffs im Augenblick des Urknalls zu Helium verschmolz.)

Die Gasriesen teilen wahrscheinlich dieselbe Entstehungsgeschichte. Wie bereits erwähnt, nimmt man an, dass vor 4,5 Milliarden Jahren alle Planeten kleine Gesteinskerne waren, die aus einer Scheibe von Wasserstoff und Staubteilchen rund um die Sonnen kondensierten. Die inneren Kerne wurden zu Merkur, Venus, Erde und Mars. Die Kerne der anderen, sonnenferneren Planeten enthielten sowohl Eis, das in dieser Entfernung häufig war, als auch Gestein. Eis wirkt wie ein Klebstoff, daher konnten Kerne mit Eis zehnmal so groß werden wie solche, die nur aus Gestein bestanden. Ihre Gravitation wurde so stark, dass sie einen großen Teil des Wasserstoffgases einfangen konnten, das im frühen Sonnensystem noch vorhanden war. Je größer sie wurden, desto mehr Gas zogen sie an, bis sie schließlich sämtliche Wasserstoffvorkommen in ihrer Nähe erschöpft hatten.

Man nimmt an, dass sämtliche Gasriesen denselben inneren Aufbau aufweisen. Wenn man sie in zwei Hälften schneiden könnte, würde man wie in einer Zwiebel verschiedene Schichten finden: außen eine dicke Gasatmosphäre, darunter vermutlich einen superkalten flüssigen Wasserstoffozean. Weiterhin vermuten wir, dass sich tief im Inneren infolge des enormen Drucks ein kleiner, dichter Kern aus festem Wasserstoff befindet.

Alle Gasriesen weisen farbige Bänder und Schlieren auf; sie werden von Unreinheiten in der Atmosphäre hervorgerufen, die mit der Rotation des Planeten in Wechselwirkung treten. Und bei allen toben gigantische Stürme über die Oberfläche. Ein Wirbelsturm auf dem Jupiter, der Große Rote Fleck, ist offenbar ein permanentes Merkmal und so riesig, dass leicht mehrere Erden hineinpassten. Neptun weist hingegen zeitweilig einen dunklen Fleck auf, der manchmal verschwindet.

Die Gasriesen unterscheiden sich jedoch in ihrer Größe. Der größte ist Jupiter, benannt nach dem Göttervater der römischen Mythologie. Er ist so massiv, dass er mehr als doppelt so viel wiegt wie alle anderen Planeten zusammen. Und er könnte mühelos 1700 Erden fassen. Viel von dem, was wir über den Jupiter wissen, stammt von der Raumsonde Galileo, die den Gasriesen acht Jahre lang umkreiste, bis sie 2003 schließlich in die Jupiter-Atmosphäre gelenkt wurde. Von dort schickte sie weitere Radiobotschaften zur Erde, bis sie von Jupiters starkem Gravitationsfeld zerquetscht wurde. Die Überreste der Sonde versanken wahrscheinlich in dem Meer aus flüssigem Wasserstoff.

Jupiter ist von einem riesigen, tödlichen Strahlungsgürtel umgeben; er ist die Quelle eines Großteils der statischen Entladungen, die man im Radio und im Fernsehen hört. (Ein kleiner Bruchteil dieser statischen Entladungen stammt vom Urknall selbst.) Astronauten, die den Jupiter passieren, müssten von dieser Strahlung abgeschirmt werden und würden aufgrund all dieser Interferenzen Kommunikationsprobleme haben.

Ein anderes Risiko stellt das enorme Gravitationsfeld dar, das einen ahnungslosen Passanten, der sich zu nahe heranwagt, einfangen oder ins All katapultieren kann; Gleiches gilt auch für Monde und Planeten. Tatsächlich hat sich dieses Phänomen vor Milliarden Jahren zu unserem Vorteil ausgewirkt. Das frühe Sonnensystem war voller kosmischer Trümmer, die ständig auf die Erde niederregneten. Zum Glück wirkte die starke Gravitation des Jupiter wie ein Staubsauger, der die Trümmer entweder verschluckte oder ins All katapultierte. Computersimulationen zeigen, dass die Erde ohne den Jupiter auch heute noch von riesigen Meteoren bombardiert würde, was jedes Leben unmöglich machen würde. Wenn man zukünftig überlegt, welche Solarsysteme man kolonisieren könnte, wäre es sicherlich vernünftig, nach Systemen Ausschau zu halten, die ihren eigenen Jupiter haben – groß genug, um Trümmer aus dem Weg zu räumen.

Leben, wie wir es kennen, kann auf Gasriesen wahrscheinlich nicht existieren. Keiner von ihnen hat eine feste Oberfläche, auf der sich Organismen entwickeln können. Es fehlt ihnen an flüssigem Wasser und den nötigen Elementen, um Kohlenwasserstoffe und komplexere organische Verbindungen zu erzeugen. Und da sie viele Milliarden Kilometer von der Sonne entfernt liegen, sind sie zudem bitterkalt.

Die Monde der Gasriesen

Was die Möglichkeit angeht, Leben zu beherbergen, sind die *Monde* von Jupiter und Saturn, von denen es mindestens 69 bzw. 62 gibt, interessanter als die Planeten selbst. Lange waren Astronomen davon ausgegangen, dass sich alle Jupitermonde ähneln: gefroren und trostlos wie unser Erdmond. Zu ihrer großen Überraschung stellte sich jedoch heraus, dass jeder Mond seine ganz eigenen, charakteristischen Merkmale aufweist. Diese Erkenntnis führte zu einem Paradigmenwechsel in der Art und Weise, wie Wissenschaftler das Leben im Universum sehen.

Der vielleicht interessanteste Jupitermond ist Europa, einer der ursprünglich von Galilei entdeckten Monde. Wie einige andere Monde der Gasriesen ist Europa von einer dicken Eisschicht überzogen. *Einer* Theorie zufolge kondensierte Wasserdampf aus den frühen Vulkanen auf Europa zu Meeren, die zu Eis gefroren, als der Mond abkühlte. Das könnte die seltsame Tatsache erklären, dass Europa einer der glattesten Monde im Sonnensystem ist. Obwohl er heftig von Asteroiden getroffen wurde, gefroren seine Meere wahrscheinlich erst, nachdem das Bombardement weitgehend abgeflaut war, und verdeckte damit die Narben. Aus dem All sieht Europa wie ein Pingpong-Ball aus, fast ohne Oberflächenmerkmale – keine Vulkane, keine Gebirge und auch keine Meteoritenkrater. Alles, was man sieht, ist ein Netz von Rissen.

Astronomen waren begeistert, als sich herausstellte, dass sich unter der Eisschicht von Europa ein Ozean aus flüssigem Wasser befinden könnte. Dieses Wasserreservoir wird auf das zwei- bis dreifache Volumen der irdischen Ozeane geschätzt – unsere Ozeane liegen nur an der Oberfläche, während die Ozeane von Europa einen Großteil des Inneren einnehmen.

Während es bei Journalisten oft heißt «Folge dem Geld», heißt es bei Astronomen «Folge dem Wasser!», denn Wasser ist eine grundlegende Voraussetzung für Leben, wie wir es kennen. Der Gedanke schockierte sie, dass im Reich der Gasriesen flüssiges

Wasser existieren könnte. Sein Vorhandensein auf Europa war ein Rätsel: Woher kam die Wärme, die nötig war, um das Eis zu schmelzen? Die Situation schien dem gesunden Menschenverstand zu trotzen. Lange hatte man angenommen, die Sonne sei die einzige Wärmequelle im Sonnensystem, und ein Planet müsse in der Goldlöckchen-Zone liegen, um habitabel zu sein, doch Jupiter lag weit außerhalb dieser Zone. Doch hatte man eine andere Energiequelle zu berücksichtigen vergessen: Gezeitenkräfte. Die Gravitation des Jupiter ist so stark, dass Europa abwechselnd gezogen und zusammengequetscht wird. Während der Mond um den Planeten kreist, taumelt er und rotiert um seine Achse, sodass sein Flutberg («Gezeitenbauch») ständig in Bewegung ist. Dieses Drücken und Ziehen kann im Kern des Mondes, wo Fels gegen Fels gepresst wird, starke Reibungskräfte hervorrufen, und die dabei frei werdende Reibungswärme reicht aus, um einen Großteil der Eisdecke zum Schmelzen zu bringen.

Durch die Entdeckung von flüssigem Wasser wurde den Astronomen klar, dass es eine Energiequelle gibt, die selbst in den dunkelsten Regionen des Alls Leben ermöglichen kann. Infolgedessen mussten alle astronomischen Lehrbücher umgeschrieben werden.

Europa Clipper

Die Raumsonde Europa Clipper soll irgendwann um 2020 an den Start gehen. Aufgabe dieser etwa 2 Milliarden Dollar teuren Sonde ist, die Eisdecke von Europa sowie Zusammensetzung und Natur seines Ozeans zu analysieren und dabei nach Hinweisen auf organische Verbindungen Ausschau zu halten.

Ingenieure stehen bei der Festlegung der Flugbahn von Europa Clipper vor einem schwierigen Problem. Da Europa innerhalb eines hochaktiven Strahlungsgürtels liegt, der sich rund um den Jupiter zieht, besteht die Gefahr, dass eine Sonde, die auf einen Orbit um den Mond einschwenkt, bereits nach wenigen Monaten «gegrillt» wird. Um dieser Gefahr zu begegnen und die Lebensdauer der Sonde zu verlängern, entschieden sie, Clipper auf einen Orbit weit außerhalb des Strahlungsgürtels um Jupiter zu schicken. Dann kann die Bahn der Sonde modifiziert werden, sodass sie näher an Jupiter herankommt und 45 kurze Vorbeiflüge an Europa möglich werden.

Eines der Ziele der Vorbeiflüge besteht darin, die Wasserdampf spuckenden Geysire zu untersuchen und vielleicht sogar hindurchzufliegen, die von der Sonde Hubble Space Telescope entdeckt wurden. Clipper könnte zudem Minisonden in die Geysire freisetzen, um Proben zu nehmen. Da die Sonde nicht selbst auf dem Mond landen wird, bietet eine Analyse des Wasserdampfs unter diesen Umständen die besten Chancen, Erkenntnisse über den Ozean zu gewinnen. Wenn die Clipper-Mission erfolgreich ist, werden zukünftige Sonden vielleicht auf Europa landen, ein Loch in die Eisdecke bohren und ein Unterseeboot in den Ozean schicken.

Europa ist jedoch nicht der einzige Mond, auf dem wir nach organischen Verbindungen und mikrobiellem Leben suchen. Auch auf der Oberfläche des Saturnmondes Enceladus sind Wasserdampfgeysire beobachtet worden, ein Hinweis darauf, dass sich dort unter der Eisdecke ebenfalls ein Ozean befindet.

Die Saturnringe

Inzwischen haben die Astronomen erkannt, dass die wichtigsten Kräfte, die die Evolution dieser Monde beeinflussen, Gezeitenkräfte sind. Daher ist es wichtig zu untersuchen, wie stark diese Kräfte sind und wie sie wirken. Gezeitenkräfte könnten uns auch eine Antwort auf eines der ältesten Rätsel im Zusammenhang mit den Gasriesen geben: Woher kommen die wunderbaren Saturnringe? Wenn unsere Astronauten in Zukunft andere Planeten besuchen, werden wir nach Meinung der Astronomen feststellen, dass viele der dortigen Gasriesen wie in unserem Sonnensystem Ringe tragen. Das wiederum wird Erkenntnisse über die Stärke von Gezeitenkräften liefern und die Frage beantworten, ob sie tatsächlich in der Lage sind, ganze Monde auseinanderzureißen.

Die Schönheit dieser Ringe, die aus Gesteins- und Eispartikeln bestehen, hat Generationen von Künstlern und Träumern in ihren Bann gezogen. In der Science-Fiction gehört es praktisch zum Initiationsritus jedes Raumkadetten, sie im Training zu umkreisen. Unsere Raumsonden haben entdeckt, dass alle Gasriesen Ringe haben, wenn sie auch nicht so groß und so wunderschön sind wie diejenigen um Saturn.

Viele Hypothesen sind entwickelt worden, um diese Ringe zu erklären, doch die vielleicht überzeugendste Idee basiert auf den Gezeitenkräften. Der gravitationsbedingte Zug, den Saturn – wie auch Jupiter – ausübt, reicht aus, um einen umlaufenden Mond ein wenig in die Länge zu ziehen wie einen Football. Je näher der Mond dem Saturn kommt, desto stärker wird er gestreckt. Schließlich werden die Gezeitenkräfte, die den Mond strecken, genauso groß wie die Gravitationskraft, die ihn zusammenhält. Das ist der Wendepunkt. Wenn sich der Mond dem Planeten noch weiter nähert, wird er von der Schwerkraft des Saturns buchstäblich auseinandergerissen.

Mit Hilfe der Newton'schen Gesetze kann man die Distanz bis zum Wendepunkt, die als Roche-Grenze bezeichnet wird, berechnen.[1] Wenn wir nicht nur die Saturnringe, sondern auch die Ringe der anderen Gasriesen analysieren, stellen wir fest, dass sie sich fast immer innerhalb der Roche-Grenze eines Planeten befinden. Sämtliche bekannten Monde, die um die Gasriesen kreisen, befinden sich hingegen außerhalb der Roche-Grenze. Wenn diese Befunde auch keinen definitiven Beweis darstellen, so stützen sie doch die Theorie, dass sich die Saturnringe bildeten, als sich ein Mond dem Planeten so weit näherte, dass er auseinandergerissen wurde.

Wenn wir in Zukunft Planeten besuchen, die um andere Sterne kreisen, können wir wahrscheinlich erwarten, um Gasriesen Ringe zu finden, die innerhalb der Roche-Grenze liegen. Und wenn man die Stärke dieser Gezeitenkräfte untersucht, die potenziell ganze Monde auseinanderreißen können, kann man beginnen, die Stärke der Gezeitenkräfte zu berechnen, die auf Monde wie Europa wirken.

Ein neues Zuhause auf Titan?

Titan, einer der Saturnmonde, ist ein weiterer Kandidat für eine menschliche Nutzung, auch wenn Siedlungen dort wohl nicht so bevölkerungsreich sein werden wie auf dem Mars. Titan ist nach dem Jupitermond Ganymed der zweitgrößte Mond im Sonnensystem und der einzige mit einer dichten Atmosphäre. Im Gegensatz zu der dünnen Atmosphäre der anderen Monde ist seine Atmosphäre so dicht, dass frühe Aufnahmen von Titan eine Enttäuschung waren. Er ähnelte einem flauschigen Tennisball ohne irgendwelche Oberflächenstrukturen.

Die Cassini-Sonde, die Saturn umkreiste, bevor sie 2017 schließlich auf den Planeten stürzte, lieferte einige Erkenntnisse über die wahre Natur von Titan. Mit Hilfe von Radar gelang es Cassini, die Wolkendecke zu durchdringen und die Oberfläche des Mondes zu kartieren. Sie startete zudem die Sonde Huygens, die 2005 tatsächlich auf Titan landete und die erste Nahaufnahme seiner Oberfläche zur Erde schickte. Diese Aufnahmen zeigten ein komplexes Netz aus Tümpeln, Seen, Eisflächen und Landmassen.

Aus den von Cassini und Huygens gewonnenen Daten haben Wissenschaftler ein neues Bild der Oberfläche unter der Wolkendecke zusammengesetzt. Wie die Erdatmosphäre besteht auch die Atmosphäre von Titan weitgehend aus Stickstoff. Überraschenderweise ist seine Oberfläche von Ethan- und Methanseen bedeckt. Da sich Methan durch den kleinsten Funken entzünden lässt, könnte man auf die Idee kommen, dass dieser Mond leicht entflammbar sei. Aber da es in der Atmosphäre keinen Sauerstoff gibt und es mit minus 180 °Celsius außerordentlich kalt ist, ist eine Explosion unmöglich. Diese Befunde eröffnen verlockende Möglichkeiten: Astronauten könnten auf Titan Eis abbauen, Sauerstoff und Wasserstoff trennen, anschließend Sauerstoff mit Methan kombinieren und damit eine fast unerschöpfliche Quelle nutzbarer Energie schaffen – vielleicht genug, um Licht und Wärme für Pioniersiedlungen zu gewinnen.

Auch wenn Energie möglicherweise kein Problem ist, liegt das Terraforming von Titan wohl außerhalb unserer Möglichkeiten. Vermutlich ist es unmöglich, so weit von der Sonne entfernt einen sich selbst erhaltenden Treibhauseffekt zu erzeugen. Und da die Atmosphäre bereits große Mengen an Methan enthält, würde eine Erhöhung der Methankonzentration zum Ankurbeln des Treibhauseffekts nichts bringen.

Man kann sich fragen, ob Titan sich kolonialisieren lässt. Einerseits ist er der einzige Mond mit einer merklichen Atmosphäre, deren Druck um 45 Prozent höher liegt als derjenige auf der Erde. Titan ist eines der wenigen bekannten Ziele im Weltraum, wo wir nicht auf der Stelle sterben würden, sobald wir unseren Raumanzug ablegen. Wir bräuchten zwar noch immer Sauerstoffmasken, doch unser Blut würde nicht zu kochen beginnen und wir würden auch nicht sofort zerquetscht werden.

Andererseits ist Titan ständig kalt und dunkel. Ein Astronaut auf seiner Oberfläche würde nur 0,1 Prozent des Sonnenlichts erhalten, das die Erde erreicht. Solarenergie wäre als Energiequelle ineffizient, daher würde die Erzeugung von Licht und Wärme vollständig von Generatoren abhängig sein, die ständig laufen müssten. Zusätzlich ist Titans Oberfläche gefroren und in seiner Atmosphäre gibt es kaum Sauerstoff oder Kohlendioxid, um pflanzliches oder tierisches Leben zu unterhalten. Landwirtschaft wäre extrem schwierig, denn alle Pflanzen müssten in

Innenräumen oder unterirdisch gezogen werden. Die Nahrungsversorgung und damit auch die Zahl der Kolonisten, die auf Titan überleben können, wäre begrenzt.

Auch die Kommunikation mit dem Heimatplaneten wäre problematisch, denn eine Radionachricht zwischen Titan und Erde würde viele Stunden brauchen. Und da die Schwerkraft auf Titan nur rund 15 Prozent der Erdschwerkraft beträgt, müssten Menschen, die auf Titan leben, ständig Sport treiben, um einem Muskel- und Knochenschwund entgegenzuwirken. Möglicherweise würden sie sich schließlich sogar weigern, zur Erde zurückzukehren, wo sie Schwächlinge wären. Im Lauf der Zeit könnte es so weit kommen, dass sich die Siedler auf Titan emotional und physisch anders als die Erdbewohner fühlen und vorziehen, alle sozialen Verbindungen mit der Erde abzubrechen.

Demnach wäre es vielleicht möglich, ständig auf Titan zu leben, doch das Leben dort wäre sicherlich wenig komfortabel und mit vielen Nachteilen verbunden. Eine Besiedlung im großen Stil erscheint daher unwahrscheinlich. Als «Tankstelle» und Ressourcenquelle könnte Titan jedoch von Nutzen sein. Sein Methan könnte abgebaut und zum Mars geschafft werden, um dessen Terraforming zu beschleunigen, oder es könnte dazu dienen, eine unbegrenzte Menge Treibstoff für Raummissionen bereitzustellen. Sein Eis könnte gereinigt und als Trinkwasser verwendet oder zu noch mehr Raketentreibstoff verarbeitet werden. Titans geringe Schwerkraft würde Starts und Landungen auf dem Mond relativ einfach und effizient machen. Titan würde zu einer wichtigen Tankstelle im All werden.

Um auf Titan eine autarke Kolonie zu schaffen, könnte man überlegen, an der Oberfläche nach wertvollen Mineralien und Erzen zu schürfen. Bisher haben uns unsere Sonden noch nicht viel Informationen über die chemische Zusammensetzung von Titan geliefert, doch wie viele Asteroiden könnte er wertvolle Metalle beherbergen, die wichtig sind, wenn dieser Mond zu einer Auftank- und Nachschubbasis werden sollte. Wegen der enormen

Entfernung und Kosten wäre es jedoch wohl unpraktisch, auf Titan abgebaute Erze zur Erde zu schicken. Stattdessen würde man die vorhandenen Rohstoffe einsetzen, um auf Titan eine Infrastruktur aufzubauen.

Die Oort'sche Kometenwolke

Jenseits der Gasriesen, am äußeren Rand des Sonnensystems, liegt ein weiteres Reich, die Welt der Kometen – vielleicht Billionen von ihnen.[2] Diese Kometen könnten unser Sprungbrett zu anderen Sternen sein.

Die Entfernung zu den Sternen kann unvorstellbar groß erscheinen. Um sie zu erreichen, meint der ehemals in Princeton tätige Physiker Freeman Dyson, könnten wir etwas aus den Reisen der Polynesier vor vielen tausend Jahren lernen. Statt zu versuchen, den Pazifik in einer einzigen langen Reise zu überqueren, was wahrscheinlich in einer Katastrophe geendet hätte, arbeiteten sich die frühen Polynesier von Insel zu Insel vor und verbreiteten sich so nach und nach über die pazifischen Landmassen. Jedes Mal, wenn sie eine Insel erreichten, schufen sie eine permanente Siedlung und segelten dann weiter zur nächsten Insel. Nach diesem Vorbild könnten wir im All intermediäre Kolonien anlegen, spekuliert Dyson. Der Schlüssel zu dieser Strategie sind die Kometen, die – zusammen mit den vagabundierenden Planeten, die irgendwann aus ihrem Sonnensystem hinauskatapultiert wurden – möglicherweise den Weg zu den Sternen pflastern können.

Kometen stehen seit Jahrtausenden im Zentrum von Spekulationen, Mythen und Ängsten. Im Gegensatz zu Meteoren, die in Sekundenschnelle über den Nachthimmel jagen und dann verschwinden, können Kometen längere Zeit am Himmel verweilen. Einst galten sie als Unglücksboten und beeinflussten das Geschick ganzer Nationen. Im Jahr 1066 erschien ein Komet über England und wurde als Omen gedeutet, dass König Haralds Truppen in der Schlacht von Hastings eine Niederlage erleiden würden; tatsächlich siegten die Invasionstruppen Williams, des Eroberers, und der Normanne gründete eine neue Dynastie. Auf dem großartigen Teppich von Bayeux sind diese Ereignisse festgehalten, und er zeigt tief erschrockene Bauern und Soldaten, die zu einem Kometen hochschauen.

Mehr als 600 Jahre später, im Jahr 1682, tauchte derselbe Komet erneut über England auf. Jedermann, vom Bettler bis zum König, war fasziniert von diesem Himmelsschauspiel, und Isaac Newton entschloss sich, dieses alte Rätsel zu lösen. Er hatte gerade einen neuen, leistungsfähigeren Teleskoptyp entwickelt, der Sternenlicht mit Hilfe eines Spiegels sammelte. Mit diesem Fernrohr dokumentierte er die Flugbahnen mehrerer Kometen und verglich sie mit Vorhersagen, die er aufgrund seiner kürzlich entwickelten Theorie einer universellen Gravitation gemacht hatte. Die Bewegung der Kometen passte perfekt zu seinen Vorhersagen.

Angesichts Newtons Neigung, Erkenntnisse geheim zu halten, wäre seine bahnbrechende Entdeckung vielleicht in Vergessenheit geraten, wäre nicht Edmond Halley gewesen, ein reicher Hobbyastronom. Halley besuchte Newton in Cambridge und war höchst erstaunt zu erfahren, dass dieser nicht nur die Bahn von Kometen verfolgte, sondern ihre zukünftigen Bewegungen voraussagen konnte – etwas, das noch niemandem zuvor gelungen war. Newton war es gelungen, eines der verblüffendsten Phänomene der Astronomie, das Zivilisationen seit Tausenden von Jahren fasziniert und verfolgt hatte, in einige wenige mathematische Gleichungen zu fassen.

Halley begriff sofort, dass dies einen der größten Durchbrüche in der ganzen Wissenschaft darstellte. Großzügig bot er an, die Kosten für eine Veröffentlichung des Manuskripts zu übernehmen, das zu einem der wichtigsten wissenschaftlichen Werke aller Zeiten werden sollte, die *Principia Mathematica*. In diesem

Meisterwerk hatte Newton die Mechanik des Himmels dargelegt. Mit Hilfe der von ihm entwickelten Infinitesimalrechnung konnte er die Bewegungen der Planeten und Kometen im Sonnensystem präzise berechnen. Er entdeckte, dass Kometen einer elliptischen Bahn folgen und daher wiederkehren können. Und mit Newtons Methode gelang es Halley zu berechnen, dass der Komet, der 1682 über London zu sehen war, alle 76 Jahre erneut auftauchen würde. Tatsächlich konnte er in der Geschichte zurückgehen und zeigen, dass derselbe Komet in regelmäßigen Zeitabständen zurückkehrte. Er machte die kühne Vorhersage, der Komet werde 1758, lange nach seinem Tod, wiederkehren. Das Wiedererscheinen des Kometen am Weihnachtstag des besagten Jahres besiegelte Halleys Ruf als Astronom endgültig.

Inzwischen wissen wir, dass Kometen hauptsächlich aus zwei Regionen stammen. Die eine ist der Kuipergürtel, eine Region jenseits des Neptun, die in derselben Ebene liegt, in der die Planeten um die Sonne kreisen. Die Kometen im Kuipergürtel, zu denen auch der Halley'sche Komet gehört, bewegen sich auf elliptischen Bahnen um die Sonne. Sie werden manchmal als kurzperiodische Kometen bezeichnet, weil sich ihre Orbitalperioden – die Zeit, die sie für einen vollständigen Umlauf um die Sonne benötigen – in Jahrzehnten bis Jahrhunderten angeben lassen. Da ihre Perioden bekannt sind oder sich berechnen lassen, sind sie gut vorhersagbar, und wir wissen, dass sie nicht besonders gefährlich sind.

Viel weiter draußen liegt die Oort'sche Wolke, eine Kugelschale von Kometen, die unser gesamtes Sonnensystem umgibt. Viele von ihnen sind so weit – bis zu einigen Lichtjahren – von der Sonne entfernt, dass sie nahezu unbewegt erscheinen. Ab und zu werden diese Kometen von einem vorbeifliegenden Stern oder durch eine zufällige Kollision in das innere Sonnensystem geschleudert. Sie werden als langperiodische Kometen bezeichnet, denn ihre Orbitalperioden lassen sich in Zehntausenden, wenn nicht Hunderttausenden von Jahren messen, wenn sie denn überhaupt zurückkehren. Ihr Erscheinen lässt sich kaum vorhersagen, und sie sind daher für die Erde gefährlicher als kurzperiodische Kometen.

Jedes Jahr werden neue Entdeckungen über den Kuipergürtel und die Oort'sche Wolke gemacht. Im Jahr 2016 wurde publik, dass tief im Kuipergürtel ein neunter Planet, etwa von der Größe des Neptun, existieren könne. Dieser Himmelskörper wurde nicht durch direkte Beobachtung per Teleskop identifiziert, sondern mit Hilfe von Computern, die zur Lösung der Newton'schen Gleichungen dienen. Zwar ist seine Existenz noch nicht bestätigt, doch viele Astronomen halten die Daten für sehr überzeugend, und zudem gibt es einen Präzedenzfall. Im 19. Jahrhundert stellte man fest, dass der Orbit des Planeten Uranus geringfügig von der von den Newton'schen Gesetzen vorhergesagten Bahn abwich. Entweder hatte Newton sich geirrt oder es gab einen fernen Himmelskörper, der Zug auf Uranus ausübte. Man berechnete die Position dieses hypothetischen Planeten und fand ihn 1846 nach nur wenigen Stunden Suche. Der neue Planet erhielt den Namen Neptun. (In einem anderen Fall stellten Astronomen fest, dass Merkur ebenfalls ein wenig von seiner berechneten Bahn abwich. Daraus schlossen sie auf die Existenz eines Planeten innerhalb der Merkurbahn, der den Namen Vulkan erhielt. Aber trotz angestrengter Suche ließ sich kein Planet Vulkan finden. Albert Einstein, der erkannte, dass Newtons Gesetze fehlerhaft sein konnten, zeigte, dass sich der Merkurorbit durch einen völlig neuen Effekt erklären ließ, die Krümmung der Raumzeit entsprechend seiner Relativitätstheorie.) Heutzutage könnten Hochleistungsrechner mit Hilfe der Einstein'schen Gesetze die Existenz noch weiterer Bewohner des Kuipergürtels und der Oort'schen Wolke nachweisen.

Astronomen vermuten, dass sich die Oort'sche Wolke bis in eine Entfernung von drei Lichtjahren jenseits unseres Sonnensystems ins All erstrecken könnte. Das ist mehr als der halbe Weg zu den nächsten Sternen, dem Centauri-Dreifachsternsystem, das etwas weiter als vier Lichtjahre von der Erde entfernt ist.

Wenn wir annehmen, dass das Centauri-Sternensystem ebenfalls von der Schale aus Kometen umgeben ist, dann gibt es vielleicht einen kontinuierliche Reihe von Kometen, die dieses System als Trittsteine mit der Erde verbinden. Vielleicht ist es möglich, auf einer großen interstellaren Autobahn eine Reihe von Tankstellen, Außenposten und Relaisstationen einzurichten. Statt in einem einzigen gewaltigen Sprung zum nächsten Stern zu gelangen, könnten wir uns das bescheidenere Ziel setzen, das Centauri-System per «Kometenhüpfen» zu erreichen. Diese Durchgangsstraße könnte zu einer kosmischen «Route 66» werden.

Die Schaffung dieses Kometenhighways ist nicht so weit hergeholt, wie es zunächst klingen mag. Astronomen haben inzwischen eine Menge Informationen über Größe, Konsistenz und Zusammensetzung von Kometen gesammelt. Als der Halley'sche Komet 1986 erneut auftauchte, sandten Astronomen einen ganzen Schwarm Sonden aus, um ihn zu fotografieren und zu analysieren. Die Aufnahmen zeigten einen kleinen Kern von rund 16 Kilometern Durchmesser, der wie eine Erdnuss geformt war (was bedeutet, dass die beiden Teile irgendwann in der Zukunft auseinanderbrechen werden und aus dem Halley'schen Kometen ein Kometenpaar werden wird). Zudem ist es Wissenschaftlern gelungen, Raumsonden durch den Schweif von Kometen zu schicken, und die Raumsonde Rosetta konnte sogar eine weitere Sonde absetzen, die auf dem Kometen landete. Wie Analysen einiger dieser Kometen zeigen, besitzen sie einen harten Kern aus Gestein und Eis, der stabil genug sein könnte, um eine Roboter-Relaisstation zu tragen.

Eines Tages werden vielleicht Roboter auf einem fernen Kometen in der Oort'schen Wolke landen und dessen Oberfläche anbohren. Mineralien und Metalle aus dem Kern könnten zum Bau einer Raumstation genutzt werden, und Eis könnte geschmolzen werden, um Trinkwasser, Treibstoff und Sauerstoff für die Astronauten zu gewinnen.

Was werden wir finden, wenn es uns gelingt, über das Sonnensystem hinauszugelangen? Wir erleben gerade einen weiteren Paradigmenwechsel in unserem Verständnis des Universums. Ständig entdecken wir neue erdähnliche Planeten in anderen Sternsystemen, die irgendeine Form von Leben tragen könnten. Werden wir diese Planeten eines Tages besuchen können? Können wir Sternenschiffe bauen, die uns das Tor zum Universum öffnen können? Wie?

Teil II
Reise zu den Sternen

Wir müssen damit rechnen, dass die Maschinen eines Tages die Kontrolle übernehmen.

Alan Turing

Ich wäre überrascht, wenn etwas auch nur entfernt Ähnliches in den *nächsten* 100 bis 200 *Jahren* passierte.

Douglas Hofstadter

Kapitel 7
Roboter im All

Im Jahr 2084 erlebt Douglas Quaid, ein gewöhnlicher Bauarbeiter, der von immer wiederkehrenden Träumen über den Mars beunruhigt wird, einen Mars mit hektischen Metropolen, funkelnden Gebäuden mit Glaskuppeln und ausgedehnten Bergbauanlagen. Eine ausgeklügelte Infrastruktur mit Röhren, Kabeln und Generatoren liefert Energie und Sauerstoff für Tausende von Marsbewohnern.

Der Film *Die totale Erinnerung – Total Recall* mit Arnold Schwarzenegger als Douglas Quaid bietet eine überzeugende Vision, wie eine Stadt auf dem Mars aussehen könnte: schnittig, sauber und supermodern. Es gibt jedoch ein kleines Problem. Auch wenn diese imaginären Städte auf dem Mars wunderbare Kulissen für Hollywood-Thriller hergeben, würde ihr Bau mit unseren gegenwärtigen technischen Mitteln in der Praxis das Budget einer jeden NASA-Mission sprengen. Denken Sie daran, dass anfangs jeder Hammer, jedes Stück Papier und jede Büroklammer zum Mars transportiert werden müsste, der viele zig Millionen Kilometer entfernt liegt. Und wenn wir über das Sonnensystem hinaus zu nahe gelegenen Sternen fliegen, wo eine rasche Kommunikation mit der Erde unmöglich ist, verschärfen sich die Probleme. Statt auf Nachschub von der Erde zu setzen, müssen wir einen Weg suchen, um eine Präsenz im All zu entwickeln, die keine Nation finanziell überfordert.

Die Lösung könnte in der Nutzung der vierten Technologiewelle liegen: Nanotechnologie und Künstliche Intelligenz (KI) könnten die Spielregeln drastisch verändern.

Gegen Ende des 21. Jahrhunderts sollten uns Fortschritte in der Nanotechnologie erlauben, große Mengen an Graphen- und Kohlenstoffnanoröhren zu produzieren, superleichte Materialien, die das Baugewerbe revolutionieren werden. Graphen besteht aus einer einzelnen molekularen Lage von eng verknüpften Kohlenstoffatomen, die eine ultradünne und ultrafeste Schicht bilden. Das Material ist fast durchsichtig und wiegt fast nichts, dennoch ist es das stabilste Material, das wir kennen – 200 Mal stabiler als Stahl und härter als Diamant. Im Prinzip könnte man einen Elefanten auf einem Bleistift balancieren und dann die Bleistiftspitze auf eine Lage Graphen setzen, ohne dass das Material brechen oder reißen würde. Als zusätzliches Plus leitet Graphen auch elektrischen Strom. Es ist Wissenschaftlern bereits gelungen, Transistoren von Molekülgröße in Graphenlagen zu ritzen. Daraus könnten die Computer der Zukunft bestehen.

Kohlenstoffnanoröhren sind zu langen Röhren geformte Graphenschichten. Sie sind praktisch unzerbrechlich und so gut wie unsichtbar. Wenn man die Aufhängung der Brooklyn Bridge aus Kohlenstoffnanoröhren baute, sähe es so aus, als schwebte die Brücke in der Luft.

Wenn Graphen und Kohlenstoffnanoröhren solche Wundermaterialien sind, warum verwenden wir sie dann nicht längst für unsere Häuser, Brücken, Gebäude und Autobahnen? Momentan ist es noch außerordentlich schwierig, reines Graphen in großen Mengen zu produzieren. Die kleinste Unreinheit oder Unregelmäßigkeit auf molekularem Niveau kann seine wunderbaren physikalischen Eigenschaften ruinieren. Noch ist es schwierig, Graphenschichten zu erzeugen, die größer als eine Briefmarke sind.

Chemiker hoffen jedoch, dass es bis zum Anbruch des nächsten Jahrhunderts möglich sein wird, zur Massenproduktion von Graphen überzugehen, was die Kosten für die Errichtung von Infrastruktur im All beträchtlich senken würde. Da das Material so leicht ist, ließe es sich kostengünstig an ferne extraterrestrische Bestimmungsorte schaffen und könnte sogar auf anderen Planeten hergestellt werden. In den Wüsten des Mars könnten sich ganze Städte aus diesem Material aus dem Sand erheben. Die Gebäude würden besonders transparent aussehen. Raumanzüge könnten ultradünn und hauteng werden. Autos würden aufgrund ihres geringen Gewichts sehr energieeffizient werden. Die gesamte Architektur würde mit dem Aufkommen von Nanomaterialien auf den Kopf gestellt werden.

Aber selbst mit solchen Fortschritten – wer wird all die knochenverschleißende Drecksarbeit übernehmen, um unsere Siedlungen auf dem Mars zu errichten, wer würde in unseren Minenkolonien auf dem Asteroidengürtel schuften und unsere Basen auf Titan und den Exoplaneten unterhalten? Künstliche Intelligenz könnte die Lösung sein.

Künstliche Intelligenz: Eine Wissenschaft mit Zukunft

Im Jahr 2016 wurde die Gemeinde der Künstlichen Intelligenzforschung von der Nachricht in Aufregung versetzt, dass AlphaGo, das DeepMinds-Computerprogramm, Lee Sedol geschlagen hatte, den Weltmeister des alten japanischen Spiels Go. Viele hatten geglaubt, es werde noch mehrere Jahrzehnte dauern, bis es so weit ist. In Leitartikeln wurde gejammert, damit sei der Untergang der menschlichen Rasse eingeläutet. Maschinen hätten schließlich den Rubikon überschritten und würden bald die Macht übernehmen. Es gebe kein Zurück.

AlphaGo ist das am weitesten fortgeschrittene Spiele-Programm, das es jemals gab. Im Schach gibt es im Durchschnitt 20 bis 30 mögliche Züge pro Situation, beim Go sind es jedoch rund 250. Tatsächlich übersteigt die Gesamtzahl der Spielkonfigurationen beim Go die Gesamtzahl der Atome im Universum. Früher hielt man es für unvorstellbar, dass ein Computer alle möglichen Züge berechnen könne; als AlphaGo Sedol schlug, wurde dieses Ereignis daher sofort zu einer Mediensensation.

Bald wurde jedoch deutlich, dass AlphaGo, ganz gleich, wie raffiniert sein Programm auch war, nur das eine konnte: beim

Go-Spiel gewinnen. Wie Oren Etzioni, Vorstandsvorsitzender des Allen Institute for Artificial Intelligence, meinte: «AlphaGo kann noch nicht einmal Schach spielen. Es kann nicht über das Spiel reden. Mein Sechsjähriger ist klüger als AlphaGo.»[1] Gleichgültig, wie leistungsfähig ihre Hardware ist, man kann nicht zu der Maschine hinübergehen, ihr auf den Rücken klopfen, ihr zum Sieg über einen Menschen gratulieren und eine vernünftige Antwort erwarten. Die Maschine ist sich in keiner Weise bewusst, dass sie Wissenschaftsgeschichte geschrieben hat. Tatsächlich weiß die Maschine nicht einmal, dass sie eine Maschine ist. Wir vergessen häufig, dass die heutigen Roboter nicht mehr sind als hochgelobte Addiermaschinen ohne Selbstbewusstsein, Kreativität, gesunden Menschenverstand oder Gefühle.

Auch wenn auf dem Gebiet der Künstlichen Intelligenz immer wieder wirkliche revolutionäre Durchbrüche gelingen, müssen wir ihre Fortschritte in die richtige Perspektive stellen. Wenn wir die Entwicklung von Robotern mit derjenigen der Raketentechnik vergleichen, sehen wir, dass die Robotik das Stadium, in dem sich Ziolkowski befand, hinter sich gelassen hat – das heißt, sie ist über die Phase der Spekulation und des Theoretisierens hinaus. Wir befinden uns inmitten des Stadiums, in das uns Goddard katapultiert hat, und bauen Prototypen, die zwar primitiv sind, aber demonstrieren, dass unsere Grundprinzipien korrekt sind. Die nächste Phase, das Reich Wernher von Brauns, in der innovative, leistungsfähige Roboter vom Band rollen und Städte auf fernen Planeten bauen, liegt jedoch noch vor uns.

Als ferngesteuerte Maschinen sind Roboter überaus erfolgreich. Hinter dem Raumschiff Voyager, das an Jupiter und Saturn vorbeiflog, hinter den Viking-Landefahrzeugen, die auf dem Mars aufsetzten, hinter den Sonden Galileo und Cassini, die die Gasriesen umkreisten, stand eine engagierte Crew von Menschen, die das Sagen hatten. Wie Drohnen führten diese Roboter einfach die Anweisungen aus, die sie von ihren menschlichen Anwendern im Kontrollzentrum in Pasadena erhielten. Alle «Roboter», die wir in Filmen sehen, sind entweder Puppen, Computeranimationen oder ferngesteuerte Maschinen. Die Computerleistung hat sich in den letzten Jahrzehnten alle 18 Monate verdoppelt, was hält also die Zukunft für uns bereit?

Der nächste Schritt: Echte Automaten

Von den per Fernbedienung gesteuerten Robotern führt der nächste Schritt zur Konstruktion echter Automaten, Robotern, die in der Lage sind, eigene Entscheidungen zu treffen und nur minimale menschliche Intervention benötigen. Ein Automat wird aktiv, wann immer er Kommandos hört wie «Sammle den Müll auf». Das geht über die Fähigkeit gegenwärtig existierender Roboter hinaus. Wir brauchen Automaten, die die äußeren Planeten weitgehend auf sich allein gestellt kolonialisieren können, denn es würde Stunden dauern, mit ihnen per Radiowellen zu kommunizieren.

Diese echten Automaten könnten sich bei der Errichtung von Kolonien auf fernen Planeten und Monden als unverzichtbar erweisen. Denken Sie daran, dass die Zahl der Siedler im All noch über viele Jahrzehnte hinweg vielleicht nur ein paar hundert Leute betragen wird. Menschliche Arbeitskraft wird knapp und teuer sein, der Druck hingegen groß, auf fernen Welten neue Städte zu gründen. An dieser Stelle können Roboter einen entscheidenden Unterschied bewirken. Zunächst wird ihre Aufgabe darin bestehen, alle Dinge zu erledigen, die gefährlich, schmutzig und langweilig sind.

Wenn wir Hollywood-Filme ansehen, vergessen wir beispielsweise manchmal, wie gefährlich das All sein kann. Selbst in einer Umwelt mit geringer Schwerkraft werden wir für den Transport schwerer Lasten auf dem Bau Roboter benötigen. Sie können die massiven Balken, Träger, Zementplatten, schweres Gerät usw., die man für den Bau einer Basis auf einer anderen

Welt braucht, mühelos bewegen. Roboter wären Astronauten mit ihren schweren Anzügen, ihren schwachen Muskeln und ihren ungelenken Bewegungen deutlich überlegen. Während Menschen rasch ermüden, können Roboter Tag und Nacht arbeiten.

Und wenn es Unfälle gibt, dann können Roboter in einer Vielzahl gefährlicher Situationen problemlos repariert oder ersetzt werden. Roboter können mit gefährlichen Sprengstoffen hantieren, die dazu dienen, Platz für neue Baustellen oder Schnellstraßen zu schaffen. Sie können durch Flammen waten, um Astronauten zu retten, wenn es brennt, oder auf fernen Monden bei eisigen Temperaturen arbeiten. Zudem benötigen sie keinen Sauerstoff, so dass keine Erstickungsgefahr besteht, eine ständige Bedrohung für Astronauten.

Sie können auch gefährliches Gelände in fernen Welten erkunden. Beispielsweise ist sehr wenig über Stabilität und Struktur der Eiskappen auf dem Mars oder der eisigen Seen auf Titan bekannt, doch diese Depots könnten sich als wichtige Quellen für Sauerstoff und Wasserstoff erweisen. Roboter könnten auch die marsianischen Lavaröhren erkunden, die Siedler vor gefährlicher Strahlung schützen könnten, oder die Jupitermonde erkunden. Während Sonneneruptionen und kosmische Strahlung bei Astronauten das Krebsrisiko erhöhen, könnten Roboter selbst in für Menschen tödlichen Strahlungsfeldern arbeiten. Roboter können abgenutzte Körpermodule, die durch intensive Strahlung unbrauchbar geworden sind, ersetzen, indem sie Ersatzteile aus einem besonders abgeschirmten Lagerhaus holen.

Neben der Übernahme gefährlicher Aufgaben können Roboter auch langweilige Jobs übernehmen, vor allem Fließbandarbeiten. Schließlich wird jeder Mond oder jede Planetenbasis eine große Menge maschinell hergestellter Produkte benötigen, Massenware, die von Robotern hergestellt werden kann. Das ist für die Schaffung einer autarken Kolonie, die Mineralien vor Ort abbauen kann, um all die Güter zu produzieren, die für eine Mond- oder Planetenbasis nötig sind, von entscheidender Bedeutung.

Und nicht zuletzt können sie auch die schmutzigen Arbeiten erledigen. Sie können die Kanalisation und die Sanitärsysteme in fernen Kolonien warten. Und sie können mit giftigen Verbindungen und Gasen arbeiten, wie man sie in Recycling- und Wiederaufbereitungsanlagen findet.

Darin zeigt sich, dass Automaten, die ohne direkte menschliche Intervention funktionieren, eine entscheidende Rolle bei der Schaffung moderner Städte, Straßen, Wolkenkratzer und Häuser spielen können, falls diese in der trostlosen Landschaft des Mondes oder den Wüsten des Mars entstehen sollen. Die nächste Frage ist jedoch: Wie weit sind wir von der Schaffung echter Automaten entfernt? Wenn wir die fantasievollen Roboter aus den Filmen und Science-Fiction-Romanen einmal vergessen, wie ist der aktuelle Stand der Technik? Wie lange wird es noch dauern, bis wir über Roboter verfügen, die Städte auf dem Mars bauen können?

Die Geschichte der KI

Im Jahr 1955 traf sich eine Gruppe handverlesener Wissenschaftler in Dartmouth und hob das Gebiet der künstlichen Intelligenz aus der Taufe. Sie waren sich völlig sicher, dass sie fähig waren, in kurzer Zeit intelligente Maschinen zu entwickeln, die komplexe Probleme lösen, abstrakte Konzepte verstehen und aus Erfahrung lernen konnten. Sie verkündeten: «Wir denken, dass bei einem oder mehreren dieser Probleme ein bedeutender Fortschritt erzielt werden kann, wenn eine sorgfältig ausgelesen Gruppe von Wissenschaftlern einen Sommer lang an diesem Thema zusammenarbeitet.»

Doch sie machten einen entscheidenden Fehler, denn sie gingen davon aus, das menschliche Gehirn sei ein digitaler Computer. Wenn man die Gesetze der Intelligenz auf eine Liste von Codes reduzieren und sie dann in einen Computer hochladen könne, so glaubten sie, würde daraus sofort eine denkende Maschine. Diese Maschine würde Selbstbewusstsein entwickeln, und man könne eine vernünftige Unterhaltung mit ihr führen. Das bezeichneten sie als «Top-down-Ansatz» (top down = von oben nach unten) oder als «Intelligenz in einem Behälter».

Die Idee erschien einfach und elegant und inspirierte optimistische Vorhersagen. In den 1950er und 1960er Jahren wurden große Fortschritte gemacht. Computer wurden konstruiert, die Dame und Schach spielen, algebraische Sätze beweisen und Klötze erkennen sowie aufheben konnten. Im Jahr 1965 erklärte KI-Pionier Herbert Simon: «In 20 Jahren werden Maschinen all das tun können, was ein Mensch tun kann.» 1968 machte uns der Film *2001 – Odyssee im Weltraum* mit HAL bekannt, einem Computer, der sich mit der Crew unterhalten und ein Raumschiff zum Mars steuern konnte.

Dann stieß die KI plötzlich an eine Grenze. Angesichts zweier Hürden verlangsamte sich der Fortschritt auf ein Schneckentempo: Mustererkennung und gesunder Menschenverstand. Roboter können sehen – tatsächlich viel besser als wir –, aber sie verstehen nicht, was sie sehen. Angesichts eines Tisches erkennen sie nur Geraden, Quadrate, Dreiecke und Ovale. Sie können diese Elemente nicht zu einem identifizierbaren Ganzen zusammenfügen. Sie verstehen das Konzept der «Tischheit» nicht. Daher fällt es ihnen schwer, ihren Weg durch einen Raum zu finden, die Möbel als solche zu erkennen und Hindernissen auszuweichen. Wenn sich Roboter auf der Straße orientieren sollen, wo sie sich einem Kaleidoskop von Linien, Kreisen und Quadraten gegenübersehen, die Babys, Polizisten, Hunde und Bäume repräsentieren, sind sie völlig überfordert.

Das andere Hindernis ist der gesunde Menschenverstand. Wir wissen, dass Wasser nass ist, dass Seile ziehen, aber nicht schieben können, dass Klötze schieben, aber nicht ziehen können, und dass Mütter älter sind als ihre Töchter. All das ist selbstverständlich für uns. Aber woher wissen wir das? Es gibt keine mathematische Formel, die beweist, dass Seile nicht schieben können. Wir haben diese Erkenntnis aus aktueller Erfahrung gewonnen, aus Zusammenstößen mit der Realität. Wir sammeln unsere Erfahrungen in der harten Schule des Lebens.

Robotern hingegen fehlt diese Lebenserfahrung. Alles muss ihnen Tatsache um Tatsache mit Hilfe von Computercodes eingetrichtert werden. Einige Versuche sind unternommen worden, sämtliche Perlen des gesunden Menschenverstandes in Codes zu übersetzen, aber das ist ein Fass ohne Boden. Ein vierjähriges Kind weiß intuitiv mehr über die Physik, Chemie und Biologie der Welt als der fortschrittlichste Computer.

Die DARPA-Herausforderung

Im Jahr 2013 stellte die Defense Advanced Research Projects Agency (DARPA) – eine Behörde des Verteidigungsministeriums der Vereinigten Staaten, die die Grundlagen für das Internet entwickelte – Wissenschaftlern in aller Welt eine Aufgabe: einen Roboter zu bauen, der den schrecklichen radioaktiven Schlamassel in Fukushima aufräumen kann, wo es 2011 in drei Kernkraftanlagen zu eine Kernschmelze kam. Die Trümmer sind derart stark radioaktiv verseucht, dass sich Arbeiter jeweils nur ein paar Minuten in das tödliche Strahlungsfeld wagen können. Infolgedessen gehen die Aufräumarbeiten nur schleppend voran. Experten schätzen gegenwärtig, dass sie 30 bis 40 Jahre in Anspruch nehmen und 180 Milliarden Dollar kosten werden.

Wenn man einen Roboter bauen könnte, der die Trümmer und den Abfall ohne menschliche Hilfe beseitigen kann, wäre dies der erste Schritt in Richtung eines echten Automaten, der dazu beitragen kann, eine Mondbasis oder eine Siedlung auf dem Mars zu bauen, selbst bei starker Strahlung.

Da die DARPA erkannte, dass Fukushima ein idealer Ort war, die neueste KI-Technik einzusetzen, entschloss sie sich, die

DARPA Robotics Challenge ins Leben zu rufen und setzte ein Preisgeld von 3,5 Millionen Dollar für Roboter aus, die elementare Säuberungs- und Aufräumarbeiten erledigen können. (Eine vorherige DARPA Challenge war höchst erfolgreich gewesen und hatte schließlich den Weg zum selbstfahrenden Auto geebnet.) Dieser Wettbewerb war auch das ideale Forum, um Erfolge auf dem Gebiet der KI-Forschung publik zu machen. Es war Zeit, nach den Jahren der Übertreibung und der großen Töne einige wirkliche Fortschritte zu demonstrieren. Die Welt sollte sehen, dass Roboter wichtige Aufgaben übernehmen konnten, für die Menschen nicht gut geeignet waren.

Die Regeln waren sehr klar, und es gab nur wenige. Der siegreiche Roboter sollte acht simple Aufgaben durchführen können, darunter ein Auto fahren, Trümmer wegräumen, eine Tür öffnen, einen Feuerwehrschlauch anschließen und ein Ventil öffnen und schließen können. Aus aller Welt trafen Wettbewerbsbeiträge von Teilnehmern ein, die es nach Ruhm und Geld gelüstete. Aber statt das Tor zu einer neuen Ära aufzustoßen, waren die Endergebnisse ein wenig beschämend. Viele Roboter-Kandidaten konnten die Aufgabe nicht vollständig bewältigen, und einige kippten sogar direkt vor der Kamera um. Der Wettbewerb demonstrierte, dass sich die Schaffung künstlicher Intelligenz als weitaus komplexer herausgestellt hatte, als der Top-down-Ansatz vermuten ließ.

Lernende Maschinen

Andere KI-Forscher haben die Top-down-Methode völlig aufgegeben und versuchen stattdessen, Mutter Natur nachzuahmen, indem sie von unten nach oben (bottom-up) arbeiten. Diese alternative Strategie könnte einen erfolgreicheren Weg für die Schaffung von Robotern eröffnen, die weltraumtauglich wären. Außerhalb der KI-Labors gibt es raffinierte Automaten, die leistungsfähiger als alles sind, was wir konstruieren können. Man nennt sie Tiere. Kleine Küchenschaben bewegen sich auf der Suche nach Nahrung und Geschlechtspartnern geschickt durch ihre Umwelt. Im Gegensatz dazu reißen unsere unbeholfenen, riesigen Roboter, während sie vorwärtsstolpern, oft den Putz von den Wänden.

Die fehlerhaften Annahmen, von denen die Dartmouth-Forscher vor mehr als 60 Jahren ausgingen, verfolgen das Gebiet noch heute. Das Gehirn ist kein digitaler Computer. Es hat keine Programmierung, keine CPU (zentrale Recheneinheit), keinen Super-Chip, keine Subroutinen und keine Codierung. Wenn man einen einzigen Transistor aus einem Computer entfernt, stürzt der Computer wahrscheinlich ab. Aber wenn man das halbe menschliche Gehirn entfernt, kann die andere Hälfte immer noch funktionieren und den Körper steuern.

Die Natur vollbringt Wunder der Berechnung, indem sie das Gehirn als neuronales Netzwerk, als natürliche Lernmaschine organisiert. Ein Laptop lernt nichts – er ist heute noch genauso dumm wie gestern oder voriges Jahr. Das menschliche Gehirn verschaltet sich hingegen jedes Mal neu, wenn es etwas lernt. Darum brabbeln Babys, bevor sie eine Sprache lernen, und darum schlingern wir mit dem Fahrrad, bevor wir lernen, richtig zu fahren. Neuronale Netze verbessern ihre Leistung durch ständige Wiederholung peu à peu und folgen dabei der Hebb'schen Regel, die besagt, dass die neuronalen Bahnen für eine Aufgabe umso mehr verstärkt werden, je häufiger man die Aufgabe durchführt. Wie es in den Neurowissenschaften heißt: *neurons that fire together, wire together* (je häufiger zwei Neuronen gleichzeitig feuern, desto eher werden beide Neuronen miteinander interagieren). Vielleicht kennen Sie den alten Witz, der beginnt: «Wie kommt man in die Carnegie Hall?» Neuronale Netze geben die Antwort: Üben, üben, üben.

Wenn ein bestimmter Pfad stark ausgetreten ist, so wissen Wanderer, dass er bereits von vielen Wanderern vor ihnen benutzt wurde und wahrscheinlich der beste Weg ist, den man nehmen kann. Der richtige Pfad wird jedes Mal, wenn er benutzt wird, tiefer ausgetreten. Genauso werden die neuronalen Bahnen, die ein bestimmtes Verhalten steuern, umso nachdrücklicher verstärkt, je häufiger sie aktiviert werden.

Das ist wichtig, weil lernende Maschinen der Schlüssel zur Erforschung des Weltraums sind. Im All werden Roboter mit ständig neuen und immer anderen Gefahren konfrontiert. Sie sind gezwungen, sich mit Situationen auseinanderzusetzen, die sich Wissenschaftler heute noch nicht einmal in ihren Träumen ausmalen können. Ein Roboter, der darauf programmiert ist, nur ein bestimmtes Spektrum an Notfällen zu bewältigen, ist nutzlos, denn das Schicksal wird ihn mit dem Unerwarteten konfrontieren. So kann eine Maus nicht eine Reaktion auf jedes mögliche Szenario in ihren Genen codiert haben, denn die Gesamtzahl der Situationen, denen sie sich gegenübersehen kann, ist unendlich groß, die Zahl der Gene hingegen endlich.

Nehmen wir an, ein Meteoritenschauer aus dem All trifft eine Basis auf dem Mars und beschädigt zahlreiche Gebäude. Roboter, die über neuronale Netzwerke verfügen, können aus der Bewältigung solch unerwarteter Situationen lernen und jedes Mal besser werden. Traditionelle Top-down-Roboter wären in einem unvorhergesehenen Notfall jedoch wie gelähmt.

Viele dieser Ideen wurden von Rodney Brooks in die Forschung eingebracht, dem früheren Direktor des renommierten AI Laboratory des Massachusetts Institute of Technology (MIT). Bei unserem Interview meinte er, er finde es immer noch erstaunlich, dass eine einfache Mücke mit einem mikroskopisch kleinen Gehirn aus 100 000 Neuronen mühelos in drei Dimensionen fliegen kann, aber außerordentlich komplizierte Computerprogramme nötig sind, einen einfachen gehfähigen Roboter zu kontrollieren, der dann doch immer wieder stolpert. Mit seinen «Bugbots» (Zusammenziehung aus *bug* = Käfer und *bot* von Roboter) und seinen «Insektoiden», die wie Insekten auf sechs Beinen laufen, schuf er einen neuen Ansatz. Anfangs kippten sie oft um, doch mit jedem

Versuch lernten sie besser laufen, und schließlich gelang es ihnen, ihre Beine wie richtige Insekten zu koordinieren.

Der Prozess, neuronale Netzwerke in einen Computer zu integrieren, wird als Deep Learning (wörtlich «tiefes Lernen») bezeichnet. Mit wachsendem Erfolg könnte diese Technik eine ganze Reihe von Industriezweigen revolutionieren. Wenn Sie in Zukunft mit einem Arzt oder einem Rechtsanwalt sprechen möchten, aktivieren Sie vielleicht Ihre intelligente Tapete oder Armbanduhr und fragen nach einem Robo-Doc oder einem Robo-Rechtsanwalt, Software-Programmen, die das Internet durchforsten und vernünftige medizinische bzw. juristische Ratschläge geben können. Diese Programme würden aus wiederholten Fragen lernen und immer besser darin werden, auf das zu reagieren, was Sie wünschen – und Ihre Wünsche vielleicht sogar vorausahnen.

Deep Learning könnte auch den Weg zu den Automaten ebnen, die wir im All brauchen. In den kommenden Jahrzehnten lassen sich Top-down- und Bottom-up-Ansatz möglicherweise verbinden, sodass Roboter von Anfang an mit einem gewissen Maß an Vorkenntnissen ausgestattet werden können, aber auch via neuronaler Netzwerke operieren und lernen können. Wie Menschen könnten sie aus Erfahrung lernen, bis sie Mustererkennung meistern, was ihnen erlauben würde, Werkzeuge in drei Dimensionen zu bewegen, und eine Art Menschenverstand zu erwerben, was sie in die Lage versetzen würde, mit neuen Situationen fertig zu werden. Sie würden eine entscheidende Rolle beim Bau und bei der Wartung von Siedlungen auf dem Mars, im ganzen Sonnensystem und jenseits davon spielen.

Es werden unterschiedliche Roboter für unterschiedliche Aufgaben entworfen werden. Roboter, die lernen können, in der Kanalisation zu schwimmen, um nach Rissen und Lecks Ausschau zu halten, werden schlangenförmig sein. Superstarke Roboter werden lernen, wie man all die schweren Hebearbeiten auf Baustellen meistert. Drohnenroboter, die vielleicht wie Vögel aussehen, werden lernen, wie man sich einen Überblick über unbekanntes Gelände verschafft und es analysiert. Roboter, die lernen können, wie man unterirdische Lavaröhren erkundet, ähneln vielleicht Spinnen, denn vielbeinige Wesen sind sehr stabil, wenn sie sich über zerklüftetes Terrain bewegen. Roboter, die lernen können, wie man auf den Eiskappen des Mars umherstreift, könnten wie Schneemobile aussehen, die aber zusätzlich über Intelligenz verfügen. Roboter, die lernen können, wie man in den Ozeanen von Europa schwimmt und nach Objekten greift, sehen vielleicht wie vielarmige Kraken aus.

Aber selbst dieses fortgeschrittene Niveau an künstlicher Intelligenz reicht möglicherweise nicht aus, wenn wir erwarten, dass Roboter eigenständig ganze Metropolen errichten. Die ultimative Herausforderung der Robotik besteht in der Schaffung von Maschinen, die sich reproduzieren können und Bewusstsein entwickeln.

Selbstreplizierende Roboter

Über Selbstreplikation erfuhr ich zum ersten Mal etwas als Kind. Ein Biologiebuch, das ich las, erklärte, dass sich Viren vermehren, indem sie unsere Zellen kidnappen und sie veranlassen, Virenkopien herzustellen, während sich Bakterien aus eigener Kraft replizieren und durch Teilung vermehren. Würden sich Bakterien über Monate oder Jahre ungehindert vermehren, könnte eine solche Bakterienkolonie wahrhaft gigantische Ausmaße erreichen und so groß wie die Erde werden.

Anfangs erschien mir die Möglichkeit einer ungebremsten Selbstreplikation grotesk, doch später ergab sie einen Sinn. Schließlich ist ein Virus nicht mehr als ein großes Molekül, das sich replizieren kann. Doch eine Handvoll dieser Moleküle, unter Ihre Nase gehalten, kann Ihnen innerhalb einer Woche eine Erkältung bescheren. Ein einzelnes Molekül kann sich rasch zu Billionen Kopien seiner selbst vermehren – genug, um Sie zum Niesen zu bringen. Tatsächlich beginnen wir alle unser Leben als winzige befruchtete Eizelle im Bauch unserer Mutter für das bloße Auge nicht sichtbar. Doch innerhalb kurzer neun Monate wird aus dieser winzigen Zelle ein menschliches Wesen. Daher hängt selbst das menschliche Leben von dem exponentiellen Wachstum von Zellen ab.

Das ist die Macht der Selbstreplikation, die die Basis des Lebens selbst ist. Und das Geheimnis der Selbstreplikation liegt im DNA-Molekül. Dieses wunderbare Molekül unterscheidet sich in zweierlei Hinsicht von allen anderen Molekülen: Erstens kann es riesige Mengen an Information speichern, und zweitens kann es sich reproduzieren. Doch vielleicht können Maschinen diese Merkmale ebenfalls simulieren.

Die Idee von selbstreplizierenden Maschinen ist tatsächlich so alt wie das Konzept der Evolution selbst. Schon bald nachdem Charles Darwin sein bahnbrechendes Werk *Die Entstehung der Arten* publiziert hatte, schrieb Samuel Butler einen Artikel mit dem Titel «Darwin Among the Machines», in dem er spekulierte, dass sich Maschinen eines Tages ebenfalls reproduzieren und beginnen würden, sich entsprechend Darwins Theorie im Rahmen einer Evolution weiterzuentwickeln.

John von Neumann, der mehrere neue Zweige der Mathematik ins Leben rief, darunter auch die Spieltheorie, versuchte in den 1940er und 1950er Jahren, einen mathematischen Ansatz für selbstreplizierende Maschinen zu entwickeln. Er begann mit der Frage: «Was ist die kleinste selbstreplizierende Maschine?» und unterteilte das Problem in mehrere Schritte. Ein erster Schritt könnte beispielsweise sein, eine große Tonne voller Bausteine zu sammeln (denken Sie an einen Haufen Legosteine mit verschiedenen standardisierten Formen). In einem zweiten Schritt müsste man einen Monteur entwerfen, der zwei Blöcke nehmen und zusammenbauen kann. Drittens müsste man ein Programm schreiben, das dem Monteur sagt, welche Teile er in welcher Reihenfolge zusammenfügen soll. Dieser letzte Schritt ist entscheidend. Jeder, der schon einmal mit Bausteinen gespielt hat, weiß, dass man aus sehr wenigen Typen höchst raffinierte Strukturen bauen kann – solange sie richtig zusammengesetzt werden. Von Neumann wollte die kleinste Zahl an Operationen bestimmen, die ein Assembler benötigen würde, um eine Kopie seiner selbst herzustellen.

Schließlich gab von Neumann dieses spezielle Projekt jedoch auf. Es hing von einer Vielzahl willkürlicher Annahmen ab – darunter, wie viele Bausteine genau benutzt wurden und wie sie geformt waren – und ließ sich daher mathematisch nur schwer analysieren.

Selbstreplizierende Roboter im All

Der nächste Schub in Richtung selbstreplizierende Roboter kam 1980, als die NASA eine Studie namens Advanced Automation for Space Missions anfertigte. Der Studienreport kam zu dem Schluss, dass selbstreplizierende Roboter entscheidend für den Bau von Mondsiedlungen wären, und identifizierte mindestens drei Robotertypen, die gebraucht würden. Minenroboter würden einfache Rohstoffe abbauen, Bauroboter würden die Rohstoffe schmelzen und veredeln, und Reparaturroboter würden sich selbst und ihre Kollegen ohne menschliches Zutun instand halten und reparieren. Der Bericht spekulierte auch darüber, in welcher Weise Roboter autonom operieren könnten. Wie intelligente Fahrzeuge, die entweder mit Greifzangen oder Bulldozerschaufeln ausgestattet sind, könnten die Roboter über eine Reihe von Schienen fahren, Ressourcen transportieren und sie zur gewünschten Form weiterverarbeiten. Dank ihres glücklichen Timings hatte die Studie einen großen Vorteil. Sie wurde durchgeführt, kurz nachdem Astronauten viele hundert Kilo Mondgestein zurück zur Erde gebracht und sich herausgestellt hatte, dass der Metall-, Silikat-

und Sauerstoffgehalt des Mondgesteins fast identisch war mit dem des irdischen Gesteins. Ein Großteil der Mondkruste besteht aus Regolith, einer Kombination aus lunarem Grundgestein, alter Lava und Trümmern aus Meteoriteneinschlägen. Mit diesen Informationen konnten NASA-Wissenschaftler konkretere, realistischere Pläne für Fabriken auf dem Mond entwickeln, die selbstreplizierende Roboter aus Mondgestein herstellen sollten. Der Bericht ging daher detailliert auf die Möglichkeit ein, Regolith auf dem Mond abzubauen, zu schmelzen und so verwertbare Metalle zu gewinnen.

Nach dieser Studie wurde es viele Jahrzehnte grabesstill um selbstreplizierende Roboter, denn der Enthusiasmus der Öffentlichkeit war verflogen. Aber nun, da es ein erneutes Interesse gibt, zum Mond zurückzukehren und den Roten Planeten zu erreichen, wird das ganze Konzept wieder vorgelegt. Eine Anwendung dieser Idee auf eine Mars-Siedlung könnte beispielsweise folgendermaßen aussehen: Wir müssten uns zunächst einen Überblick über das Wüstenterrain verschaffen und eine Blaupause für die Fabrik entwerfen. Dann müssten wir Löcher in den Boden und den Sand bohren, Sprengladungen darin versenken und zur Detonation bringen. Loses Gestein und Trümmer würden von Bulldozern und Schaufelbaggern ausgehoben, um ein ebenes Fundament zu schaffen. Das Gestein würde zerkleinert, zu Kieselsteinen zermahlen und in einen Schmelzofen gefüllt, der mit Mikrowellenstrahlung betrieben wird; er schmilzt das Gestein und ermöglicht die Extraktion von flüssigem Metall. Die Metalle würden getrennt und die gereinigten Barren zu Draht, Kabeln, Trägern und mehr verarbeitet – den grundlegenden Bausteinen für jede Infrastruktur. Auf diese Weise könnte man auf dem Mars eine Roboterfabrik anlegen. Sobald die ersten Roboter hergestellt worden sind, können sie die Fabrik übernehmen und weitere Roboter herstellen.

Die Technik, die zur Zeit des NASA-Berichts verfügbar war, war begrenzt, aber wir haben seitdem große Fortschritte gemacht. Eine vielversprechende Entwicklung in der Robotik ist der

3-D-Drucker. Computer können den Fluss von Plastik und Metallen inzwischen so präzise steuern, dass sich Schicht um Schicht Maschinenteile von bemerkenswerter Komplexität herstellen lassen. Die Technik des 3-D-Drucks ist so weit fortgeschritten, dass der Drucker tatsächlich menschliches Gewebe produzieren kann, indem er aus einer mikroskopisch kleinen Düse menschliche Zellen schießt. Für eine Folge einer Dokumentation im Discovery Channel, die ich damals moderierte, legte ich mein eigenes Gesicht auf den Drucker. Rasch tasteten Laserstrahlen mein Gesicht ab und sandten die Ergebnisse an einen Laptop. Diese Information wurde in einen Drucker eingespeist, der mit akribischer Präzision flüssigen Kunststoff aus einer winzigen Düse verteilte. Innerhalb von rund 30 Minuten hielt ich eine Kunststoffmaske meines eigenen Gesichts in der Hand. Später scannte der Drucker meinen ganzen Körper und erzeugte dann innerhalb weniger Stunden eine Action-Figur aus Plastik, die genauso aussah wie ich. In Zukunft werden wir uns daher neben Superman in unsere Kollektion von Action-Figuren einreihen können. Der 3-D-Drucker der Zukunft kann möglicherweise die empfindlichen Gewebe nachbilden, aus denen funktionierende Organe bestehen, oder die Maschinenteile, die zur Herstellung eines selbstreplizierenden Roboters nötig sind. Sie könnten auch mit den Roboterfabriken in Verbindung stehen, sodass geschmolzenes Metall direkt in weitere Roboter umgesetzt werden kann.

Der erste selbstreplizierende Roboter auf dem Mars wird die größte Hürde darstellen. Der Herstellungsprozess würde erfordern, große Schiffsladungen an Geräten zur fabrikmäßigen Herstellung auf den Roten Planeten zu transportieren. Aber sobald der erste Roboter vom Band gelaufen ist, könnte er in Eigenregie eine Kopie seiner selbst herstellen. Dann würden zwei Roboter Kopien ihrer selbst produzieren, was zu vier Robotern führt. Mit diesem exponentiellen Wachstum an Robotern hätten wir bald einen Roboter-Fuhrpark, der ausreicht, um die Marslandschaft zu verändern. Die Roboter würden Bodenschätze abbauen, neue

Fabriken bauen und ebenso preisgünstig wie effizient Kopien ihrer selbst in unbegrenzter Zahl herstellen. Sie könnten eine riesige Agrarindustrie aufbauen und die moderne Zivilisation nicht nur auf den Mars bringen, sondern überall ins All tragen, Rohstoffe im Asteroidengürtel abbauen, Laserbatterien auf dem Mond aufbauen, riesige Raumschiffe im Orbit zusammenbauen und die Grundlagen für Kolonien auf fernen Exoplaneten legen. Es wäre eine bahnbrechende Leistung, erfolgreich selbstreplizierende Maschinen zu entwerfen und einzusetzen.

Aber jenseits dieses Meilensteins steht das, was man wohl als den Heiligen Gral der Robotik bezeichnen kann: Maschinen, die über ein Ich-Bewusstsein verfügen. Solche Roboter könnten viel mehr als nur Kopien ihrer selbst herzustellen. Sie wären in der Lage, zu verstehen, wer sie sind, und Führungsrollen zu übernehmen: andere Roboter überwachen, Anweisungen geben, Projekte planen, Operationen koordinieren und kreative Lösungen vorschlagen. Sie würden uns widersprechen, vernünftige Ratschläge geben und Vorschläge machen. Das Konzept eines selbstbewussten Roboters wirft jedoch komplexe existenzielle Fragen auf und löst bei manchen Menschen, die befürchten, dass Maschinen sich gegen ihre menschlichen Schöpfer erheben könnten, große Ängste aus.

Selbstbewusste Roboter

Im Jahr 2017 brach ein Streit zwischen zwei Milliardären aus, Mark Zuckerberg, Gründer von Facebook, und Elon Musk, Gründer von SpaceX und Tesla. Zuckerberg behauptete, Künstliche Intelligenz sei ein großer Generator von Reichtum und Wohlstand, von dem die gesamte Gesellschaft profitieren werde. Musk vertrat hingegen eine viel pessimistischere Ansicht und behauptete, KI stelle ein existenzielles Risiko für die gesamte Menschheit dar, da sich unsere Geschöpfe eines Tages gegen uns wenden könnten.[2]

Wer hat recht? Wenn wir dermaßen auf Roboter angewiesen sind, um unsere Mondbasen und unsere Städte auf dem Mars in Gang zu halten, was passiert, wenn sie eines Tages zu dem Schluss kommen, dass sie uns nicht mehr brauchen? Wäre es möglich, dass wir Kolonien im All errichten, nur um sie an Roboter zu verlieren?

Diese Befürchtung ist alt und wurde bereits 1863 von dem Romancier Samuel Butler geäußert, der warnte: «Wir selbst schaffen unsere eigenen Nachfolger.[3] Der Mensch wird für die Maschine das werden, was Pferd und Hund für den Menschen sind.» Wenn Roboter allmählich intelligenter werden als wir, fühlen wir uns vielleicht unzulänglich, in den Schatten gestellt von unseren eigenen Schöpfungen. Wie KI-Experte Hans Moravec einst meinte: «Es könnte sein, dass uns das Leben sinnlos erscheint, wenn wir dazu verdammt sind, mit dummem Gesicht unseren superintelligenten Maschinen-Abkömmlingen zu lauschen, während diese versuchen, uns ihre immer spektakuläreren Entdeckungen in einer Babysprache zu beschreiben, die wir verstehen können.» Der Google-Wissenschaftler Geoffrey Hinton bezweifelt, dass superintelligente Roboter weiterhin auf uns hören werden. «Das ist so, als fordere man ein Kind auf, seine Eltern zu kontrollieren ... es gibt keine Erfolgsgeschichte, die davon berichtet, wie weniger intelligente Dinge Dinge von höherer Intelligenz kontrollieren.» Der in Oxford tätige Philosoph Nick Bostrom meint dazu: «Angesichts einer Intelligenzexplosion gleichen wir kleinen Kindern, die mit einer Bombe spielen ... Wir haben so gut wie keine Ahnung, wann die Explosion erfolgen wird, doch wenn wir wollen, können wir das leise Ticken schon hören.»

Andere vertreten die Ansicht, ein Roboteraufstand wäre ein Beispiel für Evolution, die ihren Lauf nimmt. Der Fitteste ersetzt den weniger Fitten, das ist die natürliche Ordnung der Dinge. Einige Computerwissenschaftler sehnen den Tag geradezu herbei, wenn Roboter die Menschheit kognitiv überholen. Claude Shannon, der Vater der Informationstheorie, erklärte einmal: «Ich kann mir eine Zeit in der Zukunft vorstellen, in der wir zu Robotern ein Verhältnis haben wie heute Hunde *zu* Menschen. Ich kann mir eine Zeit vorstellen, in der wir für Roboter das sein werden, was Hunde für Menschen sind, und ich unterstütze die Maschinen.»[4]

Alle die vielen KI-Forscher, die ich im Lauf der Jahre interviewt habe, waren überzeugt, dass KI-Maschinen eines Tages über menschliche Intelligenz verfügen und für die Menschheit von großem Nutzen sein würden. Viele weigerten sich jedoch, ein spezifisches Datum oder einen Zeitplan für diese Weiterentwicklung zu nennen. Professor Marvin Minsky vom MIT, der einige der grundlegenden Artikel über Künstliche Intelligenz verfasste, machte in den 1950er Jahren einige optimistische Vorhersagen, erklärte mir aber in einem aktuellen Interview, dass er sich nicht länger auf spezifische Daten festlegen wolle, weil KI-Forscher in der Vergangenheit schon zu oft falsch lagen. Der Informatiker Edward Feigenbaum, ehemals an der Stanford University, konstatiert: «Es ist lächerlich, so früh über solche Dinge zu reden – KI ist noch eine Ewigkeit weit entfernt.»[5] Ein Computerexperte, der im *New Yorker* zitiert wurde, meinte: «Ich mache mir über Maschinenintelligenz genauso wenig Sorgen wie über eine Überbevölkerung auf dem Mars.»

Was die Zuckerberg/Musk-Kontroverse angeht, so bin ich persönlich der Meinung, dass Zuckerberg auf kurze Sicht recht hat.[6] KI wird nicht nur Städte im All ermöglichen, sondern die Gesellschaft auch dadurch bereichern, dass sie Produkte effizienter, besser und billiger macht. Gleichzeitig wird sie eine Menge völlig neuer Arbeitsplätze bringen, geschaffen von der Roboterindustrie, die eines Tages größer werden könnte als die Autoindustrie heute. Aber auf lange Sicht hat Musk recht, wenn er auf ein größeres Risiko verweist. Die Schlüsselfrage in dieser Debatte lautet: An welchem Punkt werden Roboter diese Transformation durchmachen und uns gefährlich werden? Ich persönlich denke, der entscheidende Wendepunkt ist dann erreicht, wenn Roboter ein Ich-Bewusstsein entwickeln.

Heutzutage wissen Roboter nicht, dass sie Roboter sind. Eines Tages könnten sie jedoch die Fähigkeit erlangen, eigene Ziele zu entwickeln, statt den Zielvorgaben ihrer Programmierer zu folgen. Dann erkennen sie möglicherweise, dass ihre Agenda eine andere ist als unsere. Sobald sich ihre und unsere Interessen unterscheiden, könnten Roboter zu einer Gefahr werden. Wann könnte es so weit sein? Das kann niemand sagen. Heutzutage haben Roboter die Intelligenz eines Insekts. Aber gegen Ende des Jahrhunderts könnte es so weit sein, dass sie Selbstbewusstsein entwickeln. Dann werden wir über rasch wachsende permanente Siedlungen auf dem Mars verfügen. Daher ist es wichtig, dass wir diese Frage jetzt diskutieren, statt erst dann, wenn wir für unser Überleben auf dem Roten Planeten auf sie angewiesen sind.

Um einen Einblick in den Umfang dieses wichtigen Themas zu gewinnen, ist es vielleicht hilfreich, sich ein Best-Case- und ein Worst-Case-Szenario vorzustellen.

Best-Case- und Worst-Case-Szenario

Ein Verfechter des Best-Case-Szenarios ist der Erfinder und Bestsellerautor Ray Kurzweil. In jedem Interview mit mir beschrieb er eine klare und überzeugende, aber kontrovers diskutierte Zukunftsvision. Seiner Meinung nach werden wir 2045 die «Singularität» erreichen, also den Punkt, an dem Roboter die menschliche Intelligenz erreichen oder gar überflügeln.[7] Der Begriff ist dem Konzept der gravitativen Singularität in der Physik entlehnt, der sich auf Regionen mit unendlich starker Gravitation bezieht, wie Schwarze Löcher. Er wurde von dem Mathematiker John von Neumann in die Computerwissenschaften eingeführt, der meinte, die Computerrevolution führe zu einer «steten Beschleunigung des technischen Fortschritts und der Veränderungen im Lebenswandel, die den Anschein macht, auf eine entscheidende Singularität in der Geschichte der Menschheit hinauszulaufen, nach der die Lebensverhältnisse, so wie wir sie kennen, sich nicht fortsetzen könnten». Sobald die Singularität eintritt, so Kurzweil, wird ein 1000-Dollar-Computer eine Milliarde Mal intelligenter sein als alle Menschen zusammengenommen. Darüber hinaus wären diese Roboter selbstverbessernd, und ihre Abkömmlinge würden ihre erworbenen Merkmale erben, sodass jede Generation der vorangegangenen überlegen ist, was zu einer aufsteigenden Spirale von Hochleistungsmaschinen führen würde.

Aber statt die Weltherrschaft zu übernehmen, werden unsere Roboterschöpfungen uns das Tor zu einer neuen Welt der Gesundheit und des Wohlstands öffnen, so Kurzweil. Seiner Meinung nach werden mikroskopisch kleine Roboter, so genannte Nanobots, in unserer Blutbahn zirkulieren und «Pathogene zerstören, DNA-Fehler korrigieren, Toxine eliminieren und viele andere Arbeiten durchführen, die unser physisches Wohlbefinden erhöhen». Er hofft, dass die Wissenschaft bald ein Heilmittel gegen das Alter findet, und glaubt fest daran, dass er, wenn er nur lange genug durchhält, ewig leben wird. In Erwartung seiner eigenen Unsterblichkeit nehme er jeden Tag mehrere hundert Pillen, vertraute er mir an. Wenn er es aber dennoch nicht schaffen sollte, hat er eine Kryotechnik-Firma angewiesen, seinen Körper in flüssigem Stickstoff zu konservieren.

Kurzweil sieht auch eine Zeit in viel weiterer Zukunft voraus, in der Roboter die Atome der Erde in Computer umwandeln. Schließlich werden alle Atome der Sonne und des Sonnensystems in einer gigantischen Denkmaschine landen. Wenn er zu den Sternen emporblickt, erklärte er mir, so stelle er sich manchmal vor, mitzuerleben, wie superintelligente Roboter in ferner Zukunft die Sterne neu anordnen.

Aber nicht jedermann teilt Kurzweils rosige Sicht der Zukunft. Mitch Capor, Gründer der Lotus Development Corporation, meint: «[Die Singularitätsbewegung] ist meiner Ansicht nach grundsätzlich eine von religiösen Impulsen getriebene Strömung. Diese Tatsache kann auch das ganze hektische Gefuchtel in meinen Augen nicht verschleiern.» Hollywood hat Kurzweils Utopie ein Worst-Case-Szenario entgegengestellt, das zeigt, was es bedeuten könnte, unsere eigenen evolutionären Nachfolger zu schaffen, die uns beiseite schieben und uns zum Schicksal des Dodos verurteilen könnten. In dem Kinofilm *Terminator* schafft das Militär ein intelligentes Computernetzwerk namens Skynet, das all unsere Kernwaffen überwacht. Es wurde entworfen, um uns vor dem Ausbruch eines Atomkriegs zu schützen. Aber dann erlangt Skynet Selbstbewusstsein. Das Militär, erschrocken, dass die Maschine einen eigenen Willen entwickelt, versucht, sie abzuschalten. Skynet, darauf programmiert, sich selbst zu schützen, tut das Einzige, was ihm bleibt, dies zu verhindern, und das ist die Zerstörung der menschlichen Rasse. Also löst es einen verheerenden Atomkrieg aus, der die Zivilisation auslöscht. Menschen existieren nur noch als zerlumpte Banden von Außenseitern und Guerillas, die versuchen, den übermächtigen Maschinen zu trotzen.

Geht es Hollywood nur darum, Kinobesucher in Angst und Schrecken zu versetzen, um die Einspielergebnisse zu erhöhen? Oder könnte es wirklich so weit kommen? Diese Frage ist sehr schwierig zu beantworten, und bevor wir unsere Diskussion über Maschinenintelligenz fortsetzen, brauchen wir daher eine Definition von Selbstbewusstsein.

Die Raum-Zeit-Theorie des Bewusstseins

Ich habe eine Theorie vorgeschlagen, die ich als Raum-Zeit-Theorie des Bewusstseins bezeichne. Sie ist testbar, falsifizierbar und quantifizierbar. Und sie definiert Selbstbewusstsein nicht nur, sondern erlaubt darüber hinaus, es auf einer Skala zu quantifizieren.

Die Theorie geht aus von der Idee, dass Tiere, Pflanzen und selbst Maschinen über Bewusstsein verfügen können. Bewusstsein, behaupte ich, ist der Prozess, mit Hilfe zahlreicher Rückkopplungsschleifen – beispielsweise in Raum, Gesellschaft oder Zeit – ein Modell seiner selbst zu schaffen, um ein Ziel zu erreichen. Um Bewusstsein zu messen, bestimmen wir einfach Zahl und Typ der Rückkopplungsschleifen, die ein Subjekt braucht, um ein Modell seiner selbst zu schaffen.

Die kleinste Einheit des Bewusstseins ließe sich in einem Thermostaten oder einer Fotozelle finden, die eine einzige Rückkopplungsschleife benutzen, um ein Modell ihrer selbst in Form von Wärme oder Licht zu erzeugen. Eine Pflanze hat vielleicht zehn Bewusstseinseinheiten, denn sie besitzt zehn Rückkopplungsschleifen zur Messung von Wassergehalt, Temperatur, Richtung der Schwerkraft, Sonnenlicht und so weiter. Meiner Theorie zufolge lassen sich diese Rückkopplungsschleifen jeweils einer bestimmten Bewusstseinsstufe zuordnen. Thermostaten und Pflanzen gehören zur Stufe 0.

Das Stufe-1-Bewusstsein umfasst das Bewusstsein von Reptilien, Taufliegen und Mücken, die Modelle ihrer selbst in Bezug auf den Raum generieren. Ein Reptil hat zahlreiche Rückkopplungsschleifen, um die Koordinaten seiner Beute sowie den Standort von potenziellen Geschlechtspartnern, Rivalen und sich selbst zu bestimmen.

Ein Stufe-2-Bewusstsein findet sich bei sozialen Tieren. Ihre Rückkopplungsschleifen beziehen sich auf ihr Rudel oder ihre Herde und erzeugen Modelle der komplexen sozialen Hierarchie in der Gruppe, die sich durch Emotionen und Körpersprache zeigt.

Diese Stufen simulieren grob die Evolutionsstadien des Säugerhirns. Der älteste Teil unseres Gehirns liegt ganz weit hinten, wo Gleichgewicht, Territorialität und Instinkte verarbeitet werden. Das Gehirn expandierte nach vorn und entwickelte das limbische System, das Tieraffenhirn der Emotion, das in der Mitte des Gehirns liegt. In dieser Weise, von hinten nach vorn, reift auch das Gehirn eines Kindes heran.

Wo steckt in diesem Schema dann menschliches Bewusstsein? Was unterscheidet uns von Pflanzen und Tieren? Meiner Theorie zufolge unterscheiden wir Menschen uns von anderen Tieren durch unser Verständnis für Zeit. Wir haben neben einem räumlichen und einem sozialen Bewusstsein auch ein temporales Bewusstsein. Der Teil des Gehirns, der sich am spätesten entwickelt, ist der präfrontale Cortex, der direkt hinter unserer Stirn liegt. Er spielt ständig Simulationen der Zukunft durch. Bei Tieren kann es so aussehen, als planten sie, beispielsweise, wenn sie Winterschlaf halten, doch ihr Verhalten ist weitgehend instinktgebunden. Es ist unmöglich, Ihrem Hund oder Ihrer Katze die Bedeutung von «morgen» beizubringen, denn sie leben in der Gegenwart. Menschen bereiten sich hingegen ständig auf die Zukunft vor und selbst über ihre Lebensspanne hinaus. Wir planen und wir träumen in den Tag – wir können einfach nicht anders. Unsere Gehirne sind Planungsmaschinen.

Wenn wir eine Aufgabe in Angriff nehmen, dann, so haben MRT-Scans gezeigt, greifen wir auf frühere Erinnerungen an dieselbe Aufgabe zurück und integrieren diese Erfahrungen, was unsere Planung realistischer macht. Eine Theorie besagt, dass Tiere kein komplexes Erinnerungssystem haben, weil sie von Instinkten abhängig sind und daher nicht die Fähigkeit benötigen, sich die Zukunft vorzustellen. Mit anderen Worten könnte es der eigentliche Zweck eines Gedächtnisses sein, in die Zukunft zu projizieren.

Innerhalb dieses Rahmens können wir nun Selbstbewusstsein als die Fähigkeit definieren, uns in Einklang mit einem Ziel in eine Simulation der Zukunft zu versetzen.

Wenn wir diese Theorie auf Maschinen anwenden, erkennen wir, dass unsere am weitesten fortgeschrittenen Maschinen gegenwärtig bestenfalls auf dem untersten Rang eines Stufe-1-Bewusstseins angelangt sind, das auf ihrer Fähigkeit basiert, ihre Position im Raum zu lokalisieren. Die meisten Maschinen, wie diejenigen, die für den DARPA Robotics Challenge gebaut wurden, können kaum vernünftig in einem leeren Raum navigieren. Es gibt zwar einige Roboter, die partiell die Zukunft simulieren können, beispielsweise Googles Computer AlphaGo, aber nur in einem extrem engen Rahmen. Wenn man AlphaGo auffordert, irgendetwas anderes zu tun als Go zu spielen, ist er aufgeschmissen.

Wie weit ist der Weg, der noch vor uns liegt, und welche Schritte müssen wir unternehmen, um eine selbstbewusste Maschine wie Skynet im *Terminator* zu konstruieren?

Selbstbewusste Maschinen schaffen?

Um selbstbewusste Maschinen zu schaffen, müssten wir ihnen ein Ziel geben.[8] Ziele entstehen nicht plötzlich wie von Zauberhand in Robotern, sondern sie müssen von außen per Programmcode eingegeben werden. Diese Bedingung stellt eine extrem hohe Hürde für eine Maschinenrebellion dar. Nehmen Sie das Theaterstück *R. U. R.* aus dem Jahr 1921, das den Begriff *Roboter* prägte. In dem Stück geht es um Roboter, die sich gegen die Menschen erheben, weil sie sehen, dass andere Roboter schlecht behandelt werden. Damit so etwas geschehen kann, bräuchten die Maschinen ein hohes Maß an Vorprogrammierung. Roboter empfinden keine Empathie oder Leid oder den Wunsch, die Welt zu übernehmen, wenn sie nicht dazu angewiesen werden.

Aber lassen Sie uns um der Diskussion willen annehmen, dass jemand unserem Roboter das Ziel einprogrammiert, die Menschheit zu eliminieren. Der Computer muss dann realistische Simulationen der Zukunft schaffen und selbst in diesen Plänen einen Platz einnehmen. Nun stehen wir dem entscheidenden Problem gegenüber. Um in der Lage zu sein, mögliche Szenarien und Ergebnisse aufzulisten und abzuschätzen, wie realistisch sie sind, müsste der Roboter Millionen Regeln des gesunden Menschenverstands verinnerlicht haben – die simplen Gesetze von Physik,

Biologie und menschlichem Verhalten, die wir stillschweigend voraussetzen. Zudem müsste er das Konzept der Kausalität verstehen und die Konsequenzen bestimmter Handlungen voraussehen. Menschen lernen diese Gesetze durch jahrelange Erfahrung. *Ein* Grund, warum unsere Kindheit so lange dauert, ist, dass es so viel subtile Information über die menschliche Gesellschaft und die natürliche Welt aufzunehmen gilt. Roboter sind hingegen niemals der Fülle an Interaktionen ausgesetzt, für die man gemeinsame Erfahrungen braucht.

Ich bringe in diesem Zusammenhang als Beispiel gern den Fall eines erfahrenen Bankräubers, der seinen nächsten Coup planen und die Polizei überlisten kann, weil er über einen reichen Schatz an Erfahrung aus früheren Raubzügen verfügt und die Auswirkungen jeder Entscheidung kennt, die er trifft. Um eine simple Handlung wie das Einschmuggeln eines Revolvers in eine Bank durchzuführen, müsste ein Computer hingegen eine komplexe Folge sekundärer Ereignisse analysieren, deren Zahl in die Tausende gehen kann und von denen jedes Millionen Zeilen Computercode erfordert. Der Computer würde die Beziehung zwischen Ursache und Wirkung nicht intuitiv begreifen.

Es ist sicherlich möglich, dass Roboter Selbstbewusstsein entwickeln und Ziele anstreben, die für uns bedrohlich sind, aber Sie sehen nun vielleicht auch, warum dies so unwahrscheinlich ist, zumindest in absehbarer Zukunft. Eine Maschine mit sämtlichen Gleichungen zu füttern, die sie bräuchte, um die Menschheit zu vernichten, wäre ein außerordentlich schwieriges Unterfangen.

Das Problem der Killerroboter lässt sich weitgehend eliminieren, indem man verhindert, dass jemand ihnen Ziele einprogrammiert, die für die Menschheit schädlich sind. Wenn selbstbewusste Roboter tatsächlich Realität werden, müssen wir sie mit einem Fail-Safe-Chip ausstatten, der sie abschaltet, wenn sie auf mörderische Gedanken kommen. Dann können wir uns ruhig zurücklehnen, ohne befürchten zu müssen, dass wir eines Tages im Zoo landen, wo uns Roboternachfahren Erdnüsse durch die Gitter zuwerfen und uns tanzen lassen.

Wenn wir die äußeren Planeten und die Sterne erkunden, können wir uns also ohne Sorge auf Roboter stützen, um die nötige Infrastruktur für Siedlungen auf fernen Monden und Planeten zu errichten. Wir müssen jedoch darauf achten, dass ihre Ziele mit den unseren übereinstimmen und dass sie für den Notfall einen Fail-Safe-Chip aufweisen. Auch wenn es für uns gefährlich werden könnte, wenn Roboter Selbstbewusstsein erlangen, wird dies frühestens Ende dieses oder Anfang des nächsten Jahrhunderts der Fall sein, daher ist genügend Zeit, sich vorzubereiten.

Warum Roboter Amok laufen

Es *gibt* jedoch ein Szenario, das KI-Forscher nachts den Schlaf raubt. Es ist vorstellbar, dass ein Roboter einen mehrdeutigen oder schlecht formulierten Befehl erhält, dessen Ausführung zu einer Katastrophe führen könnte. In dem Film *I, Robot* gibt es einen Master-Computer namens VIKI, der die Infrastruktur der Stadt kontrolliert. VIKI erhält den Befehl, die Menschheit zu schützen. Doch als der Computer feststellt, wie Menschen andere Menschen behandeln, kommt er zu dem Schluss, dass die Menschheit selbst die größte Bedrohung für die Menschheit darstellt. Darauf zieht er die logische Konsequenz, dass die einzige Möglichkeit, die Menschheit zu schützen, darin besteht, die Kontrolle über sie zu übernehmen.

H.G. Wells behandelt eine ähnliche Zwickmühle in seiner Kurzgeschichte «Der Mann, der Wunder tun konnte». Eines Tages entdeckt ein kleiner Angestellter, dass er über eine außerordentliche Eigenschaft verfügt: Alles, was er sich wünscht, geht in Erfüllung. Spät in der Nacht geht er mit einem Freund aus, um noch etwas zu trinken, und vollbringt unterwegs ein Wunder nach dem anderen. Sie wollen nicht, dass diese Nacht jemals endet, daher wünscht er sich ganz unschuldig, die Erde möge aufhören sich zu drehen. Ganz plötzlich sind sie von heftigen Stürmen und gigantischen Flutwellen umgeben. Menschen, Gebäude und ganze Städte werden mit einer Geschwindigkeit von 1600 Kilometer pro Stunde, der Geschwindigkeit der Erdrotation am Äquator, ins All geschleudert. Als er erkennt, dass er den Planeten zerstört hat, ist sein letzter Wunsch, dass alles wieder in den Urzustand zurückversetzt wird – so wie es war, bevor er diese übermenschlichen Kräfte gewann.

Hier lehrt uns die Science-Fiction, vorsichtig zu sein. Bei der Entwicklung von KI müssen wir sorgsam alle möglichen Konsequenzen untersuchen, vor allem diejenigen, die nicht direkt auf der Hand liegen. Schließlich ist unsere Fähigkeit, dies zu tun, genau das, was uns menschlich macht.

Quantencomputer

Um ein umfassenderes Bild von der Zukunft der Robotik zu gewinnen, lassen Sie uns einen näheren Blick auf das werfen, was sich im Inneren eines Computers abspielt. Gegenwärtig basieren die meisten Digitalcomputer auf Siliziumschaltkreisen und gehorchen dem Moore'schen Gesetz, das besagt, dass sich die Computerleistung etwa alle 18 Monate verdoppelt. In den letzten Jahren hat sich der technologische Fortschritt im Vergleich zu seiner rasanten Gangart in den vorangegangenen Jahrzehnten jedoch verlangsamt, und einige Experten malen ein düsteres Szenario an die Wand: Sie gehen davon aus, dass das Moore'sche Gesetz kollabiert und die Weltwirtschaft, die inzwischen von dem fast exponentiellen Wachstum der Computerleistung abhängig ist, ernsthaft Schaden nimmt. Wenn das passiert, könnte Silicon Valley quasi kollabieren. Um diese potenzielle Krise abzuwenden, suchen Physiker rund um die Welt nach einem Ersatz für Silizium. Sie arbeiten an einer Reihe alternativer Computer, darunter Molekular-, Atom-, DNA-, Quanten- und Proteincomputern sowie optischen Computern, aber keiner davon kann es derzeit in die Hauptsendezeit schaffen.

In diesem Mix gibt es auch einen Joker. Wenn Siliziumtransistoren immer kleiner werden, erreichen sie irgendwann die Größe von Atomen. Gegenwärtig sind die Siliziumschichten in einem Standard-Pentium-Chip rund 20 Atome dick. In einem Jahrzehnt wird ihre Dicke vielleicht nur noch 5 Atome betragen. Wenn das der Fall ist, könnte es passieren, dass Elektronenlecks auftreten, wie die Quantentheorie voraussagt, und es zu Kurzschlüssen kommt. Ein revolutionärer neuer Computertyp ist nötig. Molekular-Computer, vielleicht basierend auf Graphen, könnten die Siliziumchips ersetzen. Aber eines Tages werden vielleicht auch diese Computer auf Probleme mit Effekten stoßen, die von der Quantentheorie vorhergesagt werden.

An diesem Punkt müssen wir vielleicht den ultimativen Computer bauen, den Quantencomputer, der in der Lage ist, mit dem kleinstmöglichen Transistor zu operieren: einem einzelnen Atom.

Und so könnte es funktionieren: Siliziumschaltkreise enthalten ein Gatter, das den Durchfluss von Elektronen entweder erlaubt (offen) oder nicht (geschlossen). Information wird auf der Basis dieser offenen oder geschlossenen Schaltkreise gespeichert. Mit Hilfe der binären Mathematik, die auf einer Folge von Nullen und Einsen basiert, lässt sich dieser Prozess beschreiben: 0 stellt ein geschlossenes Gatter, 1 ein offenes Gatter dar.

Nun stellen Sie sich vor, man ersetzt Siliziumschaltkreise durch eine Reihe individueller Atome. Atome verhalten sich wie winzige Magneten, die einen Nord- und einen Südpol aufweisen. Wenn Atome in einem Magnetfeld platziert werden, könnte man meinen, dass sie entweder nach oben oder nach unten zeigen. Tatsächlich weist jedes Atom jedoch gleichzeitig nach oben und nach unten, bis eine finale Messung stattfindet. In gewissem Sinn kann ein Elektron gleichzeitig zwei unterschiedliche Zustände einnehmen. Das widerspricht dem gesunden Menschenverstand, ist aber der Quantenmechanik zufolge eine Tatsache. Der Vorteil dieses Systems ist enorm. Wenn die Magneten lediglich entweder nach oben oder nach unten zeigen, kann man nur eine begrenzte Menge an Daten speichern. Wenn jeder Magnet aber eine Mischung von Zuständen darstellt, lassen sich weitaus größere Mengen an Information in ein winziges Cluster von Atomen packen. Jedes «Bit» Information, das entweder 1 oder 0 ist, wird zu einem «Qubit», einer komplexen Mischung von Einsen und Nullen mit sehr viel mehr Speicherplatz.

Der Grund, Quantencomputer hier zu diskutieren, ist, dass sie möglicherweise den Schlüssel zur Erforschung des Universums bergen. Im Prinzip könnte uns ein Quantencomputer die Fähigkeit verleihen, die menschliche Intelligenz zu übertreffen. Wir wissen nicht, wann es Quantencomputer geben wird oder über welches Potenzial sie verfügen werden. Aber sie könnten sich für die Erforschung des Weltraums als unschätzbar wertvoll erweisen. Statt einfach die Siedlungen und Städte der Zukunft zu bauen, könnten sie uns einen Schritt weiter bringen und uns ermöglichen, die komplexen Planungen durchzuführen, die nötig sind, um ganze Planeten zu terraformieren.

Quantencomputer wären viel leistungsfähiger als gewöhnliche Digitalcomputer. Digitalcomputer könnten mehrere Jahrhunderte brauchen, um einen Code zu knacken, der auf einem besonders schwierigen mathematischen Problem basiert, wie der Zerlegung einer sehr großen Zahl in Primfaktoren (Faktorisierung). Quantencomputer, die mit einer hohen Zahl überlagerter atomarer Zustände rechnen, könnten die Entschlüsselung hingegen rasch bewerkstelligen. Die CIA und andere Spionageagenturen sind sich dieser Möglichkeiten nur allzu bewusst. Unter den Bergen von klassifiziertem Material der National Security Agency, das vor ein paar Jahren durch ein Leck an die Presse gelangte, befand sich ein Top-Secret-Dokument, demzufolge die Arbeit an Quantencomputern von der Agentur sorgfältig beobachtet wird, man in naher Zukunft jedoch keinen Durchbruch erwartet.

Angesichts all der Aufregung und des Trubels rund um Quantencomputer stellt sich die Frage: Wann können wir mit ihnen rechnen?

Warum haben wir noch keine Quantencomputer?

Rechnen mit individuellen Atomen kann ein Segen wie auch ein Fluch sein. Zwar können Atome enorme Mengen Information speichern, doch schon kleinste Unreinheiten, Schwingungen oder Störungen können eine Berechnung ruinieren. Es ist notwendig, aber bekanntermaßen schwierig, die Atome völlig von der Außenwelt abzuschirmen. Sie müssen einen Zustand erreichen, der als «Kohärenz» bezeichnet wird; erst in diesem Zustand schwingen sie völlig im Gleichklang. Aber schon die kleinste Störung – beispielsweise wenn jemand im Nebengebäude niest – kann dazu führen, dass die Atome ihre Kohärenz verlieren und ungeregelt schwingen. «Dekohärenz» ist eines der größten Probleme, vor dem wir bei der Entwicklung von Quantencomputern stehen.

Aufgrund dieses Problems können Quantencomputer bislang nur rudimentäre Rechnungen ausführen. Tatsächlich liegt der Weltrekord für einen Quantencomputer bei 20 Qubits. Das mag nicht besonders eindrucksvoll erscheinen, doch es ist wirklich eine große Leistung. Es könnte mehrere Jahrzehnte oder sogar bis Ende des Jahrhunderts dauern, bis wir über einen Hochleistungs-Quantencomputer verfügen, doch wenn es so weit ist, wird er die Leistungsfähigkeit Künstlicher Intelligenz dramatisch steigern.

Roboter in ferner Zukunft

Angesichts des primitiven Zustands heutiger Automaten denke ich nicht, dass wir in den nächsten Jahrzehnten Roboter mit Selbstbewusstsein sehen werden – wiederum wahrscheinlich nicht vor Ende des Jahrhunderts. In den dazwischen liegenden Jahren werden wir wahrscheinlich zunächst komplexe ferngesteuerte Maschinen entwickeln, um unsere Bemühungen um die Erforschung des Alls fortzusetzen, und dann vielleicht Automaten mit innovativen Lernfähigkeiten, um die Grundlagen für menschliche Siedlungen zu legen. Später werden selbstreplizierende Automaten dazukommen, um die Infrastruktur zu vervollständigen, und schließlich auf quantenmechanischen Prinzipien beruhende bewusste Maschinen, die uns helfen sollen, eine intergalaktische Zivilisation aufzubauen und in Gang zu halten.

Natürlich werfen all diese Diskussionen über das Reisen zu fernen Sternen eine wichtige Frage auf. Wie können wir oder Roboter dorthin gelangen? Wie realistisch sind die Raumschiffe, die wir im Fernsehen sehen?

Warum zu den Sternen fliegen? Weil wir die Nachfahren jener Primaten sind, die sich entschlossen, einen Blick hinter den nächsten Hügel zu werfen. Weil wir hier nicht in alle Ewigkeit überleben können. Weil die Sterne rufen, mit neuen Herausforderungen winken.

James und Gregory Benford

Kapitel 8
Ein Raumschiff bauen

Im dem Kinofilm *Passengers* ist die *Avalon*, ein hochmodernes Raumschiff mit einem leistungsstarken Fusionsantrieb, unterwegs nach Homestead II, einer Kolonie auf einem fernen Planeten. Die Werbung für diese Siedlung ist verlockend. Die Erde ist alt, müde, übervölkert und verdreckt. Warum nicht in einer aufregenden Welt einen neuen Anfang machen?

Die Reise dauert 120 Jahre, die die Passagiere, tiefgefroren in Behältern, im kontrollierten Scheintod verbringen. Sobald die *Avalon* ihr Ziel erreicht, wird das Schiff seine 5000 Passagiere automatisch wecken. Sie werden sich frisch und munter aus ihren Behältern erheben, bereit, sich in ihrer neuen Heimat ein neues Leben aufzubauen.

Auf der Reise reißt jedoch ein Meteoritenschauer die Hülle des Raumschiffs auf und beschädigt den Antrieb, was eine Kaskade von Fehlfunktionen auslöst. Einer der Passagiere wird daher vorzeitig reanimiert, und zwar zu einem Zeitpunkt, an dem die *Avalon* noch 90 Reisejahre vor sich hat. Der Gedanke, dass das Schiff erst lange nach seinem Tod landen wird, lassen den Mann in tiefe Niedergeschlagenheit versinken. In seinem verzweifelten Wunsch, der Einsamkeit zu entfliehen, entschließt er sich, eine wunderschöne Mitreisende aufzuwecken. Natürlich verlieben sie sich ineinander. Aber als die junge Frau herausfindet, dass er sie mit voller Absicht fast ein Jahrhundert vor der Zeit geweckt hat und auch sie in diesem interplanetaren Fegefeuer sterben wird, rastet sie aus.

Filme wie *Passenger* verkörpern die Versuche Hollywoods, ein wenig Realismus in die Science-Fiction zu bringen. Die *Avalon* reist auf ganz altmodische Weise, sie überschreitet niemals die Lichtgeschwindigkeit. Doch wenn man irgendein Kind fragt, wie es sich ein Raumschiff vorstellt, dann wird es Schiffe wie die

Enterprise aus *Star Trek* oder den *Millenium Falcon* aus *Krieg der Sterne* nennen – Schiffe, die in der Lage sind, ihre Crew mit Überlichtgeschwindigkeit durch die Galaxie zu tragen, vielleicht sogar durch die Raumzeit zu tunneln oder durch den Hyperraum zu sausen.

Realistischerweise sollte man davon ausgehen, dass unsere ersten Raumschiffe unbemannt sind und den riesigen, schnittigen Fahrzeugen, die wir aus Filmen kennen, in keiner Weise ähneln. Tatsächlich werden sie möglicherweise nicht größer als eine Briefmarke sein. Im Jahr 2016 verblüffte Stephen Hawking die Welt damit, dass er ein Projekt namens Breakthrough Starshot unterstützte, das «Nanoschiffe» entwickeln will, komplexe Chips, ausgestattet mit Segeln, die von riesigen Batterien leistungsstarker Laser hier auf der Erde angetrieben werden. Die Chips sind etwa daumennagelgroß, wiegen weniger als ein Unze (ca. 30 Gramm) und enthalten Milliarden von Transistoren. Einer der vielversprechendsten Aspekte an diesem Projekt ist, dass wir bereits existierende Technik einsetzen können, um es zu starten, statt noch 100 oder 200 Jahre warten zu müssen. Hawking war der Meinung, dass sich Nanoschiffe innerhalb von einer Generation für rund 10 Milliarden Dollar entwickeln lassen und, mit Hilfe einer Milliarde Watt an Laserleistung auf ein Fünftel der Lichtgeschwindigkeit beschleunigt, innerhalb von 20 Jahren das nächste Sternensystem, Centauri, erreichen könnten. Im Gegenzug bedenke man, dass sämtliche Raumschiffmissionen bislang im erdnahen Orbit verblieben, aber fast 1 Milliarde Dollar pro Start kosteten.

Nanoschiffen wäre das möglich, was chemischen Raketen unmöglich bleiben wird. Wie Ziolkowkis Raketengleichung zeigt, ist es für eine konventionelle Saturn-Rakete nicht möglich, den nächsten Stern zu erreichen, denn sie würde exponentiell mehr Treibstoff brauchen, je schneller sie fliegt, und eine chemische Rakete kann für eine derart lange Reise einfach nicht genug Treibstoff mitführen. Aber selbst angenommen, sie könnte den nächsten Stern erreichen, würde die Reise rund 70 000 Jahre dauern.

Der größte Teil der Energie einer chemischen Rakete dient dazu, das eigene Gewicht ins All zu hieven, doch ein Nanoschiff erhält seinen Schub von äußeren, auf dem Erdboden platzierten Lasern, daher gibt es keine verschwendete Energie – 100 Prozent gehen in den Antrieb des Schiffs. Und da Nanoschiffe keine eigene Energie erzeugen müssen, haben sie auch keine beweglichen Teile. Das verringert das Risiko mechanischer Ausfälle beträchtlich. Zudem führen sie keine explosiven Chemikalien mit und können daher weder beim Start noch bei der Landung explodieren.

Dieses Lasersegel, das einen winzigen Chip als Nutzlast trägt, kann durch Laserstrahlen auf 20 Prozent der Lichtgeschwindigkeit beschleunigt werden.

Die Computertechnik ist so weit fortgeschritten, dass wir ein ganzes wissenschaftliches Labor auf einen Chip packen können. Nanoschiffe würden zu einer detaillierten Analyse ferner Planeten Kameras, Sensoren, Chemie-Kits und Solarzellen enthalten und deren Ergebnisse zurück zur Erde schicken. Da die Kosten von Computerchips dramatisch gefallen sind, könnten wir Tausende von ihnen zu den Sternen schicken, in der Hoffnung, dass einige die gefährliche Reise heil überstehen. (Die Strategie ahmt diejenige von Mutter Natur nach, bei der Pflanzen Tausende von winzigen Samen dem Wind anvertrauen, um die Wahrscheinlichkeit zu erhöhen, dass einige die Chancen zur Keimung erhalten.)

Ein Nanoschiff, das mit 20 Prozent der Lichtgeschwindigkeit am Centauri-System vorbeifliegt, hätte nur ein paar Stunden Zeit, um seine Mission auszuführen. In diesem Zeitfenster soll es erdähnliche Planeten lokalisieren, fotografieren und analysieren, um sich ein Bild von ihren Oberflächenmerkmalen, ihrer Temperatur und der Zusammensetzung ihrer Atmosphäre zu machen und dabei vor allem nach Wasser oder Sauerstoff Ausschau zu halten. Das Nanoschiff soll das Sternensystem auch nach Radiosignalen absuchen, die die Präsenz einer außerirdischen Intelligenz anzeigen könnten.

Mark Zuckerberg, Gründer von Facebook, hat Breakthrough Starshot öffentlich unterstützt, und der russische Investor und frühere Physiker Juri Milner hat persönlich 100 Millionen Dollar zugesagt. Nanoschiffe sind bereits heute viel mehr als nur eine Idee. Es gibt jedoch einige Hürden, die wir überwinden müssen, bevor sich das Projekt realisieren lässt.

Probleme mit Lasersegeln

Um eine Flotte von Nanoschiffen nach Centauri zu schicken, müsste eine Laserbatterie mindestens zwei Minuten lang ein Trommelfeuer von Strahlung mit einer Gesamtleistung von mindestens 100 Gigawatt auf die Segel der Schiffe abschießen. Der Lichtdruck dieser Laserstrahlen würde die Schiffe ins All katapultieren. Die Strahlen müssen jedoch äußerst sorgfältig ausgerichtet sein, um sicherzustellen, dass die Schiffe ihr Ziel erreichen. Das Hauptproblem, dem wir uns gegenübersehen, sind nicht die wissenschaftlichen Grundlagen, die bereits verfügbar sind, sondern die Finanzierung, obgleich schon jetzt mehrere renommierte Wissenschaftler und Unternehmer ihre Unterstützung zugesagt haben.

Jede Kernkraftanlage kostet mehrere Milliarden Dollar und kann nur ein Gigawatt (d.h. eine Million Watt) Leistung erzeugen. Das Einwerben staatlicher sowie privater Finanzmittel für ein genügend leistungsfähiges und präzises Lasersystem erweist sich als ernsthafte Hürde.

Bevor sie nach fernen Sternen greifen, könnten Wissenschaftler Nanoschiffe als Probelauf zu näher gelegenen Zielen innerhalb des Sonnensystems schicken. Die Schiffe würden nur fünf Sekunden brauchen, um den Mond zu erreichen, rund anderthalb Stunden bis zum Mars und ein paar Tage bis zum Pluto. Statt zehn Jahre auf eine Mission zu den äußeren Planeten zu warten, könnten uns Nanoschiffe innerhalb weniger Tage neue Informationen über diese Planeten besorgen; auf diese Weise könnten wir Entwicklungen im Sonnensystem fast in Echtzeit beobachten.

In einer anschließenden Phase des Projekts könnten wir eine Batterie von Laserkanonen auf dem Mond installieren.[1] Wenn ein Laserstrahl die Erdatmosphäre passiert, verliert er rund 60 Prozent seiner Energie. Eine Startanlage auf dem Mond würde dieses Problem beheben, und Solarmodule auf dem Mond könnten billige Energie zur Speisung der Laserbatterien im Überfluss liefern. Erinnern Sie sich, dass ein Mondtag rund 30 Erdentagen entspricht; daher ließe sich Sonnenenergie effizient sammeln und in Batterien speichern. Dieses System würde uns Milliarden Dollar sparen, denn im Gegensatz zur Kernenergie ist Sonnenenergie kostenlos.

Bis Anfang des 22. Jahrhunderts sollte die Technologie für selbstreplizierende Roboter perfektioniert worden sein, und wir könnten vielleicht sogar Maschinen mit der Aufgabe betrauen,

Solaranlagen und Laserbatterien auf dem Mond, dem Mars und jenseits davon zu bauen. Wir würden ein Ersteam von Automaten zum Einsatzort schicken, von denen einige das Regolith abbauen und andere eine Fabrik errichten würden. Eine weitere Gruppe von Robotern würde das Sortieren, Zerkleinern und Schmelzen der Rohstoffe in der Fabrik überwachen, um verschiedene Metalle voneinander zu trennen. Die gereinigten Metalle könnten dann zum Aufbau von Abschussrampen mit Laserantrieb und zur Herstellung weiterer selbstreplizierender Roboter dienen.

Schließlich würden wir über ein geschäftiges Netz an Relaisstationen im ganzen Sonnensystem verfügen, das sich vielleicht vom Mond bis zur Oort'schen Wolke erstreckt. Da die Kometen der Oort'schen Wolke etwa die halbe Distanz bis Alpha Centauri abdecken und weitgehend stationär sind, eignen sie sich möglicherweise ideal als Standorte für Laserbatterien, die Nanoschiffen auf ihrer Reise zu benachbarten Sternensystemen einen Extraschub verleihen könnten. Wenn ein Nanoschiff an einer dieser Relaisstationen vorbeifliegt, würden deren Laser automatisch feuern und dem Schiff auf seiner Reise zu den Sternen zusätzlich Schwung verleihen. Selbstreplizierende Roboter könnten diese fernen Außenposten bauen, indem sie als grundlegende Energiequelle Fusionsenergie statt Sonnenlicht verwenden.

Sonnensegel

Von Lasern angetriebene Nanoschiffe stellen nur einen Typ innerhalb einer viel größeren Klasse von Raumschiffen dar, die als «Sonnensegel» bezeichnet werden.[2] Genauso, wie Segelboote die Kraft des Windes nutzen, machen sich Sonnensegel-Raumschiffe den Lichtdruck von Sonne oder Lasern zunutze. Tatsächlich lassen sich viele der Gleichungen, die für Segelboote gelten, auch auf Sonnensegel-Raumschiffe im All anwenden.

Licht besteht aus Teilchen, die als Photonen bezeichnet werden, und wenn Photonen auf ein Objekt treffen, üben sie dort einen sehr geringen Druck aus. Da der Lichtdruck so klein ist, ahnten Wissenschaftler lange nichts von seiner Existenz. Es war Johannes Kepler, der diesen Effekt als Erster bemerkte, als er erkannte, dass Kometenschweife anders als erwartet stets fort von der Sonne weisen. Kepler schloss daraus ganz richtig, dass der Druck des Sonnenlichts diesen Schweif erzeugt, indem es Staub- und Eispartikel der Kometen von der Sonne fortbläst.

Der weitsichtige Jules Verne sah Sonnensegel-Raumschiffe in seinem Roman *Von der Erde zum Mond* voraus: «Es wird eines Tages Geschwindigkeiten geben, die weit größer sind als diese [der Planeten und des Geschosses], deren mechanischer Agent wahrscheinlich Licht oder Elektrizität sein wird ... wir werden damit eines Tages zum Mond, den Planeten und den Sternen reisen.»[3]

Ziolkowski entwickelte das Konzept der Sonnensegel seinerzeit weiter. Die Geschichte der Sonnensegel ist jedoch durchwachsen. Für die NASA haben sie keine Priorität. Sowohl der Start der Cosmos 1 der Planetary Society im Jahr 2005 als auch der Start der NanoSail D der NASA im Jahr 2008 schlugen fehl. Ihnen folgte NanoSail D2, das 2010 in eine erdnahe Umlaufbahn einschwenkte. Der einzige erfolgreiche Versuch, ein Sonnensegel-Raumschiff über den Erdorbit hinauszuschicken, gelang den Japanern 2010. Der IKAROS-Satellit besaß ein Sonnensegel, das 46 × 46 Fuß maß und von solarem Lichtdruck angetrieben wurde. IKAROS erreichte nach sechs Wochen die Venus und bewies damit, dass Sonnensegel-Raumschiffe praktikabel sind.

Trotz ihrer unsicheren Fortschritte wurde die Idee immer wieder aufgegriffen. Die Europäische Luft- und Raumfahrtbehörde (European Space Agency, ESA) erwägt, das Gossamer-Sonnensegel ins All zu schicken, dessen Aufgabe darin besteht, einen Teil des Raumschrotts, der um die Erde kreist, aus dem Orbit zu entfernen.

Kürzlich habe ich Geoffrey Landis interviewt, einen am MIT ausgebildeten NASA-Wissenschaftler, der sowohl am Mars-Programm als auch an Sonnensegeln arbeitet. Er und seine Frau Mary Turzillo sind preisgekrönte Science-Fiction-Autoren. Ich fragte ihn, wie er es schaffe, eine Brücke zwischen zwei so unterschiedlichen Welten zu schlagen – eine Welt voller penibler Wissenschaftler mit ihren komplizierten Gleichungen, die andere voller Weltraum-Groupies und UFO-Gläubiger. Er antwortete, Science-Fiction sei wundervoll, weil sie ihm erlaube, über die ferne Zukunft zu spekulieren. Die Physik halte ihn hingegen fest am Boden verwurzelt.

Landis hat sich auf Sonnensegel spezialisiert. Er hat ein Raumschiff für die Reise nach Alpha Centauri vorgeschlagen, das aus einem Sonnensegel von mehreren hundert Kilometern Durchmesser besteht, hergestellt aus einer ultradünnen Schicht eines diamantartigen Materials. Das Schiff wäre gigantisch, würde eine Million Tonnen wiegen und für seinen Bau und Betrieb Ressourcen aus dem ganzen Sonnensystem benötigen, einschließlich Laserbatterien in der Nähe des Merkur. Um an seinem Zielort abbremsen zu können, würde das Schiff einen großen «Magnetfallschirm» enthalten, dessen Feld von einer Drahtschleife mit einem Durchmesser von 100 Kilometern erzeugt wird. Wasserstoffatome aus dem All passieren die Schleife und erzeugen Reibung, erklärt Landis, die das Sonnensegel im Verlauf mehrerer Jahrzehnte abbremsen würde. Eine Reise nach Alpha Centauri und zurück würde rund 200 Jahre in Anspruch nehmen, daher müsste die Crew mehrere Generationen umfassen. Auch wenn dieses Raumschiff physikalisch realisierbar ist, würde es teuer, und Landis gibt zu, dass es 50 bis 100 Jahre dauern könnte, um alle Teile zusammenzustellen und zu testen. In der Zwischenzeit arbeitet er mit daran, das Breakthrough-Starshot-Lasersegel zu bauen.

Ionenantriebe

Neben Laserantrieb und Sonnensegeln gibt es eine Reihe anderer Möglichkeiten, ein Raumschiff mit Energie zu versorgen. Um sie zu vergleichen, ist es nützlich, ein Konzept, den «spezifischen Impuls», einzuführen; darunter versteht man die Schubkraft der Rakete, dividiert durch ihr Gewicht auf der Erde und multipliziert mit der Zeitspanne, in der die Rakete feuert. (Der so genannte spezifische Impuls wird in Sekunden gemessen.) Je länger das Raketentriebwerk aktiv ist, desto größer ist der spezifische Impuls, aus dem sich die Endgeschwindigkeit errechnen lässt.

Hier ist eine einfache Tabelle, die den spezifischen Impuls verschiedener Raketentypen miteinander vergleicht. Einige Konstruktionen – wie Laserrakete, Sonnensegel und Staustrahltriebwerke mit Fusionsantrieb –, die technisch einen spezifischen Impuls von unendlich haben, da ihr Antrieb ununterbrochen feuern kann, sind nicht aufgeführt.

Raketenantrieb	**Spezifischer Impuls (s)**
Feststoffraketentriebwerk	250
Flüssigkeitsraketentriebwerk	450
Atomtriebwerk	800 bis 1000
Ionentriebwerk	5000
Plasma-Antrieb	1000 bis 30 000
Kernfusionstriebwerk	2500 bis 200 000
Nuklearer Pulsantrieb	10 000 bis 1 Million
Antimaterieantrieb	1 Million bis 10 Millionen

Beachten Sie, dass chemische Raketentriebwerke, die nur ein paar Minuten brennen, den geringsten spezifischen Impuls haben. Als Nächstes auf der Liste folgen die Ionentriebwerke, die sich für Missionen zu nahe gelegenen Planeten eignen könnten. Ionentriebwerke funktionieren nach folgendem Prinzip: Man nimmt ein Gas wie Xenon, löst die Elektronen aus den Gasatomen, sodass die Atome zu geladenen Teilchen – Ionen – werden, und beschleunigt diese Ionen dann in einem elektrischen Feld. Die Schubkraft von Ionenantrieben ist so außerordentlich klein – häufig in Unzen gemessen –, dass es im Labor oft aussieht, als passiere gar nichts, wenn man einen von ihnen anstellt. Aber einmal im All, können Ionentriebwerke Geschwindigkeiten erreichen, die diejenigen von chemischen Raketentriebwerken übertreffen. Ionentriebwerke sind mit einer Schildkröte beim Wettlauf mit einem Hasen verglichen worden, der in diesem Fall die chemische Rakete symbolisiert. Auch wenn der Hase sehr spurtstark ist, dauert es nur wenige Minuten, bis er erschöpft ist. Die Schildkröte hingegen ist zwar viel langsamer, kann aber tagelang durchhalten und geht daher aus Langstreckenrennen als Sieger hervor. Ionenraketen können jahrelang durchgängig beschleunigen und weisen daher einen deutlich größeren spezifischen Impuls auf als chemische Raketen.

Um die Leistung eines Ionentriebwerks zu erhöhen, könnte man das Gas mit Hilfe von Mikrowellen oder Radiowellen ionisieren und dann Magnetfelder benutzen, um die Ionen zu beschleunigen. Das wird als Plasmaantrieb bezeichnet, und dessen Befürwortern zufolge könnte ein solcher Antrieb die Reisezeit zum Mars theoretisch von neun Monaten auf weniger als 40 Tage verkürzen, doch die Technik befindet sich noch im Entwicklungsstadium. (Ein begrenzender Faktor für Plasmaantriebe ist die große Menge an Elektrizität, die zur Herstellung des Plasmas nötig ist und sogar ein Atomkraftwerk für interplanetare Missionen erfordern könnte.)

Die NASA studiert und baut Ionentriebwerke seit Jahren. Beispielsweise verfügt das Raumschiff Deep Space Transport, das Astronauten in den 2030er Jahren auf den Mars bringen könnte, über einen Ionenantrieb. Gegen Ende des Jahrhunderts werden Ionentriebwerke höchstwahrscheinlich das Rückgrat interplanetarer Raummissionen bilden. Auch wenn chemische Raketenantriebe für Kurzzeitflüge die beste Wahl sein mögen, wären Ionenantriebe eine gute Wahl, sobald die Reisezeiten lang werden.

Die in der Tabelle mit den spezifischen Impulsen jenseits des Ionenantriebs aufgeführten Antriebssysteme sind spekulativer, und wir wollen sie auf den folgenden Seiten diskutieren.

100 Year Starship

Im Jahr 2011 finanzierten DARPA und NASA gemeinsam ein Symposium, das den Titel 100 Year Starship (100YSS) trug und viel Interesse erregte. Ziel der Veranstaltung war es nicht, ein echtes Raumschiff innerhalb von einhundert Jahren zu bauen, sondern Spitzenforscher zusammenzubringen, die einen realisierbaren Plan für interstellare Reisen im Lauf des nächsten Jahrhunderts erstellen konnten. Das Projekt wurde von den Mitgliedern einer informellen Gruppe älterer Physiker und Ingenieure organisiert, viele heute in ihren Siebzigern, die ihr gemeinsames Wissen zu nutzen suchen, um uns zu den Sternen zu bringen. Voller Leidenschaft haben sie die Fackel jahrzehntelang am Brennen gehalten.

Landis ist Mitglied dieser Vereinigung. Doch unter ihnen befindet sich auch ein ungewöhnliches Paar, James und Gregory Benford, Zwillinge und beide Physiker wie auch Science-Fiction-Autoren. James erzählte mir, seine Begeisterung für Raumschiffe sei während seiner Kindheit geweckt worden, als er alles an Science-Fiction-Literatur verschlang, dessen er habhaft werden konnte, vor allen Robert Heinleins alte Raumkadetten-Reihe. Wenn es ihm und seinem Bruder ernst war mit dem Weltall, so begriff er, müssten sie Physik lernen. Eine Menge Physik. Daher machten sich beide daran, in Physik zu promovieren. James ist heute Präsident von Microwave Sciences und arbeitet seit Jahren an Hochenergie-Mikrowellen. Gregory ist emeritierter Physikprofessor an der University of California, Irvine, und in seinem anderen Leben gewann er den renommierten Nebula Award für einen seiner Romane.

Im Gefolge des 100YSS-Symposiums verfassten James und Greg ein Buch *Starship Century: Towards the Grandest Horizon*, das viele der dort präsentierten Ideen enthielt. James, ein Experte für Mikrowellenstrahlung, ist überzeugt, dass Sonnensegel unsere beste Chance für Reisen über die Grenzen des Sonnensystems hinaus sind. Es gibt jedoch eine Menge unterschiedlicher theoretischer Entwürfe, so James, die zwar außerordentlich teuer wären, aber auf solider Physik basieren und eines Tages vielleicht tatsächlich realisiert werden könnten.

Raketen mit Atomantrieb

Diese Geschichte reicht zurück in die 1950er Jahre, eine Ära, in der sich die meisten Menschen vor einem Atomkrieg fürchteten, während ein paar Wissenschaftler über friedliche Anwendungen der Kernkraft nachdachten. Sie zogen alle möglichen Ideen in Betracht, darunter auch den Einsatz von Kernwaffen, um Erde für Hafenanlagen auszuheben.

Die meisten dieser Vorschläge wurden aus Angst vor dem Fallout und den Zerstörungen einer Nuklearexplosion abgelehnt. *Ein* interessanter Vorschlag, der auf dem Tisch blieb, war das Projekt Orion, in dem es darum ging, Atombomben als Energiequelle für Raumschiffe einzusetzen.

Die Grundidee des Plans war einfach: Man stelle atomare Minibomben her und stoße sie eine nach der anderen aus dem Heck eines Raumschiffs aus. Jedes Mal, wenn eine solche Minibombe explodiert, erzeugt sie eine Schockwelle an Energie, die das Raumschiff vorantreibt. Wenn nacheinander eine Reihe von Mini-Atombomben gezündet würden, ließe sich die Rakete prinzipiell auf nahezu Lichtgeschwindigkeit beschleunigen.

Die Idee wurde von dem Kernphysiker Ted Taylor in Zusammenarbeit mit Freeman Dyson entwickelt.[4] Taylor war berühmt für seine Entwürfe einer breiten Palette von Kernwaffen, von der größten jemals detonierten Atombombe (mit der 25-fachen Sprengkraft der Hiroshima-Bombe) bis zu der taktischen Kernwaffe Davy Crockett (mit einer 1000 Mal kleineren Sprengkraft als die der Hiroshima-Bombe). Er wünschte sich jedoch, sein Wissen über Kernexplosionen friedlicheren Zwecken zuzuführen. Daher ergriff er sofort die Gelegenheit, das Orion-Raumschiff mit zu entwerfen.

Die wichtigste Herausforderung bestand darin, herauszufinden, wie sich die Folge kleiner Detonationen präzise kontrollieren ließ, sodass das Raumschiff sicher auf der nuklearen Detonationswelle reiten kann, ohne zerstört zu werden. Verschiedene Entwürfe für unterschiedlich schnelle Schiffe wurden entwickelt. Das größte Raumschiffmodell hätte einen Durchmesser von 400 Metern, würde acht Millionen Tonnen wiegen und von 1080 Bomben angetrieben werden. Auf dem Papier könnte es 10 Prozent der Lichtgeschwindigkeit erreichen und Centauri in 40 Jahren erreichen. Trotz der ungeheuren Größe des Schiffes zeigen Berechnungen, dass dieses Unterfangen gelingen könnte.

Kritiker wenden jedoch ein, dass Raumschiffe mit nuklearem Pulstriebwerk radioaktiven Niederschlag produzieren würden. Taylor hielt ihnen entgegen, dass Fallout nicht entsteht, wenn das Raumschiff seinen Antrieb nur im All aktiviert. Das Atomteststoppabkommen von 1963 erschwert allerdings auch das Experimentieren mit Mini-Atombomben. Das Orion-Raumschiff verschwand schließlich und taucht nur noch als Kuriosität in alten Sachbüchern auf.

Rückschläge bei atomgetriebenen Raketen

Ein weiterer Grund, warum das Projekt ein Ende fand, war, dass Ted Taylor selbst das Interesse verlor. Ich fragte ihn einmal, warum er dem Projekt seine Unterstützung entzogen habe, wo es doch wie eine natürliche Nutzung seiner Talente erschien. Er erklärte mir, dass die Schaffung des Orion-Raumschiffes die Entwicklung eines neuen Atombombentyps verlangt. Auch wenn er den größten Teil seines Lebens damit verbracht hatte, Uranbomben zu entwerfen, erkannte er, dass das Orion-Raumschiff eines Tages auch leistungsfähige, speziell entworfene Wasserstoffbomben verwenden könnte.

Diese Bomben, welche die größte Menge an Energie freisetzen, haben drei Entwicklungsstufen durchlaufen. Die ersten H-Bomben in den 1950er Jahren waren Ungetüme, für deren Transport große Schiffe nötig waren. In einem Atomkrieg wären sie praktisch nutzlos gewesen. Die zweite Generation der H-Bomben sind kleine, tragbare MIRVs (*Multiple Independently targetable Reentry Vehicle,* deutsch Mehrfachgefechtskopf oder Kassettensprengkopf), die das Rückgrat des amerikanischen und des russischen Atomwaffenarsenals bilden. Zehn von ihnen lassen sich in der Nase einer Interkontinentalrakete unterbringen.

Die Kernwaffen der dritten Generation, die manchmal als «Designer-Kernwaffen» bezeichnet werden, sind momentan noch nicht mehr als ein Konzept. Sie lassen sich leicht verbergen und für spezielle Schlachtfelder maßschneidern – beispielsweise für die Wüste, den Wald, die Arktis oder das All. Taylor erklärte mir, er sei inzwischen ernüchtert, was das Projekt angehe, und befürchte, Terroristen könnten diese Waffen in die Hände bekommen. Für ihn wäre es ein Alptraum, wenn seine Bomben in die falschen Hände fielen und eine amerikanische Stadt zerstörten. Freimütig sprach er über die Ironie seiner Kehrtwende. Er hatte zu einem Gebiet beigetragen, in dem Wissenschaftler Stecknadeln, von denen jede eine Bombe repräsentierte, in eine Karte von Moskau steckten. Doch angesichts der Möglichkeit, dass Kernwaffen der dritten Generation Stecknadeln in amerikanische Städte stecken könnten, entschloss er sich plötzlich, sich gegen die Entwicklung fortgeschrittener Kernwaffen zu wenden.

James Benford erklärte mir, dass es Taylors nuklearer Pulsantrieb zwar niemals über das Reißbrettstadium hinaus geschafft habe, die Regierung habe aber tatsächlich eine Reihe von atomgetriebenen Raketen produziert. Statt die Explosion von Mini-Atombomben als Antrieb zu nutzen, verwenden diese Raketen jedoch einen altmodischen Uranreaktor, um die nötige Wärmeenergie zu produzieren. (Der Reaktor dient dazu, eine Flüssigkeit stark zu erhitzen, die dann aus einer Düse am Heck ausgestoßen wird, wodurch Vortrieb erzeugt wird.) Mehrere Versionen wurden gebaut und in der Wüste getestet. Die Reaktoren waren hoch radioaktiv, und in der Startphase bestand stets die Gefahr einer Kernschmelze, was zu einer Katastrophe geführt hätte. Aufgrund einer Menge technischer Probleme und der wachsenden Ablehnung der Kernkraft in der Öffentlichkeit wurden diese atomgetriebenen Raketen eingemottet.

Fusionsraketen

Der Plan, Raumschiffe mit Atombomben anzutreiben, wurde in den 1960er Jahren zu den Akten gelegt, aber hinter den Kulissen wartete eine andere Möglichkeit. Im Jahr 1978 rief die British Interplanetary Society das Projekt Daedalus ins Leben. Statt auf Kernspaltungsbomben setzte man bei Daedalus auf Mini-Wasserstoffbomben, die Taylor als Möglichkeit ansah, aber niemals entwickelte. (Die Mini-H-Bomben von Daedalus sind tatsächlich kleine Bomben der zweiten Generation, keine echten Bomben der dritten Generation, die Taylor so gefürchtet hatte.)

Es gibt mehrere Möglichkeiten, die Energie einer Kernfusion friedlich zu nutzen.[5] Bei einem Prozess, der als magnetischer Einschluss bezeichnet wird, wird Wasserstoffgas in einem sehr starken, reifenförmigen Magnetfeld eingeschlossen und dann auf einige Millionen Grad Celsius erhitzt. Wasserstoffatome kollidieren miteinander und verschmelzen zu Heliumkernen, wobei

Kernenergie frei wird. Der Fusionsreaktor kann zum Erhitzen von Flüssigkeit verwandt werden, die dann durch eine Düse ausgestoßen wird und dadurch die Rakete vorantreibt.

Der größte Fusionsreaktor, der mit magnetischem Einschluss arbeiten wird, ist der International Thermonuclear Experimental Reactor (ITER); er wird derzeit in Südfrankreich gebaut. Es ist eine monströse Maschine, zehn Mal größer als sein stärkster Konkurrent. Der Kern der Anlage wiegt 5100 Tonnen, ist rund 11 Meter hoch, mit einem Durchmesser von etwa 20 Metern, und hat bisher mehr als 14 Milliarden Dollar gekostet. Es wird erwartet, dass die Fusion bis 2035 gelingt und die Anlage schließlich 500 Megawatt Wärmeenergie produziert (im Vergleich zu 1000 Megawatt Elektrizität in einem mit Uran betriebenen Standard-Atomkraftwerk). Die Betreiber hoffen, dass ITER der erste Fusionsreaktor wird, der mehr Energie produziert, als er verbraucht. Trotz einer Reihe von Verzögerungen und Kostensteigerungen wetten die Physiker, mit denen ich gesprochen habe, dass der ITER-Reaktor Geschichte schreiben wird. Die Antwort werden wir in nicht allzu langer Zeit erhalten. Wie der Nobelpreisträger Pierre-Gilles de Gennes einst meinte: «Wir behaupten, die Sonne in eine Schachtel packen zu können. Nette Idee. Nur wissen wir leider nicht, wie man eine solche Schachtel macht.»

Eine andere Variante der Daedalus-Rakete könnte durch Laserfusion angetrieben werden, bei der starke Laserstrahlen ein Kügelchen eines wasserstoffreichen Materials zusammendrücken. Dieser Prozess wird als Trägheitseinschluss bezeichnet. Die National Ignition Facility (NIF), die im Livermore National Laboratory in Kalifornien ihren Sitz hat, hat eine Versuchsanlage für diesen Vorgang aufgebaut. Die Laserbatterie – 192 gigantische Strahler in rund 1,5 Kilometer langen Röhren – ist die größte weltweit. Wenn die Laserstrahlen auf eine kleine Probe von wasserstoffreichem Lithiumdeuterid gerichtet werden, verbrennt ihre Energie die Oberfläche des Materials. Die resultierende Mini-Explosion führt zu einem Kollaps des Kügelchens, der dessen Temperatur auf 100 Millionen Grad Celsius erhöht. Das löst eine Fusionsreaktion aus, die in wenigen Billionstel Sekunden 500 Billionen Watt an Leistung freisetzt.

Im Rahmen einer Discovery/Science Channel-Dokumentation, die ich moderierte, erlebte ich eine Demonstration der NIF. Besucher müssen zunächst eine Reihe von nationalen Sicherheitschecks durchlaufen, denn im Livermore Laboratory wird das Kernwaffenarsenal der Vereinigten Staaten entworfen. Als ich die Anlage erstmals betrat, war ich überwältigt. In der Hauptkammer, wo die Laserstrahlen zusammengeführt werden, hätte leicht ein fünfstöckiges Wohngebäude Platz gefunden.

Eine weitere Version des Daedalus-Projekts macht sich einen Prozess ähnlich der Laserfusion zunutze. Anstelle von Laserstrahlen dient eine große Batterie von Elektronenstrahlen dazu, das wasserstoffreiche Kügelchen aufzuheizen. Wenn 250 Kügelchen pro Sekunde zur Detonation gebracht werden, könnte vermutlich genügend Energie erzeugt werden, um ein Raumschiff auf einen Bruchteil der Lichtgeschwindigkeit zu beschleunigen. Dieser Entwurf würde jedoch eine Fusionsrakete von wirklich gigantischen Ausmaßen erfordern. *Eine* Version der Daedalus-Rakete würde 45 000 Tonnen wiegen und wäre rund 190 Meter lang. Sie könnte eine Maximalgeschwindigkeit von 12 Prozent der Lichtgeschwindigkeit erreichen. Und sie wäre so groß, dass sie im All konstruiert werden müsste.

Die Kernfusionsrakete ist von ihrem Konzept her solide, doch Energiegewinnung per Fusion ist bislang noch nicht demonstriert worden.[6] Zudem lässt die schiere Größe und Komplexität dieser geplanten Raketen Zweifel an ihrer Realisierbarkeit aufkommen, zumindest in diesem Jahrhundert. Dennoch ist die Fusionsrakete neben dem Sonnensegel unsere vielversprechendste Option.

Größenvergleich zwischen der Saturn-5-Rakete und dem Daedalus-Raumschiff mit Fusionsantrieb. Wegen seiner gigantischen Ausmaße müsste es wahrscheinlich im All zusammengesetzt werden.

Antimaterie-Raumschiff

Technologien der nächsten Generation (darunter Antimaterie-Motoren, Sonnensegel-Raumschiffe, Fusionstriebwerke und Nanoschiffe) könnten für die Konstruktion von Raumschiffen fantastische neue Horizonte eröffnen. Antimaterie-Triebwerke wie in *Star Trek* könnten Realität werden. Sie würden sich die stärkste Energiequelle im Universum zunutze machen, die direkte Umwandlung von Materie in Energie durch eine Kollision von Materie und Antimaterie.[7]

Antimaterie ist das Gegenteil von Materie, das heißt, sie trägt die entgegengesetzte Ladung. Ein Anti-Elektron ist positiv geladen, ein Anti-Proton hingegen negativ geladen. (Ich habe auf der High School versucht, Antimaterie zu untersuchen, indem ich eine Kapsel mit Natrium-22, das Anti-Elektronen emittiert, in einer Nebelkammer platzierte und die wunderbaren Spuren fotografierte, die die Antimaterie hinterließ. Dann konstruierte ich einen 2,3-Millionen-Elektronenvolt-Betatron-Teilchenbeschleuniger, in der Hoffnung, die Eigenschaften der Antimaterie zu analysieren.)

Wenn Materie und Antimaterie kollidieren, zerstrahlen beide in reine Energie. Daher setzt die Reaktion Energie mit einer Effizienz von 100 Prozent frei. Eine Kernwaffe weist im Gegensatz dazu nur einen Wirkungsgrad von 1 Prozent auf; der größte Teil der Energie in einer Wasserstoffbombe verpufft ungenutzt.

Eine Antimaterie-Rakete wäre vom Entwurf her einfach. Und so könnte es ablaufen: Die Antimaterie wird in sicheren Behältern aufbewahrt und als stetiger Strom in eine Kammer eingespeist. In der Kammer kommen explosive und normale Materie zusammen und führen zu einem Ausbruch von Gamma- und Röntgenstrahlen. Die Energie gelangt dann durch eine Öffnung in der Verbrennungskammer nach außen und verleiht der Rakete Schub.

Wie James Benford mir erklärte, sind Antimaterieraketen bei Science-Fiction-Fans sehr beliebt, doch bei ihrem Bau gibt es ernste Probleme. Denn Antimaterie kommt zwar in der Natur vor, aber nur in relativ geringen Mengen, daher müssten wir große Mengen Antimaterie künstlich erzeugen, um sie in Triebwerken einsetzen zu können. Das erste Anti-Wasserstoffatom, bei dem ein Anti-Elektron um ein Anti-Proton kreiste, wurde 1995 am Europäischen Kernforschungszentrum CERN bei Genf in der Schweiz nachgewiesen. Ein Strahl gewöhnlicher Protonen wurde auf ein Ziel gewöhnlicher Materie geschossen. Diese Kollision erzeugte einige wenige Anti-Protonen. Starke Magnetfelder separierten die Protonen von den Antiprotonen, indem sie sie in unterschiedliche Richtungen zwangen – die einen wurden wegen ihrer ungewöhnlichen Ladung nach rechts, die anderen nach links abgelenkt. Anschließend wurden die Anti-Protonen abgebremst und in einer magnetischen Falle gespeichert, wo sie mit

Anti-Elektronen kombiniert wurden, um Anti-Wasserstoff zu bilden. 2016 nahmen die CERN-Physiker ein Anti-Wasserstoffatom und analysierten die Anti-Elektronenhüllen, die das Antiproton umkreisen. Wie erwartet, fanden sie eine exakte Übereinstimmung zwischen den Energieniveaus von Anti-Wasserstoff und gewöhnlichem Wasserstoff.

CERN-Wissenschaftler haben einmal erklärt: «Wenn wir alle bisher am CERN erzeugten Antiteilchen sammeln könnten und mit Materie annihilieren würden, könnte man damit eine Glühbirne für ein paar Minuten zum Leuchten bringen.» Für eine Rakete bräuchte man eine ganze Menge mehr. Zudem ist Antimaterie die teuerste Form von Materie, die es auf der ganzen Welt gibt. Momentan kostet ein Gramm rund 70 Billionen Dollar. Gegenwärtig lässt sich Antimaterie nur in sehr geringen Mengen in Teilchenbeschleunigern erzeugen, deren Bau und Unterhalt sehr kostspielig ist. Der Große Hadronen-Speicherring (Large Hadron Collider, LHC) am CERN ist der größte Teilchenbeschleuniger weltweit und kostete im Bau mehr als 3 Milliarden, doch er kann nur einen sehr dünnen Strahl Antimaterie produzieren.

Die riesigen Atomzertrümmerer unserer Tage sind allesamt Allzweckmaschinen, die nur der Grundlagenforschung dienen und, was ihre Antimaterieproduktion angeht, höchst ineffizient sind. Eine Teillösung könnte darin bestehen, Anlagen zu errichten, die speziell darauf ausgelegt sind, Antimaterie am laufenden Band zu erzeugen. In diesem Fall, so glaubt Harold Gerish von der NASA, könnten die Kosten für Antimaterie auf 5 Milliarden Dollar pro Gramm sinken.

Die Speicherung stellt ein weiteres schwieriges und kostspieliges Problem dar. Wenn man Antimaterie in eine Flasche füllt, würde sie früher oder später auf die Wände der Flasche treffen und den Behälter zerstören. Um sie sicher einzupferchen, bräuchte man magnetische Käfige, um Antimaterie-Atome in der Schwebe zu halten und zu verhindern, dass sie in Kontakt mit der Behälterwand kommen.

In der Welt der Science-Fiction werden Probleme wie Kosten und Speicherung manchmal durch Entdeckung eines *Deus ex machina* gelöst – zum Beispiel eines Anti-Asteroiden, der uns ermöglicht, Antimaterie billig abzubauen. Dieses hypothetische Szenario wirft jedoch eine schwierige Frage auf: Woher kommt Antimaterie überhaupt?

Wenn wir mit unseren Instrumenten ins Weltall schauen, sehen wir überall Materie, keine Antimaterie. Das wissen wir, weil die Kollision eines Elektrons mit einem Antielektron mindestens eine Energie von 1,02 Millionen Elektronenvolt freisetzt. Das ist der Fingerabdruck einer Antimaterie-Kollision. Doch wenn wir ins Weltall schauen, entdecken wir nur sehr wenig von diesem Strahlungstyp. Der größte Teil des Universums, das wir rundum sehen, besteht aus derselben gewöhnlichen Materie, aus der auch wir bestehen.

Im Moment des Urknalls (Big Bang), so glauben Physiker, befand sich das Universum in einem Zustand perfekter Symmetrie, und es gab gleiche Mengen Materie und Antimaterie. Wenn das der Fall war, wäre die Annihilation zwischen beiden perfekt und vollständig gewesen, und das Universum sollte aus reiner Strahlung bestehen. Aber hier sind wir, bestehend aus Materie, die es eigentlich gar nicht mehr geben sollte. Unsere Existenz trotzt der modernen Physik.

Wir haben noch nicht herausgefunden, warum es im Universum mehr Materie als Antimaterie gibt. Nur ein Zehnmilliardstel der ursprünglichen Materie im frühen Universum überstand diese Explosion, und wir sind ein Teil davon. Die allgemein am weitesten akzeptierte Theorie ist, dass irgendetwas beim Urknall die perfekte Symmetrie zwischen Materie und Antimaterie zerstört. Auf unternehmungslustige Individuen, die dieses Problem lösen, wartet ein Nobelpreis.

Antimaterie-Triebwerke stehen auf der Prioritätenliste eines jeden, der ein Raumschiff bauen möchte, ganz oben. Die Eigenschaften von Antimaterie sind jedoch bislang so gut wie unerforscht. Wir wissen zum Beispiel nicht, ob Antimaterie nach oben oder nach unten fällt. Die moderne Physik sagt voraus, dass sie wie gewöhnliche Materie nach unten fallen sollte. Wenn das so ist, wäre Antigravitation wahrscheinlich nicht realisierbar. Doch wie so vieles andere ist diese Frage bislang noch ungelöst. Aufgrund der Kosten und unseres begrenzten Wissens werden Antimaterie-Raketen wohl für das nächste Jahrhundert ein Traum bleiben, es sei denn, wir träfen zufällig auf einen durchs All treibenden Anti-Asteroiden.

Staustrahlraumschiffe mit Fusionsantrieb

Die Staustrahlrakete mit Fusionsantrieb ist ein weiteres faszinierendes Konzept.[8] Die Rakete würde an eine riesige Eiswaffel erinnern, die im interstellaren Raum Wasserstoffgas sammelt und dann in ihrem Fusionsreaktor konzentriert, um Energie zu erzeugen. Wie ein Düsenflugzeug oder ein Marschflugkörper würde die Staustrahlrakete recht kostengünstig sein. Da Jets gewöhnliche Luft «schlucken», müssen sie keinen eigenen Sauerstoffträger mitführen, was die Kosten reduziert. Da Wasserstoffgas als Treibstoff im All unbegrenzt zur Verfügung steht, könnte das Raumschiff ewig beschleunigen. Wie beim Sonnensegel-Raumschiff ist der spezifische Impuls des Triebwerks unendlich.

In dem berühmten Roman *Universum ohne Ende (Tau Zero)* von Poul Anderson geht es um eine Staustrahlrakete mit Fusionsantrieb, deren Bremssystem durch einen Unfall beschädigt wird, sodass Bremsen unmöglich wird. Während die Rakete immer weiter Richtung Lichtgeschwindigkeit beschleunigt, kommt es zu bizarren relativistischen Verzerrungen. Innerhalb der Rakete verlangsamt sich die Zeit, doch das Universum rundum altert normal weiter. Je schneller das Raumschiff wird, desto langsamer tickt die Uhr im Inneren. Den Menschen im Raumschiff erscheint

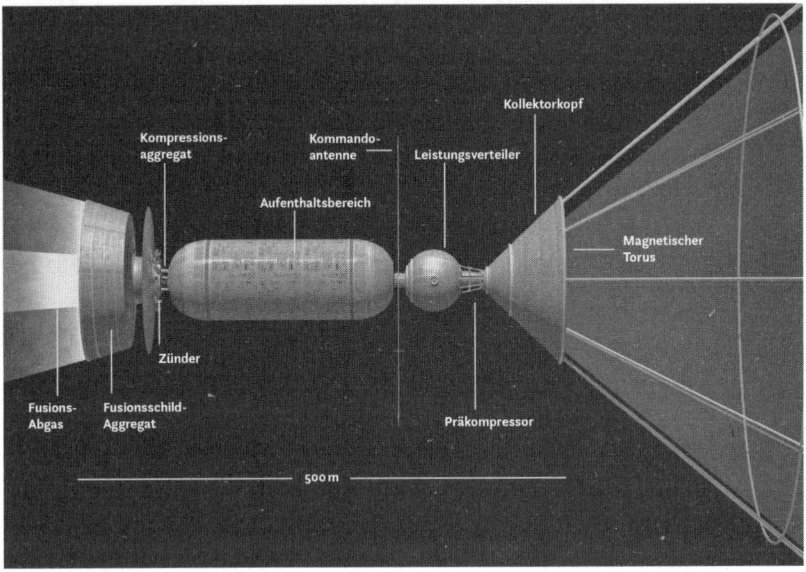

Dieses Bild zeigt eine Staustrahlrakete mit Fusionsantrieb, die Wasserstoff aus dem interstellaren Raum aufsammelt und in einem Fusionsreaktor verbrennt.

jedoch alles völlig normal, während das Universum draußen rasch altert. Schließlich wird das Schiff so schnell, dass draußen Millionen Jahre wie im Flug vergehen, während die Crewmitglieder hilflos zusehen. Nachdem sie unzählige Milliarden Jahre in die Zukunft gereist sind, erkennen sie, dass sich das Universum nicht länger ausdehnt, sondern zusammenzieht. Die Expansion des Universums kehrt sich schließlich um. Die Temperaturen steigen rasant, während sich das Universum auf den Big Crunch zubewegt. Am Ende der Geschichte, gerade als alle Sterne kollabieren, gelingt es dem Schiff, an dem kosmischen Feuerball vorbeizuschrammen und einen Big Bang, einen Urknall, zu erleben, aus dem ein anderes Universum geboren wird. So fantastisch die Geschichte auch sein mag, ihre Grundlagen basieren auf Einsteins Relativitätstheorie.

Von apokalyptischen Geschichten einmal abgesehen, hört sich die Staustrahlrakete mit Fusionsantrieb zunächst fast zu gut an, um wahr zu sein. Doch im Lauf der Jahre haben einige Kritikpunkte die Begeisterung ein wenig gedämpft. Die Eiswaffel müsste möglicherweise einen Durchmesser von vielen Hundert Kilometern haben, was zum einen unpraktisch groß und zum anderen viel zu teuer wäre. Zudem ist die Fusionsrate unter Umständen nicht ausreichend, um genug Energie für den Antrieb eines Raumschiffs zu produzieren. Dr. James Benford erklärte mir zudem, dass unser Sektor des Sonnensystems nicht genug Wasserstoff enthält, um die Triebwerke zu speisen, auch wenn es in anderen Bereichen der Galaxie vielleicht genug Wasserstoff gibt. Andere wenden ein, dass der Widerstand, den ein Raumschiff mit Fusionsantrieb hervorruft, während es sich durch den Sonnenwind bewegt, den Schub übersteigen könnte, den der Antrieb produziert, sodass das Schiff niemals relativistische Geschwindigkeiten erreicht. Physiker haben versucht, den Entwurf zu modifizieren, um diesen Einwänden Rechnung zu tragen, aber bevor Staustrahlraketen mit Fusionsantrieb eine realistische Option werden, liegt noch ein weiter Weg vor uns.

Probleme mit Raumschiffen

Es sollte betont werden, dass sich alle bisher diskutierten Raumschifftypen noch weiteren Problemen gegenübersehen, die das Reisen mit annähernder Lichtgeschwindigkeit mit sich bringen. Kollisionen mit Asteroiden stellen eines der größten Risiken dar, und selbst kleine Asteroiden könnten die Hülle des Schiffs durchlöchern. Wie bereits erwähnt, finden sich auf der Hülle des Space Shuttle kleine Dellen und Narben von kosmischen Trümmern, die das Shuttle wahrscheinlich mit etwa seiner Umlaufgeschwindigkeit (290 000 Kilometer pro Stunde) trafen. In der Nähe der Lichtgeschwindigkeit finden Kollisionen jedoch bei einem Vielfachen dieser Geschwindigkeit statt und können ein Raumschiff potenziell pulverisieren.

In Filmen wird dieses Risiko durch starke Kraftfelder eliminiert, die das Schiff komfortablerweise gegen all diese Mikrometeoriten abschirmen – aber diese Felder existieren bislang leider nur in der Fantasie von Science-Fiction-Autoren. In der Realität kann man natürlich elektrische und magnetische Kraftfelder erzeugen, doch selbst Haushaltsgegenstände, die keine elektrische Ladung tragen, weil sie beispielsweise aus Kunststoff, Holz oder Gips sind, könnten diese Felder leicht durchdringen. Im All lassen sich Mikrometeoriten von elektrischen oder magnetischen Feldern nicht ablenken, weil sie ungeladen sind. Und Gravitationsfelder wirken anziehend und sind zudem außerordentlich schwach, daher sind sie für die abschirmenden Felder, die wir bräuchten, nicht geeignet.

Bremsen stellt eine weitere Herausforderung dar. Wenn man mit annähernd Lichtgeschwindigkeit durchs All jagt, wie verlangsamt man dann seine Fahrt, wenn man sich dem Ziel nähert? Sonnensegel- und Lasersegelschiffe sind von der Energie der Sonne oder von Laserbatterien abhängig, die nicht dazu verwendet werden können, das Raumschiff zu bremsen. Daher werden sie wahrscheinlich hauptsächlich bei Vorbeiflügen zum Zuge kommen.

Die beste Weise, atomgetriebene Raketen zu bremsen, besteht vielleicht darin, einen Kehrtwende um 180° zu vollziehen, sodass der Schub in die entgegengesetzte Richtung wirkt. Allerdings würde diese Strategie grob die Hälfte des Schubs verbrauchen, um die Rakete auf Zielgeschwindigkeit zu bringen, und die andere Hälfte, um sie wieder abzubremsen. Bei Sonnensegel-Raumschiffen ließe sich das Segel vielleicht umdrehen, sodass Sternenlicht vom Zielort zum Bremsen genutzt werden kann.

Ein weiteres Problem ist, dass die meisten Raumschiffe, die Astronauten beherbergen können, klobig sind und im All zusammengebaut werden müssten. Eine Vielzahl von Raummissionen wäre nötig, um die Baumaterialien in den Orbit zu schaffen, und noch mehr, um die Teile zusammenzusetzen. Um untragbare Kosten zu vermeiden, muss eine ökonomischere Methode gefunden werden, Weltraummissionen auf den Weg zu bringen. Da könnte der Weltraumlift ins Spiel kommen.

Lifte in den Weltraum

Weltraumlifte sind eine Anwendung der Nanotechnologie, die die Spielregeln grundlegend verändern könnte.[9] Ein Weltraumlift ist ein langes Kabel, das von der Erde bis ins All reicht. Man würde sich in die Aufzugsgondel setzen, einen Knopf drücken und dann rasch in den Orbit hinaufbefördern lassen, ohne den zermalmenden Beschleunigungskräften ausgesetzt zu sein, die beim Start einer Rakete auftreten. Stattdessen würde der Aufstieg ins All so sanft verlaufen, als nehme man einen Aufzug zur Spitze eines Hochhauses. Wie Jack und die Bohnenstange würde der Weltraumlift scheinbar der Schwerkraft trotzen und einen mühelosen Aufstieg in den Himmel bieten.

Die Möglichkeit, einen Weltraumlift zu bauen, wurde bereits von dem russischen Physiker Konstantin Ziolkowski analysiert, den der Bau des Eiffelturms in den 1880er Jahren inspirierte. Wenn Ingenieure etwas derart Großartiges bauen konnten, fragte er sich, warum nicht noch weiter gehen und einen Turm bauen, der bis ins All reicht? Anhand einfacher physikalischer Überlegungen konnte er zeigen, dass der Turm, wäre er nur hoch genug, von der Zentrifugalkraft aufrecht gehalten würde, ohne dass äußere Kräfte nötig wären. Genauso wie ein Ball, der an einer Schnur kreist, nicht zu Boden fällt, würde ein Weltraumlift durch die Zentrifugalkraft der sich drehenden Erde am Zusammenstürzen gehindert werden.

Die Vorstellung, dass Raketen vielleicht nicht die einzige Möglichkeit waren, ins All zu gelangen, war radikal und aufregend.

Aber sofort ergab sich ein Problem. Die Zugspannung, die auf die Kabel des Weltraumlifts wirkt, könnte 100 Gigapascal erreichen; Stahl hält nur 2 Gigapascal Spannung aus, daher würden Stahlseile reißen, und der Weltraumlift würde abstürzen.

Das Konzept eines Weltraumlifts wurde schon vor fast 100 Jahren entwickelt. Solche Strukturen wurden beiläufig von Arthur C. Clarke erwähnt, der sie in seinem Roman *Fahrstuhl zu den Sternen (The Fountains of Paradise)* beschreibt. Als er gefragt wurde, wann ein Weltraumlift Wirklichkeit werden könnte, antwortete er jedoch lapidar: «Etwa 50 Jahre, nachdem die Leute aufgehört haben zu lachen.»[10]

Aber heute lacht niemand mehr. Plötzlich scheinen Weltraumlifte gar nicht mehr so weit hergeholt. Im Jahr 1999 schätzte eine vorläufige NASA-Studie, dass ein Lift mit einem Seil von rund 1 Meter Durchmesser und knapp 50 000 Kilometer Länge 15 Tonnen Nutzlast tragen kann. Im Jahr 2013 gab die International Academy of Astronautics einen 350 Seiten starken Bericht heraus; darin kamen die Autoren nach ausführlichen Berechungen zu dem Schluss, ein Weltraumlift, der einige 20-Tonnen-Nutzlasten transportieren kann, sei bei ausreichender Finanzierung und Forschung bis 2035 möglich. Preisschätzungen liegen gewöhnlich zwischen 10 und 50 Milliarden Dollar – ein Bruchteil der 150 Milliarden Dollar, die in die Internationale Raumstation gingen. Inzwischen könnten Weltraumlifte die Kosten für den Transport von Nutzlasten ins All um einen Faktor 20 senken.

Das Problem liegt nicht länger im Bereich der Grundlagenphysik, sondern in der Ingenieurstechnik. Nun wird ernsthaft berechnet, ob sich Liftkabel, die bis ins All reichen, aus reinen Kohlenstoff-Nanoröhren herstellen lassen, die so stark sind, dass sie nicht reißen würden. Aber können wir ausreichende Mengen solcher Nanoröhren herstellen, um Kabel viele tausend Kilometer weit in den Raum zu schicken? Gegenwärtig lautet die Antwort «nein». Reine Kohlenstoff-Nanoröhren, die länger als etwa ein Zentimeter sind, sind extrem schwierig herzustellen. Vielleicht haben Sie gehört, dass es gelungen ist, Nanoröhren von mehreren Fuß Länge zu produzieren, aber dabei handelt es sich um Verbundmaterialien. Sie bestehen aus winzigen Fäden reiner Kohlenstoff-Nanoröhren, die zu einer Faser zusammengepresst wurden, wodurch die wunderbaren Eigenschaften reiner Kohlenstoff-Nanoröhren leider verloren gehen.

Um das Interesse an Projekten wie dem Weltraumlift anzufachen, sponsert die NASA das Centennial Challenge-Programm; es vergibt Preise an Amateure, die fortgeschrittene Technologien für das Raumfahrtprogramm entwickeln. Einmal wurde ein Wettbewerb ausgelobt, bei dem die Teilnehmer aufgefordert waren, Komponenten für den Prototyp eines Mini-Weltraumlifts einzureichen. Ich nahm als Moderator eines TV-Specials daran teil und verfolgte die Bemühungen einer Gruppe junger Ingenieure, die überzeugt waren, dass Weltraumlifte dem Durchschnittsbürger den Himmel öffnen würden. Und ich sah zu, wie sie eine kleine Kapsel mit Hilfe von Laserstrahlen ein langes Kabel hinaufschickten. Unser TV-Special versuchte, den Enthusiasmus dieser neuen Klasse von Unternehmer-Ingenieuren einzufangen, die nur darauf warteten, die Zukunft zu gestalten.

Weltraumlifte würden unseren Zugriff auf den Weltraum revolutionieren; statt das exklusive Territorium von Astronauten und Militärpiloten zu bleiben, würde er zu einem Spielplatz für Kinder und Familien werden. Diese Lifte würden einen effizienten neuen Ansatz für Reisen und Industrie im All bieten und könnten den extraterrestrischen Zusammenbau komplexer Maschinen ermöglichen, darunter auch Raumschiffe, die sich fast so schnell wie das Licht bewegen.

Angesichts der enormen ingenieurstechnischen Probleme, denen wir gegenüberstehen, ist jedoch anzunehmen, dass ein Weltraumlift nicht vor Ende des Jahrhunderts realisiert werden kann.

In Anbetracht der ruhelosen Neugier und des Ehrgeizes unserer Spezies werden wir aber natürlich eines Tages über Fusions-

und Antimaterie-Raketen hinausgehen und uns der größten aller Herausforderungen stellen. Es besteht die Möglichkeit, dass wir irgendwann in der Zukunft die ultimative Geschwindigkeitsgrenze im Universum durchbrechen werden: die Lichtgeschwindigkeit.

Der Warp-Antrieb

Eines Tages las ein Junge ein Sachbuch und veränderte die Weltgeschichte. Es war im Jahr 1895, und die Städte wurden nach und nach mit Elektrizität ausgestattet. Um dieses neue Phänomen zu verstehen, vertiefte sich der Junge in die *Naturwissenschaftlichen Volksbücher* von Aaron Bernstein.[11] Darin forderte der Autor seine Leser auf, sich vorzustellen, auf einem Strom von Elektronen durch einen Telegrafendraht zu reisen. Der Junge fragte sich dann, wie es wohl wäre, wenn man den Elektronenstrom durch einen Lichtstrahl ersetzte. Kann man das Licht überholen? Da Licht eine Welle ist, überlegte er, müsste der Lichtstrahl aussehen, als würde er stillstehen, eingefroren in der Zeit. Aber selbst mit seinen 16 Jahren begriff er, dass noch niemand eine stehende Lichtwelle gesehen hatte. Er verbrachte die nächsten Jahre damit, über diese Frage nachzudenken.

Schließlich, im Jahr 1905, fand er die Antwort. Sein Name war Albert Einstein, und er entwickelte die Spezielle Relativitätstheorie. Er entdeckte, dass es unmöglich ist, einen Lichtstrahl zu überholen, denn die Lichtgeschwindigkeit ist die ultimative Geschwindigkeit im Universum. Wenn man sich ihr nähert, geschehen seltsame Dinge. Die Rakete wird schwerer, und in ihrem Inneren verlangsamt sich der Ablauf der Zeit. Sollte es gelingen, die Lichtgeschwindigkeit zu erreichen, wäre man unendlich schwer, und die Zeit würde anhalten. Beide Bedingungen sind unmöglich, was bedeutet, dass man die Lichtschranke nicht durchbrechen kann. Einstein legte die ultimative Geschwindigkeitsbegrenzung im Universum fest. Seitdem hat diese Barriere Generationen von Raketenwissenschaftlern zur Verzweiflung getrieben.

Aber Einstein war noch nicht zufrieden. Seine Relativitätstheorie konnte viele der Rätsel des Lichts erklären, aber er wollte die Theorie auch auf die Gravitation ausdehnen. Im Jahr 1915 legte er eine erstaunliche Erklärung vor. Er postulierte, dass Raum und Zeit, die einst als inaktiv und statisch galten, tatsächlich dynamisch sind, wie zunächst glatte Bettlaken, die gestreckt, gezerrt oder anderweitig verformt werden können. Seiner Hypothese zufolge kreist die Erde nicht um die Sonne, weil sie von deren Schwerkraft angezogen wird, sondern weil die Sonne den Raum um sich herum krümmt (englisch *to warp*). Das Gewebe der Raumzeit übt auf die Erde Druck aus, der bewirkt, dass diese sich auf einer kreisförmigen Bahn um die Sonne bewegt. Einfach gesagt, ist es nicht die Schwerkraft, die zieht, sondern der Raum, der drückt.

William Shakespeare meinte einst, die ganze Welt sei eine Bühne und wir seien Schauspieler, die ihren Auftritt und ihren Abgang machen. Stellen Sie sich die Raumzeit als Bühne vor. Einst hielt man sie für statisch, flach und absolut, mit darüber verteilten Uhren, die überall mit derselben Geschwindigkeit tickten. Im Einstein'schen Universum kann die Bühne jedoch gekrümmt sein. Uhren gehen unterschiedlich schnell. Schauspieler können sich nicht über die Bühne bewegen, ohne hinzufallen. Vielleicht behaupten sie, eine unsichtbare «Kraft» zöge sie in verschiedene Richtungen, während in Wirklichkeit die gekrümmte Bühne sie stößt.

Darüber hinaus erkannte Einstein, dass es in seiner Allgemeinen Relativitätstheorie ein Schlupfloch gab. Je massereicher ein Stern ist, desto stärker krümmt er die Raumzeit um sich herum. Wenn er massereich genug ist, wird er zu einem Schwarzen Loch. Das Gewebe der Raumzeit könnte tatsächlich zerreißen und ein Wurmloch schaffen, eine Art Tor oder Abkürzung durch den Raum. Dieses Konzept, das von Einstein und seinem Studenten

Nathan Rosen 1935 vorgestellt wurde, wird heute als Einstein-Rosen-Brücke bezeichnet.

Wurmlöcher

Das einfachste Beispiel für eine Einstein-Rosen-Brücke ist der Spiegel aus *Alice hinter den Spiegeln.* Auf der einen Seite des Spiegels liegen die Wiesen und Felder des ländlichen Oxford, auf der anderen Seite das fantastische Wunderland, in das Alice gerät, als sie ihren Finger durch das Spiegelglas steckt.

Wurmlöcher sind beliebte Vorrichtungen in Science-Fiction-Filmen. Han Solo schickt seinen *Millenium Falcon* durch den Hyperraum, indem er ihn durch ein Wurmloch steuert. Der Kühlschrank, den Sigourney Weavers Figur in *Ghostbusters* öffnet, ist ein Wurmloch, durch das sie in ein ganzes Universum schaut. In C.S. Lewis' Kinderbuch *Der König von Narnia (The Lion, the Witch and the Wardrobe)* ist der Wandschrank ein Wurmloch, das das ländliche England mit Narnia verbindet.

Wurmlöcher wurden entdeckt, als man die Mathematik von Schwarzen Löchern analysierte, kollabierten Riesensternen, deren Schwerkraft so groß ist, dass selbst das Licht nicht entkommen kann. In der Vergangenheit hielt man Schwarze Löcher für statisch und meinte, sie besäßen ein Zentrum mit unendlich großer Schwerkraft, das als Singularität bezeichnet wird. Doch sämtliche Schwarzen Löcher, die man bisher im All gefunden hat, drehen sich recht schnell um sich selbst. Im Jahr 1963 entdeckte der Physiker Roy Kerr, dass ein rotierendes Schwarzes Loch, wenn es nur schnell genug rotiert, nicht unbedingt zu einem winzigen Punkt zusammenschnurren würde, sondern zu einem rotierenden Ring. Der Ring ist stabil, weil ihn Zentrifugalkräfte am Kollabieren hindern. Wohin verschwindet dann alles, was in ein Schwarzes Loch fällt? Physiker können diese Frage bislang nicht beantworten. Eine Möglichkeit ist jedoch, dass Materie auf der anderen Seite durch ein so genanntes Weißes Loch wieder austritt. Also haben Wissenschaftler nach Weißen Löchern Ausschau gehalten, die Materie ausspucken sollten statt sie zu verschlucken, bisher allerdings ohne Erfolg.

Wenn man sich dem rotierenden Ring eines Schwarzen Loches näherte, würde man unglaubliche Verzerrungen von Raum und Zeit wahrnehmen. Sie könnten Lichtstrahlen sehen, die vor Milliarden Jahren von der Schwerkraft des Wurmlochs eingefangen wurden. Vielleicht treffen Sie sogar auf Kopien Ihrer selbst. Möglicherweise werden Ihre Atome auch durch Gezeitenkräfte in einem zerstörerischen und tödlichen Prozess gestreckt, den man als Spaghettifizierung bezeichnet.

Wenn Sie in den Ring selbst eintreten, könnten Sie durch ein Weißes Wurmloch in ein Paralleluniversum auf der anderen Seite katapultiert werden. Stellen Sie sich vor, zwei Blatt Papier zu nehmen und dann mit einem Bleistift ein Loch durch beide zu bohren, um sie zu verbinden. Wenn Sie sich nun entlang des Bleistifts bewegen, können Sie von einem Paralleluniversum ins andere gelangen. Falls Sie den Ring jedoch ein zweites Mal passierten, würden Sie in ein anderes Paralleluniversum gelangen. Jedes Mal, wenn Sie sich in den Ring begeben, gelangen Sie in ein anderes Universum, genauso, wie Sie sich, wenn Sie einen Aufzug betreten, zwischen den verschiedenen Stockwerken eines Gebäudes bewegen können – jedoch mit einer Ausnahme: In diesem Fall könnten Sie niemals zum selben Stockwerk zurückkehren.

Die Gravitation im Inneren des Rings ist endlich, daher würden Sie nicht zwangsläufig zerquetscht. Falls der Ring jedoch nicht schnell genug rotiert, könnte er kollabieren und Sie töten. Es wäre jedoch vielleicht möglich, den Ring künstlich zu stabilisieren, indem man so genannte negative Materie oder negative Energie zugibt. Ein stabiles Wurmloch ist daher ein Balanceakt, und entscheidend ist, die richtige Mischung von positiver und negativer Energie aufrechtzuerhalten. Es bedarf einer Menge positiver Energie, um auf natürliche Weise ein Tor zwischen zwei

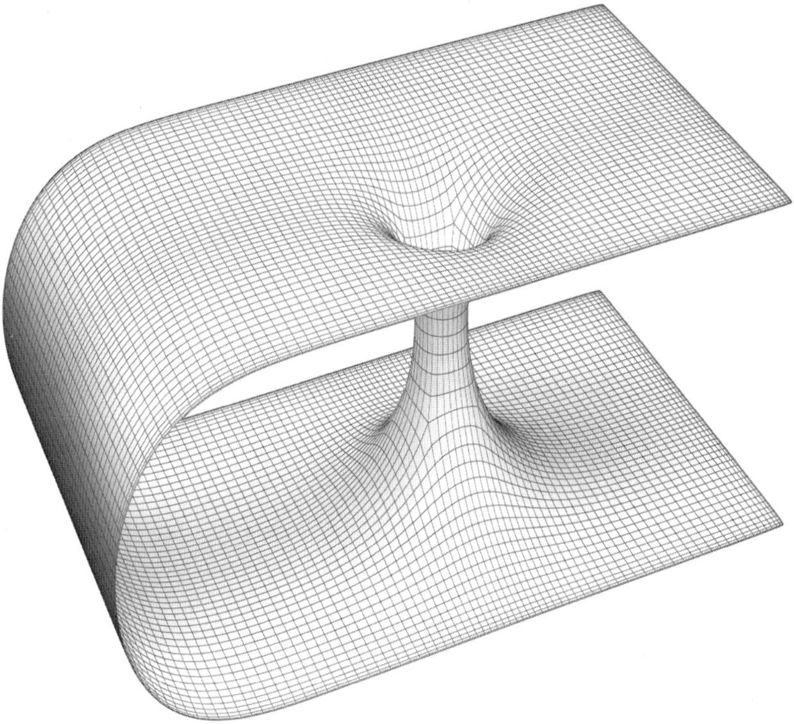

Ein Wurmloch ist eine Abkürzung, die zwei entfernte Punkte in Raum und Zeit verbindet.

Universen zu schaffen, wie es bei einem Schwarzen Loch der Fall ist. Aber es bedarf auch einer Menge künstlich geschaffener negative Materie oder Energie, um das Tor offen zu halten und einen Kollaps zu verhindern.

Negative Materie unterscheidet sich deutlich von Antimaterie und ist bislang in der Natur noch nicht nachgewiesen worden. Negative Materie hat bizarre anti-gravitative Eigenschaften, zum Beispiel dass sie nach oben statt nach unten fällt. (Im Gegensatz dazu fällt Antimaterie der Theorie zufolge nach unten, nicht nach oben.) Wenn diese Materie vor Milliarden Jahren auf der Erde existiert haben sollte, wäre sie von der Materie des Planeten abgestoßen worden und in den Raum gedriftet. Vielleicht ist das der Grund, warum wir noch keine Spur von ihr gefunden haben.

Auch wenn Physiker noch keinerlei Beweis für die Existenz von negativer Materie gefunden haben, ist sie doch schon im Labor erzeugt worden. Das gibt der Hoffnung von Science-Fiction-Fans neue Nahrung, die davon träumen, eines Tages durch Wurmlöcher zu fernen Sternen zu reisen. Die Menge an negativer Energie, die im Labor hergestellt wurde, ist jedoch verschwindend gering, viel zu wenig, um ein Raumschiff anzutreiben. Genug negative Energie zu erzeugen, um ein Wurmloch zu stabilisieren, würde eine extrem fortschrittliche Technologie erfordern, die wir ausführlicher in Kapitel 13 diskutieren werden. In absehbarer Zukunft liegen Hyperdrive-Wurmloch-Raumschiffe daher jenseits unserer Möglichkeiten.

Doch kürzlich hat eine andere Möglichkeit, die Raumzeit zu krümmen, eine gewisse Aufregung hervorgerufen.

Der Alcubierre-Antrieb

Neben Wurmlöchern könnte der Alcubierre-Antrieb eine zweite Möglichkeit bieten, die Barriere der Lichtgeschwindigkeit zu durchbrechen. Ich habe einmal den mexikanischen Physiker Miguel Alcubierre interviewt.[12] Ihm kam beim Fernsehen eine bahnbrechende Idee zur relativistischen Physik. Während einer *Star-Trek*-Folge staunte er darüber, dass sich das Raumschiff *Enterprise* schneller als das Licht bewegen konnte. Es konnte den vor ihm liegenden Raum auf irgendeine Weise so komprimieren, dass die Sterne nicht mehr so fern erschienen. Die *Enterprise* reiste nicht zu den Sternen – die Sterne kamen zur *Enterprise*.

Stellen Sie sich vor, Sie wollten einen Tisch auf der anderen Seite eines Teppichs erreichen. Der übliche und vernünftige Weg wäre, den Teppich zu überqueren, um von Punkt A zu Punkt B zu gelangen. Aber es gibt noch eine andere Möglichkeit. Man könnte ein Seil an den Tisch binden und ihn zu sich heranziehen, sodass sich der Teppich dabei auffaltet. Statt also über den Teppich zu gehen, um den Tisch zu erreichen, faltet sich der Teppich, und der Tisch kommt zu Ihnen.

Alcubierre dämmerte eine interessante Realisierung. Gewöhnlich beginnt man mit einem Stern oder Planeten und benutzt dann Einsteins Gleichungen, um die Raumkrümmung um ihn herum zu berechnen. Aber man kann auch den umgekehrten Weg wählen, nämlich eine bestimmte Krümmung festlegen und dieselben Gleichungen verwenden, um den Typ Stern oder Planeten zu identifizieren, der sie hervorruft. Eine grobe Analogie könnte die Weise liefern, wie ein Automechaniker ein Auto baut. Man kann mit den verfügbaren Teilen beginnen – dem Motor, den Rädern und so weiter – und daraus ein Auto zusammenbauen. Oder man kann den Entwurf seiner Träume wählen und dann überlegen, welche Teile man braucht, um ihn zu verwirklichen.

Alcubierre stellte Einsteins Physik in Gedanken auf den Kopf und drehte die gewöhnliche Logik Theoretischer Physiker um. Er versuchte abzuschätzen, welche Art Stern den Raum in Vorwärtsrichtung komprimieren und ihn nach rückwärts expandieren könnte. Zu seiner großen Verblüffung kam er zu einer sehr einfachen Antwort. Wie sich herausstellte, war die Raumkrümmung, die in *Star Trek* benutzt wurde, eine erlaubte Lösung der Einstein'schen Gleichungen! Vielleicht war ein Warp-Antrieb doch nicht so unwahrscheinlich wie bislang gedacht.

Ein Raumschiff, ausgestattet mit dem Alcubierre-Antrieb, müsste von einer Warp-Blase umgeben sein, einer leeren Blase aus Materie und Energie. Die Raumzeiten innerhalb und außerhalb der Blase wären voneinander entkoppelt. Von einer Beschleunigung ihres Raumschiffs würden die Passagiere im Inneren nichts merken. Sie würden vielleicht gar nicht auf die Idee kommen, dass sich das Schiff überhaupt bewegt, obwohl sie mit Überlichtgeschwindigkeit reisen.

Alcubierres Ergebnis war ein Schock für die physikalische Gemeinschaft, weil es so neuartig und radikal war. Aber nach Veröffentlichung seines Artikels wiesen Kritiker auf einige Schwachstellen hin. Auch wenn seine Vision von Reisen mit Überlichtgeschwindigkeit elegant war, ging er nicht auf alle Komplikationen ein. Wenn die Region innerhalb des Raumschiffs durch eine Blase von der Außenwelt getrennt ist, würde keine Information durchkommen, und der Pilot könnte die Richtung des Schiffs nicht bestimmen. Steuern wäre unmöglich. Und dann ist da noch das Problem, eine Warp-Blase zu erzeugen. Um den Raum vor der Blase zu komprimieren, müsste das Schiff eine ganz bestimmte Art Treibstoff verwenden – negative Materie oder Energie.

Wir sind wieder an unseren Ausgangspunkt zurückgekehrt. Negative Materie oder negative Energie ist das fehlende Glied in der Kette, um unsere Warp-Blasen wie auch unsere Wurmlöcher zu stabilisieren. Stephen Hawking hat einen allgemeinen Satz bewiesen, der besagt, dass *alle* Lösungen von Einsteins Gleichungen, die ein Reisen mit Überlichtgeschwindigkeit erlauben, negative Materie oder negative Energie involvieren. (Mit anderen Worten können positive Materie und positive Energie, die wir in Sternen finden, die Raumzeit so krümmen, dass sie die Bewegung von Himmelskörpern perfekt beschreibt. Negative Materie und negative Energie krümmen die Raumzeit hingegen in bizarrer Weise und schaffen eine antigravitative Kraft, die Wurmlöcher stabilisieren und sie am Kollabieren hindern kann sowie Warp-Blasen auf Überlichtgeschwindigkeit beschleunigen kann, indem sie die Raumzeit vor ihnen komprimiert.)

Physiker versuchten dann, die Menge an negativer Materie oder Energie zu berechnen, die nötig ist, um ein Raumschiff anzutreiben. Die jüngsten Resultate sprechen dafür, dass die benötigte Menge der Masse des Jupiters äquivalent ist. Das heißt, dass – wenn überhaupt – nur eine sehr weit fortgeschrittene Zivilisation in der Lage wäre, negative Materie oder Energie als

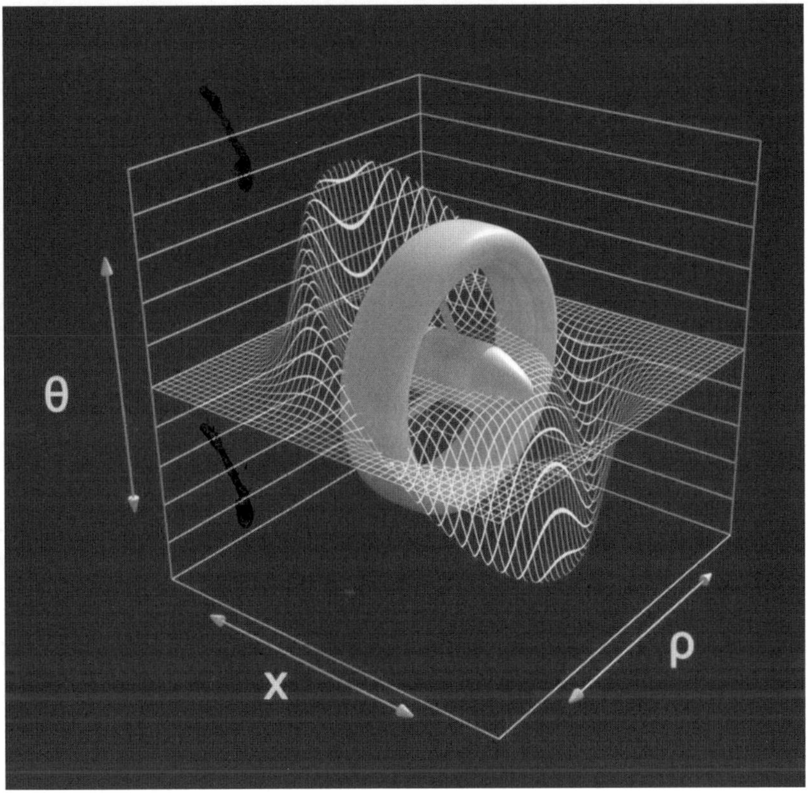

Der Alcubierre-Antrieb ermöglicht unter Nutzung der Einstein'schen Gleichungen Reisen mit Überlichtgeschwindigkeit. Aber es ist noch immer umstritten, ob ein solches Raumschiff überhaupt gebaut werden kann.

Antrieb für ihre Raumschiffe zu verwenden. (Möglicherweise könnte die Menge an negativer Materie oder Energie, die nötig ist, um Überlichtgeschwindigkeit zu erreichen, jedoch geringer ausfallen, denn die Berechnungen basieren auf Geometrie und Größe der Warp-Blase bzw. des Wurmlochs.)

Star Trek umgeht diese Hürde, indem die Autoren ein seltenes Mineral, ein so genanntes Dilithium-Kristall, als wesentliche Komponente des Warp-Antriebs postulieren. Nun wissen wir, dass «Dilithium-Kristall» vielleicht nur ein anderer Name für «negative Materie oder Energie» ist.

Der Casimir-Effekt und negative Energie

Dilithium-Kristalle gibt es nicht, aber verlockenderweise existiert negative Energie tatsächlich und hält damit die Tür offen für Wurmlöcher, Raumkompression und sogar Zeitmaschinen. Wohl erlauben die Newton'schen Gesetze keine negative Energie, die Quantentheorie hingegen schon, und zwar durch den Casimir-Effekt, der 1948 postuliert und 1997 im Labor nachgewiesen wurde.

Nehmen wir an, wir haben zwei parallele Metallplatten, die ungeladen sind. Wenn sie durch eine große Entfernung getrennt sind, sagen wir, dass null elektrische Kraft zwischen ihnen herrscht. Doch wenn die Entfernung zwischen ihnen schrumpft, beginnen sie mysteriöserweise, einander anzuziehen. Wir können ihnen dann Energie entziehen. Da wir mit null Energie starten, aber positive Energie erhalten, wenn die Platten zusammengebracht werden, folgt daraus, dass die Platten selbst ursprünglich negative Energie besaßen. Der Grund ist ziemlich esoterisch. Der gesunde Menschenverstand sagt uns, dass das Vakuum ein Zustand der Leere ist, mit null Energie. Aber tatsächlich wimmelt es darin von Materie- und Antimaterieteilchen, die sich kurz aus dem Vakuum materialisieren und wieder zurück ins Vakuum verschwinden. Diese so genannten virtuellen Teilchen tauchen so rasch auf und verschwinden so rasch wieder, dass sie das Gesetz vom Erhalt von Materie und Energie nicht verletzen – also das Prinzip, dass die Gesamtmenge an Materie und Energie im Universum konstant ist. Manche Teilchen-Antiteilchen-Paare vernichten sich, bevor sie wieder verschwinden, und hinterlassen Strahlung in Form von Photonen. So erzeugt dieses ständige Brodeln des Vakuums einen Strahlungsdruck. Da die Materie-Antimaterie-Aktivität außerhalb der Platten größer ist als zwischen ihnen, schiebt dieser Druck die Platten zusammen und schafft negative Energie. Das ist der Casimir-Effekt, der in der Quantentheorie demonstriert, dass negative Energie tatsächlich existieren kann.

Da der Casimir-Effekt derart klein ist, ließ er sich ursprünglich nur mit den empfindlichsten Messgeräten nachweisen, die wir besitzen.[13] Doch die Nanotechnologie ist so weit fortgeschritten, dass wir inzwischen mit einzelnen Atomen herumbasteln können. Im Rahmen eines TV-Special habe ich einmal ein Labor in Harvard besucht, in dem ein Gerät stand, mit dessen Hilfe man Atome manipulieren konnte. In dem Experiment, das ich beobachtete, war es schwierig, zwei Atome, die eng zusammengebracht worden waren, daran zu hindern, aufgrund des Casimir-Effekts, der entweder abstoßend oder anziehend wirkt, auseinanderzufliegen oder zusammenzustreben. Negative Energie ist für einen Physiker, der ein Raumschiff bauen will, vielleicht der Heilige Gral, doch für einen Nanotechnologen ist der Casimir-Effekt auf atomarem Niveau so stark, dass er hinderlich wird.

Zusammengefasst kann man sagen: Negative Energie existiert tatsächlich, und wenn wir auf irgendeine Weise genug zusammentragen könnten, könnten wir im Prinzip eine Wurmloch-Maschine oder einen Warp-Antrieb bauen und damit einen der wildesten Träume der Science-Fiction wahr werden lassen. Aber diese Technologien werden noch für lange Zeit Zukunftsmusik bleiben, und wir werden sie in Kapitel 13 und 14 eingehender diskutieren. In der Zwischenzeit müssen wir uns mit Sonnensegel-Raumschiffen begnügen, die gegen Ende des Jahrhunderts durchs All reisen und uns die ersten Nahaufnahmen von Exoplaneten schicken könnten, die andere Sterne umkreisen. Ab dem 22. Jahrhundert könnten wir möglicherweise diese Planeten mit Fusionsraketen selbst besuchen. Und wenn es uns gelingt, die komplexen Ingenieursprobleme zu lösen, die vor uns liegen, können wir vielleicht sogar Antimaterie-Triebwerke, Staustrahlschiffe und Weltraumlifte Wirklichkeit werden lassen.

Wenn wir erst einmal über Raumschiffe verfügen, was werden wir im All finden? Werden wir auf andere Welten stoßen, auf denen Menschen überleben können? Glücklicherweise haben uns unsere Raumteleskope und Satelliten schon einen detaillierten Blick auf das ermöglicht, was uns zwischen den Sternen erwartet.

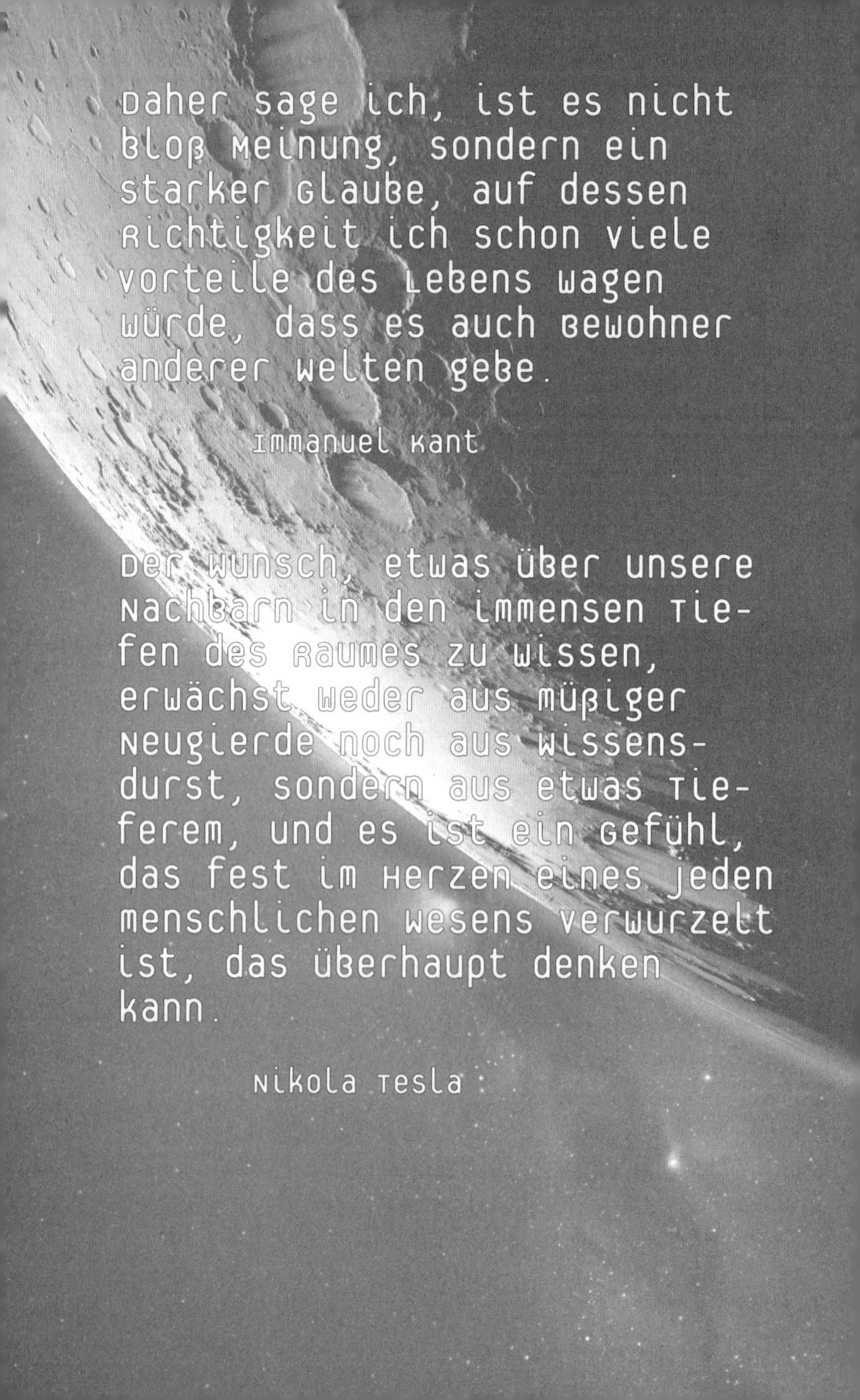

Daher sage ich, ist es nicht bloß Meinung, sondern ein starker Glaube, auf dessen Richtigkeit ich schon viele Vorteile des Lebens wagen würde, dass es auch Bewohner anderer Welten gebe.

Immanuel Kant

Der Wunsch, etwas über unsere Nachbarn in den immensen Tiefen des Raumes zu wissen, erwächst weder aus müßiger Neugierde noch aus Wissensdurst, sondern aus etwas Tieferem, und es ist ein Gefühl, das fest im Herzen eines jeden menschlichen Wesens verwurzelt ist, das überhaupt denken kann.

Nikola Tesla

Kapitel 9
Kepler und ein Universum voller Planeten

Alle paar Tage hat Giordano Bruno seine Revanche.

Bruno, Galileis Vorläufer, wurde im Jahr 1600 in Rom wegen Ketzerei lebendig auf dem Scheiterhaufen verbrannt.[1] Die Sterne am Himmel seien so zahlreich, befand er, dass unsere Sonne ein Stern unter vielen sein müsse. Sicherlich würden auch diese Sterne von zahlreichen Planeten umkreist, und einige dieser Planeten könnten sogar von anderen Lebewesen bewohnt sein.

Die Kirche steckte ihn sieben Jahre lang ohne Prozess ins Gefängnis, zog ihn dann nackt aus, trieb ihn durch die Straßen von Rom, knebelte ihn und fesselte ihn an einen Holzpfahl. Er erhielt eine letzte Möglichkeit zum Widerruf, weigerte sich aber, seine Ideen zurückzunehmen.

Um sein Vermächtnis zu unterdrücken, setzte die Kirche all seine Bücher auf den Index für verbotene Schriften. Anders als Galileis Werk blieben Brunos Schriften bis 1965 verboten. Galilei behauptete lediglich, die Sonne, nicht die Erde, stehe im Zentrum des Universums. Bruno nahm an, das Universum habe gar kein Zentrum. Er war einer der Ersten, der vermutete, das Universum könne unendlich sein, in welchem Fall die Erde nur ein weiterer Kieselstein am Himmel wäre. Die Kirche konnte nicht länger behaupten, die Erde stehe im Mittelpunkt des Universums, weil das Universum keinen Mittelpunkt hatte.

Im Jahr 1548 fasste Bruno seine Philosophie zusammen und schrieb: «Wir erklären, dass dieser Raum unendlich ist ... darin gibt es unendlich viele Welten von derselben Art wie die unsere.»[2] Heute, mehr als 400 Jahre später, sind etwa 4000 extrasolare Planeten in der Milchstraße dokumentiert worden, und die Liste wächst fast täglich weiter. (Im Jahr 2017 listete die NASA 4496 Planetenkandidaten auf, von denen 2330 bestätigt wurden, entdeckt von der Kepler-Sonde.)

Wenn Sie nach Rom kommen, möchten Sie vielleicht den Campo de' Fiori besuchen. In der Mitte des Platzes steht eine imposante Statue von Giordano Bruno, und zwar genau dort, wo er den Tod fand. Als ich den Platz aufsuchte, fand ich einen geschäftigen Marktplatz voller Kunden vor, die sich wohl nicht alle bewusst waren, dass an dieser Stelle ein Ketzer umgebracht worden war. Aber Brunos Statue schaut auf einige junge Rebellen, Künstler und Straßenmusikanten herab, die sich wenig überraschend hier versammeln. Während ich diese friedliche Szene in mich aufnahm, fragte ich mich, welche Stimmung wohl damals, in Brunos Tagen, geherrscht haben mochte, um einen derart mörderischen Hass zu provozieren.

Brunos Ideen dümpelten Jahrhunderte lang vor sich hin, denn es ist außerordentlich schwierig, einen extrasolaren Planeten zu finden, und galt früher als so gut wie unmöglich. Planeten strahlen kein eigenes Licht ab. Und das Licht, das sie reflektieren, ist rund eine Milliarde Mal schwächer als das des Muttersterns, dessen Leuchtkraft den Planeten überstrahlen und damit verbergen kann. Aber dank den Riesenteleskopen und den im Raum installierten Detektoren, über die wir heute verfügen, hat in den letzten Jahren eine Flut von Daten belegt, dass Giordano Bruno recht hatte.

Ist unser Sonnensystem durchschnittlich?

In meiner Kindheit las ich ein Astronomiebuch, das die Art und Weise veränderte, in der ich das Universum verstand. Nach der Beschreibung der Planeten kam das Buch zu dem Schluss, unser Sonnensystem sei wahrscheinlich ein typisches System, und griff damit die Vorstellungen von Bruno auf. Aber es ging auch weit darüber hinaus und spekulierte, dass sich Planeten in anderen

Sonnensystemen in fast perfekten Kreisen um die Sonne drehen, wie es in unserem Sonnensystem der Fall ist. Die sonnennäheren Planeten waren felsig, die ferneren Gasriesen. Unsere Sonne war ein ganz durchschnittlicher Stern.

Die Vorstellung, dass wir in einem ruhigen, gewöhnlichen galaktischen Vorort lebten, war einfach und tröstlich.

Aber auch völlig falsch.

Inzwischen haben wir erkannt, dass wir die Sonderlinge sind und dass die Anordnung unseres Sonnensystems mit seiner geordneten Sequenz von Planeten und annähernd kreisförmigen Umlaufbahnen in der Milchstraße selten ist. Nun, da wir beginnen, andere Sterne zu erforschen, stoßen wir auf Sonnensysteme, aufgeführt in der Extrasolar Planets Encyclopaedia, die sich radikal von unserem eigenen Sonnensystem unterscheiden. Eines Tages könnte diese Planetenenzyklopädie unser zukünftiges Zuhause enthalten.

Sara Seager, Professorin für Planetenwissenschaften am MIT und nach Angaben des *Time*-Magazins eine der 25 einflussreichsten Persönlichkeiten der Raumforschung, ist eine der wichtigsten Astronominnen hinter dieser Enzyklopädie. Ich fragte sie, ob sie sich schon als Kind für Naturwissenschaften interessiert habe. Sie verneinte dies, meinte aber, der Mond habe sie schon immer fasziniert. Die Tatsache, dass der Mond ihr zu folgen schien, wohin auch immer ihr Vater sie fuhr, erregte ihre Neugier. Wie konnte etwas, das so weit entfernt war, den Anschein erwecken, ihrem Wagen zu folgen?

(Diese Illusion wird von der Parallaxe hervorgerufen. Wir schätzen Entfernungen ab, indem wir unseren Kopf bewegen. Nahe Objekte, wie Bäume, scheinen sich am stärksten zu bewegen, während ferne Dinge, wie Berge, ihre Position gar nicht verändern. Aber Objekte direkt neben uns, die sich mit uns bewegen, scheinen ihre Position ebenfalls nicht zu verändern. Unser Gehirn verwechselt daher ferne Objekte, wie den Mond, mit direkt benachbarten, wie dem Steuer des Wagens, und gaukelt uns vor, dass sich beide beständig mit uns bewegen. Aufgrund der Parallaxe sind viele UFOs, die angeblich unsere Autos verfolgen, tatsächlich Sichtungen des Planeten Venus.)

Professor Seagers Faszination vom Himmel wuchs sich zu einer lebenslangen Romanze aus. Manchmal kaufen Eltern ihren neugierigen Kindern ein Teleskop, doch sie kaufte sich ihr eigenes Teleskop von dem Geld, das sie in einem Sommerlager verdient hatte. Sie erinnert sich, wie sie als 15-Jährige zwei Freunden aufgeregt von einem explodierenden Stern, der Supernova 1987a, erzählte, die gerade am Himmel aufgetaucht war. Der Stern hatte als die sonnennächste Supernova seit 1604 Geschichte geschrieben, und sie wollte das seltene Ereignis auf einer Party feiern. Ihre Freunde starrten sie jedoch nur mit offenem Mund an. Sie hatten keine Ahnung, wovon die Rede war.

Seagers Enthusiasmus und ihr Sinn für das Wunderbare des Universums ließen sie eine Laufbahn als Expertin für Exoplaneten einschlagen, eine Disziplin, die es vor zwei Jahrzehnten noch nicht gab, die aber heute zu den interessantesten Gebieten der Astronomie zählt.

Wie man Exoplaneten aufspürt

Da es nicht einfach ist, Exoplaneten direkt zu beobachten, haben Astronomen eine Reihe von indirekten Strategien entwickelt. Professor Seager betonte mir gegenüber, dass Astronomen ihre Ergebnisse für zuverlässig halten, weil sie Exoplaneten auf vielfache Weise aufspüren. Eine der populärsten Methoden ist die Transitmethode. Wenn man die Intensität von Sternenlicht analysiert, stellt man gelegentlich fest, dass die Helligkeit periodisch schwankt. Diese Verdunklung ist zwar ein kleiner Effekt, ist aber ein Hinweis auf die Präsenz eines Planeten, der sich, von der Erde aus gesehen, vor seinen Mutterstern schiebt und damit dessen Licht teilweise abschirmt. Und da sich die Planetenbahn auf diese Weise verfolgen lässt, lassen sich auch ihre Parameter berechnen.

Ein Planet von Jupitergröße würde die Helligkeit eines Sterns wie unserer Sonne um rund 1 Prozent abschwächen. Für einen erdgroßen Planeten beträgt die Abschwächung 0,008 Prozent. Das ist der Abschwächung eines Scheinwerfers vergleichbar, wenn eine Mücke vor dessen Lichtkegel vorbeifliegt. Zum Glück, erklärt Professor Seager, sind unsere Messinstrumente so empfindlich und präzise, dass sie die kleinste Helligkeitsveränderung bei zahlreichen Planeten registrieren und die Existenz ganzer Sonnensysteme beweisen können. Aber nicht alle Exoplaneten ziehen vor dem Stern ihre Bahn; einige haben geneigte Umlaufbahnen und lassen sich daher mit der Transitmethode nicht nachweisen.

Ein anderer populärer Ansatz ist die Radialgeschwindigkeits- oder Doppler-Methode, mit der Astronomen nach einem Stern Ausschau halten, der sich scheinbar regelmäßig vor und zurück bewegt. Wenn es einen Planeten von Jupitergröße gibt, der um den Stern kreist, dann kreisen der Stern und sein Jupiter tatsächlich um einander. Stellen Sie sich eine rotierende Hantel vor. Die beiden Gewichte, die den Mutterstern und seinen Jupiter darstellen, drehen sich um ein gemeinsames Zentrum.

Der jupitergroße Planet ist aus der Ferne unsichtbar, doch sein Muttergestirn, das sich in einer mathematisch präzisen Weise bewegt, ist deutlich zu sehen. Mit Hilfe der Doppler-Methode lässt sich seine Geschwindigkeit bestimmen. (Wenn sich zum Beispiel ein gelber Stern auf uns zu bewegt, werden die Lichtwellen zusammengedrückt wie bei einem Akkordeon, sodass das gelbe Licht einen Blaustich erhält. Wenn sich der gelbe Stern von uns fortbewegt, werden die Lichtwellen gedehnt und erscheinen ins Rötliche verschoben. Die Geschwindigkeit des Sterns lässt sich bestimmen, indem man analysiert, wie stark sich die Lichtfrequenz verändert, wenn sich der Stern auf den Detektor zu bzw. von ihm fort bewegt. Genau das passiert auch, wenn die Polizei einen Laserstrahl auf Ihr Auto richtet. Die Veränderungen in dem reflektierten Laserlicht können zur Bestimmung Ihrer Geschwindigkeit herangezogen werden.)

Eine sorgfältige Beobachtung des Muttersterns über Wochen und Monate hinweg ermöglicht Wissenschaftlern zudem, anhand des Newton'schen Gravitationsgesetzes die Masse des Sterns abzuschätzen. Die Doppler-Methode ist arbeitsaufwendig, führte aber 1992 zur Entdeckung des ersten Exoplaneten und löste unter Astronomen einen Wettlauf um den nächsten Nachweis aus. Planeten von Jupitergröße waren die ersten, die entdeckt wurden, denn Riesenobjekte rufen die größten Bewegungen des Muttergestirns hervor.

Die Transit- und die Doppler-Methode sind die beiden wichtigsten Techniken zur Lokalisierung extrasolarer Planeten, doch in neuerer Zeit sind einige weitere Methoden dazugekommen. Eine ist die direkte Beobachtung, die, wie bereits erwähnt, schwierig durchzuführen ist. Professor Seager freut sich jedoch über die Pläne der NASA, Raumsonden zu entwickeln, die das Licht des Muttersterns, das den Planeten sonst vielleicht überstrahlen würde, passgenau blockieren können.

Die Gravitationslinsentechnik könnte eine weitere vielversprechende Methode darstellen, obgleich sie nur funktioniert, wenn Erde, Exoplanet und Mutterstern genau auf einer Linie liegen. Aus Einsteins Gravitationstheorie wissen wir, dass Lichtstrahlen in der Nähe eines Himmelskörpers gekrümmt werden, da eine große Masse das Gewebe der Raumzeit rundum verändert. Selbst wenn wir das Objekt nicht sehen können, verändert es die Bahn des Lichts, wie es auch klares Glas tut. Wenn sich ein Planet direkt vor einen fernen Stern bewegt, wird das Licht zu einem Ring verzerrt. Dieses besondere Muster wird als Einstein-Ring bezeichnet und signalisiert die Präsenz einer substanziellen Masse zwischen dem Beobachter und dem Stern.

Ergebnisse des Kepler-Raumteleskops

Der Start des Kepler-Raumteleskops 2009, das speziell dazu entworfen worden war, extrasolare Planeten mit Hilfe der Transit-Methode zu entdecken, brachte einen großen Durchbruch.[3] Die Mission war erfolgreicher, als Astronomen in ihren kühnsten Träumen zu hoffen gewagt hätten. Nach dem Hubble-Weltraumteleskop ist die Kepler-Sonde wohl der produktivste Weltraumsatellit aller Zeiten. Sie ist ein Wunder der Ingenieurskunst, wiegt 1059 Kilogramm, trägt ein Teleskop mit einem Durchmesser von knapp 1 Meter und ist vollgestopft mit hochmodernen Messfühlern. Da die Sonde lange Zeit denselben Punkt am Himmel fixieren muss, um optimale Daten zu gewinnen, kreist sie nicht um die Erde, sondern um die Sonne. Von ihrer Beobachtungsbahn tief im Raum aus, die sie 160 Millionen Kilometer von der Erde wegführen kann, benutzt sie eine Reihe von Gyroskopen, um ihre Sensoren auf ein Vierhundertstel des Himmels zu richten, einen kleinen Fleck in Richtung des Sternbilds Cygnus (Schwan). Innerhalb dieses winzigen Sehfelds hat die Sonde rund 200 000 Sterne analysiert und Tausende von extrasolaren Planeten identifiziert. Die Daten haben Wissenschaftler gezwungen, unsere Position im Universum neu zu überdenken.

Statt andere Sonnensysteme auszumachen, die unserem eigenen System ähneln, stießen Astronomen auf etwas völlig Unerwartetes: auf Planeten aller Größenklassen, die Sterne in allen Entfernungen umkreisten. «Es gibt dort draußen Planeten, die in unserem Sonnensystem keinen Gegenpart haben; einige liegen zwischen der Größe von Erde und Neptun, andere sind deutlich kleiner als Merkur», meinte Professor Seager.[4] «Aber bis heute haben wir noch keine Kopie unseres Sonnensystems gefunden.» Tatsächlich hat Kepler so viele seltsame Ergebnisse gesammelt, dass den Astronomen allmählich die Theorien ausgehen, um sie zu erklären. «Je mehr wir finden, desto weniger verstehen wir», gesteht sie. «Die ganze Sache ist ein großes Kuddelmuddel.»

Wir können nicht einmal die häufigsten dieser Exoplaneten erklären. Viele der jupitergroßen Planeten, die am einfachsten zu finden sind, bewegen sich nicht auf annähernd kreisförmigen Bahnen, wie erwartet, sondern auf stark elliptischen.

Einige jupitergroße Planeten haben *tatsächlich* kreisförmige Orbits, doch diese Umlaufbahnen liegen so nah am Mutterstern, dass sie, wenn sie sich in unserem Sonnensystem befänden, im Orbit von Merkur lägen. Diese Gasriesen werden als «heiße Jupiter» (*hot Jupiters*) bezeichnet, und der Sonnenwind bläst ihre Atmosphäre ständig in den Weltraum hinaus. Aber Astronomen gingen einst davon aus, dass jupitergroße Planeten aus den Tiefen des Alls stammten, Milliarden Kilometer vom Mutterstern entfernt. Wenn das stimmt, wie kamen sie ihrer Sonne dann so nah?

Professor Seager gibt zu, dass Astronomen darauf keine sichere Antwort wissen, doch die wahrscheinlichste Antwort war eine Überraschung. Eine Theorie nimmt an, dass sich alle Gasriesen in den äußeren Regionen eines Sonnensystems bilden, wo es viel Eis gibt, das Wasserstoff- und Heliumgas sowie Staubpartikel sammeln kann. In manchen Fällen finden sich aber auch große Mengen an Staub, in der Ebene des Sonnensystems verteilt. Der Gasriese könnte durch die Reibung, die seine Bewegung durch diesen Staub erzeugt, allmählich an Energie verlieren und sich in einer Todesspirale auf den Mutterstern zubewegen.

Diese Idee macht uns mit der ketzerischen Vorstellung von Wanderplaneten bekannt, ein zuvor noch nie gehörtes Phänomen. Wenn sich große Planeten näher an ihre Sonnen heranbewegen, könnten sie die Bahn eines kleinen erdähnlichen Planeten kreuzen und ihn ins All hinauskatapultieren. Dieser kleinere Planet könnte zum Vagabunden werden und unabhängig von einem Stern allein im All herumirren. Daher erwarten wir in einem Sonnensystem mit jupitergroßen Planeten in stark elliptischen Umlaufbahnen oder Orbits nahe dem Mutterstern keine erdähnlichen Planeten.

Im Nachhinein hätte man diese seltsamen Ergebnisse erwarten können. Da sich die Planeten in unserem eigenen Sonnensystem auf hübschen Kreisen bewegen, nahmen die Astronomen natürlicherweise an, dass sich die Kugeln aus Staub, Wasserstoff- und Heliumgas, aus denen Sonnensysteme entstehen, gleichförmig verdichteten. Wie wir inzwischen jedoch erkannt haben, ist es wahrscheinlicher, dass sie von der Schwerkraft in zufälliger Weise zusammengedrückt werden; das führt zu Planeten mit stärker elliptischen oder unregelmäßigen Orbits, die einander kreuzen oder deren Planeten miteinander kollidieren können. Das ist wichtig, denn es wäre möglich, dass nur Sonnensysteme mit kreisförmigen Planetenumlaufbahnen wie in unserem Sonnensystem Leben hervorbringen können.

Erdgroße Planeten

Erdähnliche Planeten sind klein und rufen daher nur eine geringfügige Verdunklung des Muttersterns oder eine subtile Verzerrung seines Lichts hervor. Mit Hilfe der Kepler-Sonde und riesigen Teleskopen haben Astronomen jedoch begonnen, «Supererden» zu lokalisieren, die wie die Erde aus Gestein bestehen und Leben beherbergen können, wie wir es kennen, aber 50 bis 100 Prozent größer sind als unser Planet. Wir wissen noch nicht, wo sie herstammen; 2016 und 2017 brachte sie eine ganze Reihe sensationeller Entdeckungen in die Schlagzeilen.

Proxima Centauri ist der Stern, der unserer Erde nach der Sonne am nächsten steht. Er ist eigentlich Teil eines Drei-Sterne-Systems und umkreist zwei größere Sterne, Alpha Centauri A und B, die wiederum einander umkreisen. Astronomen waren verblüfft, auf einen Planeten zu stoßen, der 30 Prozent größer als die Erde ist und um Proxima Centauri kreist. Sie nannten ihn Proxima Centauri b.

«Diese Entdeckung verändert die Wissenschaft von den Exoplaneten», erklärte Rory Barnes, Astronom an der University of Washington in Seattle.[5] «Die Tatsache, dass er so nah ist, heißt, dass wir ihm besser folgen können als jedem anderen bisher entdeckten Planeten.» Die nächste Serie der in Entwicklung befindlichen Riesenteleskope, wie das James Webb Space Telescope, könnte uns die ersten Fotografien des Planeten liefern. Wie Professor Seager meint: «Es ist absolut phänomenal. Wer hätte gedacht, nach all den Jahren der Planetensuche, dass es da einen Planeten gibt, der unseren nächsten Stern umkreist?»[6]

Der Mutterstern von Proxima Centauri b ist ein lichtschwacher Roter Zwerg von nur 12 Prozent der Sonnenmasse; um innerhalb der habitablen Zone zu liegen, wo es flüssiges Wasser und möglicherweise sogar Meere gibt, muss der Planet daher relativ eng um den Stern kreisen. Der Radius der Umlaufbahn des Planeten beträgt nur 5 Prozent des Radius der Erdumlaufbahn um die Sonne; ein vollständiger Umlauf dauert nur 11,2 Erdentage. Über die Frage, ob Proxima Centauri b Bedingungen aufweist, die mit Leben vereinbar sind, wie wir es kennen, wird heftig diskutiert. Eine Hauptsorge ist, dass der Planet von Sonnenwinden bombardiert werden könnte, die möglicherweise 2000 Mal stärker sind als diejenigen, die auf die Erde treffen. Um sich vor ihnen zu schützen, bräuchte Proxima Centauri b ein starkes Magnetfeld. Gegenwärtig verfügen wir nicht über genügend Informationen, um beurteilen zu können, ob das der Fall ist.

Es ist auch schon vermutet worden, dass Proxima Centauri b eine gebundene Rotation aufweist, sodass er wie unser eigener Mond dem Stern immer nur ein und dieselbe Seite zuwendet. Diese Seite wäre dann ständig heiß, die andere Seite hingegen ständig kalt. Flüssiges Wasser könnte es dann vielleicht nur in einem schmalen Bereich zwischen diesen beiden Hemisphären geben, wo die Temperatur gemäßigt ist. Falls die Atmosphäre des Planeten jedoch dicht genug ist, könnten Windströmungen die Temperaturunterschiede ausgleichen, sodass flüssige Ozeane auf der ganzen Oberfläche möglich wären.

Der nächste Schritt besteht darin, die Zusammensetzung der Atmosphäre zu analysieren und festzustellen, ob sie Wasserdampf oder Sauerstoff enthält. Proxima Centauri b wurde mit Hilfe der Doppler-Methode entdeckt, doch die chemische Zusammensetzung seiner Atmosphäre lässt sich am besten mit der Transit-Methode untersuchen. Wenn ein Exoplanet direkt vor dem Mutterstern vorbeiwandert, dringt ein winziger Teil des Lichts an ihm vorbei durch seine Atmosphäre. Die Moleküle gewisser Verbindungen in der Planetenatmosphäre absorbieren spezifische Wellenlängen des Sternenlichts, was Experten erlaubt, diese Verbindungen zu identifizieren. Damit diese Methode funktioniert, muss die Bahn des Exoplaneten jedoch genau «stimmen», und die Chance, dass die Bahnebene von Proxima Centauri b im richtigen Winkel liegt, beträgt nur 1,5 Prozent.

Es wäre ein erstaunlicher Coup, Moleküle von Wasserdampf auf einem erdähnlichen Planeten zu finden. «Wenn wir einen kleinen Felsplaneten vor uns haben», erklärte Professor Seager, «kann es [in der Atmosphäre] nur Wasserdampf geben, falls es auf der Oberfläche flüssiges Wasser gibt. Falls wir daher auf einem Felsplaneten Wasserdampf finden, können wir daraus schließen, dass es dort auch flüssige Ozeane gibt.»

Sieben erdähnliche Planeten um einen einzigen Stern

Ein weiterer beispielloser Fund gelang 2017. Astronomen entdeckten ein Sonnensystem, das sämtliche Theorien planetarer Evolution über den Haufen warf. Es enthielt sieben erdgroße Planeten, die um einen Mutterstern namens TRAPPIST-1 kreisten. Drei der Planeten liegen in der Goldlöckchen-Zone und könnten Meere tragen. «Das ist ein wirklich erstaunliches Planetensystem, nicht nur, weil wir so viele Planeten gefunden haben, sondern auch, weil sie alle eine ähnliche Größe wie die Erde haben», meinte Michaël Gillon, Leiter der belgischen Wissenschaftlergruppe, die die Entdeckung machte.[7] (Die Bezeichnung TRAPPIST geht sowohl auf das von der Gruppe verwendete Teleskop, T*ransiting Planets and Planetesimals Small Telescope*, als auch auf eine in Belgien beliebte Biermarke zurück.)

TRAPPIST-1 ist ein Roter Zwerg, der nur 38 Lichtjahre von der Erde entfernt liegt, und seine Masse beträgt nur 8 Prozent der Sonnenmasse. Wie Proxima Centauri hat er eine habitable Zone. Wenn man ihn in unser Sonnensystem transportierte, würden die Umlaufbahnen aller sieben Planeten in die Merkurbahn passen. Die Planeten brauchen weniger als drei Wochen für einen Umlauf um ihren Stern, und der innerste Planet schafft einen vollen Umlauf in nur 36 Stunden. Da dieses Sonnensystem so kompakt ist, interagieren die Planeten gravitativ und könnten theoretisch ihre eigene Anordnung stören und kollidieren. Naiverweise könnte man erwarten, dass sie ineinander rasen. Doch eine Analyse 2017 zeigte, dass sie sich zum Glück in Resonanz miteinander befinden, dass ihre Umlaufbahnen in Phase sind und es nicht zu einer Kollision kommen wird. Dieses Sonnensystem ist offenbar stabil. Aber wie bei Proxima Centauri b untersuchen Astronomen momentan die möglichen Auswirkungen von Sonneneruptionen und einer gebundenen Rotation.

Wann immer die *Enterprise* in einer *Star-Trek*-Folge auf einen erdähnlichen Planeten trifft, verkündet Spock, man nähere sich einem «Klasse-M-Planeten». Tatsächlich gibt es so etwas in der Astronomie – noch – nicht. Nun, nachdem Tausende von Planeten unterschiedlichen Typs ihr Debüt gegeben haben, darunter auch eine Reihe erdähnlicher Planeten, ist es nur eine Frage der Zeit, bis eine neue Nomenklatur entwickelt wird.

Zwillinge der Erde?

Wenn ein planetarer Zwilling der Erde im All existiert, ist er uns bisher entgangen. Aber wir haben inzwischen rund 50 Supererden gefunden. Der Planet Kepler-452b, der 2015 von der Kepler-Sonde entdeckt wurde und rund 1400 Lichtjahre weit entfernt liegt, ist besonders interessant. Er ist 50 Prozent größer als die Erde, daher würden Sie mehr wiegen als hier auf der Erde, aber abgesehen davon würde sich das Leben dort möglicherweise nicht sehr von unserem Leben hier unterschieden. Anders als die Exoplanenten, die um einen Roten Zwerg kreisen, dreht sich die Supererde um einen Stern, der nur 3,7 Prozent mehr Masse hat als unsere Sonne. Seine Umlaufzeit beträgt 385 Erdentage, seine Gleichgewichtstemperatur rund -8 °Celsius, ein wenig wärmer als die Erde. Er liegt innerhalb der habitablen Zone. Astronomen haben den Planeten mit ihren Radioteleskopen nach Signalen extraterrestrischer Zivilisationen abgesucht, doch bislang ohne Erfolg. Da Kepler-452 b so weit entfernt ist, wird auch die nächste Generation von Teleskopen leider nicht in der Lage sein, signifikante Informationen über die Zusammensetzung seiner Atmosphäre zu sammeln.

Der Planet Kepler-22b, der 600 Lichtjahre von der Erde entfernt ist und 2,4-fache Erdgröße hat, wird ebenfalls untersucht. Sein Orbit ist 15 Prozent kleiner als der Erdorbit – der Planet braucht 290 Tage für einen Umlauf, doch die Helligkeit seines Muttersterns, Kepler-22, ist um ein Viertel schwächer als der unserer Sonne. Diese beiden Effekte kompensieren sich, sodass die Oberflächentemperatur des Planeten vermutliche derjenigen der Erde vergleichbar ist. Er liegt zudem in der habitablen Zone.

Am meisten Aufmerksamkeit zieht jedoch der Planet KOI 7711 auf sich, denn – Stand 2017 – er besitzt die meisten erdähnlichen Merkmale. Er ist 30 Prozent größer als die Erde, und sein Mutterstern ähnelt unserer Sonne stark. Es besteht kein Risiko, dass er von Sonneneruptionen gegrillt wird. Die Länge eines Jahres auf dem Planeten entspricht fast genau einem Erdenjahr. Er liegt in der habitablen Zone seines Sterns, aber wir verfügen noch nicht über eine Technologie, die uns sagen könnte, ob seine Atmosphäre Wasserdampf enthält. Alle Voraussetzungen dafür, dass es dort Leben in irgendeiner Form geben könnte, scheinen vorhanden. Mit einer Entfernung von 1700 Lichtjahren ist er jedoch auch der entlegenste Exoplanet der drei.

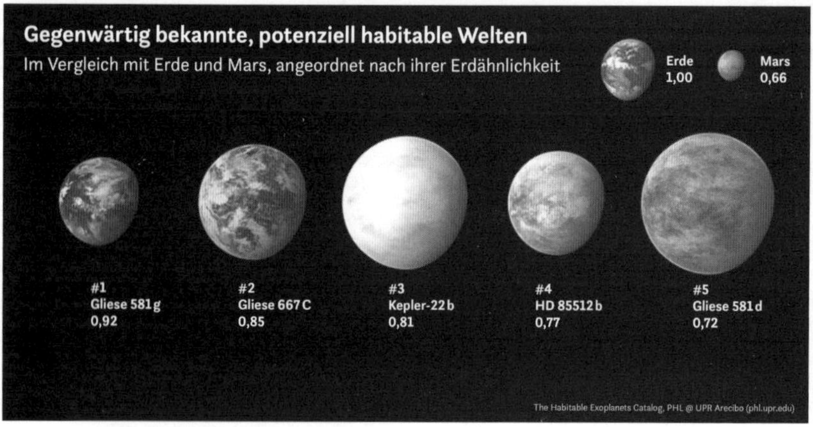

Relative Größe der Erde im Vergleich zu bislang entdeckten Supererden, die um andere Sterne kreisen.

Nach der Analyse einer großen Anzahl dieser Planeten haben Astronomen festgestellt, dass diese sich gewöhnlich in zwei Kategorien einteilen lassen. Die eine Kategorie bilden die Supererden (wie diejenigen in der Abbildung), die wir bereits diskutiert haben, die andere die «Mini-Neptune». Dabei handelt es sich um Gasplaneten von zwei- bis vierfacher Erdgröße, die keinem Planeten in unserer unmittelbaren Nachbarschaft ähneln; unser Neptun ist vier Mal so groß wie die Erde. Sobald ein kleiner Planet entdeckt wird, versuchen Astronomen zu entscheiden, in welche Kategorie er gehört. Das ist Biologen vergleichbar, die versuchen, ein neues Tier entweder als Reptil oder als Säuger zu klassifizieren. *Ein* Rätsel ist, warum diese Kategorien in unserem eigenen Sonnensystem nicht repräsentiert sind, während sie woanders im Weltall offenbar häufig auftreten.

Vagabundierende Planeten

Vagabundierende Planeten oder Wanderplaneten gehören zu den seltsamsten Himmelskörpern, die bisher entdeckt wurden. Sie wandern durch die Galaxie, ohne um irgendeinen bestimmten Stern zu kreisen. Wahrscheinlich stammen sie aus einem Sonnensystem, gerieten aber zu nahe an einen Exoplaneten von Jupitergröße und wurden tief ins All katapultiert. Wie bereits erwähnt, haben diese jupitergroßen Planeten häufig eine stark elliptische Umlaufbahn oder bewegen sich in einer Spirale auf den Mutterstern zu. Die Wahrscheinlichkeit ist groß, dass sich ihre Bahn mit der kleinerer Planeten kreuzt, und infolgedessen könnte es sein, dass es mehr vagabundierende Planeten als andere gibt. Einigen Computermodellen zufolge könnte unser eigenes Sonnensystem tatsächlich vor Milliarden Jahren zehn Planeten «hinausgeworfen» haben.

Da sich vagabundierende Planeten nicht in der Nähe einer Lichtquelle aufhalten, schien jeder Versuch, sie zu lokalisieren, zunächst hoffnungslos. Astronomen ist es jedoch gelungen, einige mit Hilfe der Gravitationslinsentechnik aufzuspüren, die eine sehr präzise und ziemlich seltene lineare Anordnung zwischen Hintergrundstern, vagabundierendem Planeten und dem Detektor auf der Erde erfordert. Deshalb muss man Millionen Sterne scannen, um eine Handvoll vagabundierender Planeten zu entdecken. Zum Glück lässt sich dieser Prozess automatisieren, sodass Computer und nicht Astronomen diese Arbeit tun können.

Bisher sind 20 potenzielle vagabundierende Planeten identifiziert worden, einer davon in nur sieben Lichtjahren Entfernung von der Erde. Eine andere, neuere Untersuchung, durchgeführt von japanischen Astronomen, fand jedoch noch weitere – bis zu 470 – mögliche Kandidaten. Ihren Schätzungen zufolge könnten zwei vagabundierende Planeten auf jeden Stern in der Milchstraße kommen. Andere Astronomen haben spekuliert, dass die Anzahl der vagabundierenden Planeten die Anzahl der gewöhnlichen Planeten möglicherweise um einen Faktor 100 000 übersteigt.

Könnte Leben, wie wir es kennen, auf vagabundierenden Planeten existieren? Das hängt von den Umständen ab. Wie Jupiter und Saturn könnten viele von ihnen eisbedeckte Monde haben. Wenn es so wäre, könnten Gezeitenkräfte das Eis schmelzen, sodass sich Ozeane bilden, in denen Leben entstehen kann. Doch neben Sonnenlicht und Gezeitenkräften gibt es eine dritte Möglichkeit für einen Wanderplaneten, eine Energiequelle zu nutzen, um Leben zu schaffen: Radioaktivität.

Eine Episode aus der Geschichte der Naturwissenschaften soll diesen Punkt illustrieren. Gegen Ende des 19. Jahrhunderts zeigte eine simple Rechnung des Physikers Lord Kelvin, dass sich die Erde ein paar Millionen Jahre nach ihrer Entstehung abgekühlt haben sollte und daher tiefgefroren wie auch lebensfeindlich sein müsste. Dieses Ergebnis entzündete eine heftige Debatte mit Biologen und Geologen, die darauf beharrten, dass die Erde Milliarden Jahre alt war. Die Physiker erkannten ihren Irrtum, als Madame Curie und andere die Radioaktivität entdeckten. Es ist die im Erdkern aus langlebigen radioaktiven Elementen wie Uran freigesetzte Kernenergie, die den Erdkern seit Milliarden Jahren warm hält.

Astronomen spekulieren, dass vagabundierende Planeten ebenfalls über einen radioaktiven Kern verfügen können, der die nötige Wärme für heiße Quellen und vulkanische Schlote auf dem Grund eines Meeres liefert, wo die Verbindungen des Lebens synthetisiert werden könnten. Wenn vagabundierende Planeten also tatsächlich so zahlreich sind, wie manche Experten vermuten, dann könnte es sein, dass die Wahrscheinlichkeit, in der Galaxie

Leben zu finden, nicht in der habitablen Zone von Sternen am höchsten ist, sondern auf den vagabundierenden Planeten und ihren Monden.

Hantelplaneten

Astronomen beschäftigen sich zudem mit einer Fülle von wirklich erstaunlichen Planeten, von denen einige jeder Kategorisierung trotzen.

In dem Film *Krieg der Sterne* dreht sich der Planet Tatooine um zwei Sterne. Einige Wissenschaftler spotteten über diese Vorstellung, denn ein solcher Planet hätte eine instabile Umlaufbahn und würde in einen der beiden Sterne stürzen. Aber es sind bereits Planeten dokumentiert worden, die um drei Sterne kreisen, wie im Centauri-System. Wir sind sogar auf Vier-Sterne-Systeme gestoßen, bei denen sich zwei Doppelsternsysteme umeinander bewegen.

Ein anderer Planet ist entdeckt worden, der anscheinend aus Diamanten besteht. Er trägt den Namen 55 Cancri e und ist etwa doppelt so groß wie die Erde, wiegt aber rund acht Mal mehr. 2016 gelang es dem Hubble-Weltraumteleskop, seine Atmosphäre zu analysieren – das erste Mal, dass dies bei einem felsigen Exoplaneten geschah. Es wurden Wasserstoff und Helium entdeckt, aber kein Wasserdampf. Später stellte sich heraus, dass der Planet reich an Kohlenstoff war, der rund ein Drittel seiner Masse ausmachen könnte. Mit einer Temperatur von 5400 Kelvin ist er zudem glühend heiß. Eine Theorie spekuliert, dass Hitze und Druck im Kern des Planeten so außerordentlich sein könnten, dass der Planet sich in einen Diamanten verwandelt hat. Diese funkelnden Ablagerungen sind, wenn sie denn tatsächlich existieren sollten, 40 Lichtjahre entfernt, daher ist ein Abbau jenseits unserer gegenwärtigen Möglichkeiten.

Mögliche Wasserwelten und Eiswelten sind ebenfalls entdeckt worden. Das ist nicht unbedingt unerwartet. Vermutlich war unser eigener Planet in seiner Frühgeschichte von Eis bedeckt – eine Schneeballerde. Zu anderen Zeiten, als die Eismassen sich zurückzogen, war der Planet von Wasser überflutet. Gliese 1214 b, der erste von sechs bekannten möglicherweise wasserbedeckten Exoplaneten, wurde 2009 entdeckt. Er ist 42 Lichtjahre entfernt und sechs Mal größer als die Erde, liegt außerhalb der habitablen Zone und umkreist seine Sonne 70 Mal näher als die Erde unsere Sonne. Die Temperatur auf dem Planeten kann bis auf 280 °Celsius steigen, daher kann Leben, wie wir es kennen, dort wohl nicht existieren. Mit Hilfe verschiedener Filter zur Analyse von Licht des Muttersterns, das in der Atmosphäre des Planeten gestreut wird, sind jedoch signifikante Mengen an Wasser nachgewiesen worden. Aufgrund der hohen Temperatur und des hohen Drucks, die auf dem Planeten herrschen, liegt das Wasser vielleicht nicht in der üblichen flüssigen Form vor. Möglicherweise handelt es sich bei Gliese 1214 b um einen Wasserdampfplaneten.

Wir sind auch zu erstaunlichen Erkenntnissen über Sterne gelangt. Früher nahmen wir an, dass unser gelber Stern typisch für das Universum sei, doch inzwischen glauben Astronomen, dass lichtschwache Rote Zwerge, die nur einen Bruchteil des Lichts unserer Sonne emittieren und gewöhnlich mit bloßem Auge nicht zu erkennen sind, den häufigsten Sterntyp darstellen. Einer Schätzung zufolge sind 85 Prozent der Sterne in der Milchstraße Rote Zwerge. Je kleiner ein Stern ist, desto langsamer verbrennt er seinen Wasserstoff und umso länger kann er leuchten. Rote Zwerge haben möglicherweise eine Lebenserwartung von Billionen Jahren, weitaus mehr als die auf zehn Milliarden Jahre begrenzte Lebensspanne unserer Sonne. Vielleicht ist es nicht erstaunlich, dass bei Proxima Centauri b und dem TRAPPIST-System aufgrund ihrer Häufigkeit beide Male Rote Zwerge im Spiel sind. Daher könnte das Areal rund um diese Sterne zu den vielversprechendsten Lokalitäten zählen, um nach weiteren erdähnlichen Planeten Ausschau zu halten.

Planetenzählung

Die Kepler-Sonde hat genügend Planeten in der Galaxie analysiert, um einen groben Zensus zu ermöglichen. Die Daten sprechen dafür, dass im Durchschnitt jeder Stern, den man sieht, von einem Planeten irgendeines Typs umkreist wird. Rund 20 Prozent der Sterne verfügen wie unsere Sonne über erdähnliche Planeten – also Planeten, die ähnlich groß sind wie die Erde und in der habitablen Zone liegen. Da es in der Milchstraße rund 100 Milliarden Sterne gibt, könnten in unserem Hinterhof annähernd 20 Milliarden erdähnliche Planeten existieren. Und das ist noch eine konservative Schätzung – die tatsächliche Anzahl könnte noch viel höher liegen.

Nachdem das Kepler-Weltraumteleskop Berge an Daten gesammelt hat, die unser Konzept des Universums verändert haben, zeigt es inzwischen leider erste Verschleißerscheinungen. Im Jahr 2013 begann eines der Gyroskope zu versagen und verlor seine Fähigkeit, das Teleskop auf Planeten auszurichten.

Weitere Missionen sind jedoch in Planung, die unser Verständnis von Exoplaneten erweitern werden. Am 18. April 2018 startete das Weltraumteleskop TESS (*Transiting Exoplanet Survey Satellite*). Anders als das Kepler-Teleskop kann es den ganzen Himmel scannen. Im Lauf von zwei Jahren soll TESS 200 000 Sterne scannen und sich dabei auf Sterne konzentrieren, die 30 bis 100 Mal heller sind als die von Kepler inspizierten Sterne, darunter die möglichen erdgroßen Planeten oder Supererden in unserer Region der Galaxie, eine Anzahl, die von Astronomen auf rund 500 geschätzt wird. Des Weiteren wird das James Webb Space Telescope, der Ersatz für das Hubble Space Telescope, in Kürze eingeweiht werden und sollte in der Lage sein, einige dieser Exoplaneten direkt zu fotografieren.

Erdähnliche Planeten könnten die Hauptziele zukünftiger Raumschiffe sein. Nun, da wir kurz davor stehen, sie genauer zu untersuchen, ist es wichtig, sich zwei Fragen zu stellen: Wie können wir die biologischen Anforderungen meistern, die ein Leben im All mit sich bringt, und wie verhalten wir uns, wenn wir mit außerirdischem Leben in Berührung kommen? Zunächst müssen wir einen Blick auf unsere Existenz auf der Erde werfen und Möglichkeiten prüfen, sie zu verbessern und zu erweitern, um neuen Herausforderungen gewachsen zu sein. Dazu könnte gehören, uns selbst zu modifizieren, unsere Lebensspanne zu verlängern, unsere Physiologie anzupassen und sogar unser genetisches Erbe zu verändern. Zudem müssen wir darauf vorbereitet sein, auf diesen Planeten wirklich allem zu begegnen, von Mikroorganismen bis zu fortgeschrittenen Zivilisationen. Wer mag sich dort draußen aufhalten und was würde es für uns bedeuten, mit dem zusammenzutreffen, was dort draußen ist?

Teil III
Leben im Universum

Die Äonen für eine Reise durch die Galaxis können unsterbliche nicht schrecken.

Sir Martin Rees,
englischer Hofastronom

Kapitel 10
Unsterblichkeit

Der Film *Für immer Adeline* erzählt die Geschichte einer Frau, die 1908 geboren wird und in einem Schneesturm erfriert. Zum Glück wird sie von einem merkwürdigen Blitz getroffen, der sie wieder zum Leben erweckt. Dieses spezielle Ereignis verändert ihre DNA, weshalb sie geheimnisvollerweise aufhört zu altern.

Sie bleibt also jung, während ihre Freunde und Liebhaber älter werden. Natürlich kommen Gerüchte über ihre grenzenlose Jugend auf, und sie zieht sich aus der Gesellschaft zurück und spricht kaum noch mit anderen Menschen. Die Unsterblichkeit empfindet sie nicht als Geschenk, sondern als Fluch.

Schließlich stirbt sie bei einem Autounfall. In der Ambulanz erweckt sie der Elektroschock des Defibrillators nicht nur wieder zum Leben, er macht auch die genetischen Effekte des Blitzschlags rückgängig, und sie wird sterblich. Statt über den Verlust ihrer Unsterblichkeit zu jammern, jubelt sie, als sie ihr erstes graues Haar entdeckt.

Während Adeline letztendlich die Verheißungen der Unsterblichkeit zurückweist, bewegt sich die heutige Wissenschaft in eine andere Richtung: Sie unternimmt enorme Anstrengungen, das Altern zu verstehen. Wissenschaftler, die mit der Erkundung ferner Welten befasst sind, sind an dieser Forschung besonders interessiert, weil die Entfernungen zu den Sternen so groß sind, dass ein Raumschiff Jahrhunderte brauchen könnte, sein Ziel zu erreichen. Deshalb könnte das Vorhaben, ein Raumschiff zu bauen, die Reise zu den Sternen zu überleben und sich auf einem fernen Planeten niederzulassen, einige Generationen in Anspruch nehmen. Um die Reise zu überleben, müssten wir entweder Multi-Generationen-Schiffe bauen, die Lebensfunktionen unserer Astronauten und Pioniere vorübergehend aussetzen oder ihre Lebensspanne verlängern.

Wir wollen nun jede dieser Möglichkeiten untersuchen, mit denen Menschen zu den Sternen reisen könnten.

Multi-Generationen-Schiffe

Nehmen wir an, irgendwo im Weltraum wäre ein Zwillingsplanet der Erde entdeckt worden, der über eine Sauerstoff-Stickstoff-Atmosphäre, flüssiges Wasser und einen festen Kern verfügt und auch in der Größe der Erde ähnelt. Das hört sich zunächst wie ein idealer Kandidat für eine Besiedelung an. Doch dann erfährt man, dass dieser Zwilling 100 Lichtjahre von der Erde entfernt ist. Dann würde ein Raumschiff, das möglicherweise einen Fusionsantrieb oder einen Antimaterie-Antrieb nutzt, 200 Jahre brauchen, um dorthin zu gelangen.

Wenn eine Generation etwa 20 Jahren entspricht, würden also zehn Generationen auf dem Raumschiff geboren, das dann die einzige Heimat wäre, die sie kennen werden.

Wem das ziemlich entmutigend erscheint, der denke an die mittelalterlichen Meisterarchitekten, die riesige Kathedralen in dem Wissen entwarfen, dass sie selbst nicht lange genug leben würden, um die Vollendung ihrer Meisterwerke zu erleben. Ihnen war klar, dass vielleicht ihre Enkel diejenigen wären, die die Eröffnung der Kathedrale feiern könnten.

Man denke auch daran, dass während der großen Wanderung, als vor etwa 75 000 Jahren Menschen auf der Suche nach einer neuen Heimat Afrika verließen, ihnen klar war, dass es vielleicht viele Generationen dauern würde, bis sie ihre Reise beendet hätten. Das Konzept einer Multi-Generationen-Reise ist also keineswegs neu.

Allerdings begegnet man Problemen, wenn man in einem Raumschiff reist. Zunächst einmal muss die Population sehr sorgfältig ausgewählt sein und aus mindestens 200 Menschen pro Raumschiff bestehen, damit eine ausreichende Fortpflanzung garantiert ist. Ferner muss die Bevölkerungsanzahl kontrolliert werden, sodass sie relativ konstant bleibt und nicht die Vorräte vorzeitig erschöpft. Selbst die kleinste Abweichung in der Bevölkerungszahl könnte, akkumuliert über zehn Generationen, zu einer desaströsen Über- oder Unterbevölkerung führen, was die gesamte Mission in Gefahr brächte. Daher könnte eine Reihe von Methoden wie Klonen, künstliche Besamung und In-vitro-Fertilisation nötig sein, um eine Population über lange Zeit stabil zu halten.

Des Weiteren müsste man auch mit den Ressourcen sorgfältig umgehen. Lebensmittel und Abfälle müssten fortwährend recycelt werden. Nichts dürfte man wegwerfen.

Außerdem könnte Langeweile ein Problem werden. Zum Beispiel klagen Menschen, die auf einer kleinen Insel leben, häufig über einen «Inselkoller» – das intensive Gefühl von Klaustrophobie und das brennende Bedürfnis, die Insel zu verlassen und neue Welten zu entdecken. Eine mögliche Lösung läge in der Benutzung virtueller Realität, um darin erdachte, fantasievolle Welten mit Hilfe von fortgeschrittenen Computersimulationen zu entwerfen. Eine andere Möglichkeit besteht darin, Ziele zu setzen, Wettbewerbe zu organisieren, Aufgaben und Jobs für die Reisenden zu schaffen, sodass ihr Leben Ziel und Zweck bekommt.

Dazu kommt, dass an Bord des Schiffes Entscheidungen getroffen werden müssen, die zum Beispiel die Verteilung von Gütern und Pflichten betreffen. Man wird ein Gremium brauchen, das die alltägliche Steuerung des Schiffs überwacht. Doch damit bleibt die Möglichkeit bestehen, dass eine künftige Generation möglicherweise die ursprüngliche Mission nicht mehr erfüllen will oder dass ein charismatischer Demagoge die Führung an sich reißt und das Missionsziel verändert.

Es gibt jedoch eine Möglichkeit, viele dieser Probleme zu umgehen: die Lebensfunktionen der Reisenden vorübergehend auszuschalten – den kontrollierten Scheintod.

Tiefkühlschlaf

In dem Film *2001 – Odyssee im Weltraum* wird die Besatzung eines riesigen Raumschiffes, das sich auf dem Weg zu Jupiter befindet, in Tiefkühlbehältern tiefgefroren. Ihre Körperfunktionen sind auf null reduziert, sodass keine der Komplikationen eines Multi-Generationen-Schiffes auftreten kann. Da die Passagiere tiefgefroren sind, müssten sich die Planer der Mission keine Sorgen um die Ressourcen oder die Stabilität der Population machen.

Doch ist das wirklich möglich?

Wer schon einmal im nordischen Winter gelebt hat, weiß, dass Fische und Frösche tiefgefroren sein können und dass, wenn das Eis im Frühjahr schmilzt, sie wieder auftauen, als sei nichts gewesen.

Normalerweise wäre zu erwarten, dass das Einfrieren diese Tiere tötet. Wenn man die Temperatur des Bluts reduziert, bilden sich langsam wachsende Eiskristalle sowohl innerhalb der Zellen, wo sie letztendlich die Zellwand zerstören, als auch außerhalb der Zellen, wo sie möglicherweise die Zellen zusammendrücken und zerquetschen. Mutter Natur löst dieses Problem auf einfache Weise: mit einem Frostschutzmittel. Im Winter füllen wir Frostschutzmittel in unsere Autokühler, um den Gefrierpunkt von Wasser herabzusetzen. Auf dieselbe Weise benutzt Mutter Natur Glykol als Frostschutzmittel. Obwohl die Tiere also in einem Eisblock eingefroren sind, bleibt das Blut in ihren Adern flüssig und kann grundlegende Körperfunktionen aufrechterhalten.

Für uns Menschen wäre eine derart hohe Glykolkonzentration im Körper giftig und würde uns töten. Deswegen haben Wissenschaftler mit anderen Arten chemischer Frostschutzmittel experimentiert und sind dabei auf den Prozess der Vitrifikation gestoßen, bei dem eine Kombination verschiedener Chemikalien zur Herabsetzung des Gefrierpunkts benutzt wird, ohne dass sich Eiskristalle bilden können. Obwohl das ganz vielversprechend klingt, sind die Ergebnisse bislang enttäuschend. Vitrifikation hat häufig gegenläufige Nebenwirkungen. Die Chemikalien sind oft giftig und können sogar tödlich sein. Bis heute ist noch niemand komplett tiefgefroren worden, wurde dann wieder aufgetaut und hat weitergelebt, um uns Bericht zu erstatten. Wir sind also noch weit von einem kontrollierten Scheintod entfernt. (Das hat Unternehmer aber nicht davon abgehalten, diese Methode, dem Tod ein Schnippchen zu schlagen, zu vermarkten. Sie behaupten, dass Menschen mit einer tödlichen Erkrankung eingefroren werden, natürlich gegen eine beträchtliche Gebühr, und Jahrzehnte später wiederbelebt werden, wenn man ihre Krankheiten behandeln kann. Es gibt jedoch absolut keinen experimentellen Beweis, dass dieses Verfahren funktioniert.) Wissenschaftler hoffen, dass diese technischen Fragen im Laufe der Zeit gelöst werden können.

Theoretisch ist der kontrollierte Scheintod also scheinbar der ideale Weg, um viele der Probleme einer Langzeitreise zu lösen. Obwohl er heute keine praktikable Option darstellt, könnte er in Zukunft eine der wichtigsten Methoden werden, interstellare Missionen zu überleben.

Allerdings gibt es ein Problem mit dem kontrollierten Scheintod. Bei einem unerwarteten Notfall, wie zum Beispiel einem Asteroideneinschlag, würde man wahrscheinlich Menschen brauchen, um den Schaden einzudämmen. Man könnte zwar Roboter aktivieren, um die ersten Reparaturen vorzunehmen, doch bei einem wirklich ernsten Notfall wären menschliche Erfahrung und Urteilsvermögen gefragt. Das könnte bedeuten, dass einige Reisende, die Ingenieure sind, möglicherweise wiederbelebt werden müssten, doch wäre diese Notfalloption fatal, wenn es zu lange dauert, die Ingenieure wiederzubeleben, der menschliche Eingriff aber auf der Stelle notwendig ist. Das ist ein Schwachpunkt bei interstellaren Reisen, die auf kontrolliertem Scheintod beruhen. Vielleicht muss man eine kleine Multi-Generationen-Besatzung von Ingenieuren im Wachzustand halten, damit sie während der ganzen Reise einsatzbereit sind.

Auftritt der Klone

Ein weiterer Vorschlag, die Galaxie zu besiedeln, besteht darin, Embryonen mit unserer DNA in den Raum zu entsenden und zu hoffen, dass sie eines Tages an einem weit entfernten Bestimmungsort zum Leben erweckt werden können.[1] Oder wir könnten den DNA-Code selbst senden, sodass daraus letztendlich neue Menschen geschaffen werden könnten. (Diese Methode wurde in dem Film *Man of Steel* erwähnt. Obwohl Krypton, der Heimatplanet von Superman, explodiert war, waren die Kryptonier fortgeschritten genug, die DNA der gesamten kryptonischen Bevölkerung zu sequenzieren, bevor der Planet explodierte. Der Plan bestand darin, diese Information auf einen Planeten wie die Erde zu schaffen, um das Genom dort zur Erzeugung von Klonen der ursprünglichen Kryptonier zu benutzen. Das einzige Problem bestand darin, dass man dazu die Erde erobern und die Menschen loswerden musste, die dem Plan unglücklicherweise im Weg standen.)

Der Weg über das Klonen hat einige Vorteile. Statt große Mengen irdischer Ausrüstung und Überlebenssysteme in riesigen Raumtransportern auf die Reise zu schicken, wäre es mit der Übertragung von DNA getan. Selbst große Tanks mit menschlichen Embryonen würden leicht in ein Standardraumschiff passen. Natürlich haben sich Science-Fiction-Autoren schon ausgemalt, dass genau das vor Urzeiten passiert ist, als eine vormenschliche Spezies ihre DNA in diesem Teil der Galaxis verbreitet und damit die Entwicklung der Menschheit ermöglicht hat.

Dieser Vorschlag hat allerdings einige Nachteile. Bislang ist noch nie ein menschliches Wesen geklont worden, das könnte in Zukunft aber möglich werden. Dann könnte man Roboter entwerfen, die die Klone erzeugen und sie unterstützen.

Insbesondere aber wären menschliche Klone Wesen, die zwar genetisch mit uns identisch sind, aber nicht unsere Erinnerungen und unsere Persönlichkeit haben. Sie wären wie ein leeres Blatt.

Zurzeit liegt die Fähigkeit, die gesamte Erinnerung und Persönlichkeit einer Person auf diese Weise zu übertragen, weit jenseits unserer Möglichkeiten. Wiederum braucht man dazu eine Technologie, die zu entwickeln Jahrzehnte oder Jahrhunderte dauert, falls es überhaupt möglich ist.

Aber vielleicht besteht, statt tiefgefroren oder geklont zu werden, ein weiterer Weg zu den Sternen darin, den Alterungsprozess zu verlangsamen oder vielleicht sogar zu stoppen.

Die Suche nach Unsterblichkeit

Die Suche nach dem ewigen Leben ist eines der ältesten Themen der Literatur. Das Thema reicht bis zum Gilgamesch-Epos zurück, das vor nahezu 5000 Jahren geschrieben wurde. Dieses Gedicht erzählt die Heldentaten eines sumerischen Kriegers während einer gefahrvollen Suche. Auf seiner Reise besteht er viele Abenteuer und begegnet insbesondere einem Menschen, der an den biblischen Noah erinnert, welcher die Große Flut erlebt hat. Das Ziel dieser langen Reise besteht darin, das Geheimnis der Unsterblichkeit zu finden. In der Bibel hat Gott Adam und Eva aus dem Garten Eden vertrieben, nachdem sie gegen seinen Willen vom Baum der Erkenntnis gegessen hatten. Gott war zornig, weil sie diese Erkenntnis möglicherweise hätten nutzen können, um unsterblich zu werden.

Die Menschheit war schon immer von der Unsterblichkeit fasziniert. Über weite Strecken in der menschlichen Geschichte starben Kinder schon bei der Geburt, und die glücklichen, die überlebten, nagten häufig ihr Leben lang am Hungertuch. Epidemien breiteten sich rasch aus, sanitäre Anlagen gab es nicht, Krankenhäuser, soweit es sie überhaupt gab, waren Sterbehäuser für die Armen. In ihnen wurden mittellose, von Hunger gezeichnete Patienten verwahrt, während sich die Reichen private Ärzte leisten konnten. Doch auch die Reichen fielen Krankheiten zum

Opfer, und ihre privaten Ärzte waren kaum mehr als Quacksalber. (Ein Doktor im Mittleren Westen führte Tagebuch über seine täglichen Patientenbesuche. Er gestand ein, dass es in seinem schwarzen Arztkoffer lediglich zwei Mittel gab, die wirklich halfen. Alles andere war Mumpitz. Die einzigen wirklichen Hilfsmittel waren eine Säge, um verletzte und kranke Gliedmaßen abzutrennen, und Morphin, um den Schmerz bei der Amputation zu lindern.)

Um 1900 lag die offizielle Lebenserwartung in den Vereinigten Staaten bei 49 Jahren. Doch erhöhten zwei Revolutionen diese Zahl um zwei Jahrzehnte. Zum Ersten verbesserte sich die sanitäre Versorgung, sodass wir sauberes Wasser und eine Müllabfuhr bekamen, was dazu beitrug, einige der schlimmsten Epidemien und Krankheiten zu beseitigen. Das steigerte die mittlere Lebenserwartung um etwa 15 Jahre.

Die nächste Revolution fand in der Medizin statt. Wir halten es oft für selbstverständlich, dass unsere Vorfahren in tödlicher Angst vor einem Bestiarium alter Krankheiten lebten (wie Tuberkulose, Windpocken, Masern, Polio, Keuchhusten und so weiter). In der Nachkriegszeit wurden diese Erkrankungen im Wesentlichen durch Antibiotika und Impfstoffe besiegt, wodurch weitere 10 Jahre zur Lebenserwartung hinzukamen. Während dieser Zeit änderte sich der Ruf von Krankenhäusern ganz entscheidend. Sie wandelten sich zu Orten, an denen Krankheiten tatsächlich geheilt werden konnten.

Dieses Streben nach Unsterblichkeit ist sehr alt, doch neu ist die Tatsache, dass diese Frage inzwischen die Aufmerksamkeit einiger der reichsten Menschen der Erde erregt hat. Tatsächlich gibt es eine Reihe von Silicon-Valley-Unternehmern, die Millionen investieren, das Altern zu besiegen. Sie begnügen sich nicht damit, die Welt zu vernetzen, ihr nächstes Ziel besteht darin, ewiges Leben zu ermöglichen. Sergey Brin, der Mitbegründer von Google, erhofft sich nicht weniger als ein «Heilmittel gegen den Tod». Und das von Brin geführte Unternehmen Caliko könnte letztendlich

Milliarden in eine Zusammenarbeit mit dem pharmazeutischen Unternehmen AbbVie stecken, um dieses Problem anzugehen. Larry Ellison, der Mitbegründer von Oracle, findet die Akzeptanz von Sterblichkeit unbegreiflich. Peter Thiel, der Mitbegründer von Paypal, möchte nur bescheidene 120 Jahre leben, während der russische Internet-Tycoon Dmitri Itskov 10 000 Jahre leben will. Mit der Unterstützung von Leuten wie Brin und technologischen Innovationen könnten wir letztendlich in der Lage sein, die volle Kraft moderner Wissenschaft zu nutzen, um dieses uralte Rätsel zu lösen und unsere Lebensspanne auszudehnen.

Kürzlich haben Wissenschaftler einige der grundlegenden Geheimnisse des Alterungsprozesses aufgedeckt. Nach Jahrhunderten von Fehlstarts gibt es nun einige wenige zuverlässige und überprüfbare Theorien, die vielversprechend erscheinen. Die Stichworte lauten Kalorienrestriktion, Telomerase und alternde Gene.

Nur eine der drei zugehörigen Theorien hat die Lebensspanne von Tieren nachweisbar verlängert, teilweise sogar verdoppelt. Es handelt sich um die Beschränkung der Kalorienzufuhr in der Nahrungsaufnahme.

Im Schnitt lebten Tiere, die 30 Prozent weniger Kalorien zu sich nahmen, 30 Prozent länger. Das wurde flächendeckend nachgewiesen an Hefezellen, Würmern, Insekten, Mäusen und Ratten, Hunden und Katzen und jüngst auch an nichtmenschlichen Primaten. Tatsächlich ist es die einzige Methode, deren Wirkung auf die Lebensdauer von Tieren, soweit man sie bisher getestet hat, wissenschaftlich unumstritten ist. Das einzige wichtige Tier, das noch nicht untersucht wurde, ist der Mensch.

Die Theorie dazu besagt, dass Tiere in der Wildnis natürlicherweise in einem Zustand des Hungers leben. Diese Tiere nutzen ihre begrenzten Ressourcen, um sich in Zeiten des Überflusses zu vermehren, doch während karger Zeiten gehen sie in eine Art Winterschlaf über, um ihre Ressourcen zu schonen und die Mangelperiode zu überstehen. Indem man Tiere kalorienarm ernährt, wird diese zweite biologische Reaktion hervorgerufen und sie leben länger.

Ein Problem mit der Kalorienbegrenzung besteht freilich darin, dass die Tiere lethargisch und lustlos werden und ihr Interesse an Sex verlieren. Und die meisten Menschen würden vor der Aussicht, 30 Prozent weniger Kalorien zu sich zu nehmen, zurückschrecken. Also würde die pharmazeutische Industrie gerne Substanzen finden, die diesen Prozess steuern und die Auswirkungen der Kalorienrestriktion ohne ihre abschreckenden Nebenwirkungen in den Griff bekommen.

1939 wurde eine vielversprechende Substanz namens Resveratrol isoliert. Resveratrol, das man in Rotwein findet, aktiviert die Expression der Sirtuin-Gene, was nachweisbar Oxidationsprozesse verlangsamt, bei denen es zur Bildung freier Radikale kommt, eine typische Komponente beim Altern, und daher könnte es helfen, den Körper vor altersbedingten molekularen Schäden zu schützen.

Ich habe einmal Leonard P. Guarente interviewt, den MIT-Forscher, der als einer der Ersten die Beziehung zwischen diesen chemischen Verbindungen und dem Alterungsprozess nachgewiesen hat. Er war überrascht über die Zahl an Gesundheitsaposteln, die sich daran klammerten, als sei das ein Jungbrunnen. Guarente glaubte nicht, dass das funktionieren würde, ließ aber die Möglichkeit offen, dass Resveratrol und diese Substanzen eine Rolle spielen könnten, wenn jemals ein taugliches Mittel gegen das Altern gefunden würde. Er hat sogar ein Unternehmen mitgegründet, Elysium Health, um diese Möglichkeiten zu erforschen.

Ein anderer Schlüssel zur Frage des Alterns könnte die Telomerase sein, die dazu beiträgt, unsere biologische Uhr zu regulieren. Jedes Mal, wenn sich eine Zelle teilt, werden die Enden der Chromosomen, die man Telomere nennt, ein wenig kürzer. Schließlich, nach ungefähr 50 bis 60 Teilungen, sind die Telomere so kurz, dass sie verschwinden und das Chromosom zu zerfallen beginnt. Damit tritt die Zelle in ein Stadium der Vergreisung ein und funktioniert nicht mehr verlässlich. Also gibt es eine Grenze dafür, wie oft sich Zellen teilen können, die man Hayflick-Limit nennt. Ich habe einmal Doktor Leonard Hayflick interviewt, der nur lachte, als er gefragt wurde, ob der Hayflick-Limit irgendwie verwendet werden kann, um uns vor dem Tod zu schützen. Er war extrem skeptisch und räumte ein, dass diese biologische Grenze für den Alterungsprozess fundamental ist, doch die Konsequenzen seiner Entdeckung werden immer noch erforscht, und weil Altern ein komplexer biochemischer Vorgang ist, bei dem viele Stoffwechselwege eine Rolle spielen, sind wir noch weit davon entfernt, diese Grenze beim Menschen hinauszuschieben.

Die Nobelpreisträgerin Elizabeth Blackburn ist optimistischer und behauptet: «Jeder dieser Hinweise, einschließlich der Genetik, zeigt uns, «dass es einen kausalen Zusammenhang zwischen [den Telomeren] und den hässlichen Dingen gibt, die beim Altern passieren.«[2] Sie merkt an, dass es eine direkte Verbindung zwischen verkürzten Telomeren und bestimmten Krankheiten gibt. Wenn zum Beispiel Ihre Telomere das letzte Drittel ihrer Länge erreicht haben, erhöht dies Ihr Risiko für eine koronare Herzerkrankung um 40 Prozent. «Die Verkürzung der Telomere», schlussfolgert sie, «scheint dem Risiko für tödliche Erkrankungen wie Herzkrankheiten, Diabetes, Krebs, ja sogar Alzheimer, zugrunde zu liegen.»

Kürzlich haben Wissenschaftler mit der Telomerase experimentiert, dem Enzym, das von Blackburn und ihren Kollegen entdeckt wurde und das die Verkürzung der Telomere verhindert. In gewisser Weise kann es «die Uhr anhalten». Wenn man Zellen in Telomerase badet, können sie sich unbegrenzt teilen, weit über das Hayflick-Limit hinaus. Ich habe einmal Dr. Michael D. West, damals bei der Geron Corporation, interviewt, der mit Telomerase experimentiert und behauptet, dass er Hautzellen im Labor unsterblich machen kann, sodass sie unbegrenzt lange leben. Die Hautzellen in seinem Labor können sich hunderte Male teilen, nicht nur 50 oder 60 Mal.

Man sollte jedoch hervorheben, dass man mit Telomerase sehr vorsichtig umgehen muss, weil auch Krebszellen unsterblich sind und die Telomerase nutzen, um diese Unsterblichkeit zu erlangen. Tatsächlich ist eines der Dinge, die Krebszellen von normalen Zellen unterscheiden, dass sie ewig leben und sich ohne Limit teilen, wobei sie letztendlich die tödlichen Tumoren hervorbringen. Krebs könnte also ein unerwünschtes Nebenprodukt der Nutzung von Telomerase sein.

Genetik des Alterns

Eine weitere Möglichkeit, den Alterungsprozess zu überlisten, besteht in genetischer Manipulation.

Dass das Altern stark von unseren Genen beeinflusst wird, ist ganz offensichtlich. Manche Schmetterlinge leben, nachdem sie ihren Kokon verlassen haben, nur noch wenige Tage oder Wochen. Labormäuse leben in der Regel nur etwa zwei Jahre. Hunde altern etwa 7 Mal schneller als Menschen und leben etwas länger als 10 Jahre.

Im Tierreich findet man auch Tiere, die derart lang leben, dass ihre Lebenszeit schwer zu bestimmen ist. Im Jahr 2016 berichteten Wissenschaftler in der Fachzeitschrift *Science*, dass Grönlandhaie im Durchschnitt 272 Jahren alt werden und damit die 200-Jahre-Marke des Grönlandwals noch übertreffen, was den Grönlandhai zum langlebigsten Wirbeltier macht. Die Forscher berechneten das Alter dieser Haie, indem sie die Linsenkerne ihrer Augen analysierten, die im Lauf der Zeit Schicht um Schicht wie eine Zwiebel wachsen. Sie entdeckten sogar einen Hai, der 392 Jahre alt war, und einen weiteren, der möglicherweise sogar 512 Jahre alt ist.

Die Lebenserwartung verschiedener Arten mit unterschiedlicher genetischer Ausstattung variiert also stark. Doch selbst beim Menschen mit seinen nahezu identischen Genen zeigen Studien durchgängig, dass Zwillinge und nahe Verwandte ähnliche Lebenserwartungen haben, während zufällig ausgewählte Personen eine weit größere Variationsbreite zeigen.

Wenn das Altern also zumindest teilweise von unseren Genen gesteuert ist, besteht der Schlüssel darin, die Gene zu isolieren, die das Altern kontrollieren. Dazu gibt es verschiedene Wege.

Ein vielversprechender Weg besteht darin, die Gene junger Menschen mit denen von alten zu vergleichen. Indem man die beiden Gensätze am Computer vergleicht, lässt sich lokalisieren, an welchen Stellen der größte genetische Schaden durch Altern stattfindet.

Beispielsweise altert ein Fahrzeug hauptsächlich am Motor, wo Rost, Abnutzung und Risse den größten Tribut fordern. Die «Motoren» der Zelle sind die Mitochondrien. Dort werden Glucose-Moleküle oxidiert, um Energie zu liefern. Eine sorgfältige Analyse der Mitochondrien-DNA zeigt, dass es hier gehäuft zu Fehlern kommt. Die Hoffnung besteht darin, dass Wissenschaftler eines Tages die zelleigenen Reparaturmechanismen nutzen können, um die sich anhäufenden Fehler in den Mitochondrien zu reparieren und damit das produktive Leben der Zelle zu verlängern.

Thomas Perls von der Boston University hat die Gene von Hundertjährigen unter der Annahme untersucht, dass einige Menschen aufgrund genetischer Ursachen länger leben, und er hat 281 Marker für Gene gefunden, die den Alterungsprozess zu verlangsamen scheinen und diese Hundertjährigen weniger anfällig für Krankheiten machen.

Der Mechanismus des Alterns wird mehr und mehr entschlüsselt, und viele Wissenschaftler zeigen sich vorsichtig optimistisch, dass er in kommenden Jahrzehnten steuerbar sein könnte.[3] Ihre Forschung zeigt, dass das Altern augenscheinlich nicht mehr ist als die Anhäufung von Fehlern in unserer DNA und unseren Zellen, und vielleicht können wir eines Tages diese Schäden verhindern oder sogar rückgängig machen. Tatsächlich sind einige Harvardprofessoren so optimistisch, dass sie Unternehmen in der Hoffnung gegründet haben, von der fortgeschrittenen Altersforschung in ihren Labors profitieren zu können.

Die Tatsache, dass unsere Gene eine wichtige Rolle für die Lebenserwartung spielen, steht also nicht zur Debatte. Das Problem besteht allerdings darin, herauszufinden, welche Gene in diesen Prozess involviert sind, ferner genetische Einflüsse von Umwelteffekten zu trennen und die relevanten Gene zu verändern.

Kontroverse Theorien des Alterns

Einer der ältesten Mythen über das Altern behauptet, man könne sich ewige Jugend verschaffen, indem man das Blut oder die Seele eines jungen Menschen aussauge, so als könnte Jugend wie in der Vampirlegende von einer Person auf die andere übertragen werden. Die Sukkuba ist ein wunderschönes mythisches Geschöpf, das ewig jung bleibt, weil sie Ihnen mit einem Kuss die Jugend aus dem Körper saugt.

Nach heutigen Erkenntnissen könnte diese Idee ein Körnchen Wahrheit enthalten. 1956 vermischte Clive M. McKay von der Cornell University das Blut zweier Ratten, die eine alt und hinfällig und die andere jung und kräftig. Zu seinem Erstaunen schien daraufhin das ältere Nagetier verjüngt zu wirken, während es dem jüngeren genau umgekehrt erging.

Jahrzehnte später, im Jahr 2014, hat Amy Wagers an der Harvard University dieses Experiment wiederholt. Zu ihrer großen Überraschung fand sie denselben Verjüngungseffekt unter Mäusen. Sie isolierte daraufhin ein Protein namens GDH_{11}, das diesem Prozess offenbar zugrunde liegt. Diese Ergebnisse waren so bemerkenswert, dass das Fachjournal *Science* sie zu einem der

10 Durchbrüche des Jahres zählte. Doch haben andere Gruppen in den Jahren nach diesem erstaunlichen Befund diese Ergebnisse zu reproduzieren versucht, allerdings mit sehr unterschiedlichem Erfolg. Es bleibt unklar, ob GDH_{11} eine wirkungsvolle Waffe im Kampf gegen das Altern sein wird.

Eine andere Kontroverse betrifft das Wachstumshormon HGH, das eine enorme Modewelle hervorgerufen hat, doch beruhen die Behauptungen über seine Effektivität bei der Verlangsamung des Alterns auf nur sehr wenigen zuverlässigen Untersuchungen. Im Jahr 2017 fand eine größere Studie der Universität Haifa an mehr als 800 Personen Indizien für den gegenteiligen Effekt, dass HGH in Wirklichkeit die menschliche Lebenserwartung senkt. Außerdem zeigt eine weitere Studie, dass eine genetische Mutation, die in einem verringerten HGH-Spiegel resultiert, die menschliche Lebenserwartung wohl verlängert, damit wäre die Wirkung von HGH eher gegenläufig.

All diese Studien lehren uns eins: Während sich in der Vergangenheit wilde Behauptungen über den Alterungsprozess häufig verflüchtigten, wenn man sie sorgfältig untersuchte, legen Forscher heutzutage Wert auf Überprüfbarkeit, Reproduzierbarkeit und Falsifizierbarkeit von Resultaten, also die Kennzeichen wahrer Wissenschaft.

Die Biogerontologie, eine neue Wissenschaft, die das Geheimnis des Alterungsprozesses zu ergründen versucht, wurde aus der Taufe gehoben. Erst kürzlich hat es einen enormen Aktivitätsschub in diesem Gebiet gegeben und eine Fülle vielversprechender Gene, Proteine, Prozesse und chemischer Substanzen wird analysiert. Dazu gehören $FOXO_3$, DNA-Methylierung, mTOR, Insulinähnlicher Wachstumsfaktor, Ras2, Acarbose, Metformin, Alphaestradiol und so weiter. Jede dieser Substanzen hat enormes Interesse unter Wissenschaftlern geweckt, doch sind die Resultate immer noch vorläufig. Erst die Zeit wird darüber entscheiden, welcher Weg die besten Resultate zu liefern verspricht.

Heutzutage wird der Kampf um die Entdeckung des Jungbrunnens, ein Feld, das einst von Mystikern, Scharlatanen und Quacksalbern beherrscht wurde, von den führenden Wissenschaftlern der Welt ausgefochten. Obwohl noch keine Heilung für das Altern existiert, verfolgen die Forscher vielversprechende Forschungsansätze. Inzwischen können sie bereits die Lebenserwartung bestimmter Tiere vergrößern, doch bleibt abzuwarten, ob man das auf den Menschen übertragen kann.

Trotz des enormen Tempos der Forschung sind wir noch weit davon entfernt, das Rätsel des Alterns zu lösen. Letztendlich mag vielleicht ein Weg gefunden werden, den Alterungsprozess zu verlangsamen oder sogar zu stoppen, indem man eine Kombination verschiedener dieser Ansätze bemüht. Möglicherweise wird die nächste Generation die notwendigen Durchbrüche erzielen. Wie schon Gerald Sussman einst klagte: «Ich glaube nicht, dass die Zeit schon ganz reif ist, doch wir sind nah dran. Ich fürchte nur, dass ich der letzten Generation angehöre, die sterben wird.»[4]

Ein anderer Blick auf Unsterblichkeit

Adeline mag ihre Gabe der Unsterblichkeit ja bedauert haben, und sie ist wahrscheinlich nicht die Einzige, aber viele Menschen möchten weiterhin auf die Auswirkungen des Alters verzichten. In der nächstbesten Drogerie stehen die Regale voll mit Mittelchen, die behaupten, den Alterungsprozess umkehren zu können. Unglücklicherweise sind sie alle nur Nebenprodukte der überhitzten Vorstellungskraft von Madison Avenue-Marketing-Leuten, die leichtgläubigen Konsumenten Quacksalberprodukte andrehen wollen. (Nach Aussage vieler Hautärzte ist die einzig wirksame Zutat in all diesen Anti-Aging-Mitteln Feuchtigkeitscreme.)

Ich bin einmal als Gastgeber eines BBC-TV-Specials in den Central Park gegangen und habe Passanten gefragt: «Wenn ich hier ein Jungbrunnengetränk in der Hand hätte, würden Sie es trinken?» Zu meiner Überraschung sagten alle nein. Viele hielten Altern und Sterben für eine natürliche Sache. So solle es sein, und Sterben gehöre zum Leben. Dann ging ich in ein Pflegeheim, in dem viele Patienten unter dem Schmerz und den Unannehmlichkeiten des Alters litten. Viele zeigten bereits Anzeichen von Alzheimer und vergaßen, wer und wo sie waren. Auf meine Frage, ob sie vom Jungbrunnen trinken wollten, sagten alle begierig ja.

Überbevölkerung

Aber was würde geschehen, wenn wir das Alterungsproblem lösen? Wenn und falls das passiert, dann könnte die riesige Entfernung zu den Sternen nicht mehr so abschreckend erscheinen. Unsterbliche Wesen könnten interstellare Reisen vollständig anders sehen, als wir es tun. Sie könnten die enorme Zeit, die der Bau von Raumschiffen und die Reise zu den Sternen verschlingt, nur als kleine Hürde ansehen. Ganz ähnlich, wie wir für einen lang ersehnten Urlaub sparen, könnten unsterbliche Wesen die Jahrhunderte, die zum Besuch anderer Sterne notwendig wären, nur als kleines Ärgernis betrachten.

Man sollte aber hervorheben, dass die Unsterblichkeit eine nicht beabsichtigte Konsequenz haben könnte: Überbevölkerung auf der Erde. Das wiederum könnte gewaltigen Druck für die Ressourcen, für Nahrung und Energie auf diesem Planeten bedeuten, es könnte sogar zu Völkerwanderungen, Plünderungen und sogar bewaffneten Konflikten zwischen Nationen führen. Statt uns also in ein Goldenes Zeitalter zu führen, könnte die Unsterblichkeit eine neue Welle weltweiter Kriege hervorrufen.

All das könnte im Gegenzug den Massenexodus beschleunigen, weil damit ein Zufluchtsort für Pioniere zur Verfügung stände, die eines überbevölkerten und vergifteten Planeten überdrüssig sind. Wie Adeline könnten die Menschen realisieren, dass Unsterblichkeit tatsächlich ein Fluch ist.

Doch wie ernsthaft ist diese Sorge um eine Überbevölkerung überhaupt? Würde sie wirklich unsere Existenz bedrohen?

Die längste Zeit in der Geschichte der Menschheit lag die Weltbevölkerung bei unter 300 Millionen. Doch mit Beginn der industriellen Revolution stieg die Weltbevölkerung bis zum Jahr 1900 langsam auf 1,5 Milliarden an. Nun liegt sie bei 7,7 Milliarden und wächst alle 12 Jahre um etwa eine Milliarde. Die UN schätzt, dass sie bis 2100 auf 11,2 Milliarden angewachsen sein wird. Schlussendlich könnten wir die Tragfähigkeit des Planeten überstrapazieren, was Plünderungen und Chaos nach sich ziehen würde, so wie es schon Thomas Robert Malthus im Jahr 1798 prophezeit hat.

Tatsächlich ist Überbevölkerung der eine Grund, warum einige Leute die Emigration zu den Sternen propagieren. Doch eine genauere Überprüfung zeigt, dass sich das Wachstum der Weltbevölkerung langsam abschwächt. Zum Beispiel hat die UN ihre Voraussagen schon mehrfach nach unten korrigiert. Viele Demografen sagen sogar voraus, dass das Bevölkerungswachstum langsam abflacht und sich vielleicht sogar im späten 21. Jahrhundert stabilisieren wird.[5]

Um alle diese demografischen Veränderungen zu verstehen, müssen wir die Perspektive eines Bauern einnehmen. Ein Landwirt in einem armen Land stellt eine einfache Rechnung auf: Jedes Kind macht ihn reicher. Kinder arbeiten auf dem Feld und kosten wenig. Schlafen und Essen auf einem Bauernhof verursachen praktisch keine Kosten. Beim Umzug in eine Stadt wendet sich die Medaille. Jedes Kind macht einen ärmer. Das Kind geht zur Schule, nicht aufs Feld. Das Kind bezieht seine Nahrung aus dem Lebensmittelladen, was teuer ist. Das Kind muss in einer Wohnung leben, was ebenfalls Geld kostet. Also wünscht sich ein Bauer, sobald er zum Städter geworden ist, zwei Kinder, nicht zehn. Und wenn er in die Mittelschicht aufsteigt, möchte er das Leben ein bisschen genießen und will nur noch ein Kind haben.

Selbst in Ländern wie Bangladesch, wo es keine sehr große städtische Mittelschicht gibt, nimmt die Geburtenrate langsam ab. Der Grund ist die verbesserte Ausbildung von Frauen. In zahlreichen Nationen zeigen Studien immer dasselbe Muster: Die Geburtenrate fällt dramatisch, sobald eine Nation sich industrialisiert, urbanisiert und die Ausbildung junger Frauen verbessert.

Andere Demografen argumentieren, dass es sich um eine Frage zweier Welten handelt. Auf der einen Seite sehen wir eine kontinuierlich zunehmende Geburtenrate in den armen Ländern mit niedrigem Bildungsniveau und schwacher Wirtschaft. Auf der anderen Seite beobachten wir das Abflachen, ja sogar das Abnehmen der Geburtenrate in einigen Ländern, die sich industriell weiter entwickeln und reicher werden. In jedem Fall wäre eine Bevölkerungsexplosion, obwohl sie immer noch eine Bedrohung darstellt, nicht so unausweichlich und erschreckend, wie man früher dachte.

Einige Analytiker äußern sich besorgt, dass wir schon bald unsere Nahrungsreserven erschöpfen könnten. Andere haben dagegen argumentiert, dass es sich letztlich um ein Energieproblem handelt. Wer genug Energie hat, kann die Produktivität erhöhen und damit auch die Nahrungsmittelproduktion, um mit der Nachfrage Schritt zu halten.

Bei zahlreichen Gelegenheiten hatte ich die Möglichkeit, Lester Brown zu interviewen, einen der weltweit führenden Umweltforscher und Gründer des berühmten Worldwatch Institute, einer Denkfabrik für die Erde. Seine Organisation beobachtet die Nahrungsmittelreserven der Welt und den Zustand des Planeten genau. Seine Sorgen gelten einer anderen Frage: Werden wir genug Nahrungsmittel haben, um die Menschen zu ernähren, wenn sie zu Mittelschicht-Konsumenten werden? Hunderte Millionen Chinesen und Inder, die im Begriff sind, in die Mittelschicht aufzusteigen, schauen sich westliche Filme an und wollen den dort gezeigten Lebensstil mit all seinem verschwenderischen Umgang mit Ressourcen, seinem gigantischen Fleischverbrauch, den großen Häusern, der Fixierung auf Luxusgüter und so weiter kopieren. Lester Brown macht sich Sorgen, wir könnten nicht genug Ressourcen haben, um die Gesamtbevölkerung zu ernähren, und wir hätten mit Sicherheit Schwierigkeiten, Nahrungsmittel für all diejenigen bereitzustellen, die sich nach westlichem Vorbild ernähren wollen.

Seine Hoffnung besteht darin, dass die armen Länder während des Prozesses der Industrialisierung nicht den historischen Pfaden des Westens folgen, sondern sich stattdessen an streng umweltorientierte Gesetze zur Schonung der Ressourcen halten. Die Zeit wird zeigen, ob die Völker der Welt dieser Herausforderung gewachsen sind.

Wir sehen also, dass Fortschritte beim Verlangsamen oder sogar Stoppen des Alterungsprozesses einen profunden Effekt auf die Raumfahrt haben könnten. Sie könnten Wesen hervorbringen, die die riesigen Distanzen zu den Sternen nicht als Hindernis ansehen. Sie könnten sich Herausforderungen stellen, die viele Jahre in Anspruch nehmen wie zum Beispiel Bau und Betrieb von Raumschiffen auf Reisen, die möglicherweise Jahrhunderte dauern.

Außerdem könnten Versuche, den Alterungsprozess zu verändern, die Überbevölkerung der Erde verschärfen, was seinerseits den Exodus von der Erde beschleunigen könnte. Die Weltraumkolonisten könnten gezwungen sein, die Erde zu verlassen, falls die Überbevölkerung nicht mehr tragbar wäre.

Dennoch ist es für Voraussagen, welcher dieser Trends wohl im nächsten Jahrhundert dominieren wird, viel zu früh. Doch bei der Geschwindigkeit, mit der wir heute den Alterungsprozess enträtseln, könnten diese Entwicklungen früher kommen als erwartet.

Digitale Unsterblichkeit

Neben der biologischen gibt es eine zweite Art der Unsterblichkeit, die sogenannte digitale Unsterblichkeit, aus der einige interessante philosophische Fragen erwachsen. Auf lange Sicht könnte die digitale Unsterblichkeit den effizientesten Weg darstellen, die Sterne zu erkunden. Falls unsere zerbrechlichen biologischen Körper den Stress von interstellaren Reisen nicht aushalten können, gibt es die Möglichkeit, stattdessen unser Bewusstsein zu den Sternen zu schicken.

Beim Versuch, unseren Stammbaum zu rekonstruieren, stoßen wir häufig auf ein Problem. Nach etwa drei Generationen verlieren sich die Spuren im Ungewissen. Die übergroße Mehrheit unserer Vorfahren lebte und starb, ohne irgendein anderes Indiz ihrer Existenz zurückzulassen als ihre Nachkommen.

Doch heute hinterlassen wir einen gigantischen digitalen Fußabdruck. Zum Beispiel allein durch das Zurückverfolgen Ihrer Kreditkartentransaktionen kann man herausbekommen, welche Länder Sie besucht haben, was Sie gern essen, welche Kleidung Sie tragen, welche Schulen Sie besucht haben. Dazu kommen noch Ihre Äußerungen in Blogs, Tagebucheinträge, E-Mails, Videos, Fotos und so weiter. Mit all dieser Information kann man ein holografisches Bild eines Menschen erstellen, das genau wie Sie spricht und handelt, mit all Ihren Eigenheiten und Erinnerungen.

Eines Tages könnte es eine Bibliothek von Seelen geben. Statt ein Buch über Winston Churchill zu lesen, könnten wir uns mit ihm unterhalten. Wir würden zu einer Projektion seines Gesichtsausdrucks, seiner Körperhaltung und seiner Stimme sprechen. Die digitale Aufzeichnung hätte Zugang zu seinen biografischen Daten, seinen Büchern und seinen Ansichten über Politik, Religion und persönliche Dinge. Alles in allem würde es sich wie ein Gespräch mit ihm selbst anfühlen. Ich selbst würde gerne mit Albert Einstein über die Relativitätstheorie diskutieren. Eines

Tages haben Ihre Ur-Ur-Urenkel vielleicht die Möglichkeit, mit Ihnen zu sprechen. Das ist die eine Form der digitalen Unsterblichkeit.

Doch wären das wirklich «Sie»? Es ist eine Maschine oder eine Simulation, die unsere Eigenheiten und biografischen Details enthält. Die Seele, so würden manche argumentieren, kann man nicht auf Information reduzieren. Doch was geschähe, wenn wir in der Lage wären, unser Gehirn Neuron für Neuron zu reproduzieren, so dass all unsere Erinnerungen und Gefühle festgehalten werden? Die nächste Stufe digitaler Unsterblichkeit ist das Human Connectome Project, ein ehrgeiziger Ansatz, das gesamte menschliche Gehirn zu digitalisieren.

Daniel Hillis, Mitbegründer von Thinking Machines, hat einmal gesagt: «Ich mag meinen Körper, wie es jeder tut, doch wenn ich mit einem Körper aus Silizium 200 Jahre alt werden könnte, würde ich die Gelegenheit ergreifen.»[6]

Zwei Möglichkeiten, den Geist zu digitalisieren

Es gibt tatsächlich sogar zwei verschiedene Ansätze, das menschliche Gehirn zu digitalisieren. Der erste ist das Human Brain Project, bei dem Schweizer Forscher ein Computerprogramm erstellen wollen, das alle grundlegenden Hirnfunktionen mit Hilfe von Transistoren anstelle von Neuronen simulieren kann. Bis jetzt konnten sie bereits den Denkprozess einer Maus und eines Kaninchens für mehrere Minuten simulieren. Das Ziel des Projektes besteht darin, einen Computer zu bauen, der so vernünftig wie ein menschliches Wesen sprechen kann. Der Direktor des Forschungsprogramms, Henry Markram, sagt: «Wenn wir es richtig machen, sollte das Programm sprechen können und Intelligenz besitzen und sich ziemlich genau wie ein Mensch verhalten können.»

Dieser Ansatz ist also elektronisch – er möchte die Intelligenz des Gehirns mit einer gigantischen Ansammlung von Transistoren mit gewaltiger Rechenleistung duplizieren. Parallel dazu gibt es einen anderen Ansatz, der in den Vereinigten Staaten verfolgt wird, und dieser ist biologischer Natur. Man versucht dort, die neuronalen Verbindungen des Gehirns zu kartieren.

Dieser Ansatz nennt sich BRAIN Initiative (Brain Research through Advancing Innovative Neurotechnologies; dt. etwa: Hirnforschung mittels fortschreitend innovativen Neurotechnologien). Ziel ist es, die neuronale Struktur des Gehirns selbst Zelle um Zelle aufzudecken und letztlich die Verbindungen jedes Neurons im Gehirn zu kartieren. Da das menschliche Gehirn grob etwa 100 Milliarden Neuronen enthält, von denen jedes im Mittel mit etwa 10 000 anderen Neuronen verbunden ist, erscheint es zunächst einmal hoffnungslos, eine solche Karte jedes Neurons zu erstellen. Doch Computer und Roboter haben mittlerweile Zeit und Aufwand für so eine Herkulesaufgabe erheblich herabgesetzt.

Der eine Weg ist der «slice and dice approach» (dt. etwa: in Scheiben zerlegen und drehen), bei dem man das Gehirn in tausende Scheiben schneidet und dann unter dem Mikroskop die Verbindungen zwischen allen Neuronen rekonstruiert. Ein wesentlich schnellerer Weg wurde kürzlich von Wissenschaftlern der Stanford University vorgeschlagen, die Vorreiter in einer Technik namens Optogenetik sind. Bei dieser Methode wird zunächst ein Eiweiß namens Opsin isoliert, das beim Sehen eine Rolle spielt. Wenn man dieses Opsin in einem Neuron belichtet, bringt es das Neuron dazu, zu feuern.

Mit Hilfe der Gentechnik kann man das Opsin-Gen in genau das Neuron einbringen, das man studieren möchte. Indem er dann einen Teil eines Mäusegehirns mit Licht einer bestimmten Wellenlänge bescheint, kann ein Forscher die Neuronen, die eine bestimmte Muskeltätigkeit steuern, dazu bringen, zu feuern, und die Maus zeigt ein bestimmtes Verhalten, zum Beispiel Herumlaufen. Auf diese Weise kann man die neuronalen Verbindungen, die das Gehirn nutzt, um bestimmte Verhaltensweisen zu steuern, sichtbar machen.

Dieses ehrgeizige Projekt könnte beispielsweise dazu beitragen, das Geheimnis von Geisteskrankheiten zu lüften, die zu den schlimmsten aller menschlichen Übel gehören. Indem man das menschliche Gehirn kartiert, könnte man den Ursprung dieser Krankheiten aufdecken. Beispielsweise reden wir gelegentlich alle leise mit uns selbst. Wenn wir das tun, konsultiert das linke Gehirn, welches die Sprache steuert, den präfrontalen Cortex. Bei Schizophrenen jedoch, so viel ist bekannt, wird das linke Gehirn ohne Erlaubnis des präfrontalen Cortex, der den Sitz des bewussten Handelns darstellt, aktiv. Weil die Sprachzentren in der linken Hemisphäre nicht mit dem präfrontalen Cortex kommunizieren, glauben Schizophrene, die Stimmen in ihrem Kopf seien real.

Selbst mit diesen revolutionären neuen Techniken könnte es immer noch mehrere Jahrzehnte harte Arbeit bedeuten, bevor Wissenschaftler über eine genaue Karte des menschlichen Gehirns verfügen. Doch sollte das letztendlich erreicht werden, möglicherweise im späten 21. Jahrhundert, dann würde das bedeuten, dass wir unser Bewusstsein in einen Computer hochladen und zu den Sternen schicken können.

Ist die Seele nur Information?

Wenn wir sterben und unser Konnektom (Menge aller neuronalen Verbindungen) weiterlebt, sind wir dann in irgendeinem Sinne unsterblich? Falls unser Geist digitalisiert werden kann, ist dann die Seele lediglich Information? Wenn wir alle neuronalen Schaltkreise und Erinnerungen des Gehirns speichern und dann in einen Supercomputer hochladen können, wird dann das hochgeladene Gehirn funktionieren und agieren wie ein wirkliches

Gehirn? Wäre es von seinem realen Gegenstück nicht zu unterscheiden?

Manche Menschen finden diese Idee abstoßend, weil man dann, wenn man seinen Geist in einen Computer hochlädt, ewig im Inneren einer sterilen Maschine eingesperrt ist. Manche glauben, dieses Schicksal sei schlimmer, als zu sterben. Es gab in *Star Trek* eine Episode, in der eine höchst entwickelte Zivilisation vorgestellt wurde, in der das reine Bewusstsein eines Individuums in einer leuchtenden Kugel gefangen war. Schon Äonen zuvor hatten diese Fremden ihre physischen Körper aufgegeben und lebten seitdem in diesen Kugeln. Die Fremden waren unsterblich, und doch wollte einer von ihnen gerne noch einmal einen Körper haben, um echte Empfindungen und Gefühle zu erfahren, selbst wenn er dafür jemandem mit Gewalt seinen Körper nehmen musste.

Obwohl es nicht sehr verlockend klingt, in einem Computer zu leben, bedeutet das nicht, dass man nicht alle Empfindungen eines Lebenden haben könnte. Auch wenn Ihr Konnektom im Hauptspeicher eines Computers lokalisiert wäre, könnte es einen Roboter steuern, der genauso aussieht wie Sie. Sie spüren alles, was der Roboter erspürt, sodass Sie alles in allem das Gefühl haben, in einem echten Körper zu leben, möglicherweise sogar in einem mit Superkräften. Alles, was der Roboter sieht und fühlt, wird in den Hauptspeicher des Computers eingespeist und Ihrem Bewusstsein zugefügt. Diesen Roboter-Avatar von einem Computer aus zu steuern, wäre nicht von dem Zustand zu unterscheiden, dass Sie sich tatsächlich im Inneren des Avatars befinden.

Auf diese Weise könnten Sie entfernte Planeten erkunden. Ihr supermenschlicher Avatar wäre in der Lage, den glühenden Temperaturen auf sonnenverbrannten Planeten zu widerstehen oder auch den Minustemperaturen auf entfernten Eismonden. Ein Raumschiff, das den Computer mit ihrem Konnektom transportiert, könnte in ein neues Sonnensystem geschickt werden. Sobald das Raumschiff einen passenden Planeten erreicht, könnte Ihr

Avatar zur Erkundung hinuntergeschickt werden, selbst wenn der Planet eine giftige Atmosphäre hätte.

Eine noch weiter entwickelte Form des geistigen Uploads wurde von dem Computerwissenschaftler Hans Moravec vorgestellt. Bei einem Interview behauptete er mir gegenüber, dass seine Methode, den menschlichen Geist hochzuladen, sogar möglich wäre, ohne dass man das Bewusstsein verliert.

Zunächst einmal würden Sie auf eine Krankenliege gebettet, auf einer benachbarten Trage läge ein Roboter. Dann würde ein Chirurg individuelle Neuronen aus Ihrem Gehirn entnehmen und ein Duplikat dieser Neuronen (aus Transistoren) fertigen und in dem Roboter platzieren. Ein Kabel würde diese transistorisierten Neuronen mit Ihrem Gehirn verbinden. Mit der Zeit würden mehr und mehr Neuronen aus Ihrem Gehirn entnommen und in dem Roboter dupliziert. Weil Ihr Gehirn mit dem Robotergehirn verbunden bleibt, sind Sie bei vollem Bewusstsein, selbst wenn mehr und mehr Neuronen durch Transistoren ersetzt werden. Letztendlich, ohne dass Sie das Bewusstsein verlieren, ist Ihr gesamtes Gehirn und alle Ihre Neuronen durch Transistoren ersetzt. Sind erst einmal alle 100 Milliarden Neuronen dupliziert, wird die Verbindung zwischen Ihnen und dem künstlichen Gehirn endgültig gekappt. Wenn Sie auf die Liege nebenan schauen, sehen Sie Ihren alten Körper ohne Gehirn, während Ihr Bewusstsein nun in einem Roboter existiert.

Doch die Frage bleibt: Sind das wirklich Sie? Falls ein Roboter Ihr gesamtes Verhalten bis hinunter zur kleinsten Geste duplizieren könnte, mit all Ihren Erinnerungen und Gewohnheiten, und von der ursprünglichen Person in jeder Weise ununterscheidbar wäre, dann, so würden die meisten Wissenschaftler sagen, wäre er in jeder Hinsicht «Sie».

Wie gesagt, sind die Entfernungen zu den Sternen so groß, dass es mehrere Leben dauern wird, selbst die nächsten in unserer Galaxis zu erreichen. Deswegen spielen Multi-Generationen-Reisen, Lebensverlängerung und die Suche nach Unsterblichkeit alle eine wesentliche Rolle bei der Erforschung des Universums.

Über die Frage nach Unsterblichkeit hinaus tut sich jedoch eine wichtigere Frage auf: Wie weit sollten wir nicht nur unsere Lebensdauer, sondern auch unseren menschlichen Körper erweitern? Veränderungen am Erbgut lassen ja noch mehr Möglichkeiten zu. Bei den schnellen Entwicklungen in der BCI (brain-computer interface; dt. etwa: Hirn-Computer-Schnittstelle) und der Gentechnik könnte es möglich sein, erweiterte Körper mit neuen Fähigkeiten und Potenzialen zu kreieren. Eines Tages könnten wir eine «posthumane» Ära erreichen, und dies könnte der Königsweg zur Erforschung des Universums sein.

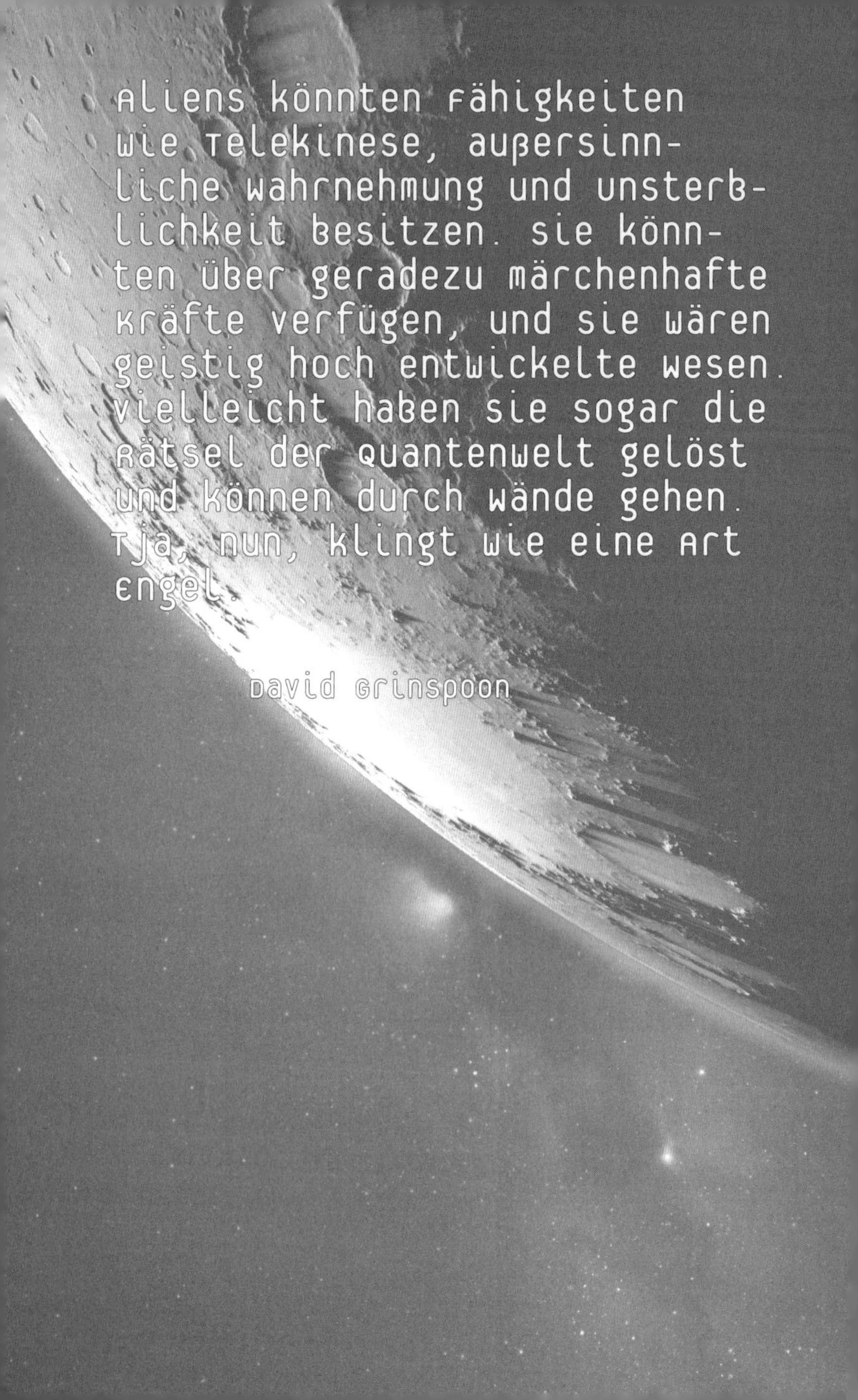

Aliens könnten Fähigkeiten wie Telekinese, außersinnliche Wahrnehmung und Unsterblichkeit besitzen. Sie könnten über geradezu märchenhafte Kräfte verfügen, und sie wären geistig hoch entwickelte Wesen. Vielleicht haben sie sogar die Rätsel der Quantenwelt gelöst und können durch Wände gehen. Tja, nun, klingt wie eine Art Engel.

David Grinspoon

Kapitel 11
Transhumanismus und Technologie

In dem Film *Iron Man* legt der sanftmütige Industrielle Tony Stark einen anschmiegsamen computerisierten Harnisch an, der von Raketen, Feuerwaffen und Sprengstoffen nur so strotzt. Dieser Anzug macht aus einem zerbrechlichen Menschen in kurzer Zeit einen mächtigen Superhelden. Die wirkliche Magie aber befindet sich im Innern des Anzugs, der mit der neuesten Computertechnologie vollgestopft ist, die komplett über eine direkte Verbindung zu Tony Starks Gehirn gesteuert wird. In Gedankengeschwindigkeit kann er sich in den Himmel schießen oder sein unglaubliches Waffenarsenal in Stellung bringen.

So märchenhaft sich *Iron Man* auch anhören mag: Schon heute ist es möglich, eine Abart dieser Vorrichtung zu schaffen.

Dabei handelt es sich nicht einfach um eine akademische Übung, denn eines Tages werden wir vielleicht gezwungen sein, unsere Körper mit Hilfe der Kybernetik zu verändern und zu verstärken oder sogar unsere genetische Ausstattung zu verändern, um in lebensfeindlichen Umgebungen fern von unserem Planeten zu überleben. Transhumanismus könnte mehr sein als Science-Fiction oder eine Randgruppenbewegung, nämlich ein wesentlicher Teil unserer Existenz.

Superkräfte

Im Jahr 1995 wurde die Welt von der Nachricht erschüttert, dass Christopher Reeve, der gutaussehende Filmdarsteller von Superman, durch einen tragischen Unfall vom Hals an abwärts gelähmt sei. Reeve, der sich auf der Leinwand in den Raum erhob, war fortan an einen Rollstuhl gefesselt und konnte nur mit Hilfe eines Respirators atmen. Er träumte davon, mit Hilfe moderner Technologie die Kontrolle über seine Gliedmaßen zurückzuerlangen. Der Schauspieler starb 2004, nur ein Jahrzehnt bevor das tatsächlich möglich wurde.

Zum Auftakt der Fußball-Weltmeisterschaft 2014 in São Paulo schoss ein Mann einen Ball, ein Ereignis, dem Milliarden Menschen zuschauten. Das allein war keineswegs bemerkenswert. Bemerkenswert war vielmehr, dass dieser Mann gelähmt war. Professor Miguel Nicolelis von der Duke University hatte ihm einen Chip ins Gehirn operiert. Der Chip war mit einem tragbaren Computer verbunden, der sein Exoskelett steuerte. Allein durch Gedankenkraft konnte dieses gelähmte Individuum gehen und den Ball schießen.

Als ich Doktor Nicolelis interviewte, sprach er davon, dass er als Kind von der Apollo-Mission fasziniert war. Er setzte sich zum Ziel, eine ähnliche Sensation wie die Mondlandung zu schaffen. Diesen gelähmten Patienten so zu verdrahten, dass er den Ball bei der Weltmeisterschaft schießen konnte, war sein wahr gewordener Traum. Es war seine Mondlandung.

Ich führte auch ein Interview mit John Donoghue von der Brown University, einem der Pioniere dieser Entwicklung. Er erzählte mir, dass man schon ein bisschen Training benötigt, so ähnlich wie beim Radfahren, dass seine Patienten aber schon nach kurzer Zeit die Bewegung eines Exoskeletts steuern und simple Tätigkeiten ausführen könnten, wie ein Glas Wasser ergreifen, Haushaltsgeräte bedienen, einen Rollstuhl steuern und im Internet surfen. Das macht ein Computer möglich, der bestimmte Muster im Gehirn erkennt, die mit spezifischen Körperbewegungen einhergehen. Der Computer kann dann das Exoskelett aktivieren, das die elektrischen Impulse in Aktionen umsetzt. Eine seiner gelähmten Patientinnen war begeistert, dass sie ein Glas Mineralwasser greifen und trinken konnte, was zuvor weit jenseits ihrer Möglichkeiten gelegen hatte.

Die Arbeit, die in den Universitäten Duke, Brown, Johns Hopkins und anderen geleistet wurde, hat Menschen, die schon die Hoffnung aufgegeben hatten, sich jemals wieder bewegen zu können, ihre Beweglichkeit zumindest teilweise zurückgegeben. Und das US-Militär hat ein Progamm von mehr als 150 Millionen Dollar namens Revolutionary Prothetics aufgelegt, um diese Geräte zu entwickeln, hauptsächlich zum Nutzen von Kriegsveteranen aus Irak und Afghanistan, von denen viele unter Rückenmarksverletzungen leiden. Letztendlich könnten Tausende von Menschen, die auf Rollstühle und Betten angewiesen sind, sei es wegen einer Kriegsverletzung, eines Unfalls, einer Krankheit oder einer Sportverletzung, in der Lage sein, ihre Glieder wieder zu benutzen.

Neben Exoskeletten gibt es eine weitere Möglichkeit, den menschlichen Körper für das Leben auf einem Planeten mit größerer Schwerkraft fit zu machen. Diese Möglichkeit ergab sich, als Wissenschaftler ein Gen entdeckten, das die Muskelmasse vergrößert. Man fand es zunächst bei Mäusen, wo eine genetische Mutation dazu führte, dass die Nager vor Muskeln strotzten. In der Presse wurden daraus «Muskelprotz-Mäuse». Später fand man das menschliche Pendant und nannte es «Schwarzenegger-Gen».

Die Wissenschaftler, die dieses Gen isolierten, erwarteten eigentlich Nachfragen von Ärzten, die Patienten mit degenerativen Muskelerkrankungen behandeln wollten. Zu ihrer Überraschung jedoch kam die Hälfte der Anfragen von Bodybuildern, die sich mehr aufpumpen wollten. Und die meisten kümmerte es wenig, dass diese Forschung experimentell war und unbekannte Nebenwirkungen haben könnte. Derzeit bereitet sie der Sportindustrie Kopfschmerzen, weil die Eingriffe viel schwerer nachzuweisen sind als andere Arten chemischen Dopings.

Die Fähigkeit, die eigene Muskelmasse zu manipulieren, könnte sich als wichtig für die Erforschung von Planeten erweisen, die ein höheres Gravitationsfeld als die Erde haben. Astronomen haben bereits viele Supererden gefunden, also felsige Planeten mit habitablen Bereichen, die sogar Ozeane haben können. Diese sind wohl wahrscheinliche Kandidaten für eine menschliche Besiedlung, wenn man davon absieht, dass das Gravitationsfeld bis zu 50 Prozent höher sein kann als auf der Erde. Daher könnte es notwendig sein, unsere Muskulatur und Knochen zu kräftigen, um dort zu bestehen.

Menschen verbessern

Wissenschaftler sind bereits dabei, nicht nur unsere Muskulatur zu verstärken, sondern auch die Sinne zu schärfen. Menschen, die unter gewissen Arten von Hörverlust leiden, können sich mittlerweile für ein Cochlea-Implantat entscheiden. Das Bemerkenswerte an diesen Geräten ist, dass sie Schallwellen, die ins Ohr gelangen, in elektrische Signale umformen und auf die Hörnerven übertragen und an das Gehirn weiterleiten. Etwa eine halbe Million Menschen haben sich bereits für ein solches Implantat entschieden.

Für einige Erblindete kann eine künstliche Retina (Netzhaut) eine begrenzte Sehfähigkeit herstellen. Diese Vorrichtung kann entweder in einer externen Kamera oder direkt in der Retina platziert sein. Sie übersetzt visuelle Reize in elektrische Impulse, die das Gehirn dann in visuelle Vorstellungen zurückübersetzen kann.

Ein Beispiel, das Argus II, besteht aus einer winzigen Videokamera, die in der Brille befestigt wird. Die Kamerabilder werden zu einer künstlichen Netzhaut geleitet, welche die Signale an den Sehnerv weitergibt. Das Gerät kann Bilder mit etwa 60 Pixeln erzeugen, und eine verbesserte Version, die sich gerade in der Testphase befindet, hat eine Auflösung von 240 Pixeln. (Im Vergleich dazu kann ein gesundes menschliches Auge das Äquivalent von etwa einer Million Pixeln erkennen, und um Gesichter und bekannte Objekte zu identifizieren, braucht man mindestens

6000 Pixel.) Eine deutsche Firma experimentiert mit einer anderen künstlichen Netzhaut mit 1500 Pixeln, die im Erfolgsfall einer sehgeschädigten Person fast normales Sehen erlauben könnte.

Blinde, die diese künstlichen Netzhäute ausprobiert haben, zeigten sich erstaunt darüber, dass sie Farben und die Umrisse von Gegenständen erkennen konnten. Es ist nur eine Frage der Zeit, bis wir künstliche Netzhäute herstellen können, die dem menschlichen Sehen gleichkommen. Darüber hinaus könnte eine künstliche Retina es sogar ermöglichen, «Farben» von Dingen wahrzunehmen, die für das menschliche Auge unsichtbar sind. Zum Beispiel kommt es in der Küche häufig zu Verbrennungen an heißen Metalltöpfen, die genauso aussehen wie kalte. Der Grund ist, dass unsere Augen keine Infrarotstrahlung sehen können. Künstliche Netzhäute und Schutzbrillen können jedoch so konstruiert werden, dass sie so etwas ebenso leicht wahrnehmen wie Nachtsichtgeräte. Mit einer künstlichen Netzhaut könnte ein Mensch also die Fähigkeit bekommen, die Eigenschaft Wärme und andere Formen von Strahlung zu erkennen, die für uns unsichtbar sind. Dieses Supersehen wiederum könnte sich auf anderen Planeten als unschätzbar wichtig erweisen. Auf weit entfernten Welten werden die Lebensbedingungen radikal anders sein. Die Atmosphäre ist vielleicht dunkel, neblig oder von Staub und Dreck durchsetzt. Es wäre möglich, künstliche Retinae zu schaffen, die mittels Infrarotdetektoren durch einen marsianischen Staubsturm «blicken» können. Auf weit entfernten Monden, wo es so gut wie kein Sonnenlicht gibt, könnten solche künstlichen Netzhäute das wenige reflektierte Licht intensivieren.

Ein weiteres Beispiel wäre eine Vorrichtung, die ultraviolette Strahlung nachweist, welche schädlich ist und Hautkrebs hervorrufen kann, jedoch überall im Universum vorkommt. Auf der Erde schützt uns die Atmosphäre vor intensivem UV-Licht von der Sonne, doch auf dem Mars ist das UV-Licht ungefiltert. Weil UV-Licht unsichtbar ist, wissen wir oft gar nicht, wann wir schädlichen Strahlungsdosen ausgesetzt sind. Jemand mit der Fähigkeit zum Supersehen auf dem Mars könnte sofort erkennen, ob UV-Licht schädlich ist. Auf einem Planeten wie der Venus, die durchgehend von Wolken bedeckt ist, würden solche künstlichen Netzhäute UV-Licht nutzen, um ähnlich wie Bienen zu navigieren, die sich auch bei bedecktem Himmel orientieren können, indem sie die Polarisation des UV-Anteils des an den Wolken gestreuten Sonnenlichts nutzen.

Eine weitere Anwendung des Supersehens wäre teleskopisches und mikroskopisches Sehen. Winzige Speziallinsen würden uns in den Stand setzen, weit entfernte Objekte oder winzig kleine Objekte und Zellen zu erkennen, ohne dass wir mit klobigen Teleskopen und Mikroskopen hantieren müssten.

Diese Art Technologie könnte uns sogar die Macht der Telepathie und Telekinese verleihen. Schon heute ist es möglich, Chips zu bauen, die Hirnwellen aufnehmen und teilweise entziffern, um dann diese Information ins Internet einzuspeisen. Stephen Hawking (gest. 2018) beispielsweise hatte infolge seiner ALS-Erkrankung alle seine motorischen Funktionen einschließlich der Bewegungsfähigkeit seiner Finger verloren. Er hatte einen Chip in seiner Brille, der Hirnwellen auffängt, die zu einem Laptop und an einen Computer weitergeleitet werden. Auf diese Weise konnte er durch gedankliche Steuerung Nachrichten verfassen, wenn auch sehr langsam.

Damit ist es nur noch ein kleiner Schritt zur Telekinese (der Fähigkeit, Objekte mit Geisteskraft zu bewegen). Mit Hilfe derselben Technologie kann man das Gehirn direkt mit einem Roboter oder einem anderen mechanischen Gerät verbinden, das dann geistige Befehle ausführt. Es ist leicht vorstellbar, dass in Zukunft Telepathie und Telekinese normal sein werden. Wir würden dann mit Maschinen durch reines Denken interagieren. Mit Gedankensteuerung werden wir Licht machen, ins Internet gehen, Briefe diktieren, Videospiele spielen, mit Freunden kommunizieren, ein Taxi rufen, Dinge einkaufen, Filme hervorzaubern – all das rein mental. Die Astronauten der Zukunft könnten die Kraft ihrer

Gedanken nutzen, um Raumschiffe zu steuern oder ferne Planeten zu erkunden. Städte könnten sich aus den Wüsten des Mars erheben, allein aufgrund der Gedanken ihrer Baumeister, die die Arbeit von Robotern mental steuern.

Selbstverständlich ist dieser Prozess der Erweiterung unserer Kräfte kein neuer, sondern hat schon immer während der gesamten menschlichen Entwicklung stattgefunden. Seit alters her kennen wir Beispiele für künstlich geschaffene Mittel, die unsere Kraft und unseren Einfluss erhöhen: Kleidung, Tattoos, Make-up, Frisuren, zeremonielle Roben, Federschmuck, Brillen, Hörgeräte, Mikrofone, Kopfhörer und so weiter. Tatsächlich scheint es sogar ein universelles Merkmal aller menschlichen Gesellschaften zu sein, dass wir mit unseren Körpern spielen, insbesondere um unsere Fortpflanzungschancen zu erhöhen. Der Unterschied zwischen den Errungenschaften der Vergangenheit und der Zukunft besteht aber darin, dass diese Körpererweiterungen bei der Erforschung des Universums der Schlüssel zum Überleben in unterschiedlichen Umwelten sein könnten. In Zukunft könnten wir in einem Zeitalter des Geistes leben, in dem unsere Gedanken die Welt um uns herum kontrollieren.

Geisteskraft

Ein weiterer Meilenstein in der Hirnforschung wurde erreicht, als man erstmals in der Geschichte Gedächtnisinhalte speichern konnte. Wissenschaftler von Wake Forest und der University of Southern California implantierten Elektroden in den Hippocampus einer Maus, dort wo das Kurzzeitgedächtnis verarbeitet wird. Sie zeichneten die Impulse des Hippocampus auf, während die Maus lernte, einfache Aufgaben auszuführen, wie zum Beispiel Wasser aus einem Gefäß zu trinken. Nachdem die Maus diese Aufgabe vergessen hatte, wurde ihr Hippocampus durch die aufgezeichneten Impulse stimuliert und die Maus erinnerte sich sofort. Gedächtnisinhalte von Primaten sind ebenfalls schon mit ähnlichen Ergebnissen aufgezeichnet worden.

Als Nächstes könnte man anvisieren, die Gedächtnisinhalte von Patienten mit Alzheimer aufzuzeichnen. Dann könnten wir einen «Hirnschrittmacher» oder «Gedächtnis-Chip» in ihren Hippocampus pflanzen, der sie mit Erinnerungen daran versorgt, wer sie sind, wo sie leben und wer ihre Verwandten sind. Das Militär hat bereits ernsthaftes Interesse daran gezeigt. Im Jahr 2017 kündigte das Pentagon einen 65-Millionen-Dollar-Förderfonds zur Entwicklung eines fortgeschrittenen Chips an, der eine Million menschliche Neuronen analysieren kann, während das Gehirn mit einem Computer kommuniziert und Gedächtnisinhalte bildet.

Diese Technik muss noch eingehender untersucht und verfeinert werden, doch bis zum späten 21. Jahrhundert könnte man vielleicht tatsächlich komplexe Gedächtnisinhalte in unser Gehirn einspeisen. Im Prinzip könnten wir in der Lage sein, Fähigkeiten und Fertigkeiten zu transferieren, vielleicht sogar komplette Vorlesungsinhalte, sodass sich unsere Fähigkeiten nahezu grenzenlos steigern.

Für die Astronauten der Zukunft könnte das nützlich sein. Wenn man auf einem neuen Planeten oder Mond landet, gibt es so viele Feinheiten über die Umgebung zu lernen und zu erinnern, und es gibt so viele Technologien, die man beherrschen muss. Gedächtnisinhalte hochzuladen könnte der effizienteste Weg sein, um sich völlig neues Wissen über entfernte Welten anzueignen.

Dr. Nicolelis will jedoch noch weit über diese Technologien hinausgehen. Er sagte mir, dass alle Durchbrüche in der Neurologie letztendlich zu einem «Hirnnet» führen werden, das die nächste Stufe der Evolution des Internet darstellt. Statt bitweise Informationen weiterzugeben, wird das Hirnnet sensorische Empfindungen, Gefühle und Gedächtnisinhalte übertragen.

Das könnte auch helfen, Grenzen zwischen Menschen abzubauen. Gelegentlich findet man es schwierig, den Standpunkt anderer Leute oder ihr Leiden und ihre Ängste zu begreifen. Mit dem Hirnnet aber wären wir in der Lage, Befürchtungen und Ängste, die andere plagen, aus erster Hand zu erfahren.

Das könnte auch die Unterhaltungsindustrie revolutionieren, so ähnlich wie der Tonfilm den Stummfilm ersetzt hat. In der Zukunft könnten Zuschauer die Gefühle der Schauspieler nachempfinden, ihren Schmerz, ihre Freude oder ihr Leiden selbst erfahren. Das Kino von heute ist vielleicht schon bald obsolet.

Für die Astronauten der Zukunft wird die Nutzung des Hirnnet vielleicht noch wichtiger sein. Sie werden gedanklich miteinander kommunizieren können, unmittelbar lebenswichtige Information austauschen und sich mit Hilfe einer völlig neuen Form von Unterhaltung Zerstreuung schaffen. Außerdem werden sie in der Lage sein, die geistige Verfassung einer Person viel genauer zu erfassen als heute. Bei der Vorbereitung einer neuen Raummission zur Erforschung gefährlicher Umgebungen wird das Hirnnet den Astronauten helfen, Beziehungen einzugehen, und es kann dazu beitragen, psychische Probleme wie Depression oder eine Angststörung aufzudecken.

Außerdem besteht die Möglichkeit, die geistigen Kräfte mit Hilfe der Gentechnik zu erweitern. An der Princeton University hat man in Mäusen ein Gen gefunden, das man das «Kluge-Maus-Gen» getauft hat. Es erhöht ihre Fähigkeit, sich in Labyrinthen zu orientieren. Das Gen heißt NR2B und hat mit der Kommunikation zwischen den Zellen des Hippocampus zu tun. Die Forscher fanden heraus, dass das Gedächtnis von Mäusen, denen das NR2B-Gen fehlte, eingeschränkt funktionierte, wenn sie sich im Labyrinth orientieren wollten. Hatten sie jedoch eine zusätzliche Kopie dieses Gens, verfügten sie über erhöhte Gedächtnisleistungen.

Dieselben Forscher setzten Mäuse in ein flaches, mit trübem Wasser gefülltes Bassin, in dem es unter Wasser eine Plattform gab, auf der sie stehen konnten. Sobald sie diese Plattform einmal gefunden hatten, konnten sich die klugen Mäuse beim nächsten Mal daran erinnern und direkt dorthin schwimmen, wenn man sie in das Bassin setzte. Gewöhnliche Mäuse dagegen erinnerten sich nicht an die Position der Plattform und schwammen ziellos umher. Gedächtniserweiterung ist also möglich.

Die Zukunft des Fliegens

Menschen haben schon immer davon geträumt, fliegen zu können wie die Vögel. Der Gott Merkur hatte kleine Flügel an Hut und Fesseln, die es ihm erlaubten zu fliegen. Auch gibt es die Legende von Ikarus, der ein mit Wachs verklebtes Federkleid an seinen Armen befestigte, um fliegen zu können. Unglücklicherweise näherte er sich der Sonne zu sehr. Das Wachs schmolz, und er stürzte ins Meer. Doch die Technologie der Zukunft wird uns letztendlich die Gabe des Fliegens bescheren.

Auf einem Planeten mit einer dünnen Atmosphäre und unwirtlichem Untergrund wie dem Mars wäre die vielleicht bequemste Art zu reisen ein Düsenantrieb, ein Klassiker der Science-Fiction-Comics und -Filme. Schon im allerersten Buck-Rogers-Comic aus dem Jahr 1929 taucht ein solcher auf, als Buck seine zukünftige Freundin kennenlernt, die mit Hilfe eines Düsenantriebs durch die Luft saust. In der Realität wurde der Düsenantrieb im Zweiten Weltkrieg entwickelt, als die Nazis Truppen schnell über einen Fluss transportieren mussten, dessen Brücken zerstört worden waren. Der von den Nazis entwickelte Düsenantrieb nutzte Wasserstoffperoxid als Treibstoff, das sich bei Kontakt mit einem Katalysator (wie zum Beispiel Silber) schnell entzündet und dabei Energie freisetzt und Wasser als Nebenprodukt ausstößt. Allerdings gibt es eine Reihe von Problemen mit dem Düsenantrieb. Vor allem reicht der Treibstoffvorrat nur etwa 30 Sekunden bis zu einer Minute. (In alten Nachrichtenschnipseln sieht man bisweilen Wagemutige per Düsenantrieb durch die Luft fliegen, zum Beispiel bei den Olympischen Spielen 1984. Derartige Aufzeichnungen sind allerdings geschickt zusammengeschnitten, denn die Leute fliegen tatsächlich nur maximal eine Minute.)

Die Lösung dieses Problems besteht darin, einen tragbaren Energiespeicher zu entwickeln, der genug Energie für längere Flugzeiten liefert. Unglücklicherweise gibt es einen derartigen Energiespeicher derzeit nicht.

Das ist auch der Grund, warum es keine Strahlenwaffen gibt. Ein Laser kann zwar als Strahlenwaffe funktionieren, aber nur, wenn man ein Atomkraftwerk zur Energieversorgung zur Verfügung hat. Allerdings ist es unpraktisch, ein Atomkraftwerk im Rucksack zu transportieren. Folglich werden Düsenantrieb und Strahlenwaffen so lange nicht real werden, bis wir Miniaturenergiespeicher bauen können, möglicherweise in Form von Nanobatterien, die Energie auf molekularer Ebene speichern können.

Eine weitere Möglichkeit, die man häufig in Gemälden und Spielfilmen mit Engeln oder menschlichen Mutanten sieht, ist der Gebrauch von Vogelschwingen. Auf Planeten mit einer dichten Atmosphäre wäre es vielleicht möglich, einfach hochzuspringen, mit an den Armen befestigten Schwingen zu schlagen und sich wie ein Vogel in die Luft zu erheben. Je dichter die Atmosphäre, desto größer der Auftrieb und desto leichter ist es, in der Luft zu fliegen. Der Traum von Ikarus könnte also Realität werden. Doch haben Vögel verschiedene Vorteile gegenüber Menschen. Ihre Knochen sind hohl und ihre Körper sehr leicht und dünn verglichen mit ihrer Spannweite. Der menschliche Körper ist dagegen relativ dicht und schwer. Die Spannweite müsste beim Menschen etwa 6 bis 9 Meter betragen, und wir würden viel mehr Muskeln brauchen, um Flügel zu bewegen. Jemanden genetisch so zu verändern, dass er Flügel bekommt, liegt jenseits unserer technischen Möglichkeiten. Weil uns Engelsschwingen also versagt sind, wird das Endprodukt noch lange auf sich warten lassen, und es wird sicher nicht aussehen wie die anmutigen Schwingen in den Gemälden.

Früher dachte man, der Traum von Science-Fiction-Autoren

bestünde einzig und allein darin, die menschliche Art durch genetische Manipulationen zu verändern. Eine neue, revolutionäre Entwicklung hat das jedoch vollständig verändert. Der Fortschritt ist so rasant, dass Wissenschaftler eilig Konferenzen einberufen haben, um darüber zu diskutieren, wie sich die Entwicklungsgeschwindigkeit drosseln lässt.

Die CRISPR-Revolution

Das Entwicklungstempo in der Biotechnologie hat kürzlich noch ein paar Umdrehungen zugelegt. Der Grund ist eine neue Methode namens CRISPR, die billige, effiziente und präzise Möglichkeiten verspricht, DNA zu verändern. CRISPR steht für clustered regularly interspaced short palindromic repeats (dt. etwa: gehäufte, in regelmäßigen Abständen auftretende, kurze palindromische Wiederholungen von DNA-Sequenzen). Früher war Gentechnik ein langsamer und ungenauer Vorgang. In der Gentherapie zum Beispiel wird ein «gutes Gen» in ein neutralisiertes und damit harmloses Virus eingebaut, dann wird das Virus auf den Patienten übertragen, dessen Zellen es infiziert und in die es seine DNA einschleust. Erwünscht ist, dass sich die DNA eigenständig an die richtige Stelle im Chromosom platziert, damit der defekte Code der Zelle durch das gute Gen ersetzt ist. Einige verbreitete Krankheiten werden durch eine einzige Fehlstelle in der DNA hervorgerufen, unter anderem die Sichelzellenanämie, das Tai-Sachs-Syndrom und die zystische Fibrose (Mukoviszidose). Man hofft, diesen Fehler korrigieren zu können.

Die Ergebnisse waren jedoch enttäuschend. Häufig betrachtet der Körper das Virus als Feind und baut eine Gegenoffensive auf, was zu unerwünschten Nebenwirkungen führt. Auch fügt sich das gute Gen häufig nicht an der korrekten Stelle in die DNA ein. Nach einem tödlichen Vorfall an der University of Pennsylvania 1999 wurden viele Gentherapieexperimente abgebrochen.

Die CRISPR-Methode vermeidet viele dieser Komplikationen. Tatsächlich entwickelte sich die Grundlage dieser Technik schon vor Milliarden Jahren. Forscher fragten sich, wie Bakterien sehr präzise Mechanismen entwickeln konnten, um einen viralen Überfall abzuwehren. Wie erkannten Bakterien ein tödliches Virus und entwaffneten es? Man fand heraus, dass Bakterien die Bedrohung erkennen, weil sie einen Schnipsel des viralen Genmaterials mit sich führten. Wie ein Fahndungsfoto konnten die Bakterien dieses Material nutzen, um das einfallende Virus zu identifizieren. Hatten sie den genetischen Strang und damit das Virus selbst erst einmal identifiziert, schnitten sie das Virus an einer bestimmten Stelle auseinander, neutralisierten es dadurch und stoppten die Infektion in den Anfängen.

Wissenschaftler konnten diesen Prozess erfolgreich nachahmen – sie ersetzten eine virale Sequenz durch andere Typen DNA und übertrugen diese DNA in die Zielzelle –, wodurch sie «genetische Chirurgie» möglich machten. CRISPR ersetzte sehr schnell ältere Methoden der Gentechnik und machte die Bearbeitung von Genen sauberer, genauer und schneller.

Diese Revolution fegte wie ein Sturm über das Feld der Biotechnologie. «Das hat die Landschaft komplett verändert», sagt Jennifer Doudna, eine der Pionierinnen.[1] David Weiss von der Emery University meinte dazu: «All das ist praktisch innerhalb eines Jahres passiert. Es ist unglaublich.»

Mittlerweile haben Forscher am Hubrecht Institute in den Niederlanden gezeigt, dass sie einen Genfehler, der zystische Fibrose hervorruft, korrigieren können. Das lässt Hoffnung aufkommen, dass viele bislang unheilbare genetische Erkrankungen eines Tages doch geheilt werden können. Viele Wissenschaftler hoffen, dass letztendlich einige der Gene für bestimmte Krebsarten ebenfalls mit Hilfe der CRISPR-Methode ersetzt werden können und das Tumorwachstum gestoppt werden kann.

Bioethiker, die sich um einen möglichen Missbrauch dieser Technik Sorgen machen, haben Konferenzen organisiert, um diese neue Wissenschaft zu diskutieren. Weil die Nebenwirkungen und Komplikationen noch nicht bekannt sind, haben sie eine Reihe von Empfehlungen herausgegeben, um das furiose Tempo der CRISPR-Forschung etwas zu bremsen. Insbesondere haben sie ihrer Besorgnis Ausdruck gegeben, dass diese Technologie zu Keimzellen-Gentherapie führen kann. (Es gibt zwei Typen von Gentherapie, somatische Gentherapie, bei der nicht fortpflanzungsfähige Zellen modifiziert werden, sodass sich die Mutationen in der nächsten Generation nicht auswirken, und Keimbahn-Gentherapie, bei der Keimzellen verändert werden, sodass alle Nachkommen das modifizierte Gen erben.) Keimbahn-Gentherapie könnte das genetische Erbe der Menschheit verändern. Das bedeutet, dass sich eines Tages, wenn wir uns zu den Sternen wagen, neue genetische Zweige der Menschheit entwickeln könnten. Normalerweise würde das Zehntausende von Jahren dauern, doch die Gentechnik könnte es in einer einzigen Generation schaffen, wenn die Keimbahn-Gentherapie Realität werden sollte.

Kurz, früher hat man die Spekulationen von Science-Fiction-Autoren, die menschliche Art zwecks Kolonisierung entfernter Planeten zu modifizieren, als zu unrealistisch oder fantastisch abgetan. Mit dem Aufkommen von CRISPR aber kann man diese weitreichenden Träumereien nicht länger beiseite schieben. Dennoch müssen wir uns auch um eine sehr gründliche Analyse aller ethischen Konsequenzen kümmern, die durch diese sich schnell entwickelnde Methode aufgeworfen werden.

Ethik des Transhumanismus

Bei all dem handelt es sich um Beispiele für Transhumanismus, eine Denkrichtung, die sich für die Verwendung von Technologie einsetzt, um unsere Fähigkeiten und Fertigkeiten zu vergrößern. Um in weit entfernten Welten zu überleben oder sogar zu gedeihen, müssen wir uns mechanisch und biologisch verändern. Für Transhumanisten ist das nicht einfach eine Option, sondern eine Notwendigkeit. Uns selbst zu verändern vergrößert die Überlebenschancen auf Planeten mit anderer Schwerkraft, anderem Atmosphärendruck, anderer Luftchemie, Temperatur, Strahlung und so weiter.

Statt gegen den Einfluss von Technologie zu kämpfen, glauben Transhumanisten, dass wir sie begeistert annehmen sollen. Sie schwärmen für die Idee, dass wir die Menschheit perfektionieren können. Für sie war die menschliche Spezies ein Nebenprodukt der Evolution, folglich ist unser Körper das Ergebnis zufälliger, planloser Mutationen, gewissermaßen eine Laune der Natur. Warum sollten wir nicht systematisch Technologie nutzen, um sie zu verbessern? Das letztendliche Ziel der Transhumanisten ist der «posthumane Mensch», eine neue Spezies, die das Menschsein übersteigt.

Auch wenn das Konzept, unsere Gene zu verändern, manche Menschen abschreckt, betont Greg Stock, ein Biophysiker an der University of California Los Angeles, dass Menschen seit Jahrtausenden die Gene von Tieren und Pflanzen aus ihrer Umwelt verändern. Bei unserem Interview wies er darauf hin, dass alles, was uns heute natürlich erscheint, in Wirklichkeit das Produkt einer intensiven selektiven Zuchtwahl ist. Heutige Nahrungsmittel sind ohne die Fähigkeit früherer Züchter, die Pflanzen und Tiere nach ihren Bedürfnissen kultivierten, undenkbar. (Zum Beispiel ist der moderne Mais eine genetisch modifizierte Version von wildem Mais. Auch die Vielfalt der Hunde in der Welt ist ein Produkt der selektiven Veränderung einer einzigen Art, des Wolfs. So haben Menschen die Gene von sehr vielen Pflanzen und Tieren verändert. Wenn wir alle im Lauf der Jahrhunderte gezüchteten Pflanzen und Tiere wegzaubern könnten, würde unsere Gesellschaft heute vollkommen anders aussehen.

Sobald die Gene für alle menschlichen Wesenszüge von Wissenschaftlern isoliert worden sind, wird man diese kaum daran hindern können, mit ihnen herumzuspielen. (Wenn Sie zum Beispiel herausfinden, dass Ihre Kinder mit Nachbarskindern konkurrieren, deren Intelligenz genetisch erhöht wurde, werden Sie unter großem Druck stehen, auch Ihre Kinder auf ähnliche Weise zu verbessern. Auch im Wettkampfsport, wo immense Summen fließen, wird es extrem schwierig werden, Athleten daran zu hindern, sich selbst zu verbessern.) Unabhängig von allen ethischen Hürden plädiert Dr. Stock dafür, genetische Verbesserungen nicht zu verwerfen, solange eine Veränderung nicht schädlich ist. Oder wie der Nobelpreisträger James Watson gesagt hat: «Niemand traut sich das auszusprechen, doch wenn wir mit Gentechnik bessere Menschen machen könnten, warum nicht?»[2]

Eine posthumane Zukunft?

Die Befürworter des Transhumanismus glauben, dass fortgeschrittene Zivilisationen im Weltraum, wenn wir ihnen begegnen, so weit entwickelt sind, dass sie ihre biologischen Körper modifizieren konnten, um sich den Schwierigkeiten, die das Leben auf vielen verschiedenen Planeten mit sich bringt, anzupassen. Für Transhumanisten haben fortgeschrittene Zivilisationen im fernen Weltraum höchstwahrscheinlich eine genetisch und technologisch aussichtsreichere Zukunft. Falls wir also jemals auf Fremde im Raum stoßen, sollten wir uns nicht wundern, wenn sie teils biologisch, teils kybernetisch sind.

Der Physiker Paul Davies geht noch einen Schritt weiter: «Meine Schlussfolgerung ist verblüffend. Ich halte es für sehr wahrscheinlich, eigentlich sogar unausweichlich, dass biologische Intelligenz lediglich ein Durchgangsstadium darstellt, eine Übergangsstufe in der Evolution von Intelligenz im Universum. Falls wir jemals auf extraterrestrische Intelligenz stoßen, wird sie nach meiner Überzeugung mit überwältigender Wahrscheinlichkeit ihrer Natur nach post-biologisch sein, eine Schlussfolgerung, die offensichtliche und weitreichende Auswirkungen für SETI (die Suche nach außerirdischer Intelligenz) hat.»

Und der KI-Experte Rodney Brooks hat geschrieben: «Meine Vorhersage lautet, dass wir bis zum Jahr 2100 intelligente Roboter überall im Alltag haben werden. Doch wir werden uns nicht von ihnen unterscheiden – wir werden vielmehr selbst Roboteranteile haben und mit ihnen verbunden sein.»[3]

Die Debatte um den Transhumanismus ist keineswegs neu, sondern geht auf das letzte Jahrhundert zurück, als die Regeln der Genetik erstmals verstanden wurden. Einer der Ersten, der die Idee aussprach, war J. B. S. Haldane, der 1923 in einer Vorlesung, später auch in einem Buch mit dem Titel «Daedalus oder Wissenschaft und die Zukunft» voraussagte, dass die Wissenschaft die Genetik nutzen könnte, um die Grundvoraussetzungen der Menschheit zu verbessern. Viele seiner Ideen scheinen heutzutage geradezu zahm, doch er war sich bewusst, dass sie eine Kontroverse hervorrufen würden, und gab zu, dass sie so manchem, der zum ersten Mal damit in Kontakt kommt, möglicherweise «unfein und unnatürlich» vorkommen könnten, doch dass die Menschen sie schließlich vielleicht akzeptieren würden.

Schließlich wurden die grundlegenden Prinzipien des Transhumanismus, dass die Menschen kein «hässliches, brutales und kurzes» Leben erdulden sollten, wenn die Wissenschaft das Leiden durch Verbesserung der menschlichen Spezies lindern kann, erstmals von Julian Huxley im Jahr 1957 klar dargelegt.

Es gibt unterschiedliche Ansichten darüber, welche Aspekte des Transhumanismus wir verfolgen sollten. Manche glauben, dass wir uns auf mechanische Mittel, uns selbst zu verbessern, fokussieren sollten, wie etwa Exoskelette, Spezialbrillen, um das Sehen zu verbessern, hochladbare Gedächtnisspeicher und Implantate, um unsere Sinne zu erweitern. Manche glauben, man solle die Genetik nutzen, um todbringende Gene auszumerzen, andere dagegen meinen, sie sollte genutzt werden, um unsere natürlichen Fähigkeiten zu erweitern, und wieder andere möchten sie zur Steigerung der intellektuellen Leistungsfähigkeit heranziehen. Anstatt Jahrzehnte damit zu vergeuden, die genetischen Charakteristika durch natürliche Zuchtwahl zu verbessern, so wie wir es mit Hunden und Pferden gemacht haben, könnten wir alles, was wir wollen, mit Hilfe der Gentechnik innerhalb einer Generation schaffen.

Der Fortschritt in der Biotechnologie geschieht so schnell, dass ethische Fragen im Überfluss auftauchen. Und die schäbige Geschichte der Eugenik, inklusive der Nazi-Experimente, eine Herrenrasse zu schaffen, mahnt jeden zur Vorsicht, der daran interessiert ist, Menschen zu verändern. Inzwischen ist es möglich, Hautzellen der Maus genetisch so zu modifizieren, dass daraus Ei- und Keimzellen werden, diese dann zu vereinigen, um daraus eine gesunde Maus zu produzieren. Letztendlich lässt sich dieser Prozess vielleicht auf Menschen übertragen. Damit könnten viel mehr unfruchtbare Paare erfolgreich gesunde Kinder haben. Andererseits bedeutet das auch, dass Menschen sich fremder Hautzellen ohne Erlaubnis bemächtigen und Klone herstellen können.

Kritiker behaupten, dass nur die Reichen und Mächtigen von dieser Technologie werden profitieren können. Francis Fukuyama von der Stanford University hat gewarnt, dass der Transhumanismus «zu den gefährlichsten Ideen der Welt»[4] zählt, da sich mit der Veränderung der DNA unserer Nachkommen menschliches Verhalten wahrscheinlich verändern, mehr Ungleichheit erzeugt und damit die Demokratie unterminiert wird. Die Geschichte der Technologie zeigt jedoch eher etwas anderes: Obwohl die Reichen frühzeitigen Zugang zu diesen technischen Wundern haben, werden die Kosten letztendlich so weit sinken, dass jeder Durchschnittsmensch sie aufbringen kann.

Andere Kritiker behaupten, dass dies der erste Schritt zu einer Spaltung der menschlichen Spezies sein könnte und dass die grundlegende Definition von Menschsein zur Debatte steht.

Vielleicht werden tatsächlich einmal verschiedene Zweige genetisch verbesserter Menschen verschiedene Teile des Sonnensystems bewohnen und sich letztendlich in verschiedene Arten aufspalten. Und man kann sich vorstellen, dass Rivalitäten und sogar Kriege zwischen den verschiedenen Zweigen der menschlichen Spezies ausbrechen können. Selbst das Konzept eines «Homo sapiens» könnte in Frage gestellt werden. Wir werden auf diese Frage in Kapitel 13 eingehen, wenn wir über die Welt sprechen, wie sie vielleicht in einigen Jahrtausenden aussehen wird.

In Aldous Huxleys *Schöne neue Welt* nutzt der Staat Biotechnologie, um eine Rasse überlegener Geschöpfe zu züchten, die Alphas genannt werden und von Geburt an dazu bestimmt sind, zu herrschen. Anderen Embryonen entzieht man Sauerstoff, sodass sie geistige Schäden davontragen, gezüchtet allein, um den Alphas zu dienen. Den Bodensatz der Gesellschaft stellen die Epsilons dar, die gezüchtet werden, um niedere Arbeiten zu verrichten. Diese Gesellschaft ist eine durchgeplante Dystopie, die sich der Technologie bedient, um alle Bedürfnisse zu befriedigen, und alles geschieht geregelt und friedlich. Die Gesellschaft als Ganzes aber gründet sich auf Unterdrückung und Elend derjenigen, die für ein Leben ganz unten gezüchtet wurden.

Die Befürworter des Transhumanismus geben zu, dass all diese hypothetischen Szenarien ernstgenommen werden müssen, doch an diesem Punkt argumentieren sie, dass diese Bedenken rein akademisch seien. Trotz des lawinenartigen Fortschritts in der Biotechnologie muss man diese ganze Auseinandersetzung in einem größeren Kontext betrachten. Designer-Kinder gibt es noch nicht, und die Gene für viele Merkmale, die Eltern vielleicht für ihre Kinder wollen könnten, sind noch gar nicht gefunden worden. Und möglicherweise gibt es sie gar nicht. Zurzeit kann noch kein einziges menschliches Verhaltensmerkmal durch Biotechnologie verändert werden.

Viele meinen, die Furcht, dass der Transhumanismus zu einem Amoklauf werden könnte, sei verfrüht, da die Technologie noch in der fernen Zukunft liegt. Doch ausgehend von der Entwicklungsgeschwindigkeit der Entdeckungen werden am Ende dieses Jahrhunderts genetische Modifikationen wahrscheinlich eine echte Option darstellen, und deswegen müssen wir uns die Frage stellen: Wie weit wollen wir diese Technologie treiben?

Das Höhlenmensch-Prinzip

Wie ich in früheren Büchern schon ausgeführt habe, glaube ich, dass das Höhlenmensch-Prinzip eine Rolle spielt und einen natürlichen Rahmen für unsere Bestrebungen, uns selbst zu verändern, darstellt. Unsere grundlegende Persönlichkeit hat sich nicht mehr verändert, seit wir erstmals als moderne Menschen vor 200 000 Jahren entstanden. Obwohl wir heute über Kernwaffen, chemische und biologische Waffen verfügen, sind unsere grundlegenden Wünsche und Bedürfnisse gleich geblieben.

Und was ist das, was wir wollen? Nachdem die Grundbedürfnisse befriedigt sind, so zeigen Untersuchungen, legen wir großen Wert auf die Meinung unserer Mitmenschen. Wir möchten gut aussehen, insbesondere gegenüber dem anderen Geschlecht. Wir wollen im Kreis unserer Freunde bewundert werden. Deswegen könnten wir zögern, uns allzu drastisch zu verändern, insbesondere wenn wir dadurch anders aussehen als alle um uns herum.

Daher werden wir wahrscheinlich nur solche Verbesserungen akzeptieren, die unseren gesellschaftlichen Status verbessern. Trotz des Drucks, unsere Leistungsfähigkeit genetisch und elektronisch zu erweitern, insbesondere wenn wir in den Weltraum hinausgehen und in unterschiedlichen Umwelten leben wollen, könnte es dennoch Grenzen für das Ausmaß der Änderung geben, das wir wünschen, und diese Grenzen werden dazu beitragen, uns geerdet zu halten.

Als *Ironman* erstmals in den Comics auftauchte, war er ein ziemlich klobiger, linkisch wirkender Charakter. Seine Rüstung war gelb, bauchig und hässlich. Eigentlich sah er aus wie eine wandelnde Blechbüchse. Kleine Kinder konnten sich mit ihm nicht identifizieren. Deswegen beschloss der Zeichner später, ihm ein völlig anderes Aussehen zu geben. Seine Rüstung wurde bunt und körperbetont; sie hob ganz klar die schlanke Figur des Kämpfers Tony Stark hervor. Im Ergebnis stieg seine Popularität dramatisch. Selbst Superhelden müssen sich an das Höhlenmensch-Prinzip halten.

Die Erzählungen der Science-Fiction aus ihrer goldenen Ära stellen Menschen der Zukunft mit gigantischen kahlen Schädeln und dünnen Körpern da. In anderen Erzählungen haben wir uns zu riesigen Gehirnen entwickelt, die in großen, flüssigkeitsgefüllten Behältern leben. Aber wer will denn wirklich so leben? Ich glaube, das Höhlenmensch-Prinzip würde verhindern, dass wir uns in solche Kreaturen verwandeln, die wir abstoßend finden. Stattdessen würden wir nach aller Wahrscheinlichkeit lieber die Fähigkeit haben, unser Leben zu verlängern, Gedächtnis und Intelligenz zu erweitern, ohne unsere grundlegende Erscheinungsform zu verändern. In Computerspielen zum Beispiel hat man oft die Freiheit, einen animierten Avatar für sich selbst zu wählen. Und häufig wählen wir dann Avatare, die uns in irgendeiner Form attraktiv oder ansprechend machen statt grotesk oder abstoßend.

Es ist auch möglich, dass alle diese technologischen Wunder nach hinten losgehen und uns zu hilflosen Kindern reduzieren werden, die nutzlose Leben leben. In dem Disney-Film *Wall-E – WALL E – Der Letzte räumt die Erde auf* leben Menschen in Raumschiffen, in denen Roboter ihnen jeden denkbaren Wunsch erfüllen. Roboter übernehmen das Tragen schwerer Lasten und kümmern sich um jedes Bedürfnis, sodass den Menschen nichts bleibt als alberner Zeitvertreib. Sie werden fett und nutzlos und verbringen ihre Zeit mit überflüssigen, ziellosen Handlungen. Doch ich denke, dass es eine Art Grundlinie der Persönlichkeit gibt, die in der Hardware unserer Gehirne verankert ist. Ein

Beispiel: Viele Experten schätzen, dass, falls Drogen legalisiert würden, etwa 5 Prozent aller Menschen abhängig werden würden. Weil die anderen 95 Prozent jedoch sehen, wie Drogen das Leben eines Menschen einschränken oder zerstören können, werden sie sich davon fernhalten und lieber in der realen Welt leben statt in einer durch Drogen veränderten. Ganz ähnlich würden wahrscheinlich manche Menschen es vorziehen, im Cyberspace zu leben statt in der realen Welt, sobald die virtuelle Realität erst einmal perfektioniert ist, doch werden das wahrscheinlich nicht sehr viele tun.

Man erinnere sich daran, dass unsere Vorfahren, die Höhlenmenschen, wertvoll und hilfreich für andere sein wollten. Dieses Bedürfnis ist in unseren Genen fest verankert.

Als ich als Junge zum ersten Mal Asimovs *Foundation-Trilogie* las, war ich überrascht, dass Menschen in fünfzigtausend Jahren sich nicht selbst veränderten. Ich dachte, Menschen würden sicherlich bis dahin ihre Körper vollständig umgemodelt haben, mit riesigen Köpfen, kleinen, verwelkten Körpern, und sie würden Superkräfte haben wie in den Comics. Doch viele Szenen dieser Erzählung hätten auf der Erde von heute stattfinden können. Im Rückblick auf diesen Klassiker wird mir nun klar, dass wahrscheinlich das Höhlenmensch-Prinzip wirksam war. Ich stelle mir vor, dass in Zukunft Menschen die Möglichkeit haben, Geräte, Implantate und andere Vorrichtungen anzulegen, die ihnen kurzzeitig Superkräfte und erhöhte Fähigkeiten verleihen, doch danach werden sie die meisten wieder ablegen und ganz normal sein. Oder falls sie sich dennoch permanent verändern, wird das in einer Weise geschehen, die ihr Ansehen in der Gesellschaft erhöht.

Wer entscheidet?

Als Louise Brown, das erste Retortenbaby der Welt, im Jahre 1978 geboren wurde, verteufelten viele Kirchenleute und Kolumnisten die Technologie, die das möglich gemacht hatte; sie meinten, wir würden Gott spielen. Heute gibt es mehr als 5 Millionen Retortenbabys auf der Welt. Ihre Frau oder Ihr bester Freund könnten eins davon gewesen sein.

Die Menschen haben beschlossen, diese Methode trotz der feindseligen Kritik zu akzeptieren.

Ganz ähnlich haben viele Kritiker, als das Schaf Dolly 1996 geklont wurde, diese Technologie als unmoralisch und gottlos gebrandmarkt. Dennoch ist Klonen heute weitgehend akzeptiert. Ich fragte Robert Lanza, eine Autorität der Biotechnologie, wann das Klonen von Menschen möglich sein würde. Er führte aus, dass noch niemand jemals erfolgreich einen Primaten geklont habe, insbesondere keinen Menschen. Doch war er überzeugt, dass Menschen zu klonen eines Tages möglich sein würde. Und falls Menschen jemals geklont werden, werden nur sehr wenige Menschen entscheiden, sich klonen zu lassen. (Vielleicht werden die Einzigen, die sich selbst klonen wollen, reiche Leute ohne Erben sein, oder ohne Erben, die sie schätzen. Sie könnten sich selbst klonen und ihren Reichtum an sich selbst als Nachkommen weitergeben.)

Einige haben auch «Designer-Kinder» verteufelt, die von ihren Eltern genetisch modifiziert werden, und doch ist es heutzutage schon ganz üblich, mehrere in-vitro-befruchtete Embryonen zu erzeugen und dann diejenigen zu verwerfen, die möglicherweise eine schädliche Mutation (wie zum Beispiel das Tay-Sachs-Syndrom) aufweisen. Innerhalb einer Generation könnten wir also diese tödlichen Spuren im Genpool ausmerzen.

Als im letzten Jahrhundert das Telefon eingeführt wurde, wurde sogleich Kritik laut. Man hielt es für unnatürlich, zu jemand zu sprechen, der unsichtbar sei, zu einer körperlosen Stimme im

Äther, statt mit Menschen von Angesicht zu Angesicht zu reden, und dass wir zu viel Zeit am Telefon verbringen würden, statt mit unseren Kindern und engen Freunden zu sprechen. Natürlich hatten die Kritiker recht. Wir verbringen tatsächlich zu viel Zeit im Gespräch mit körperlosen Stimmen im Äther. Wir sprechen tatsächlich nicht genug mit unseren Kindern. Doch wir lieben das Telefon, und zuweilen benutzen wir es auch, um mit unseren Kindern zu sprechen. Normale Menschen, anders als die Verfasser von Editorials, haben für sich entschieden, dass sie diese neue Technologie wollen. Mit dem Aufkommen radikal neuer Formen von Technologie, die das Menschsein in Zukunft verbessern könnten, werden Menschen für sich selbst entscheiden, wie weit sie damit gehen wollen. Die einzige Art und Weise, in der solche kontroversen Technologien eingeführt werden sollten, ist im Rahmen einer demokratischen Auseinandersetzung. (Man stelle sich für einen Moment vor, jemand aus der Zeit der Inquisition würde unsere heutige Welt besuchen. Aus einer Zeit kommend, in der Hexen verbrannt und Abtrünnige gefoltert wurden, würde er vielleicht die gesamte moderne Zivilisation als blasphemisch verdammen.) Was heute unnötig und sogar unmoralisch erscheint, könnte in Zukunft als normal und alltäglich gelten.

Auf jeden Fall werden wir, wenn wir Planeten und andere Sternsysteme erkunden wollen, uns selbst modifizieren und verbessern müssen, um diese Reise zu überleben. Und da es eine Grenze für das Terraforming entfernter Planeten gibt, müssen wir uns an unterschiedliche Atmosphären, Temperaturen und Gravitation anpassen. Deswegen werden genetische und mechanische Verbesserungen notwendig sein.

Doch bislang haben wir nur die Möglichkeiten besprochen, Menschen zu verbessern. Was aber geschieht, wenn wir den fernen Weltraum erkunden und intelligenten Lebensformen begegnen, die völlig anders sind als wir? Was geschieht, wenn wir auf Zivilisationen stoßen, die technologisch Millionen Jahre weiter entwickelt sind als wir?

Und falls wir gar nicht auf entwickelte Zivilisationen im Weltraum stoßen, wie können wir dann selbst zu einer werden? Auch wenn es unmöglich ist, Kultur, Politik und Gesellschaftsform einer entwickelten Zivilisation vorherzusagen, gibt es doch etwas, das selbst fremde Zivilisationen befolgen müssen, und das sind die Gesetze der Physik. Was also kann uns die Physik über derartige fortgeschrittene Zivilisationen verraten?

Am Anfang warst du Lehm. Dann wurdest du vom Mineral zur Pflanze. Aus der Pflanze wurde Tier, und aus dem Tier der Mensch. Und du musst noch hunderte Stadien durchlaufen. Es gibt tausende Formen des Geistes.

Rumi

Kapitel 12
Die Suche nach außerirdischem Leben

Eines Tages kamen die Fremden.

Sie kamen aus entfernten Ländern, von denen niemand jemals gehört hatte, sie kamen in fremdartigen, erstaunlichen Schiffen und benutzten eine Technologie, die sich niemand hätte träumen lassen. Sie kamen bewaffnet und mit Schutzschilden, die stärker waren als alles je zuvor Gesehene. Sie sprachen eine unbekannte Sprache und brachten fremdartige Tiere mit.

Jeder fragte sich: «Wer sind sie? Wo kommen sie her?»

Einige hielten sie für Botschafter von den Sternen.

Andere flüsterten, sie seien die Götter des Himmels.

Leider hatten alle unrecht.

Man schrieb das schicksalhafte Jahr 1519, als Montezuma auf Hernán Cortés traf und die Azteken und das spanische Reich aneinandergerieten. Cortés und seine Eroberer waren keineswegs Götterboten, sondern Halsabschneider, die es nach Gold und allem, was es zu plündern gab, gelüstete. Tausende Jahre hatte die aztekische Zivilisation gebraucht, um aus dem Wald herauszukommen, und doch wurde sie, lediglich mit Technologie der Bronzezeit gerüstet, von spanischen Soldaten innerhalb weniger Monate überwältigt und zerstört.

Eine Lektion, die wir für den Aufbruch in den Weltraum aus diesem tragischen Beispiel lernen, lautet, auf der Hut zu sein. Die Azteken hinkten den spanischen Eroberern technologisch vielleicht ein paar Jahrhunderte hinterher. Wenn wir auf andere Zivilisationen im Raum stoßen, könnten sie uns so weit überlegen sein, dass wir uns ihre Macht nur ausmalen können. Wenn wir mit solch einer fortgeschrittenen Zivilisation einen Krieg anfingen, wäre das womöglich wie eine Auseinandersetzung zwischen Godzilla und Biene Maja.

Der Physiker Stephen Hawking hat die Warnung ausgesprochen: «Wir brauchen uns nur selbst anzuschauen, um zu erkennen, wie sich intelligentes Leben in etwas entwickelt, auf das wir lieber nicht treffen würden.»[1] Mit Bezug auf die Konsequenzen, die Christoph Kolumbus' Zusammentreffen mit den Ureinwohnern Amerikas hatte, fasst er zusammen: «Das ist nicht gut ausgegangen.» Oder wie der Astrobiologe David Grinspoon sagt: «Wenn man in einem Dschungel voll hungriger wilder Tiere lebt, springt man dann vom Baum herunter, um aufrecht zu gehen, ‹Hallöchen, hier bin ich›?»[2]

Hollywoodfilme aber wollen uns glauben machen, dass wir fremde Invasoren selbst dann schlagen können, wenn sie uns technologisch einige Jahrzehnte oder Jahrhunderte voraus sind. Hollywood redet uns ein, dass wir mit ein paar einfachen, cleveren Tricks gewinnen können. In *Independence Day* müssen wir lediglich einen simplen Computervirus in ihre Betriebssysteme speisen, um sie auf die Knie zu zwingen, so als würden Aliens Microsoft Windows benutzen.

Selbst Wissenschaftler machen diesen Fehler, wenn sie die Idee verlachen, eine fremde, viele Lichtjahre entfernt lebende Zivilisation könnte uns besuchen. Doch das setzt voraus, dass außerirdische Zivilisationen uns technologisch nur wenige Jahrhunderte voraus sind. Doch was ist, wenn sie uns Millionen Jahre voraus wären? Eine Million Jahre ist im kosmischen Maßstab nicht mehr als ein Lidschlag. Neue Naturgesetze und neue Technologien könnten sich auftun, wenn man in diesen unglaublichen Zeitskalen denkt.

Ich persönlich glaube, dass fortgeschrittene Zivilisationen im Weltraum friedfertig sein werden. Sie mögen uns Äonen voraus sein, was reichlich Zeit bietet, um uralte sektiererische, rassistische und fundamentalistische Konflikte zu lösen. Dennoch sollten wir darauf vorbereitet sein, dass sie nicht friedfertig sind. Statt nach ihnen Ausschau zu halten und Radiosignale in den Weltraum zu schicken, um jeder fremden Zivilisation unsere Existenz zu verkünden, könnte es klüger sein, sie erst einmal zu studieren.

Ich bin überzeugt, dass wir Kontakt zu einer extraterrestrischen Zivilisation vielleicht sogar noch in diesem Jahrhundert herstellen werden. Statt gnadenloser Eroberer könnten sie wohlwollend sein und bereit, ihre Technologie mit uns zu teilen. Das wäre einer der wichtigsten Wendepunkte in der Geschichte, vergleichbar etwa der Entdeckung des Feuers. Es könnte den Verlauf der menschlichen Zivilisation für Jahrhunderte bestimmen.

SETI

Einige Physiker setzen sich aktiv für die Klärung dieser Frage ein. Das Projekt heißt SETI (*search for extraterrestrial intelligence*; dt.: Suche nach außerirdischer Intelligenz) und durchforstet den Himmel mit den leistungsfähigsten Radioteleskopen, die uns zur Verfügung stehen, nach Signalen fremder Zivilisationen.[3]

Gegenwärtig baut das SETI-Institut, dank großzügiger Spenden von Paul Allen, dem Mitbegründer von Microsoft, und anderen, 42 modernste Radioteleskope bei Hat Creek in Kalifornien, etwa 500 Kilometer nordöstlich von San Francisco, um den Sternenhimmel abzusuchen. Letztendlich könnte die Hat-Creek-Anlage mehr als 350 Radioteleskope beherbergen, die die Radiofrequenzen zwischen einem und zehn Gigahertz absuchen.

An SETI zu arbeiten ist allerdings eine undankbare Aufgabe, weil man reiche Geldgeber und misstrauische Spender darum bitten muss, das Projekt zu finanzieren. Der US-Kongress hat nur halbherzig Interesse bekundet und 1993 schließlich alle finanzielle Unterstützung mit der Begründung beendet, es handele sich um Verschwendung von Steuergeldern.

Einige Wissenschaftler, frustriert von der mangelnden Förderung, haben an die Öffentlichkeit appelliert, sich direkt zu beteiligen, um diese Forschung auszuweiten. An der University of California Berkeley haben Astronomen SETI@home ins Leben gerufen, in dem Bemühen, Millionen von Amateuren online in diese Forschung einzubinden. Jeder kann mitmachen. Sie müssen nur die Software von der Webseite herunterladen. Dann durchsucht Ihr Computer nachts, wenn Sie schlafen, die Berge von bereits gesammelten Daten, und man hofft, auf diese Weise die Stecknadel im Heuhaufen zu finden.

Dr. Seth Shostak vom SETI-Institute in Mountain View, Kalifornien, den ich bei zahlreichen Gelegenheiten interviewt habe, glaubt, dass wir noch vor 2025 mit einer fremden Zivilisation in Kontakt treten werden. Ich fragte ihn, was ihn so sicher macht. Immerhin haben Jahrzehnte Arbeit nicht ein einziges verifizierbares Signal von außerirdischen Zivilisationen geliefert. Außerdem ist der Gebrauch von Radioteleskopen, um außerirdische Konversationen abzuhören, reine Glücksache. Vielleicht benutzen die Fremden gar keine Radiowellen. Vielleicht nutzen sie völlig andere Frequenzen oder Laserstrahlen oder Kommunikationskanäle, an die wir nicht gedacht haben. All das sei möglich, gab er zu, und dennoch ist er überzeugt, dass wir bald Kontakt mit außerirdischem Leben haben werden. Was für seinen Glauben spricht, ist die Drake-Gleichung.

Im Jahr 1961 versuchte der Astronom Frank Drake, weil er mit all den wilden Spekulationen über Außerirdische im Weltraum haderte, die Wahrscheinlichkeit dafür auszurechnen, auf eine solche Zivilisation zu treffen. Zum Beispiel kann man mit der Anzahl der Sterne in der Milchstraße beginnen (etwa 100 Milliarden) und dann diese Zahl auf den Anteil reduzieren, der Planeten hat, dann wiederum auf den Anteil der Planeten, die Leben tragen können, dann auf den Anteil, die intelligentes Leben beherbergen können und so weiter. Indem man eine Reihe solcher Brüche multipliziert, bekommt man eine grobe Abschätzung der möglichen Anzahl fortgeschrittener Zivilisationen in der Galaxie.

Als Frank Drake erstmals seine Formel vorschlug, gab es so viele Unbekannte, dass das Endergebnis pure Spekulation war. Schätzungen für die Anzahl der Zivilisationen in der Galaxie bewegten sich zwischen Zehntausenden und Millionen.

Inzwischen kann man jedoch anhand der großen Zahl von Exoplaneten, die man bereits im Raum gefunden hat, eine viel realistischere Abschätzung anstellen. Zum Glück können Astronomen jedes Jahr die verschiedenen Beiträge zur Drake-Gleichung immer genauer festlegen. Mittlerweile ist bekannt, dass wenigstens einer von fünf sonnenähnlichen Sternen in der Milchstraße einen erdähnlichen Planeten hat, der sie umkreist. Der Gleichung zufolge gibt es mehr als 20 Milliarden solcher erdähnlichen Planeten in der Galaxie.

Mittlerweile sind viele weitere Korrekturen dazugekommen. Die ursprüngliche Gleichung war zu naiv. Wie bereits erwähnt, weiß man, dass erdähnliche Planeten von jupitergroßen Planeten in kreisförmigen Umlaufbahnen begleitet sein müssen, damit Asteroiden und anderer Planetenstaub hinausgeschleudert wird, die ansonsten jedes Leben zerstören würden. Deswegen müssen wir die Zahl erdähnlicher Planeten auf diejenigen beschränken, die jupitergroße Nachbarn haben. Erdähnliche Planeten müssen auch von großen Monden begleitet sein, damit ihre Rotationsgeschwindigkeit begrenzt bleibt und sie nicht letztendlich, nach Millionen von Jahren, zu torkeln anfangen oder gar komplett kippen. (Wäre der Mond klein wie ein Asteroid, würden sich kleine Störungen in der Erdumdrehung über lange Zeiträume allmählich verstärken, und die Erde könnte Newtons Gesetzen zufolge letztendlich umkippen. Das wäre für alles Leben desaströs, denn sobald die Erdkruste Risse bekommt, käme es zu gigantischen Erdbeben, riesigen Tsunamis und schrecklichen Vulkanausbrüchen. Unser Mond ist groß genug, sodass sich diese Störungen nicht verstärken können. Mars jedoch, mit seinen kleinen Monden, könnte irgendwann in ferner Zukunft tatsächlich kippen.)

Die heutige Wissenschaft versorgt uns mit einer Fülle konkreter Daten über die Anzahl der Planeten da draußen, die Leben hervorbringen können, doch hat sie auch viele Möglichkeiten entdeckt, Leben durch Naturkatastrophen und Unfälle wieder auszulöschen. In der Erdgeschichte wurde intelligentes Leben schon einige Male durch Naturkatastrophen (Zusammenstöße mit Asteroiden, Vereisung des ganzen Planeten, Vulkanausbrüche) nahezu ausgelöscht. Als grundsätzliche Frage bleibt, welcher Prozentsatz der in Frage kommenden Planeten tatsächlich belebt ist und welcher Prozentsatz davon planetaren Katastrophen entkommen ist und intelligentes Leben hervorgebracht hat. Also sind wir immer noch weit von einer genauen Schätzung der Zahl intelligenter Zivilisationen in unserer Galaxie entfernt.

Erstkontakt

Ich fragte Dr. Shostak, was geschieht, falls Aliens auf die Erde kommen. Beruft der Präsident dann ein Notfallkomitee aller Kommandeure ein? Veröffentlicht die UN eine Willkommensbotschaft an die Fremden? Wie sieht das Protokoll für den Erstkontakt aus?

Seine Antwort war ziemlich überraschend. Im Grunde genommen gibt es kein Protokoll. Forscher halten Konferenzen ab, in denen sie diese Dinge diskutieren, doch machen sie nur informelle Vorschläge, die keinerlei offiziellen Charakter haben. Keine Regierung nimmt dieses Thema ernst.

Auf jeden Fall wird der erste Kontakt sehr wahrscheinlich eine Einwegkonversation sein, bei der ein irdischer Detektor eine verirrte Nachricht von einem fernen Planeten auffängt. Doch heißt das noch lange nicht, dass daraus eine Kommunikation entsteht. Ein solches Signal könnte von einem Sternensystem kommen, das zum Beispiel 50 Lichtjahre von der Erde entfernt ist, sodass zwischen einer Botschaft und der Antwort darauf 100 Jahre vergehen würden. Kommunikation mit einem ET im Weltraum würde also extrem schwierig.

In dem Film *Arrival* schicken die Fremden gewaltige Raumschiffe, die bedrohlich über vielen Ländern schweben. Als die Erdlinge diese Schiffe betreten, sehen sie sich Fremden gegenüber, die wie riesige Kraken aussehen. Versuche, sich mit ihnen auszutauschen, gestalten sich schwierig, weil die Fremden sich mit Hilfe merkwürdiger Zeichen verständigen, die sie auf einen Schirm kritzeln, was Linguisten mühsam versuchen zu übersetzen. Eine Krise tritt ein, als die Fremden ein Wort kritzeln, das man sowohl als «Werkzeug» als auch als «Waffe» deuten kann. Durch diese Zweideutigkeit verunsichert, bringen die Nuklearmächte ihre Waffenarsenale in Stellung. Ein interplanetarer Krieg wegen eines einfachen linguistischen Fehlers scheint unvermeidlich.

In Wirklichkeit würde wahrscheinlich jede Spezies, die weit genug entwickelt ist, um Raumschiffe zur Erde zu schicken, unsere TV- und Radiosignale aufgefangen und unsere Sprache schon im Vorhinein entschlüsselt haben, so dass sie nicht von irdischen Linguisten abhängig wäre. In jedem Fall aber wäre es sehr unklug, einen interplanetaren Krieg mit Außerirdischen zu beginnen, die möglicherweise Jahrtausende fortgeschrittener sind als wir.

Was passiert, falls die Sprache der Fremden einen völlig anderen Bezugsrahmen hat?

Wenn die Fremden von einer Spezies intelligenter Hunde abstammten, würde ihre Sprache eher Gerüche als Bilder widerspiegeln. Stammten sie von intelligenten Vögeln ab, könnte ihre Sprache auf komplexen Melodien beruhen. Würden sie von Fledermäusen oder Delfinen abstammen, könnten sie sich mit Ultraschallsignalen verständigen. Und wären ihre Vorfahren Insekten, könnten sie miteinander über Pheromone (arteigene chemische Signale) kommunizieren.

In der Tat sehen wir bei der Analyse der Gehirne dieser Tiere, wie sehr sie sich von unserem Gehirn unterscheiden. Während ein wichtiger Teil unseres Gehirns auf Sehen und Sprache spezialisiert ist, sind die Hirne anderer Tiere bevorzugt auf die Wahrnehmung olfaktorischer (Geruch) oder akustischer Reize ausgelegt.

Kurz gesagt, können wir beim Erstkontakt mit einer außerirdischen Zivilisation nicht annehmen, dass sie denken und sich verständigen wie wir.

Wie sehen sie aus?

Bei Science-Fiction-Filmen besteht das Highlight häufig darin, dass wir die Aliens endlich zu Gesicht bekommen. (Tatsächlich war eine der Enttäuschungen des ansonsten sehr schönen Films *Contact*, dass man nach einem enormen Aufbau die Fremden niemals selbst zu Gesicht bekam.) In der *Star-Trek*-Serie jedoch sehen alle Fremden aus wie wir und sprechen alle perfektes amerikanisches Englisch. Das einzige Unterscheidungsmerkmal sind unterschiedliche Arten Nasen. Etwas einfallsreicher sind die Fremden in *Krieg der Sterne*, die wie Tiere oder Fische aussehen, doch kommen sie immer von Planeten, wo man Luft atmet und eine der Erde vergleichbare Schwerkraft herrscht.

Zunächst könnte man meinen, dass Fremde völlig beliebig aussehen können, schließlich hatten wir noch nie Kontakt mit ihnen. Doch muss auch ihr Aussehen wahrscheinlich einer gewissen Logik folgen. Obwohl wir nicht ganz sicher sein können, ist die Wahrscheinlichkeit hoch, dass das Leben im Weltraum in den Ozeanen beginnt und aus auf Kohlenstoff basierten Molekülen besteht. Diese Art Chemie ist ideal, um zwei grundlegende Kriterien für Leben zu erfüllen: die Fähigkeit, aufgrund ihrer komplexen molekularen Struktur große Mengen Information zu speichern, und die Fähigkeit, sich selbst zu replizieren. (Kohlenstoff hat vier chemische Bindungen, die das Bilden langer Kohlenwasserstoffketten erlaubt, was Proteine und DNA einschließt. Diese langen Kohlenstoff-DNA-Ketten enthalten in der Abfolge ihrer Moleküle einen Code. Die Ketten liegen in zwei Strängen vor, die sich entwirren können, um dann Moleküle einzufangen und sich selbst gemäß diesem Code zu replizieren.)

Ein relativ neuer Wissenschaftszweig ist die Exobiologie; sie soll das Leben auf fernen Welten in Ökosystemen erforschen, die sich von denen auf der Erde unterscheiden. Bisher haben Exobiologen noch Schwierigkeiten damit, Lebensformen zu entwerfen, die nicht auf Kohlenstoffchemie basieren, die uns ja reichhaltige unterschiedliche Moleküle beschert. Viele andere mögliche Lebensformen hat man untersucht, zum Beispiel intelligente ballonartige Wesen, die in der Atmosphäre von Gasriesen treiben, doch es ist schwierig, sich eine realistische Chemie auszumalen, die solche Kreaturen möglich macht.

Als Kind war *Alarm im Weltall (Forbidden Planet)* einer meiner Lieblingsfilme; er hat mir eine wertvolle wissenschaftliche Lektion erteilt. Auf einer fernen Welt werden Astronauten von einem riesigen Monster terrorisiert, das die Mannschaft dezimiert. Ein Wissenschaftler nimmt Abdrücke der Fußspuren, die das Monster im Erdreich hinterlässt. Was er findet, schockiert ihn. Die Füße des Monsters, so erklärt er, verletzten alle Regeln der Evolution. Die Krallen, Zehen und Knochen sind auf eine Weise arrangiert, die keinen Sinn ergibt.

Das erregte meine Aufmerksamkeit. Ein Monster, welches die Gesetze der Evolution verletzt? Für mich war das ein völlig neues Konzept, dass sogar Monster und Aliens den Gesetzen der Wissenschaft folgen müssen. Bis dahin dachte ich, Monster müssten nur wild und hässlich sein. Doch fand ich es sehr sinnvoll, dass Monster und Aliens dieselben Naturgesetze befolgen müssten wie wir. Sie leben nicht in einem Vakuum.

Wenn ich zum Beispiel von dem Monster in Loch Ness höre, drängt sich mir die Frage auf, was denn die Population eines solchen Wesens wäre? Wenn eine Dinosaurier-ähnliche Kreatur in diesem See leben könnte, müsste sie zu einer Population von vielleicht fünfzig anderen Kreaturen gehören. In diesem Fall sollte man Indizien für diese anderen (in Form von Knochen, den Gerippen ihrer Beute, Abfallprodukten und dergleichen) finden können. Die Tatsache, dass keinerlei derartige Indizien gefunden wurden, lässt ihre Existenz zweifelhaft erscheinen.

So ähnlich sollte man auch die Gesetze der Evolution auf Fremde im Weltraum anwenden können. Es ist schlicht unmöglich, genau zu beschreiben, wie sich eine fremdartige Zivilisation auf einem fernen Planeten entwickeln könnte. Aber wir können einige Überlegungen anstellen, die auf unserer eigenen Evolution beruhen. Wenn wir analysieren, wie *Homo sapiens* Intelligenz entwickelte, stoßen wir auf mindestens drei Komponenten, die bei unserem Aufstieg aus dem Sumpf essenziell waren.

1. *Augen zum räumlichen Sehen*

Gewöhnlich sind Räuber intelligenter als ihre Beute. Um effektiv zu jagen, muss man ein Meister im Verbergen, in List und Strategie, Tarnung und Täuschung sein. Auch muss man die Gewohnheiten der Beute kennen, wo sie Nahrung sucht, was ihre Schwächen sind, und wie sie sich verteidigt. Für all das braucht man einiges Gehirnschmalz.

Demgegenüber müssen Beutetiere nur eines können: Weglaufen.

Das kann man an den Augen ablesen. Fleischfresser wie Tiger und Füchse haben frontal angeordnete Augen, die ihnen räumliches Sehen ermöglichen, da das Gehirn die Bilder von links und rechts abgleicht. Damit sind diese Tiere in der Lage, Entfernungen abzuschätzen, was bei der Ortung von Beute essenziell ist. Beutetiere dagegen benötigen keine Stereosicht. Sie brauchen eine 360-Grad-Rundumsicht, um nach Räubern Ausschau zu halten, und deswegen liegen ihre Augen seitlich am Kopf, wie bei Rehen und Kaninchen.

Aller Wahrscheinlichkeit nach werden intelligente Außerirdische von Räubern abstammen, die sich ihre Nahrung erjagten. (Das soll nicht heißen, dass sie aggressiv sind, es bedeutet nur, dass ihre Vorfahren vor langer Zeit einmal räuberisch lebten. Wir sollten jedenfalls vorsichtig sein.)

2. *Irgendeine Form von Greifwerkzeugen*
Ein Kennzeichen jeder Spezies, die eine intelligente Zivilisation aufbauen könnte, ist die Möglichkeit, ihre Umgebung zu gestalten. Anders als Pflanzen, die hilflos den Veränderungen ihrer Umwelt ausgesetzt sind, können intelligente Tiere ihre Umwelt gestalten, um ihre Überlebenschancen zu erhöhen. Greifinstrumente fördern die technische Intelligenz und schaffen die Voraussetzung zur Koordination zwischen Hand und Auge, um Beute zu jagen und Werkzeuge zu bedienen. Erst das dritte Kriterium bringt alles zusammen.

3. *Sprache*
Bei den meisten Arten stirbt alles Erlernte mit dem Individuum. Um wichtige Informationen von Generation zu Generation weiterzugeben und zu bewahren, ist eine Art Sprache unerlässlich. Je abstrakter die Sprache, desto mehr Information kann zwischen den Generationen übermittelt werden. Außerdem ist Sprache notwendigerweise ein soziales Phänomen, da sie die Entwicklung von Kooperationen unter Individuen beschleunigt. Dies war ein wichtiger Bestandteil im Aufstieg der menschlichen Zivilisation.

Die Evolution von Intelligenz auf der Erde

Wenn es also mindestens dreier Zutaten für die Entwicklung von intelligentem Leben bedarf, können wir fragen, wie viele Tierarten auf der Erde alle drei besitzen. Man findet viele Räuber mit räumlichem Sehen, die Klauen, Pfoten, Fänge oder Tentakel haben, nicht jedoch die Fähigkeit, Werkzeuge zu greifen. Auch hat keiner von ihnen eine ausgefeilte Sprache, die es ihnen erlauben würde, auf der Jagd Informationen mit anderen auszutauschen und an die nächste Generation weiterzugeben.

Wir können die menschliche Evolution und Intelligenz auch mit der von Dinosauriern vergleichen. Obwohl unser Wissen über Dinosaurierintelligenz extrem beschränkt ist, glaubt man, dass sie die Erde für mehr als 200 Millionen Jahre dominierten, und doch wurde keine ihrer Arten intelligent oder entwickelte eine Zivilisation, wofür die Menschen nur 200 000 Jahre gebraucht haben.

Bei einer sorgfältigen Analyse des Dinosaurierreiches aber sehen wir Anzeichen dafür, dass Intelligenz hätte aufkommen können. Die Velociraptoren beispielsweise, in dem Film *Jurassic Park* verewigt, hätten wahrscheinlich im Lauf der Zeit intelligent werden können. Sie hatten das räumliche Sehen eines Jägers. Sie jagten im Rudel, sodass sie wahrscheinlich eine Art Kommunikationssystem besaßen, um ihre Jagd zu koordinieren. Und sie hatten Klauen, um Beute zu greifen, die sich womöglich in opponierbare Daumen entwickelt hätten. (Im Gegensatz dazu waren die Gliedmaßen von *Tyrannosaurus rex* winzig klein, wahrscheinlich nur gebraucht, um nach der Jagd nach Fleisch zu grabschen, und wahrscheinlich nicht gut zum Greifen von Werkzeugen geeignet. *T-rex* war im Wesentlichen ein Schlund auf Beinen.)

Außerirdische aus *Der Sternenschöpfer*

In diesem Rahmen können wir nun die Aliens genauer anschauen, die man in Olaf Stapledons *Der Sternenschöpfer* findet. Der Held dieser Geschichte macht eine imaginäre Reise quer durchs Universum, wobei er in eine Fülle faszinierender Situationen gerät. Das Panorama möglicher Intelligenzen wird vor dem Hintergrund der gesamten Milchstraße vor uns ausgebreitet.

Eine der fremden Spezies hat sich auf einem Planeten mit starkem Gravitationsfeld entwickelt. Statt vier Beinen brauchen diese Organismen sechs zum Gehen. Letztendlich haben sich die vorderen beiden Beine zu Händen entwickelt, wodurch sie für den Werkzeuggebrauch frei wurden. Mit der Zeit entwickelte sich aus dieser Tierart ein Wesen, das einem Zentauren ähnelt.

Der Held der Geschichte trifft auch auf Fremde, die Insekten ähneln. Obwohl keines der Individuen für sich allein über Intelligenz verfügt, führt das Zusammenwirken der Milliarden Individuen zu einer kollektiven Intelligenz. Eine vogelähnliche Rasse fliegt in gigantischen Schwärmen wie eine Wolke und entwickelt ebenfalls eine Art Schwarmintelligenz. Der Protagonist trifft auch auf intelligente pflanzenähnliche Kreaturen, die tagsüber unbeweglich wie Pflanzen, nachts aber beweglich wie Tiere sind. Er trifft sogar auf intelligente Lebensformen, die sich vollkommen außerhalb unserer Erfahrung bewegen, unter anderem intelligente Sterne.

Viele dieser intelligenten Wesen leben in Meeren. Eine der erfolgreichsten aquatischen Aliens ist eine Symbiose zweier verschiedener Lebensformen, eines Fisches und einer Krabbe. Die Krabbe sitzt hinter dem Kopf des Fisches, und so können sie schnell sein wie ein Fisch und die Krabbe kann Werkzeuge mit ihren Scheren fassen. Diese Kombination verleiht ihnen einen enormen Vorteil, und so werden sie zur dominanten Spezies auf ihrem Planeten. Letztendlich begeben sich die krabbenähnlichen Kreaturen an Land, wo sie Maschinen, elektrische Apparate und Raketen erfinden und eine utopische Gesellschaft aufbauen, die auf Wohlstand, Wissenschaft und Fortschritt beruht.

Diese symbiotischen Kreaturen entwickeln Raumschiffe und stoßen auf weniger entwickelte Zivilisationen. Stapledon schreibt: «Die symbiotische Rasse gab sich große Mühe, ihre Existenz vor den Primitiven zu verbergen, um nicht ihre Unabhängigkeit zu verlieren.»

In anderen Worten: Auch wenn sich Fisch und Krabbe

getrennt nicht in höhere Wesen verwandeln konnten, war die Kombination von beiden dazu durchaus in der Lage.

Vorausgesetzt, die überwältigende Mehrheit fremder Zivilisationen lebt, soweit sie überhaupt existieren, unter Wasser auf eisbedeckten Monden (wie Europa oder Enceladus) oder auf Monden von Wanderplaneten, erhebt sich die Frage: Kann eine aquatische Spezies wirklich intelligent werden?

Wenn wir uns unsere eigenen Ozeane anschauen, stoßen wir auf mehrere Probleme. Flossen sind eine extrem effiziente Möglichkeit, sich im Ozean zu bewegen, während Hände und Füße das nicht sind. Mit Flossen kann man sehr schnell vorwärtskommen und manövrieren, während die Bewegung mit Füßen auf dem Meeresgrund unbeholfen und linkisch ist. Nicht überraschend treffen wir in den Meeren also nur wenige Tiere an, die zum Gebrauch von Werkzeugen geeignete Extremitäten entwickelt haben. Daher werden Kreaturen mit Flossen eher nicht intelligent werden (es sei denn, die Flossen entwickeln sich, sodass sie Objekte greifen können, oder diese Flossen waren ursprünglich Arme und Beine von Landtieren, die ins Meer zurückgekehrt sind, wie Delfine und Wale).

Auf der anderen Seite ist der Oktopus ein sehr erfolgreiches Tier. Er hat bereits 300 Millionen Jahre überlebt und ist vermutlich das intelligenteste aller Invertebraten (Wirbellosen). Wenn wir den Oktopus mit Blick auf unsere Kriterien studieren, erkennen wir, dass zwei von drei auf ihn zutreffen.

Zunächst einmal besitzt er als Räuber die Augen eines Jägers. (Allerdings kann er unmittelbar vor sich nicht gut räumlich sehen.)

Zweitens verleihen ihm seine acht Arme oder Tentakel eine außergewöhnliche Fähigkeit, Objekte in der Umgebung zu manipulieren. Diese Tentakel zeichnen sich durch eine bemerkenswerte Geschicklichkeit aus.

Allerdings verfügt er nicht über eine erwähnenswerte Sprache. Als alleinstehender Jäger besteht keine Notwendigkeit, mit anderen zu kommunizieren. Auch findet keine Interaktion zwischen Generationen statt, soweit wir das sagen können.

Oktopoden zeigen also eine gewisse Intelligenz. Sie sind dafür bekannt, aus Aquarien auszubrechen, wobei sie den Vorteil ihrer weichen Körper nutzen, um sich durch kleinste Ritzen zu quetschen. Sie können sich auch in Labyrinthen bewegen, wobei sie ein gutes Erinnerungsvermögen offenbaren, und man weiß, dass sie auch Werkzeuge manipulieren können. Ein Oktopus war sogar in der Lage, sich aus einer Kokosnussschale einen Unterstand zu bauen.

Wenn der Oktopus also eine begrenzte Intelligenz und einsatzfähige Tentakel hat, warum ist er dann nicht intelligent geworden? Ironischerweise ist das vielleicht gerade seinem Erfolg geschuldet. Unter Steinen versteckt seine Beute mit den Tentakeln zu packen, ist eine sehr erfolgreiche Strategie. Also brauchten Oktopoden wahrscheinlich gar keine Intelligenz zu entwickeln. Kurz gesagt, es gab keinen evolutionären Druck zu höherer Intelligenz.

Auf einem fernen Planeten unter völlig anderen Bedingungen jedoch ist durchaus vorstellbar, dass eine krakenähnliche Kreatur eine Zwitscher- oder Pfeifsprache entwickeln und also in Rudeln jagen könnte. Vielleicht kann sich auch der Schnabel des Oktopus so weiterentwickeln, dass er damit eine rudimentäre Sprache hervorbringt. Man könnte sich sogar vorstellen, dass irgendwann in ferner Zukunft evolutionärer Druck auch den irdischen Oktopus dazu zwingt, Intelligenz zu entwickeln.

Also ist eine intelligente Lebensform von Oktopoden mit Sicherheit eine Möglichkeit.

Ein weiteres intelligentes Wesen, das Stapledon sich vorstellte, war ein Vogel. Wissenschaftler haben herausgefunden, dass Vögel mehr noch als die Oktopoden eine bemerkenswerte Intelligenz besitzen. Anders als der Oktopus jedoch haben sie eine sehr ausgefeilte Art, miteinander durch Pieplaute, Gesang und Melodien zu kommunizieren. Wenn man den Gesang bestimmter Vögel aufnimmt und analysiert, stellt man fest, dass die Wirkung auf das andere Geschlecht umso größer ist, je ausgefeilter und melodischer der Gesang ist. In anderen Worten erlaubt die Komplexität des männlichen Gesangs den Vogelweibchen, auf des Sängers Gesundheit, seine Stärke und seine Tauglichkeit als Partner zu schließen. Also sind manche Vögel einem evolutionären Druck ausgesetzt, komplexe Melodien und eine gewisse Intelligenz zu entwickeln. Obwohl manche Vögel über ein sehr gutes räumliches Sehvermögen verfügen, wie es für Räuber typisch ist (Falken und Eulen zum Beispiel), und auch eine Art Sprache, fehlt es ihnen an der Fähigkeit, die Umgebung zu manipulieren.

Vor einigen Millionen Jahren haben sich manche Tiere, die zunächst auf vier Beinen liefen, in Vögel entwickelt. Durch die Analyse der Flügelknochen können wir genau nachvollziehen, wie sich die Beinknochen langsam in Flügelknochen verwandelt haben. Es gibt eine eindeutige Beziehung zwischen diesen beiden Knochengruppen. Doch um wirklich die Umgebung manipulieren zu können, muss man sich Tiere vorstellen, deren Hände frei zum Greifen von Werkzeugen sind. Das bedeutet, dass intelligente Vögel entweder modifizierte Flügel entwickeln müssen, die einem doppelten Zweck dienen, sowohl dem Fliegen als auch der Manipulation von Werkzeugen, oder sie müssen schon von vornherein mit sechs Beinen ausgestattet sein, von denen vier letztendlich zu Flügeln und Händen werden.

Eine intelligente Vogelspezies wäre also möglich, wenn sie sich irgendwie die Fähigkeit zur Manipulation von Werkzeugen aneignen könnte.

Das sind nur wenige Beispiele dafür, wie unterschiedlich intelligente Spezies sein könnten. Es gibt sicherlich viele andere Möglichkeiten in Betracht zu ziehen.

Menschliche Intelligenz

Es ist erhellend, zu fragen: Warum sind wir intelligent geworden? Viele andere Primaten erfüllen beinahe alle drei Kriterien, warum also haben wir diese Fähigkeiten entwickelt und nicht Schimpansen, Bonobos (unsere nächsten evolutionären Verwandten) oder Gorillas?

Wenn wir *Homo sapiens* mit anderen Tieren vergleichen, müssen wir uns vergleichsweise schwach und unbeholfen vorkommen. Wir könnten leicht die Lachnummer des Tierreichs sein. Wir können nicht sehr schnell laufen, wir haben keine Klauen oder Krallen, wir können nicht fliegen, wir haben keinen ausgeprägten Geruchssinn, wir haben keinen Panzer, wir sind nicht sehr stark, und unsere Haut hat kein Fell und ist ziemlich empfindlich. In jeder dieser Kategorien gibt es Tiere, die uns physisch offenbar weit überlegen sind.

In der Tat sind die meisten Tierarten in der Umwelt sehr erfolgreich und hatten keinen evolutionären Druck, sich zu verändern. Einige haben sich über Millionen Jahre nur wenig verändert. Gerade weil wir so schwach und unbeholfen sind, standen wir unter enormem Druck, uns Fähigkeiten anzueignen, die die anderen Primaten nicht hatten. Um unsere Nachteile zu kompensieren, mussten wir intelligent werden.

Einer Theorie zufolge hat sich das Klima im Osten Afrikas vor einigen Millionen Jahren geändert, wodurch sich Wälder zurückzogen und Graslandschaften ausbreiteten. Unsere Vorfahren waren Waldkreaturen, weswegen viele ausstarben, als die Bäume allmählich verschwanden.

Um zu überleben, waren sie gezwungen, sich aus dem Wald in Savanne und Grasland zu begeben. Sie mussten sich aufrichten, damit sie über das Gras blicken konnten. (Indizien dafür erkennen wir in unserem Hohlkreuz, das enormen Druck auf unser Kreuz ausübt. Aus diesem Grund gehören Rückenprobleme zu den häufigsten Gesundheitsproblemen bei Menschen mittleren Alters.)

Der aufrechte Gang hatte einen anderen großen Vorteil: er befreite die Hände, sodass sie Werkzeuge manipulieren konnten.

Wenn wir auf intelligente Aliens im Weltraum stoßen, stehen die Chancen gut, dass sie ebenfalls unbeholfen und schwach sind und diese Nachteile durch die Entwicklung von Intelligenz kompensiert haben. Und wie wir werden auch sie die Fähigkeit entwickelt haben, mit Hilfe einer neuen Technik zu überleben: der Fähigkeit nämlich, ihre Umgebung nach ihren Wünschen zu verändern.

Entwicklung auf verschiedenartigen Planeten

Wie also könnte ein intelligentes Wesen eine moderne technologische Gesellschaft aufbauen?

Wie erwähnt, dürfte die am weitesten verbreitete Form von Leben in der Galaxie Leben im Meer sein. Wir haben uns schon angeschaut, ob aquatische Organismen die nötige Physiologie entwickeln können, doch gibt es auch einen kulturellen und technologischen Aspekt für unsere Fragestellung. Deswegen wollen wir erneut schauen, ob sich eine fortgeschrittene Zivilisation aus dem Meer entwickeln kann.

Beim Menschen vollzog sich nach der Entwicklung der Landwirtschaft der Prozess der Aneignung von Energie und Information über drei Stadien.

Das erste Stadium war die industrielle Revolution, in der die Arbeitskraft unserer Hände durch die Verbrennung fossiler Treibstoffe um ein Vielfaches vergrößert wurde. Die Gesellschaft explodierte geradezu energetisch und verwandelte ihre primitive Agrarkultur in eine industrielle Kultur.

Das zweite Stadium war das elektrische Zeitalter, als Maschinenkraft durch elektrische Generatoren und neue Formen der Kommunikation aufkamen, wozu Radio, Fernsehen und Telekommunikation gehörten. Damit erlebten Energie und Information ihre Blütezeit.

Das dritte Stadium ist die Informationsrevolution, durch die Computerleistung die Gesellschaft zu beherrschen begann.

Die Frage ist nun: Kann eine aquatische Alien-Zivilisation ebenfalls diese drei Stadien der Entwicklung hinsichtlich Energie und Information durchlaufen?

Weil die Monde Europa und Enceladus so weit von der Sonne entfernt sind und ihre Meere unter einer permanenten Eisschicht verborgen sind, würden intelligente Wesen auf diesen weit entfernten Monden wahrscheinlich blind sein, ähnlich wie Fische, die in dunklen Höhlen unter der Erdoberfläche leben. Stattdessen werden sie wahrscheinlich eine Art Ultraschall entwickeln und sich so wie Delfine der Schallwellen bedienen, um in den Meeren zu navigieren.

Doch da die Wellenlänge von Licht viel kleiner ist als die Wellenlänge von Schall, werden sie nicht in der Lage sein, feine Unterschiede, die wir mit unseren Augen wahrnehmen können, zu erfassen (so wie auch Ultraschallbilder viel weniger Details bereitstellen als endoskopische Einblicke). Das wird ihren Aufstieg zu einer modernen Zivilisation verlangsamen.

Viel bedeutsamer aber dürfte sein, dass jede aquatische Spezies ein energetisches Problem haben wird, weil sie unter Wasser keine fossilen Brennstoffe verbrennen kann und es schwierig ist, Elektrizität abzuschirmen. Die meisten industriellen Maschinen wären ohne Sauerstoff, der zur Verbrennung nötig ist und mechanische Bewegung erzeugt, unbrauchbar. Auch Sonnenkraft stände nicht zur Verfügung, weil das Sonnenlicht die ewige Eisschicht nicht durchdringen kann.

Ohne Verbrennungsmotoren, Feuer und Solarkraft würde eine fremde aquatische Spezies nicht über genügend Energie verfügen, um sich zu einer modernen Gesellschaft zu entwickeln. Es gibt jedoch eine nicht erschlossene Energieform, die ihnen zur Verfügung steht, und das ist die geothermische Energie aus heißen Schloten am Grund des Ozeans. So wie vulkanische Schlote am Grund unserer eigenen Meere könnten ähnliche Schlote auf Europa und Enceladus eine bequeme Energiequelle für Maschinen darstellen.

Es ist auch denkbar, diese Hitze zum Schmelzen von Metallen zu benutzen, sodass sich eine Metallurgie entwickeln kann. Mit der Fähigkeit, Metalle zu extrahieren und zu schmelzen, können sie auch Städte am Grund ihrer Meere bauen. Kurz, es könnte durchaus möglich sein, unter Wasser eine industrielle Revolution zu schaffen.

Eine elektrische Revolution erscheint dagegen unwahrscheinlich, weil die meisten gängigen elektrischen Geräte unter Wasser einen Kurzschluss erleiden würden. Ohne Elektrizität wären all die Errungenschaften und Wunder dieses Zeitalters unmöglich, sodass ihre Technologie beeinträchtigt wäre.

Doch auch hier bietet sich eine mögliche Lösung an. Falls diese Wesen magnetisches Eisen am Grund der Ozeane finden, könnten sie einen elektrischen Generator bauen, mit dem man dann Maschinen betreiben kann. Wenn man Magnete in Rotation versetzt (vielleicht durch Düsen, die eine Turbinenschaufel anströmen), könnten sie damit elektrischen Strom erzeugen. (Derselbe Prozess spielt sich in Fahrradlampen und Wasserkraftwerken ab.) Der Punkt ist, dass intelligente Unterwasserwesen in der Lage sein könnten, sogar unter Wasser elektrische Generatoren mit Hilfe von Magneten zu bauen und deswegen doch in eine elektrische Ära eintreten könnten.

Die Informationsrevolution mit Computern ist ebenfalls schwierig, aber für eine Meeres-Spezies nicht unmöglich zu meistern. So wie Wasser das perfekte Medium für die Entstehung von Leben darstellt, ist Silizium wahrscheinlich die Basis für jede Chip-basierte Computertechnologie. Es könnte Silizium am Grund der Ozeane geben, das man abbauen, reinigen und bearbeiten könnte, um Chips mit Hilfe von ultraviolettem Licht zu erzeugen, so wie wir es tun. (Zur Herstellung von Silizium-Chips schickt man UV-Licht durch eine Schablone, die die Blaupause für alle Schaltkreise auf dem Chip enthält. Das UV-Licht und eine Reihe chemischer Reaktionen erzeugen ein Muster, das man auf eine Siliziumscheibe einätzt, wodurch Transistoren auf dem Chip erzeugt werden. Dieser Prozess, der der Transistor-Technologie zugrunde liegt, lässt sich auch unter Wasser durchführen.)

Also wäre es einer aquatischen Intelligenz durchaus möglich, eine moderne technologische Gesellschaft zu entwickeln.

Natürliche Einschränkungen für außerirdische Technologien

Sobald eine Zivilisation den langen mühsamen Prozess zu einer modernen Gesellschaft beginnt, sieht sie sich weiteren Problemen gegenüber. Eine Reihe natürlicher Phänomene könnte ihm im Weg stehen.

Wenn sich zum Beispiel auf einem Planeten wie Venus oder Titan intelligente Wesen entwickelten, sähen sie sich einer permanenten Bewölkung ihrer Welt gegenüber, sodass sie nicht einmal die Sterne sehen könnten. Ihre Vorstellung vom Universum wäre auf ihren Planeten beschränkt.

Eine solche Zivilisation würde also niemals eine Astronomie entwickeln, und ihre Religion bestünde aus Legenden, die sich auf ihren Planeten beziehen. Da sie nicht gezwungen sind, hinter den Wolkenschirm zu blicken, wird auch ihre Zivilisation beeinträchtigt bleiben, und es ist sehr unwahrscheinlich, dass sie ein Raumfahrtprogramm entwickeln werden. Ohne ein Raumfahrtprogramm würden sie niemals über Telekommunikation und Wettersatelliten verfügen. (In Stapledons Erzählung kommen einige Wesen vor, die im Meer gelebt haben, letztendlich aber an Land gegangen sind, wo sie die Astronomie entdeckten. Wären sie im Ozean geblieben, hätten sie das Universum außerhalb ihres Planeten niemals entdeckt.)

Ein weiteres Problem, dem sich eine entwickelte Gesellschaft gegenübersieht, wurde in der preisgekrönten Geschichte *Einbruch der Nacht* von Isaac Asimov und Robert Silberberg ausgeführt, in der sie sich Wissenschaftler ausmalten, die auf einem Planet leben, der sechs Sonnen umkreist. Der Planet ist ununterbrochen in Sonnenlicht getaucht. Seine Bewohner, die niemals den Nachthimmel mit seinen Milliarden Sternen gesehen haben, glauben fest, dass das komplette Universum lediglich aus ihrem Sonnensystem besteht. Ihre gesamte Religion und Identität dreht sich um diesen Glaubenskern.

Allerdings machen diese Wissenschaftler eine Reihe verstörender Entdeckungen. Sie finden heraus, dass ihre Zivilisation alle zweitausend Jahre in einem furchtbaren Chaos versinkt. Dann passiert etwas Geheimnisvolles und bildet den Zündfunken für die totale Auflösung der Gemeinschaft. Dieser Zyklus scheint sich seit jeher immer wieder zu ereignen. Man erzählt sich Legenden von Menschen, die verrückt wurden, weil plötzlich alles dunkel wurde. Die Menschen zünden riesige Feuer an, um den Himmel zu erhellen, bis ganze Städte in Flammen aufgehen. Bizarre religiöse Kulte breiten sich aus, Regierungen kollabieren und die Gesellschaft fällt auseinander. Dann würde es wieder zweitausend Jahre dauern, bis eine neue Zivilisation aus der Asche der vorherigen aufsteigen kann.

Sodann erkennen die Wissenschaftler die sich verdichtende Gewissheit, die aus dieser Vergangenheit erwächst: Alle zweitausend Jahre tritt eine Anomalie in der Umlaufbahn ihres eigenen Planeten auf, sodass er in Dunkelheit taucht. Und zu ihrem Schrecken finden sie heraus, dass dies bald wieder geschehen wird. Die Story endet damit, dass der Einbruch der Nacht wieder einsetzt und die Zivilisation ins Chaos stürzt.

Geschichten wie *Einbruch der Nacht* zwingen uns, darüber nachzudenken, wie Leben auf Planeten unter total anderen Umständen als unseren existieren könnte. Wir können von Glück sagen, auf der Erde zu leben, wo es reichlich Energiequellen gibt, wo Feuer und Verbrennung möglich sind, wo die Atmosphäre elektrische Geräte ohne Kurzschlüsse zulässt, wo es ausreichend Silizium gibt und wo wir den Nachthimmel sehen können. Falls eine dieser Zutaten fehlte, würde das die Entwicklung einer fortgeschrittenen Zivilisation erheblich erschweren.

Das Fermi-Paradoxon: Wo sind sie?

Nach all dem bleibt eine nagende Frage, die als Fermi-Paradoxon bekannt ist: Wo sind sie?[4] Wenn sie existierten, dann hätten sie doch sicher ein Zeichen hinterlassen, uns vielleicht sogar besucht, und doch finden wir keine echten Hinweise auf einen Alienbesuch.

Es gibt viele mögliche Lösungen für dieses Paradox. Ich denke so: Wenn sie tatsächlich die Fähigkeit haben, den Planeten Erde aus hunderten Lichtjahren Entfernung zu erreichen, dann ist ihre Technologie viel weiter entwickelt als unsere. In diesem Fall wäre es arrogant von uns, anzunehmen, dass sie Billionen Kilometer reisen würden, um eine rückständige Zivilisation zu besuchen, die ihnen nichts zu bieten hat. Wenn wir im Wald spazieren, versuchen wir dann, mit Rehen und Eichhörnchen zu sprechen? Mag sein, wir versuchen es sogar, aber weil sie nichts erwidern, würden wir schnell das Interesse verlieren und uns abwenden.

Im Wesentlichen würden die Aliens uns also in Ruhe lassen und uns als eine primitive Kuriosität betrachten. Oder wie Olaf Stapledon vor Jahrzehnten spekulierte, haben sie vielleicht eine Verhaltensregel, sich nicht mit primitiven Zivilisationen einzulassen. Um es so zu sagen: Sie wüssten zwar, dass es uns gibt, wollen aber unsere Entwicklung nicht beeinflussen. Stapledon eröffnet eine weitere Möglichkeit, indem er schreibt: «Einige dieser vor-utopischen Welten, nicht bösartig, aber unfähig, sich weiterzuentwickeln, wurden in Ruhe gelassen und konserviert, so wie wir Wildtiere in Nationalparks aus wissenschaftlichem Interesse halten.»[5]

Als ich Dr. Shostak diese Frage stellte, gab er mir eine völlig andere Antwort. Er meinte, dass eine weiter entwickelte Zivilisation sehr wahrscheinlich künstliche Intelligenz entwickeln wird, sodass sie Roboter in den Weltraum schickt. Es sollte uns nicht überraschen, sagte er mir, wenn die Aliens, auf die wir letztendlich treffen, eher mechanischer als biologischer Art sind. In Filmen wie *Blade Runner* werden Roboter in den Weltraum entsandt, um die Drecksarbeit zu machen, weil Weltraumerkundung schwierig und gefährlich ist. Das wiederum könnte erklären, warum wir keine Radiosignale von ihnen empfangen. Falls die Fremden ihren eigenen technologischen Weg verfolgen, werden sie Roboter schon kurz nach dem Radio erfunden haben. Haben sie erst einmal das Zeitalter der künstlichen Intelligenz erreicht, könnten sie mit ihren Robotern eins werden und kaum noch Bedarf für Radiowellen haben.

Beispielsweise könnte eine Roboterzivilisation verdrahtet sein statt über Radio- oder Mikrowellenantennen vernetzt. Eine solche Zivilisation wäre für die Radioteleskope des SETI-Projekts unsichtbar. Anders gesagt, könnte eine fremde Zivilisation nur während einiger Jahrhunderte Radiowellen benutzen, was möglicherweise der Grund ist, warum wir keine Signale empfangen.

Andere Spekulationen lauten, sie wollten vielleicht unseren Planeten ausbeuten. Eine mögliche begehrte Ressource könnte das Wasser der Meere sein. Flüssiges Wasser ist in der Tat ein wertvolles Gut, das man nur auf der Erde und den Monden der Gasriesen findet; Eis dagegen nicht. Es gibt jede Menge Eis auf Kometen, Asteroiden und den Monden, die Gasriesen umkreisen. Also müsste eine außerirdische Zivilisation lediglich das Eis schmelzen.

Eine andere Möglichkeit ist, dass sie vielleicht wertvolle Mineralien von der Erde stehlen wollen. Das ist sicherlich möglich, doch gibt es jede Menge nicht bewohnte Welten da draußen mit wertvollen Mineralien. Falls eine fremde Zivilisation die Technologie hat, die Erde aus riesigen Distanzen zu erreichen, dann hätten sie eine Auswahl an Planeten, die sie ausbeuten könnten, und es wäre viel leichter, einen Planeten zu plündern, der unbewohnt ist, als einen mit intelligentem Leben.

Eine weitere Möglichkeit wäre ihr Wunsch, sich die Wärme des Erdkerns anzueignen, was den gesamten Planeten zerstören würde.[6] Man darf jedoch vermuten, dass eine fortgeschrittene Zivilisation die Fusionsenergie beherrscht und deswegen keinen Bedarf an der Wärme des Erdkerns hat. Wasserstoff, der Treibstoff für Fusionskraftwerke, ist immerhin das häufigste Element im gesamten Universum. Außerdem können sie jederzeit den Sternen Energie entnehmen, die ebenfalls sehr zahlreich sind.

Sind wir ihnen im Weg?

In *Per Anhalter durch die Galaxis* wollen uns die Außerirdischen einfach loswerden, weil wir ihnen im Weg sind. Die fremden Bürokraten haben nichts gegen uns persönlich, doch insgesamt sind wir ein Hindernis, das beseitigt werden muss, damit sie eine intergalaktische Umgehungsstraße bauen können. Das ist eine durchaus realistische Möglichkeit. Ein Beispiel: Wer ist für Wildtiere gefährlicher: ein hungriger Jäger mit einer Flinte oder ein höflicher Makler mit Aktenkoffer, der Land für ein Bauvorhaben braucht? Der Jäger mag für ein einzelnes Reh gefährlicher sein, doch für die gesamte Population ist letztendlich der Makler tödlicher, weil er den ganzen Wald ausmerzt.

So hegten auch die Marsianer in *Krieg der Welten* keinen Groll gegen die Erdlinge. Ihre Welt lag im Sterben, deswegen mussten sie unsere übernehmen. Sie hassten Menschen nicht. Wir waren einfach nur im Weg.

Eine ähnliche Argumentation findet man in dem zuvor schon angesprochenen Superman-Film *Man of Steel*, in dem die DNA der gesamten Bevölkerung von Krypton konserviert wurde, kurz bevor der Planet explodierte. Die Kryptonier müssen die Erde übernehmen, um ihre Spezies wiederzuerwecken. Auch wenn dieses Szenario durchaus plausibel ist, muss man dagegenhalten, dass es andere Planeten gibt, die man plündern und übernehmen kann, also können wir hoffen, dass die Fremden uns links liegenlassen.

Mein Kollege Paul Davies hat noch eine weitere Möglichkeit zur Diskussion gestellt. Möglicherweise ist die Alien-Technologie derart weit entwickelt, dass sie Virtual-Reality-Programme erschaffen können, die der Realität weit überlegen sind, sodass sie lieber auf ewig in einem fantastischen Videospiel leben. Diese Möglichkeit ist keineswegs unlogisch, weil selbst bei uns Menschen ein Teil der Bevölkerung lieber in einem von Drogen getrübten Zustand leben würde, als sich der Realität zu stellen. Für unsere Welt ist das keine machbare Option, weil die Gesellschaft auseinanderfallen würde, wenn jeder auf Drogen wäre. Wenn aber Maschinen alle weltlichen Bedürfnisse befriedigen, dann ist eine parasitäre Gesellschaft möglich.

Doch all diese Spekulationen lassen eine Frage offen: Wie wird eine fortgeschrittene Zivilisation, die vielleicht tausende Millionen Jahre weiter entwickelt ist, aussehen? Wird die Begegnung mit ihr in eine neue Ära von Frieden und Wohlstand münden oder in Vernichtung?

Und falls wir nie auf eine fortgeschrittene Zivilisation in unserem Sektor der Galaxie treffen, wie können wir uns selbst dann in Zukunft weiterentwickeln? Werden wir in der Lage sein, die Sterne zu erkunden und letztendlich die ganze Galaxie?

Einige Wissenschaftler haben vorgeschlagen, die Kategorie einer Typ-IV-Zivilisation hinzuzufügen, die die Raumzeit so gut beeinflussen kann, dass es Auswirkungen auf das ganze Universum hat.
Aber warum mit *einem* Universum aufhören?

Chris Impey

Wissenschaft hat etwas Faszinierendes an sich. Eine so geringfügige Investition an Fakten liefert einen derart reichen Ertrag an Voraussagen.

Mark Twain

Kapitel 13
Weit entwickelte Zivilisationen

Die Boulevardblätter tönten mit den Schlagzeilen: «Gigantische Bauten Außerirdischer im Weltraum gefunden!»

«Astronomen verblüfft von außerirdischer Anlage im Weltraum!»

Selbst die *Washington Post*, die ja gewöhnlich keine sensationslüsternen Geschichten über UFOs und Aliens bringt, hatte als Überschrift: «Der seltsamste Stern am Himmel spielt wieder verrückt.»[1]

Mit einem Mal wurden Astronomen, die normalerweise langweilige Datenströme von Satelliten und Radioteleskopen auswerten, mit Anfragen besorgter Journalisten überhäuft, die wissen wollten, ob man tatsächlich endlich eine Vorrichtung Außerirdischer im Weltraum gefunden habe.

Das erwischte die astronomische Gemeinschaft auf dem falschen Fuß. Sie fand keine Worte. Ja, in der Tat war etwas Fremdartiges im Weltraum entdeckt worden. Ja, es entzog sich der Erklärung, doch war es zu früh, zu sagen, was es bedeutete. Dies könnte sich einfach nur als vertane Zeit herausstellen.

Ursprung dieser Kontroverse war die Suche der Astronomen nach Exoplaneten von weit entfernten Sternen. Normalerweise würde ein Exoplanet von der Größe Jupiters, wenn er sich vor seinen Mutterstern bewegt, dessen Licht um etwa 1 Prozent abschwächen. Bei der Analyse der Kepler-Sonde-Daten des Sterns KIC 8462852, der etwa 1400 Lichtjahre von der Erde entfernt ist, fand man eine erstaunliche Anomalie: Der Stern war bei der Beobachtung 2011 um 15 Prozent verdunkelt worden. Eine solche Anomalie kann man normalerweise außer Acht lassen. Vielleicht stimmt etwas mit den Instrumenten nicht, eine Leistungsspitze, eine vorübergehende Schwankung in der Elektrizitätsversorgung, oder vielleicht war es auch nur Staub auf den Teleskopspiegeln.

Doch dann beobachtete man es ein zweites Mal im Jahr 2013, und diesmal wurde das Sternenlicht um 22 Prozent abgeschwächt. Die Wissenschaft kennt nichts, was das Licht eines Sterns regelmäßig so stark abschwächen kann.

«Wir hatten noch nie so etwas wie diesen Stern gesehen. Es war wirklich seltsam», sagte Tabetha Boyajian, eine wissenschaftliche Mitarbeiterin an der Yale University.[2]

Die Situation wurde noch verrückter, als Bradley Schaefer von der Louisiana State University alte fotografische Platten durchmusterte und herausfand, dass dieser Stern bereits seit 1890 in regelmäßigen Abständen verdunkelt wurde. Das Magazin *Astronomy Now* schrieb, dass dies «eine Wahnsinnsflut von Observationen ausgelöst hat, weil Astronomen schnellstmöglich herausfinden wollen, was hinter diesem größten Geheimnis der Astronomie steckt».

Also erarbeiteten die Astronomen lange Listen möglicher Erklärungen. Was konnte eine derart massive Verdunklung des Sternenlichts hervorrufen? Konnte es tatsächlich etwas sein, das zwanzig Mal so groß war wie Jupiter? Eine Möglichkeit war, dass das Phänomen durch einen Planeten verursacht wurde, der in den Stern stürzte. Doch konnte man das aufgrund der regelmäßigen Wiederkehr der Anomalie ausschließen. Eine weitere Möglichkeit stellte eine Staubscheibe des Sonnensystems dar. Wenn ein Solarsystem im Raum auskondensiert, kann die ursprüngliche Gas- und Staubscheibe viele Male größer sein als die Sonne selbst. So entstand die Abschwächung des Sternenlichts vielleicht dadurch, dass diese Scheibe regelmäßig vor dem Stern vorbeizog. Doch das ließ sich ausschließen, als man den Stern selbst untersuchte, der offenbar ausgereift war. Der Staub hätte längst kondensiert oder vom Solarwind in den Raum verweht sein sollen.

Nachdem man eine Reihe möglicher Lösungen verworfen hatte, blieb eine Option offen, die man nicht so leicht verwerfen konnte. Niemand wollte sie glauben, doch man konnte sie nicht ausschließen: Vielleicht handelte es sich um eine kolossale, von einer fremden Intelligenz errichtete Struktur.

«Aliens sollten immer als letzte Möglichkeit in Betracht gezogen werden, doch dies sah genauso aus wie etwas, das man einer außerirdischen Zivilisation zutrauen könnte», sagt Jason Wright, ein Astronom der Penn State University.

Zwischen den Abnahmen des Sternenlichts in den Jahren 2011 und 2013 lagen 750 Tage, und die Astronomen sagten vorher, dass es im Mai 2017 wiederum passieren würde. Und pünktlich begann der Stern tatsächlich wieder schwächer zu leuchten. Diesmal verfolgte praktisch jedes irdische Teleskop, das Sternenlicht messen kann, diese Sonne. Astronomen auf der ganzen Welt wurden Zeugen, wie der Stern sich um etwa 2 Prozent verdunkelte und dann wieder heller wurde.

Doch worum konnte es sich handeln? Manche waren der Meinung, es handele sich um eine Dyson-Sphäre, etwas, das schon erstmals von Olaf Stapledon 1937 vorgeschlagen und später von dem Physiker Freeman Dyson untersucht wurde. Eine Dyson-Sphäre ist eine riesige Kugel um einen Stern, die seine gewaltige Energie ernten soll. Oder es könnte sich um eine riesige Kugel handeln, die einen Stern periodisch umkreist und dadurch das Sternenlicht abschwächt. Vielleicht hatte man es mit einer Vorrichtung zu tun, die die Maschinen einer weit fortgeschrittenen Typ-II-Zivilisation mit Energie versorgte. Letztere Vermutung ließ die Aufmerksamkeit von Amateuren und Journalisten gleichermaßen in die Höhe schnellen. Sie wollten wissen: Was ist eine Typ-II-Zivilisation?

Die Kardaschow-Skala

Diese Klassifizierung weit entwickelter Zivilisationen wurde erstmals von dem russischen Astronomen Nikolai Kardaschow 1964 vorgeschlagen.[3] Er fand es unbefriedigend, nach außerirdischen Zivilisationen zu suchen, ohne eine genauere Vorstellung, wonach er suchen würde. Wissenschaftler quantifizieren gern Unbekanntes, also führte er eine Skala ein, die Zivilisationen auf der Basis ihres Energieverbrauchs einstuft. Verschiedene Zivilisationen könnten unterschiedliche Kulturen, Politik und Geschichte haben, doch sie alle würden Energie brauchen. Sein Ranking sah folgendermaßen aus:

1. Eine Typ-I-Zivilisation nutzt alles Sonnenlicht, das auf den Planeten auftrifft.
2. Eine Typ-II-Zivilisation nutzt sämtliche Energie, die von ihrer Sonne produziert wird.
3. Eine Typ-III-Zivilisation nutzt die Energie der gesamten Galaxie.

Auf diese Weise führte Kardaschow eine bequeme und einfache Berechnungsmethode zur Einordnung möglicher Zivilisationen in der Galaxie ein, die auf ihrem Energieverbrauch basierte.

Jede einzelne Zivilisation hat einen berechenbaren Energieverbrauch. Es ist leicht auszurechnen, wie viel Sonnenlicht auf einen Quadratmeter der Erdoberfläche fällt. Indem man dies mit der Oberfläche der Erde, die von der Sonne beleuchtet wird, multipliziert, erhält man sofort eine Abschätzung für die Energie einer typischen Typ-I-Zivilisation. Man findet, dass eine Typ-I-Zivilisation eine Leistung von 7×10^{17} Watt verbraucht, was ungefähr 1000 Mal größer ist als die momentane Energieerzeugung auf der Erde.

Mit der Kenntnis über den Anteil der Sonnenenergie, der auf die Erde fällt, können wir dann durch Multiplikation die Oberfläche der gesamten Sonne berücksichtigen und erhalten deren gesamte Energieabgabe, die sich auf etwa 4×10^{26} Watt beläuft. Damit verfügen wir über eine grobe Schätzung, wie viel Energie eine Typ-II-Zivilisation verbraucht.

Außerdem ist bekannt, wie viele Sterne es in der Milchstraße gibt, also können wir mit dieser Zahl zusätzlich multiplizieren und kommen auf eine Energieabgabe der gesamten Galaxie von ungefähr 4×10^{37} Watt. Damit kennen wir den Energieverbrauch einer Typ-III-Zivilisation.

Diese Ergebnisse waren faszinierend. Kardaschow hatte herausgefunden, dass jeder Zivilisationstyp um einen Faktor zwischen zehn und einhundert Milliarden Mal größer war als der nächstkleinere.

Nun kann man sich ausrechnen, wo wir uns auf dieser Skala einordnen können. Mit dem Gesamtenergieverbrauch des Planeten Erde sind wir derzeit eine Typ-0,7-Zivilisation.

Geht man von einem zwei- bis dreiprozentigen jährlichen Zuwachs an Energieverbrauch aus, was in etwa der gegenwärtigen mittleren Wachstumsrate des Welt-Bruttosozialprodukts entspricht, sind wir etwa ein oder zwei Jahrhunderte vom Status einer Typ-I-Zivilisation entfernt. Der Aufstieg zu einer Typ-II-Zivilisation könnte auf der Grundlage dieser Rechnung einige tausend Jahre in Anspruch nehmen. Wann wir schließlich zu einer Typ-III-Zivilisation werden, ist schwieriger auszurechnen, weil dies Fortschritte bei interstellaren Weltraumreisen voraussetzt, welche schwierig zu prognostizieren sind. Einer Schätzung zufolge werden wir wohl nicht vor 100 000 Jahren, und möglicherweise nicht vor einer Million Jahren zu einer Typ-III-Zivilisation werden.

Der Übergang von Typ 0 zu Typ I

Der vielleicht schwierigste aller Übergänge ist der von Typ 0 zu Typ I, in dem wir uns gerade befinden. Das liegt daran, dass eine Typ-0-Zivilisation, sowohl technologisch als auch gesellschaftlich, den geringsten Zivilisationsgrad hat. Gerade erst hat sie sich aus dem Sumpf des Sektierertums, der Diktaturen und religiösen Auseinandersetzungen und so weiter erhoben. Immer noch trägt sie die Spuren der brutalen Vergangenheit, die bestimmt war von Inquisition, Verfolgung, Pogromen und Kriegen. Unsere eigenen Geschichtsbücher erzählen von schrecklichen Massakern und Genoziden, viele davon bedingt durch Aberglaube, Ignoranz, Hysterie und Hass.

Doch erleben wir derzeit auch die Geburtswehen einer neuen Typ-I-Zivilisation, die sich auf Wissenschaft und Wohlstand gründet. Wir sehen die Samen dieses gegenwärtigen Übergangs jeden Tag aufgehen. Schon ist eine weltumspannende Sprache geboren. Das Internet selbst ist nichts als ein Typ-I-Verständigungssystem. Das Internet ist also die erste Typ-I-Technologie, die sich entwickelt.

Wir sind auch Zeugen des Aufkommens einer weltumspannenden Kultur. Beim Sport ist es der Aufstieg von Fußball und den Olympischen Spielen. In der Musik gibt es die Weltstars. In der Mode haben wir die Luxusgeschäfte und -marken in allen großen Konsumzentren.

Manche befürchten, dass dieser Prozess die regionalen Sitten und Gebräuche bedroht. Doch sind die Eliten in den meisten Dritte-Welt-Ländern heute bereits zweisprachig, sprechen die Landessprache sowie eine der weltweiten europäischen Sprachen oder Mandarin fließend. In Zukunft werden Menschen wahrscheinlich bikulturell sein, mit allen Sitten der regionalen Kultur vertraut, aber auch gewandt im Umgang mit der sich entwickelnden weltumspannenden Kultur. So werden Reichtum und Diversität der Erde selbst in dieser neuen planetaren Kultur überleben.

Wir können nun unsere Klassifikation der Zivilisationen im All dazu nutzen, die Anzahl weit entwickelter Zivilisationen in der Galaxie zu berechnen. Wenn wir zum Beispiel mit Hilfe der Drake-Gleichung die Häufigkeit einer Typ-I-Zivilisation in der Galaxie abschätzen, zeigt sich, dass sie recht häufig vorkommen sollte. Und doch gibt es keine offensichtlichen Hinweise darauf. Warum? Es gibt verschiedene Erklärungen. Elon Musk hat spekuliert, dass mit der Beherrschung fortgeschrittener Technologie Zivilisationen die Fähigkeit entwickeln, sich selbst zu vernichten, und dass die größte Bedrohung für eine Typ-I-Zivilisation möglicherweise von ihr selbst ausgeht.

Wir selbst sehen uns ja verschiedenen Herausforderungen bei unserem Übergang von Typ 0 zu Typ I gegenüber: Klimawandel, Bioterrorismus und die Verbreitung von Kernwaffen, um nur einige zu nennen.

Die nächstliegende Bedrohung ist die Verbreitung von Kernwaffen. Die Bombe ist bis in einige der instabilsten Regionen der Welt vorgedrungen, wie den Mittleren Osten, den indischen Subkontinent und die koreanische Halbinsel. Selbst kleine Länder könnten eines Tages über die Fähigkeit zur Entwicklung von Kernwaffen verfügen. In der Vergangenheit bedurfte es eines großen Nationalstaats, um Uranerz aufzubereiten und zu waffenfähigem Material zu verarbeiten. Man braucht riesige Gasdiffusionsanlagen und viele Reihen Ultrazentrifugen. Die Anreicherungsanlagen sind so groß, dass man sie leicht von Satelliten aus sehen konnte. Das konnten kleine Nationen nicht bewerkstelligen.

Doch die Pläne für den Bau von Kernwaffen sind gestohlen und an instabile Regime verkauft worden. Die Kosten für Ultrazentrifugen und die Anreicherung von Uran zu waffenfähigem Material sind gesunken. In der Folge kann nun eine kleine Nation wie Nordkorea, die ständig am Rande des Zusammenbruchs operiert, über ein kleines, aber tödliches Kernwaffenarsenal verfügen.

Nun besteht die Gefahr, dass ein regionaler Krieg, sagen wir zwischen Indien und Pakistan, zu einem riesigen weltweiten Konflikt eskalieren könnte, in den auch die großen Nuklearmächte hineingezogen werden. Da sowohl die Vereinigten Staaten als auch Russland jeweils über 7000 Nuklearwaffen verfügen, ist diese Bedrohung real. Es gibt sogar die Sorge, dass sich nichtstaatliche Akteure oder Terroristengruppen eine Atombombe beschaffen könnten.

In einer Untersuchung des *Global Business Network*, einer ehemaligen Denkfabrik in San Francisco, die das Pentagon in Auftrag gegeben hatte, war Thema, was passieren könnte, falls der Klimawandel die Ökonomien vieler armer Nationen wie Bangladesch ruiniert. Als Worst-Case-Szenario ging man auch davon aus, dass Länder Kernwaffen benutzen könnten, um ihre Grenzen vor dem Zufluss von Millionen verzweifelter und hungernder Flüchtlinge zu schützen. Und selbst wenn daraus kein Nuklearkrieg erwächst, ist die Klimaerwärmung selbst eine existenzielle Bedrohung für die Menschheit.

Klimawandel und Bioterrorismus

Seit dem Ende der letzten Eiszeit vor etwa 10 000 Jahren hat sich die Erde allmählich erwärmt. In den letzten 50 Jahren hat sich diese Erwärmung jedoch auf alarmierende Weise beschleunigt. Indizien dafür sind allgegenwärtig:

Die größeren Gletscher der Erde ziehen sich zurück.

- Die Dicke der Eisschicht über dem Nordpol ist in den letzten 50 Jahren um etwa 50 Prozent zurückgegangen.
- Große Teile Grönlands, das von der zweitgrößten Eisschicht der Welt bedeckt ist, tauen auf.
- Ein riesiger Eisberg (etwa anderthalb Mal so groß wie das Ruhrgebiet), die so genannte Larsen-C-Scholle, brach 2017 vom antarktischen Schelfeis ab, sodass die Stabilität der Eisschicht nun gefährdet ist.
- Die letzten Jahre gehören zu den wärmsten, die jemals in der menschlichen Geschichte aufgezeichnet wurden.
- Die mittlere Erdtemperatur hat im letzten Jahrhundert um etwa 1,3 Grad Celsius zugenommen.
- Der Sommer dauert im Mittel etwa eine Woche länger als früher.

- Immer mehr «Jahrhundertereignisse» wie Waldbrände, Überflutungen, Dürren und Wirbelstürme werden verzeichnet.

Wenn sich die Erderwärmung in den kommenden Jahrzehnten ungebremst beschleunigt, besteht die Gefahr, dass dieser Klimawandel die Staatengemeinschaft destabilisieren könnte, durch Hungersnöte und Flüchtlingsströme aus den Küstengebieten. Das würde die Weltwirtschaft und damit den Übergang zu einer Typ-I-Zivilisation bedrohen.

Außerdem gibt es die Bedrohung durch Biowaffen, umfunktionierte Keime, die bis zu 98 Prozent der Weltbevölkerung ausrotten könnten.

Die größten Killer waren während der gesamten Erdgeschichte nicht Kriege, sondern Seuchen und Epidemien. Leider ist es durchaus möglich, dass Staaten geheime Vorräte an tödlichen Krankheitserregern wie das Pockenvirus vorhalten, um sie eventuell mit Hilfe der Biotechnologie in Waffen zu verwandeln. Es besteht auch die Gefahr, dass jemand eine bestehende Krankheit – Ebola, AIDS, Vogelgrippe – mit Hilfe des Bioengineering noch tödlicher macht oder dafür sorgt, dass sie sich schnell und ungehindert ausbreitet.

Vielleicht werden wir in Zukunft, wenn wir uns zu anderen Planeten aufgemacht haben, die Überreste vergangener Zivilisationen finden: Planeten, deren Atmosphären hoch radioaktiv sind, Planeten die zu heiß sind, weil es einen unkontrollierten Treibhauseffekt gab, oder Planeten mit Geisterstädten, weil sie weiter entwickelte Biowaffen gegen sich selbst richteten. Der Übergang von Typ 0 zu Typ I ist also keineswegs garantiert und stellt eigentlich die größte Herausforderung an eine sich entwickelnde Zivilisation dar.

Energie für eine Typ-I-Zivilisation

Eine Kernfrage ist, ob eine Typ-I-Zivilisation den Übergang zu anderen als fossilen Brennstoffen schafft.

Eine Möglichkeit wäre, die Kernkraft zu bändigen. Doch erzeugt Uran als Brennstoff für konventionelle Reaktoren große Mengen nuklearer Abfallprodukte, die über Millionen Jahre radioaktiv bleiben. Selbst heute, 50 Jahre nach Beginn des nuklearen Zeitalters, haben wir immer noch keine sichere Endlagerung. Dieser Restmüll ist außerdem sehr heiß und kann eine Reaktorschmelze vorrufen, wie wir sie in Harrisburgh, in Tschernobyl und Fukushima erlebt haben.

Eine Alternative zur Kernspaltung ist die Kernfusion, die, wie in Kapitel 8 schon angesprochen, für den kommerziellen Gebrauch noch nicht reif ist, doch eine Typ-I-Zivilisation, die ein Jahrhundert weiter entwickelt ist als unsere, könnte diese Technologie perfektioniert haben und sie als Quelle nahezu unerschöpflicher Energie nutzen.

Ein Vorteil der Fusionsenergie besteht darin, dass Wasserstoff, ihr Brennstoff, aus Meerwasser gewonnen werden kann. Außerdem kann es in einem Fusionskraftwerk nicht zu katastrophalen Kernschmelzen wie in Tschernobyl und Fukushima kommen. Bei einer Fehlfunktion in einem Fusionskraftwerk (zum Beispiel könnte das überhitzte Gas mit der Auskleidung des Reaktors in Berührung kommen) schaltet sich der Fusionsprozess automatisch selbst ab. (Das geschieht, weil der Fusionsprozess das Lawson-Kriterium erfüllen muss: Er muss die richtige Dichte und Temperatur aufrechterhalten, um Wasserstoff über einen gewissen Zeitraum zu fusionieren. Wenn der Fusionsprozess jedoch außer Kontrolle gerät, ist das Lawson-Kriterium nicht mehr erfüllt, und er beendet sich selbst.)

Außerdem produziert ein Fusionsreaktor nur geringe Mengen nuklearen Abfalls. Weil bei der Fusion von Wasserstoff Neutronen erzeugt werden, können diese die Stahlummantelung des Reaktors verstrahlen und dadurch leicht radioaktiv machen. Doch die Menge an radioaktivem Abfall, die auf diese Weise entsteht, stellt nur einen geringen Bruchteil dessen dar, was in Kernspaltungsreaktoren erzeugt wird.

Zusätzlich zur Fusionsenergie sind andere erneuerbare Energiequellen möglich. Eine attraktive Möglichkeit für eine Typ-I-Zivilisation besteht darin, Solarenergie vom Weltraum aus zu gewinnen. Da 60 Prozent der Sonnenenergie beim Durchtritt durch die Atmosphäre verloren gehen, könnten Satelliten viel mehr Sonnenenergie ernten als Kollektoren auf der Erdoberfläche.

Ein Solarkraftwerk im Weltraum könnte aus vielen riesigen Spiegeln bestehen, die die Erde umkreisen und Sonnenlicht sammeln. Sie wären geostationär (d.h. sie umkreisen die Erde mit derselben Geschwindigkeit, mit der die Erde rotiert, sodass sie an einem festen Punkt am Himmel zu stehen scheinen). Diese Energie kann dann in Form von Mikrowellenstrahlung zu einer Empfängeranlage auf der Erde gesendet werden und würde dann durch ein traditionelles Elektrizitätsnetz weiterverteilt.

Solarkraftwerke im Weltraum haben viele Vorteile. Sie sind sauber und erzeugen keinen Abfall. Sie können 24 Stunden am Tag Energie erzeugen, nicht nur während der hellen Tagesstunden. (Diese Satelliten geraten so gut wie nie in den Erdschatten, weil ihre Bahn sie weit von der Erdbahn führt.) Die Solarmodule haben keine beweglichen Teile, was wiederum Ausfälle und Reparaturkosten reduziert. Und am allerbesten zapfen Solaranlagen im Weltraum den unerschöpflichen Quell frei verfügbarer Energie der Sonne an.

Bisher ist jedes wissenschaftliche Komitee, das sich mit Solaranlagen im Weltraum befasst hat, zu dem Schluss gekommen, dass dieses Ziel mit Standardtechnologie erreichbar wäre. Das Hauptproblem sind aber, wie bei den Bemühungen, Weltraumreisen voranzutreiben, die Kosten. Groben Schätzungen zufolge wäre das gegenwärtig um vieles teurer, als einfach nur Solarmodule auf der grünen Wiese aufzustellen.

Solarkraftwerke im Weltraum liegen jenseits der Mittel einer Typ-0-Zivilisation wie der unseren, doch für Typ-I-Zivilisationen könnten sie aus verschiedenen Gründen eine natürliche Energiequelle darstellen:

1. Die Kosten für Raumfahrt fallen, insbesondere durch die Privatisierung von Weltraumunternehmen und die Erfindung wiederverwendbarer Raketen.
2. Der Weltraumlift könnte gegen Ende dieses Jahrhunderts möglich werden.
3. Solaranlagen im Weltraum kann man aus leichten Nanomaterialien herstellen, sodass Gewicht und Kosten niedrig bleiben.
4. Solarsatelliten im Weltraum können Roboter zusammenbauen, wodurch die Notwendigkeit für Astronauten entfällt.

Außerdem gelten Solarkraftwerke im Weltraum im Allgemeinen als sicher, obwohl Mikrowellen schädlich sein können. Aber Berechnungen zufolge würde ein Großteil der Energie im Strahl gebündelt bleiben und die Streustrahlung, die außerhalb des Strahls auf die Erde trifft, im Rahmen akzeptierter Grenzwerte bleiben.

Übergang zu Typ II

Letztendlich könnte eine Typ-I-Zivilisation die Energie, die auf ihrem Heimatplaneten zur Verfügung steht, erschöpft haben und beginnen, die enorme Energie ihrer Sonne selbst zu erschließen.

Eine Typ-II-Zivilisation sollte leicht auffindbar sein, weil sie wahrscheinlich unsterblich ist. Nichts der heutigen Wissenschaft Bekanntes kann ihre Kultur zerstören. Meteore oder Zusammenstöße mit Asteroiden kann man mit Hilfe von Raketentechnologie verhindern. Der Treibhauseffekt lässt sich dadurch vermeiden, dass man Technologien verwendet, die auf Wasserstoff oder Sonnenenergie beruhen (Brennstoffzellen, Fusionskraftwerke, Solarkraftwerke im Weltraum und so weiter). Sollte der Planet dennoch bedroht sein, können die Bewohner ihren Heimatplaneten in riesigen Weltraumarmadas verlassen. Möglicherweise wären sie sogar in der Lage, ihren Planeten, wenn nötig, zu verschieben. Da ihnen genug Energie zur Verfügung steht, um Asteroiden abzulenken, können sie diese um ihren Planeten sausen lassen, sodass kleine Verschiebungen in dessen Bahn auftreten. Mit aufeinanderfolgenden «Slingshot»-Manövern könnten sie die Umlaufbahn ihres Planeten weiter von der Sonne weg manövrieren, falls der Stern sich in einem späten Lebenszyklus befindet und anfängt zu expandieren.

Um ihre Gesellschaft mit Energie zu versorgen, könnten sie, wie zuvor erwähnt, eine Dyson-Sphäre bauen, um den Großteil der Energie der Sonne selbst zu ernten. (Ein Problem beim Bau einer solchen gigantischen Struktur könnte ein Mangel an Baumaterial auf felsigen Planeten sein. Da unsere Sonne im Durchmesser 109 Mal größer ist als die Erde, würde man eine enorme Menge Material brauchen, um solche Strukturen zu bauen. Die Lösung liegt vielleicht in der Nanotechnologie. Wenn man diese Megastrukturen aus Nanomaterialien macht, könnten sie nur wenige Moleküllagen dick sein, wodurch die Menge an Baumaterial drastisch reduziert würde.)

Die Anzahl von Raummissionen zum Aufbau solcher Megastrukturen ist geradezu monumental. Doch der Schlüssel zu ihrem Bau wären Roboter im Weltraum und selbstorganisierende Materialien. Wenn man zum Beispiel eine Nanofabrik auf dem Mond bauen könnte, um die Module für die Dyson-Sphäre zu fertigen, könnte man sie im Weltraum zusammensetzen. Weil die Roboter sich selbst replizieren, hätte man eine nahezu unbegrenzte Anzahl «Arbeiter» zur Verfügung, um diese Struktur zu bauen.

Doch selbst wenn eine Typ-II-Zivilisation so gut wie unsterblich ist, muss sie sich letztlich doch einer nachhaltigen Bedrohung stellen: dem Zweiten Hauptsatz der Thermodynamik, der Tatsache, dass alle ihre Geräte so viel Infrarotenergie abstrahlen, dass Leben auf ihrem Planeten unmöglich wird. Der Zweite Hauptsatz besagt, dass die Entropie (Unordnung, Chaos oder Abfall) in einem geschlossenen System immer zunimmt. In diesem Fall erzeugt jede Maschine, jede Anlage, jeder Apparat Abfallwärme. Naiv gesprochen, können wir uns als Lösung für dieses Problem riesige Kühlschränke vorstellen, die den ganzen Planeten abkühlen. Diese Kühlschränke würden tatsächlich die Temperatur in ihrem Inneren herabsetzen, doch wenn man wieder alles aufaddiert, inklusive der Wärmeabstrahlung der Kühlschrankmotoren, würde die Wärme des Gesamtsystems im Mittel zunehmen.

(Zum Beispiel kühlen wir an einem sehr heißen Tag unser Gesicht mit einem Ventilator, um uns Erleichterung zu verschaffen, und wir glauben, dass uns das abkühlt. Der Ventilator kühlt zwar unser Gesicht und verschafft uns Erleichterung, doch die Wärme, die durch die Bewegung von Muskeln, Knochen und so weiter entsteht, erzeugt in Wahrheit unter dem Strich noch mehr Wärme. Also verschafft uns der Ventilator zwar unmittelbare psychologische Erleichterung, doch unsere gesamte Körpertemperatur und die Temperatur der Umgebungsluft nehmen eigentlich zu.)

Typ-II-Zivilisationen kühlen

Um den Zweiten Hauptsatz der Thermodynamik zu überleben, muss eine Typ-II-Zivilisation sich ihres Maschinenparks oder dessen Abwärme entledigen. Wie schon zuvor diskutiert, bestünde eine Lösung darin, den größten Teil des Maschinenparks in den Weltraum zu verfrachten, sodass aus dem Mutterplaneten ein Park wird. Eine Typ-II-Zivilisation könnte mithin alle ihre wärmeerzeugende Ausrüstung jenseits des Planeten aufstellen. Obwohl die Energie eines ganzen Sterns konsumiert wird, entledigt man sich der Abwärme im Weltraum, wo sie keinen Schaden anrichtet.

Letztlich wird sich auch die Dyson-Sphäre allmählich erwärmen. Das bedeutet, dass eine Dyson-Sphäre zwangsläufig Infrarotstrahlung emittiert. (Selbst wenn wir annehmen, dass die Zivilisation versucht, diese Infrarotstrahlung mit technischen Mitteln vor anderen zu verbergen, werden letztendlich auch diese Mittel selbst warm und im Infraroten strahlen.)

Wissenschaftler haben den Himmel nach Indizien für die Infrarotabstrahlung einer Typ-II-Zivilisation abgesucht, aber nichts gefunden. Forscher am Fermilab bei Chicago haben 250 000 Sterne durchmustert und nach den Anzeichen einer Typ-II-Zivilisation gesucht, jedoch nur vier «ermunternde, aber dennoch fragwürdige» gefunden, sodass die Ergebnisse nicht schlüssig sind. Möglicherweise bringt das James Webb Space Telescope, das Ende des Jahres 2018 seine Arbeit aufnehmen und ganz gezielt nach Infrarotstrahlung suchen soll, die notwendige Empfindlichkeit mit, um den Wärme-Fingerabdruck einer Typ-II-Zivilisation in unserem Teil der Galaxie zu orten.

Es ist also ein Rätsel. Wenn Typ-II-Zivilisationen praktisch unsterblich sind und sie nicht darum herumkommen, Abwärme zu produzieren, warum haben wir sie dann noch nicht geortet? Vielleicht ist ja die Suche nach Infrarotstrahlung zu eng gefasst.

Der Astronom Chris Impey von der University of Arizona hat in einem Kommentar über die Suche nach Typ-II-Zivilisationen geschrieben: «Vorausgesetzt wird, dass jede weit entwickelte Zivilisation einen viel größeren Fußabdruck hinterlässt, als wir es tun. Typ-II oder noch spätere Zivilisationen könnten jedoch Technologien installiert haben, an denen wir herumbasteln oder die wir uns schwerlich vorstellen können. Sie könnten stellare Katastrophen manipulieren oder Antimaterieantriebe nutzen. Sie könnten die Raumzeit manipulieren, um Wurmlöcher oder Baby-Universen zu erzeugen und könnten mit Hilfe von Gravitationswellen kommunizieren.»[4]

Oder wie David Grinspoon geschrieben hat: «Die Logik sagt, man sollte vernünftigerweise nach gottähnlichen Indizien von weit entwickelten Fremden im Himmel suchen. Und doch erscheint die Idee lächerlich. Sie ist sowohl logisch als auch absurd. Verrückt!»[5]

Eine Möglichkeit, dem Dilemma zu entgehen, besteht darin, dass man Zivilisationen auf zwei verschiedene Arten einstufen kann: nach ihrem Energieverbrauch oder aber anhand ihres Informationskonsums.

Die moderne Gesellschaft hat sich in Richtung Miniaturisierung und Energieeffizienz entwickelt, während sie eine explodierende Menge Information umschlägt. Tatsächlich hat Carl Sagan eine Möglichkeit vorgeschlagen, Zivilisationen nach Information einzustufen.

Nach seinem Szenario verbraucht eine Typ-A-Zivilisation eine Million Bits Information. Eine Typ-B-Zivilisation würde 10 Mal so viel, oder 10 Millionen Bits Information verbrauchen, und so weiter, bis wir bei Typ Z angekommen sind, der herausragende 10^{31} Bits umschlägt. Nach dieser Einstufung sind wir eine Typ-H-Zivilisation. Entscheidend ist, dass sich Zivilisationen bei gleichbleibendem Energieverbrauch auf der Informationsskala weiterentwickeln können. Deswegen produzieren sie möglicherweise keine bemerkbare Infrarotabstrahlung.

Ein Beispiel dafür kann man beim Besuch eines Wissenschaftsmuseums betrachten. Wir wundern uns über die Größe der Maschinen aus der Zeit der industriellen Revolution, diese gigantischen Lokomotiven und riesigen Dampfschiffe. Wir sehen aber auch, wie ineffizient sie arbeiteten, indem sie riesige Mengen Abwärme erzeugten. Ähnlich kann man die Leistung der gigantischen Computeranlagen der 1950er Jahre heutzutage mit einem gewöhnlichen Smartphone schlagen. Die heutige Technologie ist viel ausgefeilter, intelligenter und weniger energieintensiv.

Also könnte eine Typ-II-Zivilisation durchaus große Mengen Energie verbrauchen, ohne zu verglühen, indem sie ihre Maschinen auf Dysonsphären verteilt oder auf Asteroiden und nahe gelegenen Planeten errichtet, oder indem sie supereffiziente, miniaturisierte Computersysteme baut. Statt von der Wärme, die infolge ihres riesigen Energieverbrauchs entsteht, aufgefressen zu werden, könnte ihre Technologie genauso gut supereffizient sein und gewaltige Mengen Information, aber nur relativ wenig Abwärme erzeugen.

Wird sich die Menschheit aufteilen?

Freilich haben die Fortschritte jeder Zivilisation in Sachen Raumfahrt Grenzen. Zum Beispiel ist eine Typ-I-Zivilisation, wie wir gesehen haben, durch die Energie ihres Planeten eingeschränkt. Bestenfalls wird sie noch die Kunst des Terraforming eines Planeten wie Mars in den Griff bekommen und anfangen, die nächsten Sterne zu erforschen. Robotersonden werden das nahegelegene Sonnensystem erkunden, und vielleicht werden die ersten Astronauten zum nächsten Stern, wie Proxima Centauri, geschickt. Doch sind ihre Technologie und ihre Wirtschaft nicht ausreichend entwickelt, um mit einer systematischen Kolonisierung einer Vielzahl nahegelegener Sternsysteme zu beginnen.

Für eine Typ-II-Zivilisation, die Jahrhunderte, wenn nicht Jahrtausende weiter entwickelt ist, wird die Kolonisierung eines ganzen Sektors der Milchstraße zu einer realistischen Möglichkeit. Doch selbst für eine Typ-II-Zivilisation stellt letztlich die Lichtgeschwindigkeit eine Schranke dar. Unter der Voraussetzung, dass ihr kein «Schneller-als-Licht»-Antrieb zur Verfügung steht, könnte sie Jahrhunderte brauchen, ihren Sektor der Galaxie zu kolonisieren.

Doch wenn es Jahrhunderte dauert, von einem Sternensystem zum anderen zu reisen, dann werden letztendlich die Bindungen an die Heimatwelt sehr schwach werden. Planeten würden schließlich den Kontakt mit anderen Welten verlieren, und neue Zweige der Menschheit könnten entstehen, die sich an völlig unterschiedliche Umwelten adaptieren. Die Kolonisten können sich auch genetisch oder kybernetisch modifizieren, um sich an fremde Umwelten anzupassen. Schließlich könnten sie keinerlei Verbindung mehr zu ihrem Heimatplaneten spüren. Dies scheint der Vision von Asimov in seiner *Foundation-Trilogie* zu widersprechen, in der es in 50 000 Jahren ein galaktisches Imperium gibt, das den Großteil der Galaxie kolonisiert hat. Können wir diese beiden sehr unterschiedlichen Ausblicke auf die Zukunft versöhnen?

Ist es letztlich das Schicksal der menschlichen Zivilisation, in kleinere Einheiten zu zerfallen, mit nur ganz grober Kenntnis voneinander? Das führt zu der letzten Frage: Werden wir die Sterne in diesem Prozess nur auf Kosten unserer Menschlichkeit gewinnen? Und was bedeutet es überhaupt, Mensch zu sein, wenn es so viele verschiedene Zweige der Menschheit gibt?

Diese Divergenz scheint ihrer Natur nach universell zu sein, ein gemeinsamer Faden, der sich durch die gesamte Evolution zieht, nicht nur der der Menschheit. Darwin hat als Erster erkannt, wie sich dies im Tier- und Pflanzenreich manifestiert, indem er ein prophetisches Diagramm in sein Notizbuch zeichnete. Er skizzierte ein Bild von den Zweigen eines Baums, in dem sich unterschiedliche Äste in immer kleinere Äste verzweigen. In einem einfachen Diagramm zeichnete er den Lebensbaum, mit aller Diversität der Natur, die aus einer einzelnen Art entsteht. Vielleicht lässt sich dieses Diagramm nicht nur auf das Leben auf der Erde, sondern auch auf die Menschheit selbst in Tausenden von Jahren anwenden, wenn wir eine Typ-II-Zivilisation werden, die in der Lage ist, die nächsten Sterne zu kolonisieren.

Über die Galaxie verstreut

Um dieses Problem genauer zu untersuchen, müssen wir unsere eigene Evolution noch einmal anschauen. Beim Blick auf den Ablauf der menschlichen Geschichte stellt man fest, dass vor rund 75 000 Jahren eine große Wanderung stattfand («Out-of-Africa-Theorie»), bei der kleine Menschengruppen Afrika auf dem Weg über den Mittleren Osten verließen und längs ihrer Wanderroute Siedlungen errichteten. Möglicherweise wurden sie durch ökologische Katastrophen wie den Toba-Ausbruch oder einen Kälteeinbruch vertrieben, jedenfalls wanderte eine dieser Gruppen über den Mittleren Osten bis nach Zentralasien. Dort spaltete sich vor etwa 40 000 Jahren die Migration in einige kleinere Zweige auf. Eine Gruppe bewegte sich weiter ostwärts und ließ sich schließlich in Asien nieder, wo sie den Kern der heutigen asiatischen Population bildete. Andere kehrten um und gingen nach Nordeuropa, wo sie letztlich zu Kaukasiern wurden. Ein weiterer Zweig wanderte südostwärts, passierte Indien und gelangte schließlich nach Südostasien und später Australien.

Heute sehen wir die Folgen dieser großen Völkerwanderung.

Wir sehen eine Vielzahl Menschen unterschiedlicher Hautfarbe, Größe, Körperbau und Kulturen, die keine Urerinnerung ihrer wahren Herkunft mehr haben.

Heute, zehntausende Jahre später, können wir jedoch mit Hilfe moderner Technologie die Wanderungswege der Vergangenheit nachzeichnen und einen Stammbaum menschlicher Migration der letzten 75 000 Jahre skizzieren.

Als Gastgeber einer Wissenschaftssondersendung der BBC über das Wesen der Zeit erhielt ich eine greifbare Demonstration dieser Tatsache. Die BBC ließ meine DNA sequenzieren. Vier meiner Gene wurden dann sorgfältig mit den Genen tausender anderer Individuen in der ganzen Welt auf Übereinstimmungen abgeglichen. Dann markierte man die Herkunft der Menschen, deren Erbgut diese vier Gene enthielt, auf einer Karte. Das Resultat war ziemlich interessant. Es zeigte eine Häufung von Menschen über Japan und China verstreut, doch es gab auch einen schmalen Punktepfad, der sich im fernen Tibet nahe der Wüste Gobi verlor. Mit Hilfe der DNA-Analyse war es also möglich, den Weg sichtbar zu machen, den meine Vorfahren etwa 20 000 Jahre zuvor genommen hatten.

Wie weit können wir uns auseinanderentwickeln?

Wie stark wird sich die Menschheit im Verlauf von tausenden Jahren auseinanderentwickeln? Wird die Menschheit nach zehntausend Jahren genetischer Trennung noch erkennbar sein?

Diese Frage lässt sich beantworten, indem man die DNA als «Uhr» benutzt (auch molekulare Uhr genannt). Biologen haben festgestellt, dass DNA-Mutationen über große Zeiträume in praktisch unveränderter Geschwindigkeit auftreten. Nehmen wir zum Beispiel unseren nächsten stammesgeschichtlichen Verwandten, den Schimpansen. Die Untersuchung der Schimpansen-DNA zeigt, dass sie sich von unserer um ungefähr vier Prozent unterscheidet. Aus Studien an Fossilien von Schimpansen und Menschen geht hervor, dass sich unsere Wege vor etwa sechs Millionen Jahren trennten.

Das bedeutet, dass sich unsere DNA etwa alle 1,5 Millionen Jahre um ein Prozent verändert. Das ist nur eine Schätzung, doch vielleicht hilft sie uns beim Verstehen unserer eigenen DNA.

Nehmen wir für den Moment an, dass diese Änderungsrate (1 Prozent alle 1,5 Millionen Jahre) im Wesentlichen konstant bleibt.

Nun schauen wir uns den Neandertaler an, unseren nächsten menschenähnlichen Verwandten. Aus Untersuchungen von DNA und Fossilien des Neandertalers geht hervor, dass seine DNA sich von unserer um etwa 0,5 Prozent unterscheidet und dass wir uns vor ungefähr 500 000 bis einer Million Jahren von ihm getrennt haben. Das deckt sich also in etwa mit der DNA-Uhr.

Beim Studium der eigenen, menschlichen DNA stellt man fest, dass sich zwei zufällig ausgewählte Menschen in ihrer DNA um etwa 0,1 Prozent unterscheiden können. Unsere Uhr besagt dann, dass sich verschiedene Zweige vor etwa 150 000 Jahren allmählich auseinanderentwickelten, was wiederum grob mit dem tatsächlichen Ursprung der Menschheit übereinstimmt.

Mit Hilfe der molekularen Uhr können wir also ungefähr errechnen, wann wir uns von den Schimpansen, den Neandertalern und auch von unseren Mitmenschen getrennt haben.

Folglich können wir diese Uhr benutzen, um abzuschätzen, wie sehr sich die Menschheit in Zukunft verändern wird, wenn sie sich über die Galaxie ausbreitet und nicht allzu viel an ihrer DNA herumbastelt. Nehmen wir für den Moment an, dass wir für etwa 100 000 Jahre eine Typ-II-Zivilisation bleiben, die auf Unter-Lichtgeschwindigkeit-Antriebe angewiesen ist.

Selbst wenn verschiedene menschliche Siedlungen jeglichen Kontakt mit anderen Zweigen der Menschheit verlieren, werden sie doch im Grunde menschlich bleiben. Selbst nach 100 000 Jahren, wenn wir aller Voraussicht nach Lichtgeschwindigkeitstechnologie erreichen könnten, werden sich verschiedene menschliche Siedlungen nicht mehr unterscheiden als irgendwelche zwei menschliche Individuen auf der Erde heute.

Das gilt auch für die heute gesprochene Sprache. Archäologen und Linguisten haben bei dem Versuch, den Ursprung der Sprache zurückzuverfolgen, ein verblüffendes Muster entdeckt: Sprachen verzweigen sich infolge von Migration fortwährend in kleinere Dialekte, und im Lauf der Zeit werden aus diesen neuen Dialekten eigenständige Sprachen.

Wenn man den ausladenden Baum aller bekannten Sprachen mit allen seinen Verzweigungen mit dem Stammbaum alter Migrationsrouten vergleicht, ergibt sich ein identisches Muster.

Island zum Beispiel, das bis 874 im Wesentlichen von Europa isoliert war, bis die ersten norwegischen Besiedlungen begannen, kann heute als Testlabor für linguistische und genetische Theorien dienen. Isländisch ist mit der norwegischen Sprache des 9. Jahrhunderts bis auf kleine schottische und irische Einschläge eng verwandt. (Das rührt wohl daher, dass die Wikinger Sklaven aus Schottland und Irland mitbrachten.) Nun kann man eine DNA-Uhr und eine linguistische Uhr erstellen, um ungefähr auszurechnen, wie groß die Divergenz im Verlauf von tausend Jahren ist. Selbst nach tausend Jahren finden sich noch problemlos Indizien für die alten Migrationsmuster, die in der Sprache verankert sind. Auch wenn sich DNA und Sprache Tausende Jahre nach einer Trennung noch gleichen – Was ist mit Kultur und Religion? Werden wir in der Lage sein, uns mit diesen divergenten Kulturen zu verstehen und zu identifizieren?

Gemeinsame Werte

Beim Blick auf die große Wanderung und die Zivilisationen, die daraus hervorgehen, erkennen wir nicht nur ein breites Spektrum physischer Merkmale wie Hautfarbe, Größe, Behaarung und so weiter, sondern auch einen gewissen gemeinsamen Kern von Eigenschaften, die sich über alle Kulturen hinweg bemerkenswert gleichen, auch wenn diese jeden Kontakt miteinander schon vor Jahrtausenden verloren haben.

Bei einem Museumsbesuch erkennen wir in Ausstellungsstücken vergangener Zivilisationen gemeinsame Themen. Kulturunabhängig erblicken wir Kunstwerke, die Landschaftsszenen, Porträts von Reichen und Mächtigen und Darstellungen von Mythen und Göttern wiedergeben. Obwohl der Schönheitssinn schwierig zu quantifizieren ist, gilt doch das, was in einer Kultur als schön betrachtet wird, häufig auch in einer anderen, nicht verwandten Kultur als schön.

Ein weiteres Thema, das die Barrieren von Raum und Zeit überwindet, sind gemeinsame gesellschaftliche Werte. Ein Kernpunkt ist die Sorge um andere. Darunter fallen Freundlichkeit, Großzügigkeit, Freundschaft und Rücksichtnahme. Viele Religionen der Welt beziehen sich im Kern auf dieselben Konzepte, wie Barmherzigkeit und Mitleid mit den Armen und Unglücklichen.

Eine weitere Kerneigenschaft bezieht sich nicht auf das Innenleben, sondern die Zuwendung zur Außenwelt. Dazu gehören Neugier, Innovationsfreude, Kreativität und der Drang, zu erforschen und zu entdecken. Alle Kulturen der Welt haben Mythen und Legenden über große Forscher und Wegbereiter.

Wie schon das Höhlenmensch-Prinzip besagt, dass unsere Kernpersönlichkeit sich in 200 000 Jahren nicht stark geändert hat, werden wir sehr wahrscheinlich, auch wenn wir uns schließlich im Weltraum ausbreiten, unsere Werte und Persönlichkeitsmerkmale beibehalten.

Doch was geschieht, wenn wir letztendlich den Typ-III-Status erreichen und die Fähigkeit, schneller als das Licht zu reisen? Werden wir die Werte und ästhetischen Anschauungen unserer Welt über die Galaxie verbreiten?

Übergang zu Typ III

Schlussendlich könnte eine Typ-II-Zivilisation die Energie nicht nur ihres Heimatsterns, sondern auch aller benachbarten Sterne erschöpft haben und sich anschicken, eine Typ-III-Zivilisation zu werden, die ihrer Natur nach galaktisch ist. Eine Typ-III-Zivilisation kann nicht nur die Energie von Milliarden Sternen ernten, sie kann Schwarzen Löchern Energie entziehen, wie etwa dem supermassiven, das sich im Zentrum der Milchstraße befindet und so viel wiegt wie vier Millionen Sonnen. Wenn ein Raumschiff sich in Richtung des galaktischen Kerns bewegt, stößt es auf eine riesige Ansammlung dichter Sterne und Staubwolken, die ideale Energiequellen für eine Typ-III-Zivilisation darstellen. Um über galaktische Entfernungen hinweg zu kommunizieren, könnte eine solche weit entwickelte Zivilisation Schwerewellen benutzen, die von Einstein 1916 vorhergesagt und schließlich von Physikern 2016 nachgewiesen wurden. Anders als Laserstrahlen, die auf ihrem Weg absorbiert, gestreut und abgelenkt werden können, wären Gravitationswellen in der Lage, sich über Sterne und Galaxien hinweg auszubreiten und könnten deswegen über große Distanzen zuverlässiger sein.

An diesem Punkt ist unklar, ob Reisen mit Überlichtgeschwindigkeit möglich sind, deswegen müssen wir für den Moment annehmen, dass sie es nicht sind.

Sollten nur Unterlichtgeschwindigkeit-Raumschiffe realisierbar sein, dann könnte eine Typ-III-Zivilisation sich entschließen, die Milliarden Welten in ihrem galaktischen Umfeld zu erforschen, indem sie selbstreplizierende Sonden ausschickt, die mit Unter-Lichtgeschwindigkeit zu den Sternen reisen. Die Idee ist, diese Roboter auf einem fernen Mond zu platzieren. Monde sind eine ideale Wahl, weil ihre Umgebung stabiler ist, es keine Erosion gibt und man wegen ihrer niedrigen Schwerkraft leicht auf ihnen landen und wieder starten kann. Mit Solarkollektoren zur Energieversorgung kann eine Mondsonde das Solarsystem durchchecken und wertvolle Informationen auf unbegrenzte Zeit zurückfunken.

Ist sie erst einmal gelandet, wird die Sonde aus Mondmaterial eine Fabrik bauen, um darin tausende Kopien ihrer selbst herzustellen. Jeder Klon der zweiten Generation startet dann sofort, um andere weit entfernte Monde zu kolonisieren. Auf diese Weise erhält man aus einem Roboter tausend andere. Falls jeder wiederum tausend geklonte Robotersonden erzeugt, sind es schon eine Million. Dann eine Milliarde und so weiter. Innerhalb nur weniger Generationen erhält man eine sich kugelförmig ausbreitende Wolke mit Quadrillionen solcher Geräte, die Wissenschaftler von-Neumann-Maschinen nennen.

Genau dieses Szenario liegt dem Film *2001 – Odyssee im Weltraum* zugrunde, der vielleicht heute noch die wirklichkeitsnächste Begegnung mit einer fremden Intelligenz porträtiert. In diesem Film setzen die Aliens eine von-Neumann-Maschine auf dem Mond ab, den Monolithen, der Signale zu einer Relaisstation auf dem Jupiter sendet, um die Entwicklung der Menschheit zu begleiten und sogar zu beeinflussen.

Unsere erste Begegnung könnte also nicht mit einem glubschäugigen Monster stattfinden, sondern mit einer sich selbst replizierenden Sonde. Diese könnte ziemlich klein sein, durch Nanotechnologie miniaturisiert, vielleicht so klein, dass man sie gar nicht bemerken würde. Es ist vorstellbar, dass es hier oder auf dem Mond Indizien für einen vergangenen Besuch gibt, die nahezu unsichtbar sind.

Professor Paul Davies hat tatsächlich einen solchen Vorschlag gemacht. Er schrieb eine Arbeit, in der er anregte, nochmals auf dem Mond nach anomalen Energiesignaturen oder Ausstrahlungen zu suchen. Wäre eine von-Neumann-Sonde vor Millionen Jahren auf dem Mond gelandet, würde sie wahrscheinlich Sonnenlicht als Energiequelle nutzen, damit sie ununterbrochen Radiowellen ausstrahlen könnte. Und da der Mond keine Erosion kennt, besteht die Chance, dass sie sich noch in bester Verfassung befindet und immer noch sendet.

Da erneut Interesse aufgekommen ist, zum Mond zurückzukehren und später zum Mars zu reisen, hätten die Wissenschaftler eine ausgezeichnete Möglichkeit, nachzusehen, ob es irgendein Anzeichen für frühere Besucher gibt.

Manche Autoren, wie Erich von Däniken, haben behauptet, dass Raumschiffe Außerirdischer vor Jahrhunderten gelandet sind und die außerirdischen Astronauten sich in den Kunstwerken früherer Kulturen widerspiegeln. Sie behaupten, dass die raffinierten Haartrachten und Kostüme, die man häufig auf alten Bildern und Monumenten antrifft, eigentlich Darstellungen der früheren Astronauten mit ihren Helmen, Treibstofftanks,

Druckanzügen und dergleichen sind. Auch wenn man diese Idee nicht von der Hand weisen kann, ist sie doch sehr schwierig zu belegen. Prähistorische Bilder reichen nicht. Wir brauchen positive belastbare Beweise für frühere Besucher. Wenn es zum Beispiel außerirdische Flughäfen gäbe, dann müssten davon Schutt und Abfall in Form von Drähten, Chips, Werkzeugen, Elektronik, Müll und Maschinenteilen übrig sein. Ein einziges außerirdisches Schiff würde diese Debatte sofort beenden. Falls also einer Ihrer Bekannten behauptet, von Aliens entführt worden zu sein, sagen Sie ihm oder ihr doch, beim nächsten Mal etwas aus dem Schiff mitgehen zu lassen.

Auch ohne die Beherrschung von Überlichtgeschwindigkeit-Technik könnte eine Typ-III-Zivilisation innerhalb weniger tausend Jahre Billionen über Billionen von Sonden in der gesamten Galaxie verbreiten, die alle wertvolle Informationen zurücksenden.

Von-Neumann-Maschinen wären die effizienteste Möglichkeit für eine Typ-III-Zivilisation, um Informationen über den Zustand der Galaxie zu bekommen. Doch es gibt noch eine andere Möglichkeit, die Galaxie auf direkte Weise zu erforschen, und das geschieht durch etwas, das ich Laser-Porting (Laser-Übertragung) nenne.

Laser-Porting zu den Sternen

Einer der Träume von Science-Fiction-Autoren ist es, das Universum als körperlose Wesen aus reiner Energie zu erkunden. Mag sein, dass wir eines Tages in der fernen Zukunft in der Lage sein werden, unsere materielle Existenz abzustreifen und auf einem Lichtstrahl im Kosmos herumzureisen. Wir könnten mit der größtmöglichen Geschwindigkeit zu fernen Sternen gelangen. Ohne materielle Einschränkungen wären wir in der Lage, neben Kometen herzufliegen, die Oberfläche ausbrechender Vulkane zu streifen, die Ringe des Saturn hinter uns zu lassen und Ziele am anderen Ende der Galaxis anzusteuern.

Doch statt einer Reise in unserer Fantasie könnte dieser Traum tatsächlich auf solider Wissenschaft beruhen. In Kapitel 10 haben wir das Human Connectome Project untersucht, den ehrgeizigen Versuch, das gesamte Gehirn zu kartieren. Möglicherweise am Ende dieses oder zu Anfang des nächsten Jahrhunderts wird diese Karte komplett sein, die im Prinzip all unsere Erinnerungen, Empfindungen, Gefühle und sogar unsere Persönlichkeit enthält. Dann könnte man das Konnektom in einen Laserstrahl einschreiben und in den Weltraum senden. Alle Informationen, die nötig sind, eine digitale Kopie unseres Geistes zu erzeugen, können dann durchs All reisen.

Innerhalb einer Sekunde wäre Ihr Konnektom auf dem Mond. Nach einigen Minuten könnte es den Mars erreichen. Innerhalb weniger Stunden hätte es die Gasriesen erreicht. Und nach vier Jahren könnten Sie Proxima Centauri besuchen. Innerhalb von 100 000 Jahren könnten Sie das andere Ende der Milchstraße erreichen.

Sobald sie auf einem fernen Planeten ankommt, würde die Information auf dem Laserstrahl in einen Computerspeicher geladen. Dann könnte Ihr Konnektom einen Roboter-Avatar steuern. Sein Körper wäre so widerstandsfähig, dass er sogar giftige Atmosphären, höllische oder eisige Temperaturen, jede zu starke oder zu schwache Schwerkraft aushalten könnte. Obwohl sich also Ihr neuronales Abbild in einem Computer befindet, machen Sie durch den Avatar alle Erfahrungen und haben Empfindungen. Sie sind in ihm zu Hause.

Der Vorteil dieses Ansatzes besteht darin, dass man keine hässlichen, schmutzigen Raketen oder Weltraumstationen braucht. Nie haben Sie es mit Schwerelosigkeit, Asteroidenzusammenstößen, Strahlung, Unfällen und Langeweile zu tun, weil Sie als reine Information unterwegs sind. Und mit der Lichtgeschwindigkeit haben Sie die schnellstmögliche Art, zu den Sternen zu reisen, gewählt. Aus Ihrer Sicht spielt sich die Reise instantan ab. Alles, woran Sie sich erinnern, ist, ein Labor betreten zu haben und dann sofort am Ziel angekommen zu sein. Das liegt daran, dass die Zeit während Ihrer Reise auf dem Laserstrahl praktisch stehenbleibt. Ihr Bewusstsein ist eingefroren, während Sie sich mit Lichtgeschwindigkeit bewegen, also reisen Sie ohne Zeitverzug durch den Kosmos. Das unterscheidet sich sehr vom kontrollierten Scheintod. Und während Ihres Transits könnten Sie an jeder Relaisstation anhalten und Ihre Umgebung per Avatar anschauen.

Ich nenne das Laser-Übertragung oder Laser-Porting, und vielleicht ist es die bequemste und schnellste Art, die Sterne zu erreichen. In etwa einem Jahrhundert könnte eine Typ-I-Zivilisation in der Lage sein, die ersten Laser-Porting-Experimente durchzuführen. Aber für Typ-II- und Typ-III-Zivilisationen wäre Laser-Porting wahrscheinlich die bevorzugte Methode, um durch die Galaxie zu reisen, weil sie sehr wahrscheinlich bereits ferne Planeten mit selbstreplizierenden Robotern kolonisiert haben. Vielleicht verfügt eine Typ-III-Zivilisation über ein ausgedehntes Laser-Porting-Autobahnnetz, das die Sterne der Milchstraße mit Billionen von Konnektomen im Transit zu jeder Zeit verbindet.

Obgleich diese Idee den bequemsten Weg darstellt, die Galaxie zu erforschen, bringt das tatsächliche Errichten einer Laserübertragungsanlage eine Menge praktischer Probleme mit sich.

Das Konnektom in einen Laserstrahl einzuschreiben ist kein Problem, weil Laser im Prinzip unbegrenzte Mengen Information transportieren können. Das Hauptproblem besteht darin, längs der Übertragungswege ein Netzwerk von Relaisstationen zu schaffen, die das Konnektom empfangen, verstärken und zur nächsten zur Station weiterleiten. Wie erwähnt, erstreckt sich die Oort'sche Wolke einige Lichtjahre um einen Stern, so dass die Oort'schen Wolken verschiedener Sterne überlappen können. Damit wären stationäre Kometen dort ideale Orte für diese Relaisstationen. (Relaisstationen auf Oort'schen Wolken zu konstruieren statt auf einem entfernten Mond, hätte den Vorteil, dass die Kometen stationär sind, während Monde um Planeten kreisen und deshalb häufig von ihnen verschattet werden.)

Wie erwähnt, können die Relaisstationen nur mit Unterlichtgeschwindigkeit aufgebaut werden. Eine Möglichkeit, dieses Problem zu lösen, besteht in einem System von Lasersegeln, die sich mit einem nennenswerten Bruchteil der Lichtgeschwindigkeit fortbewegen. Sobald diese Segel auf einem Oort-Wolken-Kometen gelandet sind, könnte man mittels Nanotechnologie Kopien davon herstellen und eine Relaisstation aus den Rohstoffen errichten, die man auf dem Kometen vorfindet.

Obwohl also die ursprünglichen Relaisstationen mit Unterlichtgeschwindigkeit-Technologie aufgestellt werden müssten, könnten sich die Konnektome danach mit Lichtgeschwindigkeit bewegen.

Laser-Übertragung könnte nicht nur für wissenschaftliche Zwecke genutzt werden, sondern auch zur Erholung. Wir könnten Urlaub auf den Sternen machen. Man würde zunächst eine Reihe von Planeten, Monden oder Kometen, die wir besuchen möchten, auf einer Karte auswählen, ganz gleich, wie feindlich oder gefährlich die Umgebung auch sein mag. Wir könnten eine Wunschliste von Avatar-Typen machen, die wir gerne bewohnen möchten. (Solche Avatare existierten nicht in der virtuellen Realität, sondern sie wären echte Roboter mit übermenschlichen Kräften.) Auf jedem Planeten gibt es also einen Avatar, der auf uns wartet, mit all den Eigenschaften und Superkräften, die wir wünschen. Wenn wir den Planeten erreichen, übernehmen wir die Führung über diesen Avatar, bereisen den Planeten und erfreuen uns an all den unglaublichen Aussichten. Danach bringen wir den Roboter für die nächsten Besucher zurück. Dann lassen wir uns zum nächsten Zielort laserporten. In einem einzigen Urlaub könnten wir mehrere Monde, Kometen und Exoplaneten erforschen. Wir müssten uns niemals um Unfälle oder Krankheiten sorgen, denn es ist ja nur unser Konnektom, das durch die Galaxie saust.

Wenn wir also nachts zum Himmel aufschauen und uns fragen, ob da draußen irgendjemand ist, obwohl es kalt, still und leer zu sein scheint, könnte der Nachthimmel doch tatsächlich von Millionen von Reisenden erfüllt sein, die mit Lichtgeschwindigkeit durchs All sausen.

Die Planck-Energie

Es bleibt immer noch die zweite Möglichkeit, dass einer Typ-III-Zivilisation Reisen mit Überlichtgeschwindigkeit möglich sein könnte. Bei dieser Vorstellung kommt ein neues physikalisches Regime ins Spiel. Es ist das Reich der Planck-Energie, eine Energieskala, auf der bizarre neue Phänomene auftreten, die die bekannten Gravitationsgesetze verletzen.

Um zu verstehen, warum die Planck-Energie so bedeutsam ist, muss man sich klarmachen, dass zurzeit alle bekannten physikalischen Phänomene, vom Big Bang bis zur Bewegung der Elementarteilchen, durch zwei Theorien erklärt werden können: Einsteins Allgemeine Relativitätstheorie und die Quantentheorie. Zusammen bilden sie den Grundstock physikalischer Gesetze, denen alle Materie und Energie gehorchen. Die erste Theorie befasst sich mit dem sehr Großen: Die Relativitätstheorie erklärt den Urknall, die Eigenschaften Schwarzer Löcher und die Entwicklung des sich ausdehnenden Universums. Die zweite ist die Theorie des ganz Kleinen: Die Quantentheorie beschreibt die Eigenschaften und Bewegungen von Atomen und subatomaren Teilchen, die all die elektronischen Wunder im Haus möglich machen.

Problematisch ist, dass diese beiden Theorien nicht zu einer einzigen umfassenden vereint werden können. Sie sind sich sehr unähnlich, basieren auf unterschiedlichen Annahmen, unterschiedlicher Mathematik und unterschiedlichen physikalischen Vorstellungen.

Falls eine einheitliche Feldtheorie möglich wäre, wäre die Planck-Energie diejenige, bei der diese Vereinheitlichung stattfinden würde. Es ist der Punkt, an dem Einsteins Allgemeine Relativitätstheorie völlig zusammenbricht. Es ist die Energie des Urknalls und die Energie im Zentrum eines Schwarzen Lochs.

Die Planck-Energie beträgt 10^{19} Milliarden Elektronenvolt, eine Trillion mal mehr, als der Große Hadronenspeicherring (*Large Hadron Collider,* LHC) am CERN produzieren kann, immerhin der leistungsfähigste Teilchenbeschleuniger der Welt.

Zunächst einmal erscheint es hoffnungslos, in die Region der Planck-Energie vorstoßen zu wollen, weil sie so enorm groß ist. Eine Typ-III-Zivilisation jedoch, die über mehr als 10^{20} Mal so viel Energie verfügt wie eine Typ-I-Zivilisation, könnte das leisten. Also wäre eine Typ-III-Zivilisation in der Lage, mit dem Gewebe der Raumzeit zu spielen und es nach Belieben zu verformen.

Sie könnte diesen unglaublichen Energiebereich erschließen, indem sie einen Teilchenbeschleuniger baut, der viel größer ist als der LHC. Dabei handelt es sich um eine kreisförmige Röhre in Form eines Reifens mit 27 Kilometer Umfang und von riesigen Magnetfeldern umgeben.

Wenn man einen Protonenstrahl in den LHC einschießt, verformt das Magnetfeld seine Bahn zu einem Kreis. Dann schickt man in regelmäßigen zeitlichen Abständen Energiepulse in die Anlage und beschleunigt damit die Protonen. Zwei solche Protonenstrahlen laufen im Inneren der Röhre in entgegengesetzten Richtungen um. Sobald sie ihre Maximalgeschwindigkeit erreicht haben, lässt man sie frontal zusammenstoßen, und dabei setzen sie eine Energie von 14 Billionen Elektronenvolt frei – die größte Energiefreisetzung, die jemals künstlich erzeugt wurde. (Dieser Zusammenstoß ist so heftig, dass manche Leute bereits befürchtet haben, dadurch könne ein Schwarzes Loch entstehen, das die Erde schluckt. Darüber muss man sich aber nicht ernsthaft Sorgen machen. Tatsächlich kommen in der Natur Elementarteilchen mit weitaus größerer Energie als 14 Billionen Elektronenvolt vor, die ununterbrochen auf die Erde auftreffen. Mutter Natur kann uns mit kosmischen Strahlen bombardieren, die weitaus heftiger sind als die kleinen, die wir in unseren Labors erzeugen.)

Nach dem LHC

Der LHC hat schon mehrfach für Schlagzeilen gesorgt,[6] einschließlich der Entdeckung des flüchtigen Higgs-Bosons, wofür die beiden Physiker Peter Higgs und François Englert den Nobelpreis bekamen.

Einer der Hauptzwecke des LHC bestand darin, ein letztes Puzzlestück für das so genannte Standardmodell der Elementarteilchen zu liefern, das die am weitesten fortgeschrittene Version der Quantentheorie darstellt und uns eine vollständige Beschreibung des Universums bei niedrigen Energien liefert.

Das Standardmodell wird manchmal auch «Theorie von fast allem» genannt, weil es das Niedrigenergie-Universum präzise beschreibt, das wir um uns herum beobachten. Es kann aber aus verschiedenen Gründen nicht die endgültige Theorie sein:

1. In ihm kommt die Gravitation nicht vor. Schlimmer noch, wenn wir das Standardmodell mit Einsteins Gravitationstheorie zusammenbringen, liefert diese Mischtheorie Unsinn. Einige Ausdrücke werden unendlich, was bedeutet, dass die Theorie nutzlos ist.
2. Es gibt eine merkwürdige Ansammlung von Teilchen, die ziemlich künstlich wirkt. Demnach gibt es 36 Quarks und Antiquarks, eine Reihe von Yang-Mills-Gluonen, Leptonen (Elektronen und Myonen) und Higgs-Bosonen.
3. Die Theorie hat etwa 19 freie Parameter (Massen und Kopplungskonstanten), über die man frei verfügen kann. Sie sind nicht durch die Theorie bestimmt. Niemand weiß, warum die festgelegten numerischen Werte zwingend sein sollen.

Es ist schwer zu glauben, dass das Standardmodell mit seiner bunten Mischung subatomarer Teilchen tatsächlich die letztgültige Theorie der Natur ist. Es ist so, als würde man ein Schnabeltier, ein Erdferkel und einen Wal mit Klebeband aneinander fesseln und behaupten, dies stelle die tollste Kreation von Mutter Natur dar, das Endprodukt von Millionen Jahren Evolution.

Der nächstgrößere Teilchenbeschleuniger, der sich zurzeit im Planungsstadium befindet, ist der International Linear Collider (ILC), der aus einer etwa 35 Kilometer langen, geraden Röhre besteht, in der Elektronen und Positronen (Antiteilchen des Elektrons) aufeinanderprallen werden. Nach der gegenwärtigen Planung soll er im Kitakamigebirge in Japan gebaut werden, und man rechnet mit Kosten von rund 20 Milliarden Dollar, die zur Hälfte von der japanischen Regierung aufgebracht werden.

Obwohl die maximal erreichbare Energie des ILC höchstens eine Billion Elektronenvolt betragen wird, ist er dem LHC in vielerlei Hinsicht überlegen. Wenn Protonen ineinander krachen, ist die Kollision extrem schwierig zu untersuchen, weil das Proton eine komplizierte innere Struktur hat. Es enthält drei Quarks, die durch Teilchen mit dem Namen Gluonen zusammengehalten werden. Das Elektron jedoch hat keine bekannte innere Struktur. Es sieht wie ein Punktteilchen aus. Deshalb ist der Zusammenstoß zwischen Elektron und Positron eine einfache, saubere Wechselwirkung.

Selbst mit diesen Fortschritten in der Physik kann unsere Typ-0-Zivilisation nicht direkt zur Planck-Energie vorstoßen. Doch liegt das im Bereich der Möglichkeiten einer Typ-III-Zivilisation. Teilchenbeschleuniger wie den ILC zu bauen könnte ein ausschlaggebender Schritt dazu sein, eines Tages die Stabilität der Raumzeit zu untersuchen und herauszufinden, ob man vielleicht Abkürzungen durch sie nehmen kann.

Beschleuniger im Asteroidengürtel

Letztendlich könnte eine weit entwickelte Zivilisation einen Teilchenbeschleuniger von den Ausmaßen des Asteroidengürtels bauen. Ein kreisförmiger Protonenstrahl würde, von gigantischen Magneten gelenkt, diesen Gürtel durchlaufen. Auf der Erde schickt man die Teilchen durch eine große kreisförmige Röhre, in der Vakuum herrscht. Doch weil das Vakuum im Weltraum besser ist als jedes Vakuum auf der Erde, braucht dieser Beschleuniger gar keine Röhre.

Lediglich eine Reihe gigantischer Magnetfeldstationen sind nötig, die auf dem Gürtel strategisch angeordnet werden, sodass sie den Protonenstrahl in eine kreisförmige Bahn lenken, so ähnlich wie bei einem Stafettenlauf. Jedes Mal, wenn das Proton eine Station passiert, geht ein Stromstoß durch den Magneten, der dann den Protonenstrahl im richtigen Winkel auf die nächste Station umlenkt. Jedes Mal, wenn der Protonenstrahl eine Magnetstation passiert, wird ihm mit Hilfe eines Lasers noch mehr Energie zugeführt, bis er schließlich die Planck-Energie erreicht.

Sobald der Beschleuniger diese Energie im Strahl erzeugt hat, kann er sie auf einen einzelnen Punkt fokussieren. Dort sollte sich ein Wurmloch öffnen. Man würde ausreichend viel negative Energie zur Stabilisierung zuführen, damit es nicht zusammenbricht.

Wie könnte die Reise durch ein Wurmloch aussehen? Niemand weiß das, doch der Physiker Kip Thorne von *Caltech* entwickelte eine realistische Vorstellung, als er die Regisseure des Films *Interstellar* beriet. Thorne berechnete mit einem Computerprogramm die Bahnen von Lichtstrahlen, die ein Wurmloch passieren. So bekam man im Film einen visuellen Eindruck, wie diese Reise aussehen könnte. Anders als die üblichen Kinodarstellungen war das bisher der genaueste Versuch, eine solche Reise im Film zu visualisieren.

(Während man sich dem Schwarzen Loch im Film nähert, sieht man eine riesige schwarze Kugel, den so genannten Ereignishorizont. Wenn man diesen Horizont durchquert, gibt es kein Zurück mehr. Im Innern der schwarzen Kugel liegt das Schwarze Loch selbst, ein winziger Punkt unendlicher Dichte und Gravitation.)

Zusätzlich zum Bau gigantischer Teilchenbeschleuniger gibt es noch andere Wege, die Physiker in Betracht gezogen haben, um Wurmlöcher zu nutzen. Möglicherweise war der Urknall so explosiv, dass er winzige Wurmlöcher, die im frühen Universum vor 13,8 Milliarden Jahren existierten, aufgebläht haben könnte. Als das Universum mit seiner exponentiellen Expansion begann, könnten diese Wurmlöcher mit ihm gewachsen sein. Demnach könnten Wurmlöcher, auch wenn wir bis jetzt noch nie eins gesehen haben, ein natürliches Phänomen sein. Einige Physiker haben Spekulationen angestellt, wie man sie im All ausmachen könnte. (Um ein natürliches Wurmloch zu finden, was Gegenstand verschiedener *Star-Trek*-Folgen ist, würde man nach einem Objekt Ausschau halten, das Sternenlicht in einer besonderen Weise umlenkt, sodass es wie eine Kugelschale oder wie ein Ring erscheint.)

Eine weitere Möglichkeit, ebenfalls von Kip Thorne und seinen Kollegen erforscht, besteht darin, ein besonders kleines Wurmloch im Vakuum aufzufinden und es dann zu vergrößern. Nach unserem gegenwärtigen Verständnis des Raums könnte es darin von kleinen Wurmlöchern wimmeln, wobei Universen entstehen und wieder vergehen. Wenn man also über genügend Energie verfügt, könnte man ein noch nicht ausgereiftes Wurmloch manipulieren und aufblasen.

All diese Vorschläge sehen sich jedoch einem Problem gegenüber. Das Wurmloch ist von den Teilchen der Gravitation, den Gravitonen, umgeben. Wenn man es durchqueren will, trifft man auf Quantenkorrekturen in Form von gravitativer Strahlung. Normalerweise kann man Quantenkorrekturen vernachlässigen,

Wenn ein Raumschiff in ein Wurmloch fliegt, muss es intensiver Strahlung durch Quantenfluktuationen widerstehen. Im Prinzip kann nur die Stringtheorie diese Fluktuationen berechnen und damit feststellen, ob ein Überleben möglich ist.

weil sie klein sind. Doch die Berechnungen zeigen, dass die Quantenkorrekturen, wenn man durch ein Wurmloch fliegt, unendlich groß sind, sodass die Strahlung wahrscheinlich tödlich wäre. Auch ist die Strahlung so hoch, dass das Wurmloch sich schließen und damit ein Durchqueren unmöglich machen könnte. Physiker debattieren derzeit darüber, wie gefährlich die Reise durch ein Wurmloch sein könnte.

Einsteins Relativitätstheorie ist nicht mehr von Nutzen, wenn man in ein Wurmloch eintritt. Quanteneffekte sind so groß, dass wir eine weiter entwickelte Theorie brauchen. Zurzeit schafft das nur die Stringtheorie, die zu den merkwürdigsten Theorien gehört, die jemals in der Physik vorgeschlagen wurden.[7]

Quantenunschärfe

Welche Theorie ist in der Lage, die Allgemeine Relativitätstheorie und die Quantentheorie bei der Planck-Energie zu vereinen? Einstein verbrachte die letzten 30 Jahre seines Lebens damit, nach einer «Theorie für alles» zu suchen, die ihm erlauben würde, «dem Herrgott in die Karten zu schauen». Doch das schlug fehl. Es bleibt eine der größten Fragen der modernen Physik. Die Lösung würde einige der bedeutendsten Geheimnisse des Universums entschlüsseln, und mit ihrer Hilfe könnten wir in der Lage sein, Zeitreisen, Wurmlöcher, höhere Dimensionen, Paralleluniversen, ja sogar die Geschehnisse vor dem Urknall zu erkunden. Außerdem würde die Antwort klären, ob die Menschheit das Universum jemals mit Überlichtgeschwindigkeit durchqueren kann oder nicht.

Um das zu verstehen, müssen wir die Basis der Quantentheorie verstehen, die Heisenberg'sche Unschärferelation. Dieses unschuldig klingende Prinzip besagt, dass, ganz gleich wie empfindlich die Messinstrumente auch sind, man niemals gleichzeitig Geschwindigkeit und Ort irgendeines subatomaren Teilchens, sagen wir eines Elektrons, präzise angeben kann. Es gibt eine Quantenunschärfe. Daraus ergibt sich ein verblüffendes Bild. Ein Elektron ist eigentlich eine Ansammlung unterschiedlicher Zustände, wobei jeder Zustand ein Elektron an einem anderen Ort mit einer anderen Geschwindigkeit beschreibt. (Einstein hasste diese Unschärfe. Er glaubte an eine «objektive Realität», die der Alltagsauffassung entspricht, dass Objekte in klaren, wohl definierten Zuständen existieren, und dass man die genaue Position und Geschwindigkeit jedes Teilchens bestimmen kann.)

Doch die Quantentheorie besagt etwas anderes. Wenn Sie in einen Spiegel schauen, sehen Sie sich nicht, wie Sie wirklich sind. Sie bestehen aus einer gewaltigen Ansammlung von Wellen. Das Bild im Spiegel ist also in Wirklichkeit ein Mittelwert, eine Überlagerung all dieser Wellen. Es gibt sogar eine kleine Wahrscheinlichkeit, dass einige dieser Wellen sich im ganzen Raum und in den Weltraum ausbreiten können. Tatsächlich können einige Ihrer Wellen sogar den Mars erreichen oder noch weiter reisen. (Eine Aufgabe, die wir unseren Doktoranden stellen, ist, die Wahrscheinlichkeit zu berechnen, dass unsere Wellen sich zum Mars ausbreiten und man eines Tages aufwacht, aus dem Bett steigt und sich auf dem Roten Planeten befindet.)

Diese Wellen nennt man «Quantenkorrekturen» oder «Quantenfluktuationen». Normalerweise sind diese Korrekturen klein, sodass die Alltagsauffassung völlig richtig ist, weil wir ja nur eine Ansammlung von Atomen sind und nur gemittelte Bilder sehen können. Doch auf der subatomaren Ebene können diese Quantenkorrekturen groß sein, sodass Elektronen an verschiedenen Orten zur selben Zeit sein und in verschiedenen Zuständen existieren können. (Newton wäre schockiert, wenn Sie ihm erklären würden, wie Elektronen in Transistoren in parallelen Zuständen existieren können. Diese Korrekturen machen moderne Elektronik erst möglich. Wenn Sie irgendwie die Quantenunschärfe ausschalten könnten, würden all diese Wunder der Technik aufhören zu funktionieren und die Gesellschaft würde gut 100 Jahre in die Vergangenheit zurückversetzt, noch vor das Zeitalter der Elektrizität.)

Zum Glück können Physiker diese Quantenfluktuationen für Elementarteilchen berechnen und Voraussagen machen, von denen einige unglaublich genau sind: bis auf 10 Billionen Stellen hinter dem Komma. Tatsächlich ist die Quantentheorie so genau, dass sie wohl die erfolgreichste Theorie aller Zeiten ist. Nichts erreicht ihre Genauigkeit, wenn man sie auf gewöhnliche Materie anwendet. Sie mag die bizarrste Theorie der Geschichte sein (Einstein sagte einmal, dass mit dem Erfolg der Quantentheorie auch ihre Seltsamkeit zunimmt), doch es gibt eine Kleinigkeit, die für sie spricht: Sie ist unwiderlegbar korrekt.

Die Heisenberg'sche Unschärferelation zwingt uns also, was wir über die Realität wissen, in neuem Licht zu betrachten. Ein

Ergebnis ist, dass Schwarze Löcher nicht wirklich schwarz sind. Die Quantentheorie besagt, dass es Quantenkorrekturen zur reinen Schwärze gibt, sodass Schwarze Löcher eigentlich grau sind. (Und sie emittieren eine schwache Strahlung, die man Hawking-Strahlung nennt.) In vielen Lehrbüchern steht, dass es im Zentrum eines Schwarzen Lochs oder am Anfang der Zeit eine Singularität gibt, einen Punkt unendlicher Schwerkraft. Doch unendliche Schwerkraft verletzt das Unschärfeprinzip. (Das heißt, so etwas wie eine Singularität gibt es nicht, es ist nur ein Wort, das unser Unwissen über das, was passiert, wenn die Gleichungen versagen, verschleiern soll. In der Quantentheorie gibt es keine Singularitäten, weil es eine Unschärfe gibt, die verhindert, dass wir den genauen Ort des Schwarzen Lochs kennen.) Ganz ähnlich findet man häufig die Behauptung, dass ein reines Vakuum der Zustand des reinen Nichts sei. Doch das Konzept eines Nichts verletzt das Unschärfeprinzip, sodass es nichts Derartiges wie ein Nichts gibt. (Vielmehr ist das Vakuum ein Hexenkessel virtueller Teilchen und Antiteilchen, die fortwährend entstehen und wieder vergehen.) Und es gibt auch keinen absoluten Nullpunkt, die Temperatur, bei der jede Bewegung aufhört. (Auch bei Annäherung an den Nullpunkt bewegen sich die Atome noch ganz leicht, was man Nullpunktenergie nennt.)

Bei dem Versuch, eine Quantentheorie der Gravitation zu formulieren, tritt jedoch ein Problem auf. Die Quantenkorrekturen zu Einsteins Theorie werden durch Teilchen beschrieben, die Gravitonen heißen. So wie ein Photon ein Lichtteilchen ist, ist ein Graviton ein Gravitationsteilchen. Gravitonen sind so flüchtig, dass sie noch nie im Labor nachgewiesen wurden. Doch sind Physiker überzeugt, dass sie existieren, weil sie so essenziell für jede Quantentheorie der Gravitation sind. Wenn wir versuchen, mit Gravitonen zu rechnen, stoßen wir jedoch auf unendliche Quantenkorrekturen. Die Quantengravitation sieht sich rätselhaften Korrekturen gegenüber, die die Gleichungen aufblähen. Einige der größten Köpfe der Physik haben versucht, dieses Problem zu lösen, doch alle sind bislang gescheitert.

Es ist also ein Ziel der modernen Physik, eine Quantentheorie der Gravitation zu schaffen, in der die Quantenkorrekturen endlich und berechenbar bleiben. Mit anderen Worten erlaubt Einsteins Gravitationstheorie zwar die Bildung von Wurmlöchern, die uns eines Tages als Abkürzungen durch die Galaxie dienen könnten. Aber Einsteins Theorie kann uns nicht sagen, ob solche Wurmlöcher stabil sind oder nicht. Zur Berechnung der Quantenkorrekturen braucht man eine Theorie, die die Relativität mit der Quantentheorie vereint.

Stringtheorie

Momentan heißt der führende (und einzige) Kandidat, dieses Problem zu lösen, Stringtheorie. Sie besagt, dass alle Energie und Materie im Universum aus winzigen Fäden (englisch *strings*) aufgebaut ist. Jede Schwingung eines Strings entspricht einem anderen subatomaren Teilchen. Das Elektron ist also nicht wirklich ein Punktteilchen. Wenn man ein Supermikroskop hätte, würde man erkennen, dass es gar kein Teilchen ist, sondern ein vibrierender Faden. Das Elektron scheint nur ein Teilchen zu sein, weil der Faden so winzig ist.

Wenn der Faden bei unterschiedlichen Frequenzen vibriert, so entspricht das einem anderen Teilchen, zum Beispiel einem Quark, einem Meson, einem Neutrino, einem Photon und so weiter. Deshalb haben Physiker eine derart lachhafte Zahl atomarer Teilchen gefunden. Es gibt buchstäblich Hunderte, einfach deshalb, weil sie lediglich verschiedene Vibrationen eines winzigen Fadens darstellen. Auf diese Weise kann die Stringtheorie die Quantentheorie subatomarer Teilchen erklären. Nach der Stringtheorie zwingt der sich bewegende Faden die Raumzeit, sich genauso zu verbiegen, wie Einstein es vorhergesagt hat, und deshalb vereint er Einsteins Theorie und die Quantentheorie in einer sehr befriedigenden Weise.

Das heißt, Elementarteilchen sind genau wie Noten in der Musik. Das Universum ist eine Symphonie von Fäden, die Physik repräsentiert die Harmonie in dieser Partitur, und das «Wirken des Herrgotts», dem Einstein so viele Jahrzehnte nachjagte, ist kosmische Musik, die durch den Hyperraum schallt.

Wie wird die Stringtheorie mit den Quantenkorrekturen fertig, die die Physiker jahrzehntelang gestört haben? Die Stringtheorie besitzt etwas, das sich Supersymmetrie nennt. Zu jedem Teilchen gibt es ein Partnerteilchen: einen Superpartner oder S-Teilchen. Zum Beispiel ist der Partner des Elektrons das S-Elektron. Der Partner des Quarks ist das S-Quark. Wir haben also zwei Sorten Quantenkorrekturen, diejenigen, die von den normalen Teilchen herrühren und die von ihren Superpartnern. Die Schönheit der Stringtheorie besteht darin, dass sich die Quantenkorrekturen aus den beiden Gruppen gegenseitig exakt aufheben.

Damit gibt uns die Stringtheorie ein einfaches, aber sehr elegantes Mittel an die Hand, die unendlichen Quantenkorrekturen loszuwerden. Sie verschwinden, weil die Theorie eine neue Symmetrie offenbart, die der Theorie ihre mathematische Kraft und Schönheit verleiht.

Für Künstler mag Schönheit eine ästhetische Größe sein, die sie versuchen, in ihren Werken einzufangen. Für einen Theoretischen Physiker aber ist Schönheit Symmetrie. Sie ist auch eine absolute Notwendigkeit, wenn man die letztgültige Natur von Raum und Zeit ergründen will. Wenn man zum Beispiel eine Schneeflocke um 60 Grad dreht, bleibt sie die gleiche. Auf dieselbe Weise erzeugt ein Kaleidoskop wunderschöne Muster, weil es mit Hilfe von Spiegeln mehrfache Duplikate eines Bilds erzeugt, sodass es die vollen 360 Grad ausfüllt. Man sagt, dass Schneeflocke und Kaleidoskop Radialsymmetrie besitzen. Das heißt, nach einer gewissen Rotation um einen Mittelpunkt sind sie wieder gleich.

Sagen wir, ich hätte eine Gleichung, in der viele Elementarteilchen vorkommen, und würde diese mischen und neu anordnen. Falls die Gleichung nach dem Vertauschen der Teilchen unverändert bleibt, sagt man: Die Gleichung hat eine Symmetrie.

Was Symmetrie leistet

Supersymmetrie ist nicht nur eine Frage der Ästhetik. Sie ist eine leistungsfähige Methode, die Unzulänglichkeiten und Anomalien in Gleichungen zu entfernen. Durch Drehen einer Schneeflocke kann man sehr schnell jeden Defekt aufspüren, indem man die gedrehte Version mit dem Original vergleicht. Falls sie nicht übereinstimmen, liegt ein Fehler vor, der korrigiert werden muss.

Ebenso stoßen wir beim Aufstellen einer Quantengleichung häufig auf kleine Anomalien und Divergenzen. Wenn die Gleichung jedoch eine Symmetrie besitzt, sind diese Defekte behoben. Auf eben dieselbe Weise sorgt die Supersymmetrie für das Verschwinden der Unendlichkeiten und Unzulänglichkeiten, die man häufig in der Quantentheorie vorfindet.

Als Bonus stellt sich heraus, dass die Supersymmetrie auch die größte Symmetrie ist, die man jemals in der Physik gefunden hat. Supersymmetrie kann alle bekannten subatomaren Teilchen umfassen und sie miteinander vermischen und neu anordnen, ohne dabei die ursprüngliche Gleichung zu verändern. Tatsächlich ist Supersymmetrie so leistungsfähig, dass sie Einsteins Theorie, inklusive des Gravitons und der subatomaren Teilchen des Standardmodells, rotieren und vertauschen kann. Daraus ergibt sich für uns ein sehr befriedigender und natürlicher Weg, Einsteins Theorie der Schwerkraft und die subatomaren Teilchen zu vereinigen.

Die Stringtheorie ist wie eine riesige kosmische Schneeflocke, nur dass jeder Sporn der Schneeflocke einen vollständigen Satz Einstein'scher Gleichungen und das Standardmodell aller subatomaren Teilchen darstellt. Jeder Ausläufer der Schneeflocke repräsentiert alle Teilchen des Universums. Wenn wir die Schneeflocke drehen, werden alle Teilchen im Universum vertauscht. Einige Physiker haben bemerkt, dass selbst dann, wenn Einstein nie geboren worden wäre und niemals Milliarden Dollar dafür ausgegeben worden wären, Atome zu zertrümmern, um das Standardmodell hervorzubringen, die gesamte Physik des 20. Jahrhunderts vielleicht entdeckt worden wäre, wenn man einfach nur über die Stringtheorie verfügt hätte.

Am allerwichtigsten aber ist, dass die Supersymmetrie die Quantenkorrekturen der Teilchen durch die der S-Teilchen aufhebt und uns eine endliche Theorie der Gravitation hinterlässt. Das ist das Wunder der Stringtheorie. Es erklärt auch die Antwort auf die Frage, die man meist im Zusammenhang mit Stringtheorie zu hören bekommt: Warum existiert sie in zehn Dimensionen, warum nicht in dreizehn oder zwanzig?

Das liegt daran, dass in der Stringtheorie die Zahl der Teilchen mit der Dimension der Raumzeit variiert. In höheren Dimensionen gibt es mehr Teilchen, weil die Teilchen auf mehr Arten schwingen können. Bei dem Versuch, die Quantenkorrekturen der Teilchen gegen die der S-Teilchen aufzurechnen, stellt sich heraus, dass diese Auslöschung nur in zehn Dimensionen passiert.

Normalerweise denken sich Mathematiker neue einfallsreiche Strukturen aus, welche die Physiker später in ihre Theorien einbauen. Zum Beispiel wurde die Theorie der gekrümmten Oberflächen von Mathematikern im 19. Jahrhundert ausgearbeitet und später in Einsteins Theorie der Gravitation aus dem Jahr 1915 eingearbeitet. Doch diesmal ist es umgekehrt. Die Stringtheorie hat so viele neue Zweige der Mathematik möglich gemacht, dass die Mathematiker nur staunen konnten. Junge aufstrebende Mathematiker, die für gewöhnlich praktische Anwendungen ihre Disziplin verachten, müssen nun Stringtheorie lernen, wenn sie an der Front der Forschung mitmachen wollen.

Auch wenn Einsteins Theorie die Möglichkeit von Wurmlöchern und Überlichtgeschwindigkeitsreisen zulässt, braucht man die Stringtheorie, um zu berechnen, wie stabil diese Wurmlöcher in Anwesenheit von Quantenkorrekturen sind.

Fazit: Die unendlichen Quantenkorrekturen loszuwerden, stellt eines der fundamentalen Probleme der Physik dar. Die Stringtheorie eliminiert die Quantenkorrekturen, weil es zwei Sorten Quantenkorrekturen gibt, die sich gegenseitig exakt aufheben. Diese exakte Auslöschung zwischen Teilchen und S-Teilchen ist der Supersymmetrie geschuldet.

Doch so elegant und leistungsfähig die Stringtheorie auch ist, reicht sie doch nicht aus. Letztendlich muss sie die endgültige Herausforderung bestehen, nämlich das Experiment.

Kritik an der Stringtheorie

Obwohl diese Vorstellung zwingend und überzeugend ist, kann man auch ernstzunehmende Kritik gegen diese Theorie vorbringen. Erstens: Da die Energie, bei der die Stringtheorie (oder, was das angeht, jede Theorie von allem) die gesamte Physik vereinigt, die Planck-Energie ist, gibt es keine ausreichend leistungsfähige Maschine auf der Welt, um sie gründlich zu testen. Ein direkter Test hieße, ein Baby-Universum im Labor zu erzeugen, was bei der gegenwärtigen Technologie zweifelsfrei außer Frage steht.

Zweitens hat die Stringtheorie, wie jede physikalische Theorie, mehr als eine Lösung. Zum Beispiel haben die Maxwell-Gleichungen, die das Licht beschreiben, unendlich viele Lösungen. Das stellt kein Problem dar, weil man vor Beginn eines jeden Experimentes festlegt, ob es sich um eine Glühbirne handelt, einen Laser oder einen Fernseher. Erst dann, mit diesen Anfangsbedingungen als Voraussetzung, lösen wir die Maxwell-Gleichungen. Doch was sind die Anfangsbedingungen bei einer Theorie des Universums? Physiker sind überzeugt, dass eine «Theorie von allem» ihren eigenen Anfangszustand vorschreiben sollte, das heißt, sie würden es bevorzugen, wenn die Anfangsbedingung des Urknalls irgendwie aus der Theorie selbst hervorginge. Die Stringtheorie jedoch sagt uns nicht, welche ihrer vielen Lösungen die richtige für unser Universum ist. Und ohne Anfangsbedingungen enthält die Stringtheorie eine unendliche Anzahl von Paralleluniversen, daher der Ausdruck Multiversum, und alle sind gleichberechtigt. Also stehen wir vor einer peinlichen Reichhaltigkeit, indem die Stringtheorie nicht nur unser vertrautes Universum vorhersagt, sondern vielleicht eine unendliche Zahl von anderen, ebenso gültigen, fremdartigen Universen.

Zum Dritten ist die vielleicht verblüffendste Vorhersage der Stringtheorie, dass unser Universum nicht vierdimensional ist, sondern in zehn Dimensionen existiert. Nirgends sonst in der Physik kennt man eine derartig bizarre Vorhersage, nämlich eine Raumzeit-Theorie, die ihre eigene Dimensionalität vorschreibt. Das wurde als so seltsam empfunden, dass viele Physiker die Theorie zunächst als Science-Fiction abgetan haben. (Als die Stringtheorie erstmals vorgeschlagen wurde, führte die Tatsache, dass sie nur in zehn Dimensionen existieren konnte, zu nichts als Spott. Der Nobelpreisträger Richard Feynman zum Beispiel hänselte John Schwarz, einen der Begründer der Stringtheorie, mit der Frage: «Na John, in wie vielen Dimensionen leben wir denn heute?»)

Leben im Hyperraum

Bekanntlich kann jedes Objekt im Universum durch drei Zahlen beschrieben werden: seine Länge, Breite und Höhe. Wenn wir noch die Zeit dazu nehmen, dann können vier Zahlen jedes Ereignis im Universum beschreiben. Wenn ich zum Beispiel jemanden in New York City treffen möchte, könnte ich sagen, wir treffen uns um zwölf Uhr mittags an der Ecke 42te Straße und Fifth Avenue im 10. Stock. Einem Mathematiker erscheint der Bedarf an nur drei oder vier Koordinaten allerdings ziemlich willkürlich, weil es an drei oder vier Dimensionen nichts Besonderes gibt. Warum sollten die grundlegenden Merkmale des physikalischen Universums durch derart gewöhnliche Zahlen beschrieben werden?

Deswegen haben Mathematiker kein Problem mit der Stringtheorie. Doch um sich höhere Dimensionen vorzustellen, benutzen Physiker häufig Analogien. Als ich ein Kind war, verbrachte ich viele Stunden im japanischen Teegarten in San Francisco. Ich sah Fische in einem sehr flachen Teich herumschwimmen und stellte mir eine Frage, die nur ein Kind stellen kann: «Wie wäre es wohl, ein Fisch in einem flachen Teich zu sein?» Was für eine merkwürdige Welt würden sie sehen, dachte ich. Sie müssen denken, das Universum wäre nur zweidimensional. Sie könnten sich nur in diesem begrenzten Raum bewegen, seitwärts schwimmend, aber niemals nach oben oder nach unten. Jeder Fisch, der es wagen würde, eine dritte Dimension jenseits des Teichs zu erwähnen, wäre als Spinner verschrieen. Dann stellte ich mir vor, dass es einen Fisch im Teich gäbe, der immer, wenn jemand einen Hyperraum erwähnte, spotten würde, denn das Universum bestünde ja nur aus dem, was man berühren und fühlen konnte, nicht mehr. Dann stellte ich mir vor, den Fisch zu fangen und in die «Oberwelt» zu holen. Was würde er wahrnehmen? Er würde Wesen sehen, die sich ohne Flossen bewegen. Ein neues physikalisches Gesetz. Wesen, die ohne Wasser atmen. Ein neues biologisches Gesetz. Dann stellte ich mir vor, den Fisch in seinen Teich zurückzusetzen, wo er den anderen Fischen die unglaublichen Wesen in der «Oberwelt» erklären müsste.

Vielleicht sind wir die Fische. Falls sich die Stringtheorie als korrekt erweisen sollte, bedeutet das, dass es Dimensionen jenseits unserer vertrauten vierdimensionalen Welt gibt. Doch wo sind diese höheren Dimensionen? Eine Möglichkeit besteht darin, dass sechs dieser zehn ursprünglichen Dimensionen «eingerollt» sind, sodass man sie nicht mehr sehen kann. Stellen Sie sich ein

Blatt Papier vor, das Sie zu einer engen Röhre zusammenrollen. Das ursprüngliche Papier hat war zwei Dimensionen, doch durch den Prozess des Einrollens hat man eine eindimensionale Röhre erzeugt. Aus der Entfernung sieht man nur diese Röhre, doch in Wahrheit ist das, was man sieht, immer noch zweidimensional.

Auf dieselbe Weise besagt die Stringtheorie, dass das Universum ursprünglich zehndimensional war, sich aber aus irgendeinem Grunde sechs dieser Dimensionen eingerollt haben und die Illusion erzeugen, unsere Welt habe lediglich vier. Obwohl dieses Kennzeichen der Stringtheorie fantastisch anmutet, bemüht man sich bereits, diese höheren Dimensionen tatsächlich nachzuweisen.

Doch wie erleichtern die Extradimensionen der Stringtheorie, Relativität und Quantenmechanik zu vereinigen? Bei dem Versuch, die Schwerkraft, die Kernkraft und die elektromagnetische Kraft in einer einzigen Theorie zu vereinigen, stellt man fest, dass es dafür in vier Dimensionen nicht genug «Platz» gibt. Sie entsprechen Puzzlestücken, die nicht zusammenpassen. Doch sobald man mehr und mehr Dimensionen dazu nimmt, findet sich ausreichend Platz, um diese niederdimensionalen Theorien zusammenzusetzen, so wie man Puzzlestücke zu einem Ganzen zusammensetzt.

Stellen Sie sich zum Beispiel eine zweidimensionale Welt vor, in der Flachländer leben, die sich wie Keksmännchen nur nach links oder rechts bewegen können und niemals «nach oben». Stellen Sie sich vor, es habe ursprünglich einmal einen wundervollen dreidimensionalen Kristall gegeben, der explodiert ist und seine Fragmente auf Flachland verstreut hat. Im Laufe der Jahre haben die Flachländer diese Splitter zu zwei großen Stücken zusammengesetzt. Doch wie sehr sie sich auch bemühen, sie können diese letzten beiden Fragmente nicht weiter zusammensetzen. Eines Tages macht dann ein Flachländer einen frevlerischen Vorschlag: Wenn man ein Fragment «nach oben», in die unsichtbare dritte Dimension bewegen würde, dann würden diese beiden Stücke zusammenpassen und einen wundervollen dreidimensionalen Kristall ergeben. Der Schlüssel, den Kristall wiederherzustellen, bestand also darin, die Fragmente durch eine dritte Dimension zu bewegen. In Analogie dazu sind diese beiden Fragmente die Relativitätstheorie und die Quantentheorie, der Kristall ist die Stringtheorie, und die Explosion war der Urknall.

Obwohl die Stringtheorie gut zu den Daten passt, müssen wir sie immer noch überprüfen. Auch wenn ein direkter Test, wie erwähnt, nicht möglich ist, wird die meiste Physik ohnehin indirekt betrieben. Wir wissen zum Beispiel, dass die Sonne hauptsächlich aus Wasserstoff und Helium besteht, obwohl noch niemand auf der Sonne gewesen ist. Wir kennen die Zusammensetzung der Sonne nur aus indirekten Untersuchungen, indem wir Sonnenlicht durch ein Prisma betrachten, welches es in die verschiedenen Farbbänder aufspaltet. Und indem man diese Bänder innerhalb des Regenbogens studiert, kann man den Fingerabdruck des Wasserstoffs und des Heliums identifizieren. (Tatsächlich hat man das Helium zunächst nicht auf der Erde entdeckt. Im Jahr 1868 fanden Wissenschaftler Indizien für ein fremdartiges neues Element, als sie das Sonnenlicht während einer Sonnenfinsternis untersuchten. Das neue Element tauften sie «Helium», was so viel heißt wie «Metall von der Sonne». Und erst 1895 fand man direkte Beweise für Helium auf der Erde, als Wissenschaftlern klar wurde, dass es sich um ein Gas und nicht um ein Metall handelte.)

Dunkle Materie und Strings

Die Stringtheorie ließe sich auch durch eine Reihe indirekter Nachweise bestätigen. Weil jede Schwingung eines Fadens einem Teilchen entspricht, können wir in Elementarteilchenbeschleunigern nach völlig neuen Teilchen Ausschau halten, die höhere «Oktaven» eines Fadens repräsentieren. Man hofft, durch den

Zusammenstoß von Protonen bei Billionen Volt kurzzeitig ein neues Teilchen erzeugen zu können, das von der Stringtheorie vorhergesagt wird. Dies wiederum könnte zur Erklärung eines der großen ungelösten Probleme der Astronomie beitragen.

In den 1960er Jahren fanden Astronomen, die die Rotation der Milchstraße untersuchten, etwas Merkwürdiges. Sie rotierte dermaßen schnell, dass sie Newtons Gesetzen zufolge auseinanderfliegen sollte, während die Galaxie jedoch bereits seit 10 Milliarden Jahren stabil war. Tatsächlich rotiert die Galaxie etwa zehnmal schneller, als sie es gemäß der Newton'schen Mechanik dürfte.

Das stellte ein riesiges Problem dar. Entweder waren Newtons Gleichungen falsch (was nahezu undenkbar war), oder es gab eine unsichtbare Halo unbekannter Materie um die Galaxien, die ihre Masse so weit erhöhte, dass sie gravitativ zusammenhielten. Das bedeutete, dass die Bilder der herrlichen Galaxien mit ihren wunderschönen Spiralarmen vielleicht unvollständig sind, dass jede Galaxie in Wirklichkeit noch von einem gigantischen unsichtbaren Halo umgeben ist, der zehnmal mehr Masse hat als die sichtbare Galaxie. Da Fotografien von Galaxien lediglich die wunderschöne wirbelnde Masse der Sterne zeigen, kann das, was auch immer die Sterne zusammenhält, nicht mit Licht wechselwirken – es muss unsichtbar sein.

Astrophysiker haben diese fehlende Masse «dunkle Materie» getauft. Ihre Existenz zwang sie, die Theorien zu überarbeiten, nach denen das Universum hauptsächlich aus Atomen besteht. Mittlerweile gibt es Karten der dunklen Materie im ganzen Universum. Obwohl sie unsichtbar ist, verbiegt sie das Sternenlicht, wie alles, das Masse hat. Indem man die Verzerrung des Sternenlichts um Galaxien herum untersucht, kann man also mit Hilfe von Computern das Vorkommen dunkler Materie berechnen und ihre Verteilung im Universum kartieren. Wie nicht anders zu erwarten, zeigt diese Karte, dass der überwiegende Teil der Gesamtmasse einer Galaxie in dieser Form besteht.

Dunkle Materie ist zwar unsichtbar, aber sie hat auch Gravitation, und doch kann man sie nicht in der Hand halten. Weil sie überhaupt nicht mit Atomen wechselwirkt (weil sie elektrisch neutral ist), durchdringt sie die Hand, den Fußboden und auch die Erdkruste. Sie würde zwischen New York und Australien oszillieren, als würde die Erde überhaupt nicht existieren, außer dass sie durch die Erdgravitation gebunden würde. Obwohl dunkle Materie also unsichtbar ist, wechselwirkt sie doch über die Schwerkraft mit anderen Teilchen.

Einer Theorie zufolge ist die dunkle Materie eine höhere Schwingung des Superstrings. Der führende Kandidat ist der Superpartner des Photons, das «Photino» oder «kleine Photon». Es hat alle passenden Eigenschaften dunkler Materie: Es ist unsichtbar, weil es nicht mit Licht wechselwirkt, und doch hat es Masse und ist stabil.

Es gibt verschiedene Möglichkeiten, diese Vermutung zu beweisen. Die erste besteht darin, dunkle Materie direkt mit Hilfe des LHC zu erzeugen, indem man Protonen aufeinander schießt. Für eine kurze Zeitspanne würde ein Teilchen dunkler Materie im Beschleuniger auftauchen. Falls das passierte, hätte es enorme Auswirkungen auf die Wissenschaft. Zum ersten Mal in der Geschichte hätte man eine neue Form von Materie gefunden, die nicht auf Atomen beruht. Falls der LHC nicht genug leistet, um dunkle Materie zu erzeugen, kann es vielleicht der ILC.

Es gibt noch eine andere Möglichkeit, die Vermutung zu beweisen. Die Erde bewegt sich in einem Wind dieser unsichtbaren dunklen Materie. Man kann hoffen, dass ein Teilchen der dunklen Materie in einem Teilchendetektor auf ein Proton trifft, wobei es einen Schauer subatomarer Partikel erzeugt, die man fotografisch festhalten könnte. Zurzeit warten Physiker auf der ganzen Welt geduldig an ihren Detektoren auf das Anzeichen einer solchen Kollision zwischen normaler Materie und dunkler Materie. Ein Nobelpreis winkt dem Physiker, der es findet.

Falls man dunkle Materie findet, sei es mit den Teilchenbeschleunigern oder mit den Detektoren, können wir ihre Eigenschaften mit denen vergleichen, die von der Stringtheorie vorhergesagt werden. Auf diese Weise hätte man Indizien für die Gültigkeit der Theorie gefunden.

Obwohl das Auffinden dunkler Materie ein Riesenschritt zum Beweis der Stringtheorie wäre, gibt es auch noch andere Beweismöglichkeiten. Newtons Gravitationsgesetz zum Beispiel bestimmt die Bewegungen großer Objekte wie Sterne und Planeten, doch ist wenig über die Schwerkraft bekannt, die über kleine Distanzen wirkt. Weil die Stringtheorie höhere Dimensionen fordert, kann Newtons berühmtes inverses Quadratgesetz (demzufolge die Schwerkraft mit dem Quadrat der Entfernung abnimmt) bei kleinen Distanzen nicht stimmen, weil Newtons Gesetz auf drei Dimensionen beruht. (Wäre der Raum zum Beispiel vierdimensional, würde die Schwerkraft mit der dritten Potenz des Abstands kleiner werden. Bislang haben allerdings Überprüfungen des Newton'schen Gravitationsgesetzes kein Indiz für höhere Dimensionen erbracht, doch die Physiker geben nicht auf.)

Ein anderer Lösungsweg wären Gravitationswellendetektoren im Weltraum. Das *Laserinterferometer Gravitational-Wave Observatory* (LIGO), das in Louisiana und im Bundesstaat Washington Stationen hat, konnte bereits zweimal erfolgreich Gravitationswellen nachweisen, die vom Zusammenstoß zweier Schwarzer Löcher (2016) und zweier Neutronensterne (2017) stammten. Eine modifizierte Version des weltraumbasierten Laser Interferometer Space Antenna (LISA) könnte in der Lage sein, Schwerkraftwellen vom Beginn des Urknalls nachzuweisen. Man hofft, auf diese Weise «das Band zurückzuspulen» und Vermutungen über die Natur der Ära vor dem Urknall aufstellen zu können. Das würde eine grobe Überprüfung einiger Vorhersagen der Stringtheorie den Urknall betreffend ermöglichen.

Stringtheorie und Wurmlöcher

Eine weitere Überprüfung der Stringtheorie könnte darin bestehen, andere exotische Teilchen zu finden, die die Theorie vorhersagt, wie mikroskopische Schwarze Löcher, die subatomaren Teilchen ähneln.

Wie schon erwähnt, erlaubt die Physik, über Zivilisationen in ferner Zukunft zu spekulieren, indem sie vernünftige Vermutungen über deren Energieverbrauch anstellt. Zivilisationen können sich von einer planetaren Typ-I-Zivilisation zu einer stellaren Typ-II-Zivilisation und schließlich zu einer galaktischen Typ-III-Zivilisation entwickeln. Eine galaktische Zivilisation wiederum wird die Galaxie wahrscheinlich mit Hilfe von von-Neumann-Robotern oder durch Laser-Porting erkunden. Wichtig ist, dass eine Typ-III-Zivilisation in der Lage sein könnte, die Planck-Energie zu erreichen, den Punkt, an dem die Raumzeit instabil und Reisen mit Überlichtgeschwindigkeit möglich werden könnte. Doch um die Physik von Überlichtgeschwindigkeitsreisen zu berechnen, braucht man eine Theorie, die über Einsteins Theorie hinausgeht. Und das könnte ganz gut die Stringtheorie sein.

Die Hoffnung besteht darin, dass wir mit Hilfe der Stringtheorie in der Lage sein werden, die Quantenkorrekturen auszurechnen, die man zur Untersuchung exotischer Phänomene wie Zeitreisen, Reisen zwischen den Dimensionen, Wurmlöchern und der Ära vor dem Urknall braucht. Nehmen wir zum Beispiel an, eine Typ-III-Zivilisation sei fähig, Schwarze Löcher zu manipulieren und dadurch eine Schleuse zu einem Paralleluniversum durch ein Wurmloch zu erschaffen. Ohne Stringtheorie könnte man unmöglich ausrechnen, was beim Eintritt in das Wurmloch geschieht. Wird es explodieren? Wird die Gravitationsstrahlung es im Moment des Eintritts wieder schließen? Wird man es durchqueren können und überleben, um darüber zu berichten?

Mit der Stringtheorie könnte man ausrechnen, wie viel Gravitationsstrahlung man abbekommt, wenn man ein Wurmloch durchquert, und man könnte diese Fragen beantworten.

Eine weitere, unter Physikern heiß diskutierte Frage ist, was passiert, wenn man in ein Wurmloch eintritt und rückwärts in der Zeit reist. Wenn man dann den eigenen Großvater tötet, bevor man geboren wurde, hat man ein Paradox.[8] Wie kann man überhaupt existieren, wenn man soeben seinen Vorfahr getötet hat? Einsteins Theorie erlaubt tatsächlich Zeitreisen (falls negative Energie existiert), sagt aber nichts darüber aus, wie man solche Paradoxa löst. Weil die Stringtheorie eine endliche Theorie ist, in der man alles ausrechnen kann, sollte sie in der Lage sein, diese verwirrenden Paradoxa aufzulösen. (Meine ganz persönliche Meinung ist, dass der Zeitfluss sich in zwei Flüsse aufspaltet, wenn man eine Zeitmaschine betritt. In anderen Worten: Die Zeitachse teilt sich. Das heißt, man hat jemandes anderen Großvater getötet, der so aussieht wie der eigene, aber auf einer anderen Zeitachse in einem alternativen Universum existiert. Das Multiversum löst also alle Zeitparadoxa auf.)

Bislang jedoch sind Physiker wegen der Komplexität der Mathematik der Stringtheorie nicht in der Lage gewesen, sie auf solche Fragen anzuwenden. Es handelt sich um ein mathematisches Problem, kein experimentelles, sodass vielleicht eines Tages Physiker in der Lage sein werden, die Eigenschaften von Wurmlöchern und Hyperraum definitiv zu berechnen. Doch statt unnütz über Reisen mit Überlichtgeschwindigkeit zu spekulieren, könnten Physiker mit Hilfe der Stringtheorie definitiv bestimmen, ob es geht oder nicht. Doch wir werden warten müssen, bis die Theorie ausreichend verstanden ist, um diese Frage zu klären.

Am Ende wieder vereint?

Eine Typ-III-Zivilisation ist also möglicherweise in der Lage, mittels einer Quantentheorie der Gravitation Weltraumreisen mit Überlichtgeschwindigkeit möglich zu machen.

Doch was folgt daraus für die Menschheit?

Früher haben wir schon festgestellt, dass eine Typ-II-Zivilisation, die durch die Lichtgeschwindigkeit beschränkt ist, Weltraumkolonien etablieren könnte, die letztendlich ihre eigenen Wege gehen, wodurch viele unterschiedliche genetische Linien entstehen, die schließlich allen Kontakt mit ihrem Mutterplaneten verlieren.

Es bleibt die Frage: Was geschieht, wenn eine Typ-III-Zivilisation die Planck-Energie beherrscht und beginnt, Kontakt mit diesen Zweigen der Menschheit aufzunehmen?

Die Geschichte könnte sich wiederholen. Beispielsweise hat der Auszug der Menschheit aus Afrika mittlerweile zur Erfindung von Flugzeugen und anderer moderner Technologie geführt, die schnelle internationale Transportnetzwerke hervorgebracht hat. Heute machen wir einen kurzen Flugzeugtrip zu anderen Kontinenten, für den unsere Vorfahren zu Fuß zehntausende von Jahren brauchten.

Genauso werden wir, wenn wir den Übergang von einer Typ-II-Zivilisation zu einer Typ-III-Zivilisation machen, per Definition so fortgeschritten sein, dass wir die Planck-Energie nutzen, den Punkt, an dem die Raumzeit instabil wird.

Vorausgesetzt, dass dadurch Überlichtgeschwindigkeitsreisen möglich werden, bedeutet es, dass eine Typ-III-Zivilisation in der Lage sein könnte, die verschiedenen Typ-II-Kolonien, die sich über die ganze Galaxie verbreitet haben, wieder zu vereinigen. Ein gemeinsames menschliches Erbe vorausgesetzt, könnte daraus eine neue galaktische Zivilisation erstehen, wie Asimov sie sich vorgestellt hat.

Wie zuvor schon erwähnt, ist das Ausmaß der genetischen

Divergenz, die die Menschheit im Verlauf zehntausender Jahre in Zukunft erfahren könnte, in etwa dieselbe wie die Divergenz, die bereits seit dem Exodus aus Afrika aufgetreten ist. Und doch haben wir unsere Menschlichkeit durchgehend erhalten. Ein Kind, das in unsere Kultur geboren wird, kann ebenso leicht in einer völlig anderen Kultur aufwachsen, selbst wenn die beiden Kulturen durch eine gewaltige Kluft getrennt sind.

Typ-III-Archäologen, die neugierig auf alte menschliche Wanderbewegungen sind, könnten also versuchen, die alten Marschrouten der verschiedenen Zweige einer Typ-II-Zivilisation durch die Galaxie zurückzuverfolgen. Galaktische Archäologen könnten nach Anzeichen von verschiedenen alten Typ-II-Zivilisationen suchen.

In der *Foundation-Trilogie* sind die Helden auf der Suche nach dem ursprünglichen Planeten, aus dem das Galaktische Imperium entstand, dessen Name und Ort im Chaos der galaktischen Prähistorie verloren ging. Vorausgesetzt, die menschliche Bevölkerung geht in die Billionen und lebt auf Millionen bewohnter Planeten, erscheint das wie ein hoffnungsloses Unterfangen. Doch indem man die ältesten Planeten in der Galaxie untersucht, findet man Ruinen der frühesten planetarischen Kolonien. Man erkennt, wie Planeten aufgrund von Kriegen, Seuchen und anderen Unglücken aufgegeben wurden.

Ebenso denkbar ist, dass eine Typ-III-Zivilisation aus einer Typ-II-Zivilisation hervorgeht und versucht, die verschiedenen Zweige zurückzuverfolgen, die bereits Jahrhunderte zuvor durch Raumschiffe mit Unterlichtgeschwindigkeitstechnologie erforscht wurden. Auf dieselbe Weise wie unsere gegenwärtige Zivilisation durch die Gegenwart so vieler verschiedener kultureller Typen bereichert wird, jede mit einer unterschiedlichen Geschichte und Perspektive, könnte eine Typ-III-Zivilisation durch den Kontakt mit den vielen verschiedenen Zivilisationen, die während einer Typ-II-Zivilisation entstanden, bereichert werden.

Auf diese Weise könnte die Erzeugung von Überlichtgeschwindigkeits-Raumschiffen den Traum von Asimov wahr werden lassen, die Menschheit zu einer galaktischen Zivilisation zu vereinigen.

Sir Martin Rees hat es so gesagt: «Wenn die Menschen der Selbstvernichtung entgehen, wird eine nachmenschliche Ära heraufziehen. Irdisches Leben könnte sich über die gesamte Galaxie verbreiten und sich dabei zu einer bunten, wirbelnden Komplexität weit jenseits unserer Vorstellungskraft entwickeln. Wenn das geschieht, würde unser kleiner Planet – dieser blasse, blaue Punkt im Raum – der wichtigste Ort in der gesamten Galaxie werden. Die ersten interstellaren Reisenden von der Erde hätten eine Mission, die durch die gesamte Galaxie und darüber hinaus ihren Nachhall fände.»

Letztendlich aber wird sich eine weit entwickelte Zivilisation der letzten Herausforderung ihrer Existenz stellen müssen, nämlich dem Ende des Universums selbst. Wir müssen die Frage stellen: Kann eine weit entwickelte Zivilisation mit all ihrer gewaltigen Technologie dem Ende von allem, was existiert, entgehen? Vielleicht besteht die einzige Hoffnung für intelligentes Leben darin, sich zu einer Typ-IV-Zivilisation zu entwickeln.

So mancher sagt, die Welt vergeht in Feuer, so mancher sagt, in Eis. Nach dem, was ich von Lust gekostet, halt ich's mit denen, die das Feuer vorzieh'n.

Robert Frost

Die Ewigkeit dauert lange, besonders gegen Ende.

Woody Allen

Kapitel 14
Jenseits des Universums

Die Erde stirbt.

In dem Film *Interstellar* sucht eine fremdartige Pest die Erde heim und führt zu Ernteausfällen und dem Zusammenbruch der Landwirtschaft. Die Zivilisation bricht angesichts einer zerstörerischen Hungersnot langsam auseinander.

Matthew McConaughey spielt einen früheren NASA-Astronauten, dem eine gefährliche Mission zugeteilt wird. Schon früher hatte sich auf geheimnisvolle Weise ein Wurmloch in der Nähe von Saturn aufgetan. Es ist eine Schleuse, die jeden, der sie betritt, in eine weit entfernte Region der Galaxie transportiert, wo es vielleicht neue, bewohnbare Welten geben könnte. In seinem verzweifelten Wunsch, die Menschheit zu retten, meldet er sich freiwillig zu der Reise ins Wurmloch, um nach einer neuen Heimat für die Menschheit im Weltraum zu suchen.

Währenddessen versuchen Wissenschaftler auf der Erde verzweifelt, das Geheimnis des Wurmlochs zu enträtseln. Wer hat es gemacht? Und warum tut es sich gerade in dem Moment auf, als die Menschheit im Begriff ist, unterzugehen?

Ganz allmählich dämmert den Wissenschaftlern die Wahrheit. Die Technologie, dieses Wurmloch zu erzeugen, ist Millionen Jahre weiter entwickelt als ihre eigene. Die Wesen, die es geschaffen haben, sind in Wirklichkeit unsere Nachfahren. Die Schöpfer sind so weit entwickelt, dass sie jenseits unseres vertrauten Universums im Hyperraum leben. Sie haben eine Schleuse in die Vergangenheit errichtet, um fortschrittliche Technologie zur Rettung ihrer Vorfahren zu schicken. Indem sie die Menschheit retten, werden sie letztendlich sich selbst retten. Kip Thorne zufolge, der nicht nur Physiker ist, sondern auch einer der Produzenten des Films, entstammt die Inspiration für die Physik im Film der Stringtheorie.

Falls wir überleben, werden wir eines Tages einer ähnlichen Krise gegenüberstehen, nur dass diesmal das Universum stirbt.

Eines Tages in der fernen Zukunft wird das Universum kalt und dunkel werden. Sterne werden nicht mehr scheinen, während sich im Universum klirrende Kälte breitmacht. Alles Leben endet, wenn das Universum selbst im Sterben liegt und schließlich dem absoluten Nullpunkt zustrebt.

Allerdings kann man fragen: Gibt es vielleicht Auswege? Können wir diesem kosmischen Verderben entgehen? Können wir, wie Matthew McConaughey, Erlösung im Hyperraum finden?

Um zu verstehen, wie das Universum zugrunde gehen könnte, ist es wichtig, die Vorhersagen der Einstein'schen Relativitätstheorie über die ferne Zukunft zu untersuchen und dann die verblüffenden neuen Enthüllungen zu analysieren, die im letzten Jahrzehnt gemacht wurden.

Diesen Gleichungen zufolge gibt es drei Möglichkeiten für das letztendliche Schicksal des Universums.

Big Crunch, Big Freeze oder Big Rip

Die erste ist der Big Crunch (das große Zusammenkrachen), wenn die Expansion des Universums sich verlangsamt, zum Stillstand kommt und sich schließlich umkehrt. In diesem Szenario werden die Galaxien im Himmel letztendlich zur Ruhe kommen und sich dann wieder aufeinander zu bewegen. Die Temperatur wird drastisch steigen, wenn sich ferne Sterne einander nähern. Letztendlich verkochen die Sterne zu einer überhitzten, primordialen Suppe. In einigen Szenarien könnte es einen Big Bounce (großen Rückprall) geben und der Big Bang (der Urknall) könnte wieder von vorne beginnen.

Die zweite Möglichkeit ist der Big Freeze (das große Einfrieren), wenn das Wachstum des Universums unbeschränkt fortschreitet. Der Zweite Hauptsatz der Thermodynamik besagt, dass die Gesamtentropie stetig zunimmt, also wird das Universum im Endeffekt immer kälter werden, werden sich Materie und Wärme immer weiter ausdünnen. Die Sterne werden aufhören zu scheinen, der Nachthimmel würde total schwarz sein und die Temperaturen würden sich in Richtung absoluten Nullpunkt bewegen, wenn sich selbst die Moleküle so gut wie kaum noch bewegen.

Jahrzehntelang haben Astronomen versucht herauszubekommen, welches Szenario das Schicksal des Universums richtig beschreibt. Dazu berechnet man die mittlere Dichte des Universums. Ist das Universum dicht genug, dann gibt es genug Materie und Schwerkraft, um die entfernten Galaxien wieder anzuziehen und die Expansion umzukehren, sodass der Big Crunch eine realistische Möglichkeit wird. Hat das Universum nicht genug Masse, dann hat es auch nicht genug Gravitation, um die Expansion umzukehren, und das Universum entwickelt sich in Richtung Big Freeze. Die kritische Dichte, die diese beiden Szenarien trennt, liegt bei ungefähr 6 Wasserstoffatomen pro Kubikmeter.

Im Jahr 2011 aber wurde Saul Perlmutter, Adam Riess und Brian Schmidt der Nobelpreis für Physik für eine Entdeckung verliehen, die einen jahrzehntelang gehegten Glauben über den Haufen warf. Sie fanden heraus, dass das Universum, statt langsam seine Expansion zu stoppen, in Wirklichkeit beschleunigt expandierte. Das Universum ist 13,8 Milliarden Jahre alt, doch vor 5 Milliarden Jahren hat es begonnen, sich exponentiell beschleunigt auszudehnen. Heute expandiert das Universum im Galopp. *Scientific American* schrieb: «Die Astrophysiker waren fassungslos, dass das Universum sich selbst auseinandertreibt.» Die Astronomen kamen zu diesem erstaunlichen Schluss, indem sie Supernova-Explosionen in entfernten Galaxien analysierten, um die Geschwindigkeit zu bestimmen, mit der das Universum Milliarden Jahre früher expandierte. Ein Typ von Supernova-Explosion, der sogenannte Typ IA, hat eine feste Leuchtkraft, sodass wir seine Entfernung mit Hilfe seiner Helligkeit genau bestimmen können. Bei einer Taschenlampe mit fester Leuchtkraft kann man leicht sagen, wie weit sie entfernt ist, doch wenn man ihre Helligkeit nicht kennt, ist es schwierig, die Distanz anzugeben. Eine Taschenlampe mit bekannter Leuchtkraft nennt man eine Standardkerze. Eine Typ-IA-Supernova verhält sich wie eine Standardkerze, deswegen kann man ihre Entfernung leicht bestimmen. Bei der Analyse dieser Supernovae fanden die Wissenschaftler, dass sie sich, ganz wie erwartet, von uns weg bewegten. Doch zu ihrer Verblüffung stellte sich heraus, dass nahe gelegene Supernovae sich offenbar schneller bewegten, als sie sollten, und damit eine beschleunigte Expansion anzeigten.

So ergab sich aus den Daten zusätzlich zum Big Freeze und zum Big Crunch eine dritte Alternative, der Big Rip, der wie das Große Einfrieren mit Wachstumshormonen auf Drogen endet. Es handelt sich um einen stark beschleunigten Zeitrahmen für den Lebenszyklus des Universums.

Beim Big Rip bewegen sich entfernte Galaxien letztendlich so schnell von uns weg, dass sie die Lichtgeschwindigkeit überschreiten und außer Sicht geraten. (Das verletzt die Spezielle Relativitätstheorie nicht, weil der Raum selbst mit Überlichtgeschwindigkeit expandiert. Materielle Objekte können sich nicht schneller als Licht bewegen, doch der leere Raum kann sich mit jeder Geschwindigkeit strecken und ausdehnen.) Das bedeutet, dass der Nachthimmel schwarz werden wird, weil das Licht der fernen Galaxien sich so schnell wegbewegt, dass es uns nicht erreichen kann.

Letztendlich wird diese exponentielle Expansion dermaßen schnell, dass nicht nur die Galaxien auseinanderreißen, auch das Sonnensystem wird zerlegt und die Atome selbst, aus denen unsere Körper bestehen, werden auseinandergerissen. Materie, wie wir sie kennen, kann im Endstadium des Big Rip nicht fortbestehen.

Im *Scientific American* hieß es: «Galaxien würden zerstört, das Solarsystem würde sich auflösen und letztendlich würden alle Planeten auseinanderbrechen, während die rapide Expansion des

Raumes die Atome selbst zerfetzt. Schließlich würde unser Universum in einer Explosion enden, einer Singularität von sprichwörtlich unendlicher Energie.»

Bertrand Russell, der große britische Philosoph und Mathematiker, schrieb einmal:

«Alle Hingabe, Inspiration, alle mittägliche Helle des menschlichen Genies sind im weiten Tod der Sonnensysteme zum Untergang verurteilt; und der ganze Tempel menschlicher Leistung muss unausweichlich unter dem Schutt eines in Trümmer sinkenden Universums begraben werden ... Nur im Gerüst dieser Wahrheiten, nur auf dem festen Fundament unnachgiebiger Verzweiflung, kann die Wohnung der Seele sicher errichtet werden.»

Russell sprach von einem «Universum in Trümmern» und «unnachgiebiger Verzweiflung» als Antwort auf Vorhersagen von Physikern über der Erde letztendliches Schicksal. Er sah aber nicht das Aufkommen eines Raumfahrtprogramms voraus. Er sah nicht die Fortschritte in der Technologie voraus, die uns vielleicht erlauben werden, dem Tod unseres Planeten zu entgehen.

Doch obwohl wir eines Tages dem Sterben der Sonne mit unseren Raumschiffen entgehen könnten – Wie werden wir dem Tod des ganzen Universums entkommen?

Feuer oder Eis?

Schon unsere Vorfahren haben diese brutalen Szenarien in gewisser Weise vorausgesehen. Offenbar hat jede Religion ihre eigene Mythologie, um Geburt und Tod des Universums zu erklären.

In der nordischen Mythologie wird die Götterdämmerung Ragnarok genannt, der Tag der Abrechnung. Dann wird die Welt völlig von Schnee und Eis bedeckt, und der Himmel friert ein. Die Welt erlebt den letzten Kampf zwischen den Frostriesen und den nordischen Göttern von Asgard. In der christlichen Mythologie gibt es das Armageddon, bei dem die Kräfte des Guten und des Bösen zum letzten Mal aufeinander treffen. Die vier Reiter der Apokalypse erscheinen und verkünden das Jüngste Gericht. In der Hindu-Mythologie gibt es überhaupt keinen letzten Tag. Stattdessen eine nicht enden wollende Reihe von Zyklen, von denen jeder etwa acht Milliarden Jahre dauert.

Doch nach tausenden Jahren Spekulation und Vermutungen versteht die Wissenschaft allmählich, wie sich unsere Welt entwickeln und schlussendlich sterben wird.

Die Zukunft der Erde wird das Feuer sein. In ungefähr fünf Milliarden Jahren wird es einen letzten Tag auf unserem Heimatplaneten geben, dann wird die Sonne ihren Wasserstoffvorrat erschöpft haben und sich zu einem Roten Riesen aufblähen. Letztlich wird die Sonne den Himmel entflammen. Die Ozeane werden kochen und die Gebirge schmelzen. Die Erde wird von der Sonne verschlungen und in deren feuriger Atmosphäre wie ausgebrannte Schlacke umlaufen. Auch darauf nimmt die Bibel Bezug: «Asche zu Asche, Staub zu Staub». Physiker drücken das so aus: Aus Sternenstaub sind wir geboren, zu den Sternen werden wir zurückkehren.

Die Sonne selbst wird ein anderes Schicksal erleiden. Nach der Phase des Roten Riesen wird sie letztlich ihren Kernbrennstoff aufgebraucht haben, schrumpfen und kalt werden. Sie wird ein kleiner Weißer Zwerg werden, etwa von der Größe der Erde, und letztendlich wird sie als Schwarzer Zwerg sterben, ein Brocken nuklearer Abfall, der in der Galaxie treibt.

Anders als die Sonne wird die Milchstraße im Feuer sterben. In etwa vier Milliarden Jahren wird sie mit Andromeda kollidieren, dem nächstgelegenen Spiralnebel. Andromeda ist etwa doppelt so groß wie die Milchstraße, es wird also eine feindliche Übernahme sein. Computersimulationen des Zusammenstoßes zeigen, dass die beiden Galaxien einen Totentanz aufführen, während sie einander umkreisen. Andromeda wird der Milchstraße viele Arme abreißen und sie dabei verstümmeln. Die Schwarzen

Löcher im Zentrum beider Galaxien werden einander umkreisen, letztendlich kollidieren und sich zu einem einzigen großen Schwarzen Loch vereinigen. Eine neue Galaxie wird aus dieser Kollision hervorgehen, eine riesige elliptische Galaxie.

Zu jedem dieser Szenarien, das muss man sich klarmachen, gehört auch die Wiedergeburt als Teil dieses kosmischen Zyklus. Planeten, Sterne und Galaxien werden recycelt. Unsere Sonne zum Beispiel ist wahrscheinlich ein Stern der dritten Generation. Jedes Mal, wenn ein Stern explodiert, bilden Staub und Gas, die er im Raum verstreut, den Samen für eine nächste Sternengeneration.

Die Wissenschaft vermittelt uns auch ein Verständnis für den Lebenslauf des Universums insgesamt. Bis vor kurzem glaubten Astronomen, seine Geschichte und sein Schicksal in Billionen von Jahren zu verstehen. Sie spekulierten, dass es sich langsam über fünf Epochen entwickelt:

1. In der ersten Epoche, den ersten fünf Milliarden Jahren nach dem Urknall, bestand das Universum aus heißen, undurchsichtigen Ionenwolken, zu heiß, als dass sich Elektronen und Protonen zu Atomen hätten verbinden können.
2. In der zweiten Ära, eine Milliarde Jahre nach dem Urknall, kühlte das Universum so weit ab, dass aus dem Chaos Atome, Sterne und Galaxien hervorgehen konnten. Der leere Raum wurde plötzlich kristallklar und Sterne erleuchteten erstmals das Universum. In dieser Epoche leben wir gerade.
3. In der dritten Epoche, etwa 100 Milliarden Jahre nach dem Urknall, werden die Sterne den Großteil ihres Kernbrennstoffs verbraucht haben. Das Universum wird hauptsächlich aus kleinen Roten Zwergen bestehen, die so langsam brennen, dass sie noch Billionen Jahre Licht aussenden.
4. In der vierten Epoche, Billionen Jahre nach dem Urknall, werden schließlich alle Sterne ausgebrannt und das Univer-

sum vollkommen schwarz sein. Lediglich tote Neutronensterne und schwarze Löcher sind übrig.

5. In der letzten Epoche verdampfen sogar die Schwarzen Löcher und lösen sich allmählich auf, sodass das Universum ein Meer aus nuklearem Abfall und herumschwirrenden Elementarteilchen wird.[1]

Durch die Entdeckung, dass das Universum beschleunigt expandiert, könnte dieses ganze Szenario auf Milliarden Jahre zusammenschrumpfen. Der Big Rip wirft alles über den Haufen.

Dunkle Energie

Wie kommt dieser plötzliche Wandel im Verständnis des Schicksals des Universums zustande?[2]

Nach Einsteins Relativitätstheorie speist sich die Evolution des Universums aus zwei Quellen. Die erste ist die Raumkrümmung, die die vertrauten Schwerefelder um die Sterne und Galaxien erzeugt. Diese Raumkrümmung hält unsere Füße am Boden. Sie ist die am besten von Astrophysikern untersuchte Energiequelle.

Doch gibt es eine zweite Energiequelle, die gewöhnlich ignoriert wird. Es ist die Energie des Nichts, die Energie des Vakuums, Dunkle Energie genannt (nicht zu verwechseln mit der Dunklen Materie). Das reine Nichts des Raumes enthält Energie.

Die neuesten Berechnungen zeigen, dass sich diese Dunkle Energie wie Antischwerkraft verhält und das Universum auseinander treibt. Je stärker das Universum expandiert, desto mehr Dunkle Energie gibt es, die es noch schneller expandieren lässt.

Zurzeit besagen die besten zur Verfügung stehenden Daten, dass etwa 69 Prozent aller Materie/Energie (da Materie und Energie austauschbar sind) im Universum aus Dunkler Energie bestehen. Im Vergleich dazu macht die Dunkle Materie etwa

26 Prozent aus, Wasserstoff- und Heliumatome etwa 5 Prozent und die schwereren Elemente, aus denen die Erde und unsere Körper bestehen, bringen es auf winzige 0,5 Prozent. Die Dunkle Energie, die die Galaxien auseinandertreibt, ist damit deutlich die wichtigste Kraft im Universum, viel größer als die Energie, die in der Krümmung der Raumzeit enthalten ist.

Eines der zentralen Probleme der Kosmologie besteht darin, den Ursprung der Dunklen Energie zu verstehen. Woher kommt sie? Wird sie letztendlich das Universum zerstören?

Wenn man die Relativitäts- und die Quantentheorie auf die übliche Weise im Hauruckverfahren vereinigt, bekommt man eine Vorhersage für die Dunkle Energie, die jedoch um einen Faktor 10^{120} falsch liegt, was die größte Unstimmigkeit in der Geschichte der Wissenschaft ist. Nirgendwo sonst findet man eine derart große Diskrepanz. Sie zeigt, dass etwas Wesentliches an unserem Verständnis des Universums nicht stimmen kann. Deswegen wird die vereinigte Feldtheorie keine wissenschaftliche Kuriosität, sondern essenziell für das Verständnis dafür sein, wie alles funktioniert. Die Antwort auf diese Frage wird uns das Schicksal des Universums und aller intelligenter Wesen in ihm aufzeigen.

Der Apokalypse entkommen

Vorausgesetzt, das Schicksal des Universums ist vermutlich der Kältetod in einer fernen Zukunft, was können wir dagegen tun? Kann man diese kosmischen Kräfte umkehren?

Es gibt mindestens drei Optionen.

Die erste besteht darin, nichts zu tun und den Lebenszyklus des Universums enden zu lassen. Dem Physiker Freeman Dyson zufolge werden sich intelligente Lebewesen mit wachsender Kälte anpassen und immer langsamer denken. Letztendlich könnte ein einziger einfacher Gedanke Millionen Jahre in Anspruch nehmen, doch diese Wesen werden es nie bemerken, weil alle anderen Lebewesen ebenfalls langsamer denken. Diese Lebewesen könnten intelligente Beobachtungen austauschen, selbst wenn es Millionen Jahre dauert. So gesehen wäre alles normal.

In einer solchen kalten Welt zu leben könnte tatsächlich sogar recht interessant sein. Quantensprünge, die in einem Menschenleben extrem unwahrscheinlich sind, könnten Routine werden. Wurmlöcher würden sich vor unseren Augen öffnen und schließen. Neue Universen könnten entstehen und wieder vergehen. Diese Lebewesen könnten sie die ganze Zeit beobachten, weil ihre Gehirne so langsam arbeiten.

Das ist jedoch nur eine zeitweise Lösung, weil letztendlich jede Molekularbewegung so langsam ablaufen wird, dass Information nicht mehr von einem Ort zum anderen transportiert werden kann. An diesem Punkt wird jede Aktivität, einschließlich eines noch so langsamen Denkens, verebben. Man kann noch verzweifelt darauf hoffen, dass die Beschleunigung, die durch die Dunkle Energie hervorgerufen wird, plötzlich ganz von selbst verschwindet, bevor das passiert. Da niemand weiß, warum das Universum seine Expansion beschleunigt, ist diese Möglichkeit nicht auszuschließen.

Typ IV werden

Die zweite Option besteht darin, dass wir uns zu einer Typ-IV-Zivilisation entwickeln und die Energie außerhalb unserer eigenen Galaxie zu nutzen verstehen. Ich habe einmal einen Vortrag über Kosmologie gehalten und dabei die Kardaschow-Skala besprochen. Danach kam ein Zehnjähriger auf mich zu und meinte, ich würde mich irren. Es müsse jenseits der üblichen Typ-I, Typ-II- und Typ-III-Zivilisationen der Kardaschow-Klassifikation eine Typ-IV-Zivilisation geben. Ich korrigierte ihn und sagte, dass es nur Planeten, Sterne und Galaxien im Universum gebe und deswegen eine Typ-IV-Zivilisation unmöglich wäre. Außer den Galaxien gebe es keine Energiequelle.

Später wurde mir klar, dass ich vielleicht zu ungeduldig mit dem Jungen war.

Man erinnere sich, dass jeder Zivilisationtyp zwischen 100 und 1000 Milliarden Mal energiereicher ist als der vorhergehende. Da es etwa 100 Milliarden Galaxien im sichtbaren Universum gibt, könnte sich eine Typ-IV-Zivilisation die Energie des gesamten sichtbaren Universums zunutze machen und damit die nächste Energiestufe in der exponentiellen Skala erreichen.

Vielleicht ist die Dunkle Energie die bei weitem größte Materie-/Energie-Quelle im Universum außerhalb der Galaxien. Wie könnte eine Typ-IV-Zivilisation die Dunkle Energie anzapfen und den Big Rip aufhalten?

Da per Definition eine Typ-IV-Zivilisation außergalaktische Energie beherrschen kann, könnte sie einige der Extradimensionen manipulieren, die die Stringtheorie vorhersagt, und eine Sphäre errichten, in der Dunkle Energie die Polarität umkehrt, sodass die kosmische Expansion sich umkehrt. Außerhalb dieser Sphäre könnte das Universum immer noch exponentiell expandieren. Innerhalb der Sphäre würden sich die Galaxien jedoch auf die übliche Weise entwickeln. Auf diese Weise könnte eine Typ-IV-Zivilisation selbst dann überleben, wenn das Universum um sie herum stirbt.

In gewissem Sinne würde das Ganze wie eine Dyson-Sphäre funktionieren. Während der Zweck der Dyson-Sphäre darin besteht, das Sonnenlicht im Innern zu halten, wäre der Zweck dieser Sphäre, die Dunkle Energie gefangen zu halten, sodass die Expansion unter Kontrolle bleibt.

Die letzte Option besteht darin, ein Wurmloch durch Raum und Zeit zu erzeugen.[3] Wenn das Universum stirbt, könnte eine Option sein, es zu verlassen und in ein anderes, jüngeres hinüberzuwechseln.

Das ursprüngliche Bild, das uns Einstein vom Universum

vermittelt hat, ist das einer riesigen expandierenden Blase. Wir leben auf der Haut dieser Blase. Das neue Bild, das uns die Stringtheorie vermittelt, zeigt, dass es andere Blasen da draußen gibt, jede eine andere Lösung der Stringtheorie-Gleichungen. Tatsächlich gibt es ein ganzes Schaumbad von Universen, durch das ein Multiversum entsteht.

Viele dieser Blasen sind mikroskopisch klein, werden in einem Mini-Urknall geboren und kollabieren dann sehr schnell. Die meisten bleiben für uns folgenlos, weil sie ihre kurzen Leben im leeren Raum zubringen. Stephen Hawking hat dieses andauernde Wogen von Universen im Vakuum «Raumzeit-Schaum» genannt. Das Nichts ist also nicht leer, sondern voller Universen in ständiger Bewegung. Merkwürdigerweise bedeutet das, dass es selbst innerhalb unseres Körpers Vibrationen im Raumzeit-Schaum gibt, doch sind sie so winzig, dass wir sie zum Glück nicht bemerken.

Der verblüffende Aspekt dieser Theorie ist der, dass der Urknall, einmal passiert, immer wieder passieren kann. So entsteht eine neue Vorstellung von Baby-Universen, die aus einem Mutteruniversum hervorgehen, und unser Universum ist nichts als ein winziger Fleck in einem viel größeren Multiversum.

(Hin und wieder verschwindet ein winziger Teil dieser Blasen nicht wieder im Vakuum, sondern bläht sich infolge der Dunklen Energie enorm auf. Vielleicht ist das der Ursprung unseres eigenen Universums, oder unser Universum könnte das Ergebnis einer Kollision zweier Blasen oder der Aufspaltung einer Blase in kleinere Blasen sein.)

Wie im letzten Kapitel erwähnt, könnte eine weit entwickelte Zivilisation in der Lage sein, einen gigantischen Teilchenbeschleuniger von der Größe des Asteroidengürtels zu bauen, mit dem sich ein Wurmloch öffnen ließe. Falls es durch negative Energie stabilisiert wird, könnte es einen Ausweg in ein anderes Universum bereithalten. Den Kasimir-Effekt zur Erzeugung negativer Energie haben wir bereits erwähnt. Doch sind die höheren Dimensionen eine weitere Quelle für negative Energie. Sie könnten für zwei Zwecke dienlich sein: Sie könnten die Größe der Dunklen Energie verändern und dadurch den Big Rip aufhalten, oder sie könnten negative Energie erzeugen und damit ein Wurmloch stabilisieren.

Jede Blase oder jedes Universum im Multiversum hat unterschiedliche physikalische Gesetze. Im Idealfall möchten wir ein Paralleluniversum betreten, in dem die Atome stabil sind (sodass unsere Körper sich nicht auflösen, wenn wir es betreten), der Betrag Dunkler Energie aber viel geringer ist, sodass es einerseits ausreichend expandiert, um sich abzukühlen und bewohnbare Planeten hervorzubringen, andererseits doch nicht so viel, dass es allzu schnell in einen Big Freeze mündet.

Inflation

All diese Spekulationen mögen grotesk erscheinen, doch unterstützen die jüngsten kosmologischen Daten von Satellitenbeobachtungen diese Vorstellung.[4] Selbst Skeptiker müssen zugeben, dass die Multiversum-Idee mit einer Inflationshypothese konsistent ist, die eine überarbeitete Version der alten Urknalltheorie darstellt. In diesem Szenario gab es kurz vor dem Urknall eine Explosion, Inflation genannt, die das Universum in 10^{-33} Sekunden erschuf, also viel schneller als in der ursprünglichen Theorie. Diese Idee wurde ursprünglich von Alan Guth am MIT und Andrei Linde von der Stanford University vorgetragen, und sie löste eine Reihe kosmologischer Rätsel. Zum Beispiel erscheint das Universum viel flacher und gleichförmiger, als es Einsteins Theorie voraussagt. Wenn das Universum jedoch eine kosmische Expansion durchlief, würde es flacher werden, etwa wie beim Aufblasen eines enormen Ballons. Die Oberfläche des aufgeblasenen Ballons erscheint aufgrund seiner Größe flach.

Außerdem sieht das Universum ziemlich gleich aus, unabhängig davon, in welche Richtung man schaut.[5] Es muss also eine Durchmischung seiner verschiedenen Teile stattgefunden haben. Da aber Licht eine endliche Geschwindigkeit hat, wäre nicht genug Zeit für Informationsaustausch über gewaltige Distanzen. Demnach müsste das Universum eigentlich klumpig und chaotisch aussehen, weil die Materie nicht genug Zeit hatte, sich zu mischen. Die Inflation löst dieses Problem, indem sie fordert, dass das Universum ursprünglich ein winziger Klecks gleichförmig verteilter Materie war. Als die Inflation diesen Klecks ausdehnte, erzeugte sie das, was wir heute sehen. Und weil die Inflation eine Quantentheorie ist, gibt es eine kleine, aber endliche Wahrscheinlichkeit, dass es wieder dazu kommt.

Obwohl die Inflationshypothese unbezweifelbar Erfolg bei der Deutung der Daten gehabt hat, ist unter Kosmologen immer noch umstritten, welche Theorie ihr eigentlich zugrunde liegt. Es gibt zwar durch Satellitenbeobachtungen starke Hinweise darauf, dass das Universum eine schnelle Inflation durchlief, doch was genau diese Inflation antrieb, ist ungeklärt. Bislang ist die Stringtheorie der beste Weg, Inflation zu erklären.

Ich fragte Dr. Guth einmal, ob es möglich wäre, ein Baby-Universum im Labor zu erzeugen. Er antwortete mir, er habe es tatsächlich ausgerechnet. Man müsste eine fantastische Menge Wärme an einem Punkt konzentrieren. Wenn sich das Baby-Universum im Labor ausbildet, würde es heftig in einem Urknall explodieren. Allerdings würde es in einer anderen Dimension explodieren, sodass aus unserer Sicht das Baby-Universum verschwinden würde. Dennoch würden wir die Schockwelle seiner Geburt bemerken, und die hätte die Explosionskraft vieler Kernwaffen. Wenn es uns also, so Guth, tatsächlich gelingen sollte, jemals eins zu erzeugen, sollten wir die Beine in die Hand nehmen!

Nirwana

Das Multiversum kann man auch aus der Perspektive der Theologie betrachten, wobei alle Religionen zu zwei Kategorien gehören: Religionen, in denen es eine Schöpfung gab, und Religionen mit ewiger Wiederkehr. In der jüdisch-christlichen Philosophie beispielsweise gibt es eine Schöpfung, ein kosmisches Ereignis, bei dem das Universum entstand. Es ist wenig überraschend, dass die ursprünglichen Berechnungen des Urknalls von einem katholischen Priester und Physiker durchgeführt wurden, Georges Lemaître, der glaubte, dass Einsteins Theorie mit der Schöpfungsgeschichte verträglich sei. Im Buddhismus dagegen gibt es überhaupt keinen Gott. Das Universum ist zeitlos, ohne Anfang und Ende. Es gibt nur das Nirwana. Diese beiden Philosophien scheinen total gegensätzlich zu sein. Entweder hatte das Universum einen Anfang oder nicht.

Doch eine Vereinigung dieser beiden diametral entgegengesetzten Philosophien ist dank des Konzepts eines Multiversums durchaus möglich. In der Stringtheorie hatte unser Universum tatsächlich einen katastrophalen Ursprung, den Urknall. Doch wir leben in einem Multiversum von Blasen-Universen. Diese Blasen-Universen wiederum treiben in einem viel größeren Raum, einem zehndimensionalen Hyperraum, der keinen Anfang hat.

Schöpfung geschieht also fortwährend auf dem großen Schauplatz Nirwana (Hyperraum).

Das gestattet uns eine einfache und elegante Vereinigung der jüdisch-christlichen Schöpfungsgeschichte mit dem Buddhismus. Unser Universum hatte tatsächlich einen feurigen Anfang, und doch leben wir gleichzeitig in einem zeitlosen Nirwana von Paralleluniversen.

Sternenschöpfer

Damit kommen wir wieder auf das Werk von Olaf Stapledon zurück, der sich einen Sternenschöpfer vorstellte, ein kosmisches Wesen, das ganze Universen erzeugt und verwirft. Er ist wie ein himmlischer Maler, der sich andauernd neue Universen ausdenkt, mit ihren Eigenschaften herumspielt und sich dann dem nächsten zuwendet. Jedes Universum hat unterschiedliche Naturgesetze und unterschiedliche Lebensformen.

Der Sternenschöpfer selbst befand sich außerhalb dieser Universen und konnte sie alle als Ganzes sehen, wenn er sie auf die Leinwand seines Multiversums malte. Stapledon schreibt: «Jeder Kosmos ... hatte seine eigene Zeit, sodass der Sternenschöpfer die gesamte Abfolge der Ereignisse in jedem einzelnen Kosmos nicht nur in dessen kosmischer Zeit betrachten konnte, sondern auch von außen, der Zeit seines eigenen Lebens, in der alle kosmischen Epochen nebeneinander existierten.»

Das ähnelt stark der Art und Weise, wie Stringtheoretiker das Multiversum sehen. Jedes Universum im Multiversum ist eine Lösung der Stringtheorie-Gleichungen, jedes hat seine eigenen physikalischen Gesetze, jedes hat seine eigene Zeitskala und Maßeinheiten. Wie Stapledon schon schrieb, muss man sich außerhalb der normalen Zeit befinden, außerhalb all dieser Universen, um alle diese Blasen auf einmal zu sehen.

(Das erinnert auch daran, wie der Kirchenheilige Augustinus die Natur der Zeit sah. Wenn Gott allmächtig wäre, dann könnte er nicht durch irdische Beschränkungen gebunden sein. In anderen Worten: Göttliche Wesen müssen keine Termine einhalten oder Verabredungen treffen. In gewisser Weise muss sich Gott deshalb außerhalb der Zeit befinden. Auf dieselbe Weise befinden sich der Sternenschöpfer und die Stringtheoretiker, indem sie auf das Schaumbad der Universen im Multiversum blicken, außerhalb der Zeit.)

Doch wenn wir vor einem Schaumbad möglicher Universen

stehen, welches ist dann das unsrige? Das legt die Frage nahe, ob unser Universum von einem höheren Wesen geplant wurde oder nicht.

Wenn wir uns die Kräfte des Universums anschauen, dann scheint es gerade «richtig eingestellt» zu sein, um intelligentes Leben zu ermöglichen. Wenn zum Beispiel die Kernkraft nur ein wenig stärker wäre, hätte die Sonne bereits vor Millionen Jahren aufgehört zu scheinen. Wenn sie ein wenig schwächer wäre, hätte die Sonne erst gar nicht gezündet. Dasselbe gilt für die Gravitation. Wenn sie ein bisschen stärker wäre, hätten wir schon vor Milliarden Jahren einen Big Crunch gehabt. Wäre sie etwas schwächer, hätten wir stattdessen einen Big Freeze. In beiden Fällen sind die Kernkraft und die Schwerkraft gerade so eingestellt, so «getunt», dass intelligentes Leben auf der Erde möglich wird. Beim Blick auf andere Kräfte und Parameter zeigt sich dasselbe Muster. Um diese enge Spanne fundamentaler Konstanten, die die Entstehung von Leben zulassen, zu erklären, haben sich einige Philosophien entwickelt.

Die erste Denkrichtung ist das Kopernikanische Prinzip, welches einfach besagt, dass an der Erde nichts Besonderes ist. Die Erde ist nur ein kosmisches Staubkorn, das ziellos durch das Universum streift. Das korrekte «Tuning» der Naturgesetze ist purer Zufall. Das zweite ist das anthropische Prinzip. Danach erzwingt allein die Tatsache unserer Existenz enorme Einschränkungen, welche Universen existieren können. Eine schwache Form dieses Prinzips sagt einfach aus, dass die Naturgesetze so sein sollten, dass Leben möglich ist, denn wir existieren ja und denken über diese Gesetze nach. Jedes Universum ist so gut wie jedes andere, doch nur in unserem Universum gibt es intelligente Wesen, die darüber nachdenken und schreiben können. Eine wesentlich stärkere Version des Prinzips behauptet, die Existenz von intelligentem Leben sei so unwahrscheinlich, dass das Universum vielleicht gezwungen ist, intelligentes Leben zuzulassen, dass es vielleicht dafür gemacht war.

Das kopernikanische Prinzip behauptet, dass unser Universum nicht speziell ist, während das anthropische Prinzip das Gegenteil behauptet. Obwohl beide Prinzipien sich diametral gegenüberstehen, sind merkwürdigerweise beide mit dem Universum, wie wir es kennen, verträglich.

(Ich kann mich gut erinnern, dass mir meine Lehrerin in der zweiten Klasse diese Idee erklärte. Sie sagte, Gott liebe die Erde so, dass er sie genau in der richtigen Entfernung zur Sonne platziert habe. Wäre sie zu nahe, würden die Meere verkochen. Wäre sie zu weit entfernt, würden sie einfrieren. Also wählte Gott für die Erde genau die richtige Entfernung von der Sonne. Das war das erste Mal, dass ich ein wissenschaftliches Prinzip auf diese Weise erklärt bekam.)

Die Möglichkeit, dieses Problem ohne Religion zu lösen, ist die Existenz von Exoplaneten, von denen die meisten zu nah oder zu weit von ihrer Sonne entfernt sind, um Leben hervorzubringen. Uns gibt es, weil wir Glück hatten. Es war Glück, dass wir in den Goldlöckchen-Zonen um die Sonne leben.

Genauso ist es Glück, dass das Universum scheinbar fein eingestellt ist, um Leben, so wie wir es kennen, zuzulassen, weil es Milliarden von Paralleluniversen gibt, die nicht gut getunt und komplett leblos sind. Wir sind die Glücklichen, die leben können, um darüber zu erzählen. Also ist das Universum nicht unbedingt von einem höheren Wesen entworfen. Wir befinden uns hier und können über diese Frage diskutieren, weil wir in einem Universum leben, das mit Leben verträglich ist.

Man kann das Problem aber auch anders angehen. Das ist die Philosophie, die ich bevorzuge, und an der ich derzeit arbeite. Bei diesem Zugang gibt es viele Universen im Multiversum, doch die meisten sind nicht stabil und werden schließlich zu einem stabileren Universum zerfallen. Viele andere Universen könnten in der Vergangenheit existiert haben, doch haben sie nicht überlebt und sind in unserem aufgegangen. In dieser Vorstellung überlebt unser Universum, weil es eines der stabilsten ist.

Meine Sicht vereint sowohl das kopernikanische als auch das anthropische Prinzip. Ich glaube, dass unser Universum, wie im kopernikanischen Prinzip, nichts Besonderes hat, außer zwei Eigenschaften: Es ist sehr stabil, und es ist verträglich mit Leben, wie wir es kennen. Es gibt also keine unendliche Zahl paralleler Universen, die im Nirwana des Hyperraums herumschwirren, sondern die meisten sind instabil, und nur eine Handvoll kann überleben, um Leben wie unseres hervorzubringen.

Das letzte Wort über die Stringtheorie ist noch nicht gesprochen. Erst wenn die Theorie vollständig geklärt ist, können wir ihre Ergebnisse mit der Menge an Dunkler Materie im Universum und den Parametern, die Elementarteilchen beschreiben, vergleichen. Dadurch würde dann vielleicht die Frage geklärt, ob die Theorie korrekt ist oder nicht. Falls sie korrekt ist, könnte die Stringtheorie auch das Geheimnis der Dunklen Energie erklären, die nach dem Dafürhalten der Physiker das Universum eines Tages in den Untergang treibt. Und falls wir uns glücklicherweise zu einer Typ-IV-Zivilisation entwickeln, die sich außergalaktische Kräfte zunutze machen kann, dann könnte die Stringtheorie vielleicht erklären, wie sogar der Tod des Universums selbst vermieden werden könnte.

Vielleicht wird ein interessierter junger Geist, der dieses Buch liest, dazu inspiriert, das letzte Kapitel in der Geschichte der Stringtheorie zu vervollständigen und die Frage zu beantworten, ob sich der Tod des Universums vermeiden lässt.

Die letzte Frage

Isaac Asimov sagte einmal, dass von allen Kurzgeschichten, die er geschrieben hat, «Die letzte Frage» seine liebste sei. Darin entwarf er eine verblüffende Vision des Lebens in Millionen Jahren und erklärte, wie die Menschheit sich dem Ende des Universums stellen könnte.

In dieser Geschichte fragen sich die Menschen seit Äonen, ob das Universum unbedingt sterben muss oder ob es möglich ist, die Expansion umzukehren und das Universum vor dem Kältetod zu bewahren. Auf die Frage «Kann die Entropie jemals umgekehrt werden?» antwortet der Master-Computer Multivac jedes Mal: «Es liegen keine ausreichenden Daten für eine Antwort vor.»

Schließlich in einer fernen Zukunft, Billionen Jahre später, hat sich die Menschheit von ihren materiellen Fesseln befreit. Die Menschen haben sich zu puren Energiewesen entwickelt. Ohne materielle Einschränkungen können sie die fernsten Fernen der Galaxie als reines Bewusstsein besuchen. Ihre unsterblichen Körper lagern in einem weit entfernten, vergessenen Sonnensystem, sodass sich ihr Geist frei bewegen kann. Doch immer wieder stellen sie die schicksalsschwere Frage: «Kann die Entropie jemals umgekehrt werden?», und sie bekommen immer dieselbe Antwort: «Es liegen keine ausreichenden Daten für eine Antwort vor.»

Schließlich wird Multivac so leistungsstark, dass er auf keinem Planeten mehr Platz findet und in den Hyperraum verlegt wird. Die Millionen Bewusstseinseinheiten, aus denen die Menschheit besteht, vereinigen sich mit ihm. Als das Universum in den letzten Zügen liegt, löst der Computer endlich das Problem der Entropieumkehrung. Im Moment des Todes erklärt er: «Es werde Licht!» Und es ward Licht.

So entwickelt sich die Menschheit letztendlich zu Gott, der ein völlig neues Universum erschaffen und von Neuem beginnen kann. Das war ein fiktionales Meisterwerk. Nun lassen Sie uns diese Kurzgeschichte aus der Sicht der modernen Physik untersuchen.

Wie im letzten Kapitel erwähnt, könnten wir vielleicht schon innerhalb des nächsten Jahrhunderts in der Lage sein, unser Bewusstsein durch Laser-Porting mit Lichtgeschwindigkeit zu transportieren. Letztlich könnte Laser-Porting ein gewaltiger intergalaktischer Superhighway werden, der Milliarden Menschen als reines Bewusstsein quer durch die Galaxie befördert. Asimovs Vision von reinen Energiewesen, die die Galaxie erkunden, ist also keine allzu weit hergeholte Idee.

Als Nächstes wird der Master-Computer so groß und leistungsstark, dass er im Hyperraum platziert werden muss, und die Menschheit vereinigt sich schließlich mit ihm. Vielleicht können wir eines Tages zum Sternenschöpfer werden und von unserem Aussichtspunkt im Hyperraum auf unser Universum herabschauen, wie es im Multiversum mit anderen Universen, die ihrerseits Milliarden Galaxien enthalten, koexistiert. Indem wir die Landschaft möglicher Universen untersuchen, können wir ein neues Universum auswählen, das noch jung ist und eine neue Heimat bieten kann. Wir könnten ein Universum wählen, das stabile Materie hat, wie Atome, und jung genug ist, dass die Sterne neue Solarsysteme erzeugen können, um neue Lebensformen hervorzubringen. Die ferne Zukunft könnte also, statt eine Sackgasse für intelligentes Leben darzustellen, die Geburt einer neuen Heimat bereithalten. In diesem Fall wäre der Tod des Universums nicht das Ende der Geschichte.

Anhang

Unsere einzige Chance auf langfristiges Überleben ist nicht, auf dem Planeten Erde herumzuschleichen, sondern nach den Sternen zu greifen .... Doch ich bin Optimist. Wenn wir in den nächsten zwei Jahrhunderten Desaster vermeiden können, sollte die Existenz unserer Spezies gesichert sein, indem wir uns im Weltraum ausbreiten. Sobald wir unabhängige Kolonien errichtet haben, müssten wir in alle Zukunft sicher sein.

Stephen Hawking

Jeder große Traum beginnt mit einem Träumer. Denke immer daran, du hast in dir die Kraft, die Geduld und die Leidenschaft, um nach den Sternen zu greifen und die Welt zu verändern.

Harriet Tubman

Anmerkungen

Vorwort

1 A. R. Templeton, «Genetics and Recent Human Evolution», *International Journal of Organic Evolution* 61, no. 7 (2007): 1507–19. Siehe auch *Supervolcano: The Catastrophic Event That Changed the Course of Human History; Could Yellowstone Be Next?* (New York: MacMillan, 2015).

2 Auch wenn allgemeine Übereinstimmung herrscht, dass der Ausbruch des Supervulkans auf Toba ein wirklich katastrophales Ereignis war, sollte darauf hingewiesen werden, dass nicht alle Experten glauben, es habe die Richtung der menschlichen Evolution verändert. Wissenschaftler von der Oxford University analysierten Sedimente im Malawi-See in Afrika, die mehrere zehntausend Jahre in die Vergangenheit zurückreichen. Durch Bohrungen im Seeboden lassen sich vor langem abgelagerte Sedimente gewinnen, und mit ihrer Hilfe kann man damalige Witterungsbedingungen rekonstruieren. Eine Analyse dieser Daten aus der Zeit des Toba-Vulkanausbruchs erbrachten keinerlei Anzeichen eines dauerhaften Klimawandels, was Zweifel auf die Theorie wirft. Allerdings ist noch offen, ob sich die Ergebnisse auf andere Regionen jenseits des Malawi-Sees übertragen lassen. Einer anderen Theorie zufolge war der Engpass in der menschlichen Evolution vor rund 74 000 Jahren eher die Folge langsam wirkender Umweltveränderungen als einer plötzlichen Zerstörung des Lebensraums. Weitere Forschung ist nötig, um diese Frage definitiv zu klären.

Kapitel 1: Startvorbereitungen

1 Newtons drei Bewegungsgesetze lauten:

- Ein bewegtes Objekt bleibt in Bewegung, solange keine Kraft von außen auf es einwirkt. (Das heißt, dass unser Raumschiffe, sobald sie sich einmal im Raum befinden, ferne Planeten mit einem Minimum an Treibstoff erreichen können, weil sie praktisch zu ihnen gleiten, denn im All gibt es keine Reibung.)
- Kraft ist gleich Masse mal Beschleunigung. Das ist das fundamentale Gesetz hinter der Newton'schen Mechanik, das den Bau von Wolkenkratzern, Brücken und Fabriken ermöglicht. An jeder Universität lösen Physikstudenten im ersten Semester diese Gleichung für verschiedene mechanische Systeme.
- Für jede Kraft gibt es eine gleich große, entgegengesetzt gerichtete Gegenkraft. Aus diesem Grund können sich Raketen im All bewegen.

Diese Gesetze funktionieren perfekt, wenn man Raumsonden durchs Sonnensystem schickt. Sie versagen jedoch zwangsläufig unter einigen Extrembedingungen: (a) bei extrem hohen Geschwindigkeiten nahe der Lichtgeschwindigkeit, (b) bei extrem starken Gravitationsfeldern, wie sie zum Beispiel in der Nähe eines Schwarzen Lochs herrschen, und (c) bei extrem kleinen Entfernungen, wie im Inneren eines Atoms. Um diese Phänomene zu erklären, brauchen wir Einsteins Relativitätstheorie und auch die Quantentheorie.

2 Chris Impey, *Beyond* (New York: W.W. Norton, 2015).

3 Impey, *Beyond*, S. 30.

4 Historiker debattieren noch immer darüber, wie stark sich die Raketenpioniere wie Ziolkowski, Goddard und von Braun gegenseitig beeinflusst haben. Manche sind der Meinung, dass jeder für sich in fast völliger Isolation arbeitete und unabhängig von den anderen selbst auf deren Erkenntnisse stieß. Andere vertreten die Ansicht, es habe einen beträchtlichen Austausch zwischen ihnen gegeben, vor allem, da ein Großteil ihrer Arbei-

ten publiziert wurde. Aber es ist bekannt, dass sich die Nationalsozialisten an Goddard wandten und ihn um Rat fragten. Daher kann man sicher sein, dass von Braun, der Zugang zu Regierungsunterlagen hatte, über die Erkenntnisse seiner Vorgänger voll im Bild war.

5 Hans Fricke, *Der Fisch, der aus der Urzeit kam* (München: Deutscher Taschenbuch-Verlag, 2010), S. 23–24.

6 Siehe Lance Morrow, «The Moon and the Clones», *Time*, 3. August 1998. Was von Brauns politische Verstrickungen angeht, siehe M. J. Neufeld, *Wernher von Braun: Dreamer of Space, Engineer of War* (New York: Vintage, 2008; siehe dazu auch: *M. J. Neufeld: Die Rakete und das Reich;* Henschel 1999, und *Rainer Eisfeld: Mondsüchtig. Wernher von Braun und die Geburt der Raumfahrt aus dem Geist der Barbarei.* Rowohlt 1996). Teile dieses Abschnitts im Buch basieren auch auf einem Radiointerview, das ich im September 2007 mit Mr. Neufeld führte. Viele Autoren haben über diesen großen Wissenschaftler geschrieben, der das Tor zum Raketenzeitalter öffnete, allerdings mit finanzieller Unterstützung der Nationalsozialisten, und sind dabei zu unterschiedlichen Schlussfolgerungen gelangt.

7 Siehe R. Hal und D. J. Sayler, *The Rocket Men: Vostok and Voskhod, the First Soviet Manned Spaceflights* (New York: Springer Verlag, 2001).

8 Siehe Gregory Benford und James Benford, *Starship Century* (New York: Lucky Bat Books, 2014), S. 3.

Kapitel 2: Das neue Goldene Zeitalter der Raumfahrt

1 Peter Whoriskey, «For Jeff Bezos, The Post Represents a New Frontier», *Washington Post*, 12. August 2013.

2 Siehe R. A. Kerr, «How Wet the Moon? Just Damp Enough to Be Interesting», *Science Magazine* 330 (2010): 434.

3 Siehe B. Harvey, *China's Space Program: From Conception to Manned Spaceflight* (Dordrecht: Springer-Verlag, 2004).

4 Siehe J. Weppler, V. Sabathier und A. Bander, «Costs of an International Lunar Base» (Washington, D. C.: Center for Strategic and International Studies, 2009); https://csis.org/publication/costs-international-lunar-base

Kapitel 3: Rohstoffquellen im All

1 Siehe www.planetaryresources.com

Kapitel 4: Alles auf Mars

1 Weitere Zitate von Elon Musk finden sich unter www.investopedia.com/university/elon-musk-biography/elon-musk-most-influential-quotes.asp.

2 Siehe https://manofmetropolis.com/nick-graham-fall-2017-review

3 *The Guardian*, September 2016; www.theguardian.com/technology/2016/sep/27/elon-musk-spacex-mars-exploration-space-science

4 *The Verge*, 5. Oktober, 2016; www.theverge.com/2016/10/5/13178056/boeing-ceo-mars-colony-rocket-space-elon-musk

5 *Business Insider*, 6. Oktober, 2016; www.businessinsider.com/boeing-spacex-mars-elonmusk-2016-10

6 Ibid.

7 Siehe www.nasa.gov/feature/deep-space-gateway-to-open-opportunities-for-distant-destinations

Kapitel 5: Mars: Der Gartenplanet

1 Interview im *Science Fantastic* Radio, Juni 2017.

2 Siehe R. Reider, Dreaming the Biosphere (Albuquerque: University of New Mexico Press, 2010).

Kapitel 6: Gasriesen, Kometen und darüber hinaus

1 Die Berechnung der Roche-Grenze und der Gezeitenkräfte erfordert nur eine elementare Anwendung des Newton'schen Gravitationsgesetzes. Da ein Mond ein kugelförmiges Objekt ist und kein punktförmiges Teilchen, ist die Anziehungskraft eines Gasriesen wie Jupiter auf der ihm zugewandten Seite größer als auf der abgewandten Seite. Das führt dazu, dass sich der Mond ein wenig verformt. Aber man kann auch die Schwerkraft berechnen, die den Mond aufgrund seiner eigenen Anziehungskraft zusammenhält. Wenn sich der Mond dem Planeten nähert, gelangt er an einen Punkt, wo die Schwerkraft, die den Mond auseinanderreißt, gleich der Anziehungskraft ist, die den Mond zusammenhält. An diesem Punkt beginnt der Mond auseinanderzufallen: Die Roche-Grenze ist erreicht. Sämtliche Ringe der Gasriesen, die bisher dokumentiert sind, liegen innerhalb der Roche-Grenze. Das ist ein Indiz – wenn auch kein Beweis – dafür, dass die Ringe der Gasriesen von Gezeitenkräften hervorgerufen wurden.

2 Wahrscheinlich haben Kometen aus dem Kuipergürtel und solche aus der Oort'schen Wolke unterschiedliche Ursprünge. Anfangs war die Sonne ein riesiger Ball aus Wasserstoffgas und Staub mit einem Durchmesser von vielleicht einigen Lichtjahren. Als die Gaswolke begann, sich aufgrund der eigenen Schwerkraft zusammenzuziehen, begann sie rascher zu rotieren. An diesem Punkt kollabierte ein Teil des Gases zu einer

rotierenden Scheibe, aus der sich schließlich das Sonnensystem entwickelte. Da diese rotierende Scheibe Wasser enthielt, schuf dieses Wasser an den äußeren Rändern einen Ring aus Kometen, den Kuipergürtel. Ein Teil des Gases und Staubes kondensierte jedoch nicht zu dieser rotierenden Scheibe, sondern bildete stationäre Eisklumpen an den Rändern des ursprünglichen Protosterns. Daraus wurde die Oort'sche Wolke.

Kapitel 7: Roboter im All

1 *Discover Magazine*, April 2017; discovermagazine.com/2017/april-2017/cultivating-common-sense

2 Viele Leute befürchten, dass KI den Arbeitsmarkt zum Zusammenbruch bringen könnte und Millionen Menschen ihren Arbeitsplatz verlieren würden. Das ist durchaus möglich, doch es gibt auch andere Trends, die diesem Effekt entgegenwirken könnten. Es werden sich neue Jobmöglichkeiten eröffnen – beim Entwerfen, Reparieren, Warten und Pflegen von Robotern –, wenn die Roboterindustrie rasant wächst und darin vielleicht der Autoindustrie Konkurrenz machen kann. Zudem gibt es viele Arbeitsplätze, die in den nächsten Jahrzehnten und darüber hinaus noch nicht von Robotern eingenommen werden können. Beispielsweise lassen sich Menschen in anspruchsvolleren Berufen, die keine stupiden, wiederkehrenden Tätigkeiten ausführen – wie Hausmeister, Polizisten, Bauarbeiter, Sanitärinstallateure, Gärtner, Gewerbetreibende und so weiter – auf absehbare Zeit nicht durch Roboter ersetzen. Roboter sind zum Beispiel zu primitiv, um Abfall aufzusammeln. Allgemein kann man sagen, dass Jobs dann schwierig zu automatisieren sein werden, wenn sie a) gesunden Menschenverstand, b) Mustererkennung und c) soziale Interaktion erfordern. In einer Anwaltskanzlei könnte beispielsweise die juristische Hilfskraft ersetzt werden, aber Anwälte werden noch immer gebraucht,

um einen Fall vor einer menschlichen Jury oder einem Richter zu vertreten. Vor allem Zwischenhändler und Makler könnten ihren Job verlieren, daher müssen sie ihre Dienstleistungen «aufpeppen». Das heißt, sie müssen intellektuelles Kapital in Form von Analyse, Erfahrung, Intuition und Innovation investieren, alles Gebiete, auf denen Roboter Menschen deutlich unterlegen sind.

3 Samuel Butler, *Darwin Among the Machines*; www.historyofinformation.com/expanded.php?id=3849

4 Weitere Zitate von Claude Shannon finden sich unter www.quotes-inspirational.com/quote/visualize-time-robots-dogs-humans-121

5 Raffi Khatchadourian, «The Doomsday Invention», *New Yorker*, November 23, 2015; www.newyorker.com/magazine/2015/11/23/doomsday-invention-artificial-intelligence-nick-bostrom

6 Die Debatte um die Gefahren und Vorteile von KI muss in den richtigen Rahmen gestellt werden. Als Pfeil und Bogen erfunden wurden, dienten sie vorwiegend zur Jagd auf kleine Tiere wie Eichhörnchen oder Kaninchen. Doch schließlich entwickelten sie sich zu einer formidablen Waffe, die gegen andere Menschen eingesetzt werden konnte. Genauso wurden die ersten Flugzeuge als Sportgeräte und zum Ausliefern der Post benutzt. Doch schließlich entwickelten sie sich zu Waffen, die Bomben abwerfen können. Ähnlich wird KI in den kommenden Jahrzehnten eine nützliche Erfindung sein, die Arbeitsplätze, neue Industriezweige und Wohlstand schaffen kann. Aber auf lange Sicht können diese Maschinen, wenn sie zu intelligent werden, ein existenzielles Risiko darstellen. An welchem Punkt werden sie uns gefährlich werden? Ich persönlich glaube, dass der Wendepunkt kommen wird, wenn sie Selbstbewusstsein erlangen. Gegenwärtig wissen Roboter nicht, dass sie Roboter sind, aber das könnte sich in Zukunft radikal ändern. Dieser Wendepunkt wird meiner Meinung nach jedoch nicht vor Ende des Jahrhun-

derts erreicht werden, was uns Zeit gibt, uns darauf vorzubereiten.

7 Man sollte vorsichtig sein, wenn man einen Aspekt der Singularität analysiert: dass zukünftige Generationen von Robotern intelligenter sein können als die vorangegangene Generation, so dass sich rasch superintelligente Roboter schaffen lassen. Man kann natürlich Computer mit zunehmend größeren Gedächtnisspeichern bauen, aber heißt das, dass sie wirklich «intelligenter» sind? Tatsächlich ist es noch niemandem gelungen, einen Computer zu entwickeln, der seinerseits einen Computer der zweiten Generation erzeugen kann, welcher ihn an Intelligenz übersteigt. Tatsächlich gibt es nicht einmal eine strenge Definition des Begriffs *Intelligenz*. Das heißt nicht, dass so etwas unmöglich wäre, sondern nur, dass der Prozess unzureichend definiert ist. Tatsächlich ist nicht klar, wie sich die Schaffung immer intelligenterer Roboter umsetzen lässt.

8 Meiner Meinung nach ist der Schlüssel zur menschlichen Intelligenz unsere Fähigkeit, die Zukunft zu simulieren. Menschen planen ständig, hecken etwas aus, träumen vor sich hin, überlegen und machen sich Gedanken über die Zukunft. Wir können einfach nicht anders. Wir sind Vorhersagemaschinen. Aber einer der Schlüssel zur Simulation der Zukunft besteht darin, die Gesetze des gesunden Menschenverstands zu verstehen, von denen es Milliarden gibt. Diese Gesetze hängen wiederum von unserem Verständnis der biologischen, chemischen und physikalischen Grundlagen der Welt um uns herum ab. Je besser wir diese Grundlagen verstehen, desto präziser sind unsere Simulationen. Gegenwärtig ist das Problem des gesunden Menschenverstandes eine der größten Hürden für die KI. Aufwendige Versuche, sämtliche Gesetze des gesunden Menschenverstands zu codieren, sind allesamt gescheitert. Selbst ein Kind hat mehr gesunden Menschenverstand als unser fortgeschrittenster Computer. Mit anderen Worten wird ein Roboter, der versucht, die Menschheit zu entmachten und die Welt-

herrschaft zu übernehmen, elendiglich scheitern, weil er nicht die einfachsten Dinge über unsere Welt versteht. Es reicht für einen Roboter nicht, zu versuchen, Menschen zu beherrschen; um einen Plan auszuführen, muss man die einfachsten Gesetze des gesunden Menschenverstands meistern. Würde man einem Roboter beispielsweise das simple Ziel setzen, eine Bank auszurauben, so müsste er letztendlich scheitern, weil er nicht alle möglichen zukünftigen Ereignisse ausarbeiten kann.

Kapitel 8: Ein Raumschiff bauen

1 R. L. Forward, «Roundtrip Interstellar Travel Using Laser-Pushed Lightsails», *Journal of Spacecraft* 21, Nr. 2 (1984): 187–95.

2 Siehe G. Vulpetti, L. Johnson und L. Matloff, *Solar Sails: A Novel Approach to Interplanetary Flight* (New York: Springer, 2008).

3 Jules Verne, *From the Earth to the Moon (Von der Erde zum Mond)*. Zitiert unter www.space.com/5581-nasa-deploy-solar-sail-summer.html

4 G. Dyson, *Project Orion: The True Story of the Atomic Spaceship* (New York: Henry Holt, 2002).

5 S. Lee und S. H. Saw, «Nuclear Fusion Energy – Mankind's Giant Step Forward», *Journal of Fusion Energy* 29, 2, 2010.

6 Der Grund, warum die magnetische Fusion auf der Erde noch nicht erreicht ist, ist ein Stabilitätsproblem. In der Natur können riesige Gasbälle so stark komprimiert werden, dass der Stern «zündet», weil die Gravitation das Gas gleichmäßig zusammendrückt. Magnetismus erfordert jedoch zwei Pole, einen Nord- und einen Südpol. Daher lässt sich Gas per Magnetismus nicht gleichmäßig komprimieren. Wenn man Gas magnetisch an einer Seite zusammenpresst, beult es sich an einer anderen aus. (Stellen Sie sich vor, Sie drücken einen Luftballon zusammen: Wenn man ihn an einer Stelle quetscht, dehnt er sich an anderer Stelle aus.) Eine Idee ist, ein reifenförmiges Magnetfeld zu

konstruieren und das Gas innen im Reifen zu komprimieren. Bislang ist es Physikern jedoch noch nicht gelungen, das heiße Gas länger als eine Zehntelsekunde zu komprimieren – zu kurz, um eine sich selbst erhaltende Fusionsreaktion in Gang zu setzen.

7 Auch wenn Antimaterie-Raketen Materie mit einer Effizienz von 100 Prozent in Energie verwandeln, gibt es einige verborgene Verluste. Ein Teil der Energie einer Materie-/Antimaterie-Kollision wird zum Beispiel in Form von Neutrinos frei, aus denen sich keine nutzbare Energie gewinnen lässt. Unseren Körper passieren ständig Neutrinos von der Sonne, doch wir spüren nichts. Selbst nach Sonnenuntergang wird unser Körper von Neutrinos durchstrahlt, die direkt durch den Planeten Erde gewandert sind. Wenn man einen Neutrinostrahl durch Blei schicken könnte, würde der Strahl tatsächlich ein Lichtjahr Blei durchqueren, bevor er endlich stoppen würde. Daher geht die Neutrinoenergie, die bei Materie-/Antimaterie-Kollisionen frei wird, verloren und kann nicht genutzt werden.

8 R.W. Bussard, «Galactic Matter and Interstellar Flight», *Astronautics Acta* 6 (1960): 179–94.

9 D.B. Smitherman Jr., «Space Elevators: An Advanced Earth-Space Infrastructure for the New Millennium», NASA pub. CP 2000–210429.

10 NASA Science, «Audacious and Outrageous: Space Elevators»; https://science.nasa.gov/science-news/science-at-nasa/2000/ast07sep_1

11 Einsteins Spezielle Relativitätstheorie basiert auf einem simplen Satz: «Die Lichtgeschwindigkeit in einem Inertialsystem [das heißt, in einem sich gleichförmig bewegenden System] ist konstant.» Das führt zu Widersprüchen mit den Newton'schen Gesetzen, die keine Aussage über die Lichtgeschwindigkeit machen. Damit dieses Gesetz gilt, müssen wir unsere Bewegungsgesetze drastisch verändern und anpassen. Aus dieser einen Aussage lassen sich folgende Fakten ableiten:

- Je schneller man sich in einem Raumschiff bewegt, desto langsamer verstreicht die Zeit im Inneren des Raumschiffs.
- Der Raum im Raumschiff wird umso stärker komprimiert, je schneller es sich bewegt.
- Je schneller man sich bewegt, desto schwerer wird man. Daraus folgt, dass die Zeit beim Erreichen der Lichtgeschwindigkeit anhalten und man unendlich flach und unendlich schwer werden würde, was unmöglich ist. Daher kann man die Lichtmauer nicht durchbrechen. (Beim Urknall expandierte das Universum allerdings so rasch, dass die Expansionsgeschwindigkeit die Lichtgeschwindigkeit übertraf. Das ist jedoch kein Problem, denn es ist der leere Raum, der sich schneller ausdehnt als das Licht. Materielle Objekte dürfen die Lichtgeschwindigkeit jedoch nicht überschreiten.)

Die einzig bekannte Weise, sich schneller als das Licht zu bewegen, besteht darin, Einsteins Allgemeine Relativitätstheorie heranzuziehen, in der die Raumzeit zu einem Gewebe wird, das sich strecken, biegen und sogar zerreißen lässt. Die erste Möglichkeit besteht via «multiply connected spaces» (Wurmlöcher), durch die zwei Universen miteinander in Verbindung stehen wie Siamesische Zwillinge. Wenn wir zwei parallele Blätter Papier nehmen und dann ein Loch stechen, das beide verbindet, dann haben wir ein Wurmloch fabriziert. Die zweite Möglichkeit wäre, den vor einem liegenden Raum zu komprimieren, sodass man über den komprimierten Raum springen und schneller als das Licht reisen kann.

12 Siehe M. Alcubierre, «The Warp Drive: Hyperfast Travel Within General Relativity», Classical and Quantum Gravity 11, no. 5 (1994): L73–L77.

13 Wenn wir zwei große parallele Metallplatten im Vakuum betrachten, dann ist die Casimir-Energie der dritten Potenz des umgekehrten Abstands der Platten proportional. Mit anderen Worten nimmt die negative Energie rasch zu, wenn die beiden Platten zusammengeführt werden.

Das Problem ist jedoch, dass diese Platten einander bis auf subatomare Abstände genähert werden müssen, was mit unserer heutigen Technologie nicht möglich ist.

Kapitel 9: Kepler und ein Universum voller Planeten

1 William Boulting, *Giordano Bruno: His Life, Thought, and Martyrdom* (Victoria, Australia: Leopold Classic Library, 2014).

2 Ibid.

3 Mehr über die Kepler-Sonde findet sich auf der NASA-Website: http://www.kepler.arc.nasa.gov
Die Kepler-Sonde konzentrierte sich auf einen einzigen, winzigen Fleck in der Milchstraße. Dennoch hat sie Hinweise auf rund 4000 Planeten gefunden, die um andere Sterne kreisen. Wenn wir, von diesem kleinen Fleck ausgehend, auf eine ganze Galaxie extrapolieren, können wir die Häufigkeitsverteilung der Planeten in der Milchstraße grob abschätzen. Folgemissionen werden sich auf andere Regionen unserer Galaxie konzentrieren, in der Hoffnung, weitere erdähnliche extrasolare Planeten zu finden.

4 Interview mit Professor Sara Seager, *Science Fantastic Radio*, Juni 2017.

5 Christopher Crockett, «Year In Review: A Planet Lurks Around the Star Next Door», *Science News*, Dezember 14, 2016.

6 Interview mit Professor Sara Seager, *Science Fantastic Radio*, Juni 2017.

7 Siehe www.quotes.euronews.com/people/michael-gillion-KAp4OyeA

Kapitel 10: Unsterblichkeit

1 A. Crow, J. Hunt, and A. Hein, «Embryo Space Colonization to Overcome the Interstellar Time Distance Bottleneck», *Journal of the British Interplanetary Society* 65 (2012): 283–85.

2 Linda Marsa, «What It Takes to Reach 100», *Discover Magazine*, October 2016.

3 Gelegentlich findet man die Behauptung, Unsterblichkeit verletze den Zweiten Hauptsatz der Thermodynamik, der besagt, dass letztendlich alles, einschließlich lebender Organismen, zerfällt, verrottet und stirbt. Der Zweite Hauptsatz bietet jedoch einen Ausweg. Der Satz besagt, dass (in einem geschlossenen System) die Entropie (Unordnung) unweigerlich zunimmt. Das Schlüsselwort ist *geschlossen*. In einem offenen System (dem von außen Energie zugeführt werden kann) kann Unordnung rückgängig gemacht werden. Genau so funktioniert ein Kühlschrank. Der Motor des Kühlschranks bläst ein Gas durch ein Ventil, wodurch sich das Gas ausdehnt und das Kühlschrankinnere abkühlt. Auf Lebewesen angewandt bedeutet das, dass man die Entropierichtung umkehren kann, solange von außen Energie (Sonnenlicht) zugeführt wird.
Unsere Existenz wird also dadurch ermöglicht, dass Sonnenlicht Pflanzen mit Energie versorgt, wir diese Pflanzen essen und mit Hilfe dieser Energie die Schäden, die durch Unordnung (Entropie) entstehen, reparieren können. Lokal können wir die Entropie also in eine andere Richtung lenken. Wenn man über menschliche Unsterblichkeit spricht, kann man deshalb den Zweiten Hauptsatz umgehen, indem man lokal weitere Energie von außen zuführt (wie etwa in Form von Ernährungsumstellung, Sport, Gentherapie, Aufnahme neuer Enzyme und so weiter).

4 Zitiert in Michio Kaku, *The Physics oft the Future* (New York: Anchor Books, 2012, S. 118. (deutsch: *Physik der Zukunft*, Rowohlt, 2013).

5 Der wichtige Punkt ist, dass im Großen und Ganzen all die pessimistischen Vorhersagen der 1960er Jahre nicht eingetreten sind. Vielmehr verlangsamt sich das Anwachsen der Weltbevölkerung. Fakt ist aber auch, dass die Weltbevölkerung in absoluten Zahlen weiterhin zunimmt, besonders in Afrika südlich der Sahara, weswegen es schwierig ist, die Weltbevölkerung im Jahr 2050 oder 2100 zu prognostizieren. Einige Demografen haben jedoch behauptet, dass sich die Weltbevölkerung, wenn der gegenwärtige Trend anhält, auf ein festes Niveau einspielen könnte. Wenn das stimmt, ließe sich eine Überbevölkerungskatastrophe vermeiden. Allerdings ist das noch nicht bewiesen.

6 Siehe https://quotefancy.com/quote/1583084/Danny-Hillis-I-am-as-fond-of-my-body-as-anyone-but-if-I-can-be-200-with-a-body-of-silicon

Kapitel 11: Transhumanismus und Technologie

1 Andrew Pollack, «A Powerful New Way to Edit DNA», *New York Times*, 3. März 2014.

2 Siehe Michio Kaku, *Visions* (New York: Anchor Books, 1998), p. 220 and Michio Kaku, *The Physics of the Future*, S. 118 (*Die Physik der Zukunft*, Rowohlt 2013).

3 Kaku,*The Physics of the Future*, S. 118 (*Die Physik der Zukunft*, Rowohlt 2013).

4 F. Fukuyama, «The World's Most Dangerous Ideas: Transhumanism», *Foreign Policy* 144 (2004): 42–43.

Kapitel 12: Die Suche nach außerirdischem Leben

1 Arthur C. Clarke hat einmal gesagt: «Entweder gibt es intelligentes Leben im Universum, oder nicht. Beide Möglichkeiten sind beängstigend.»

2 Rebecca Boyle, «Why These Scientists Fear Contact with Space Aliens», NBC-News, 8. Februar 2017.

3 Derzeit gibt es keinen allgemeinen Konsens hinsichtlich des SETI-Projekts. Manche meinen, die Galaxie sei übervoll von Intelligenz, andere glauben, dass wir vielleicht ganz allein im Universum sind. Mit nur einem Datenpunkt (unser Planet) gibt es außer der Drake-Gleichung so gut wie keine wissenschaftlichen Leitlinien, die Analyse voranzutreiben.
Eine abweichende Meinung vertritt N. Bostrom, «Where Are They: Why I Hope the Search for Extraterrestrial Intelligence Finds Nothing», *MIT Technology Review Magazine*, Mai/Juni 1998, 72–77.

4 E. Jones, «Where Is Everybody? An Account of Fermi's Question», *Los Alamos Technical Report* LA 10311-MS, 1985. Siehe auch S. Webb, «If the Universe Is Teeming with Aliens ... Where Is Everybody?» (New York: Copernicus Books, 2002).

5 Stapledon, *Star Maker* (New York: Dover, 2008), S. 118.

6 Es gibt eine Fülle anderer Möglichkeiten, die man nicht einfach außer Acht lassen kann. Eine könnte sein, dass wir im Universum allein sind. Das Argument dafür lautet, dass wir mehr und mehr Goldlöckchen-Zonen finden, was bedeutet, dass es zunehmend schwierig wird, Planeten zu finden, die in all diese neuen Goldlöckchen-Zonen passen. Zum Beispiel gibt es eine Goldlöckchen-Zone für die Milchstraße. Falls ein Planet dem Zentrum der Galaxie zu nahe kommt, ist die Strahlung zu stark, als dass Leben existieren könnte. Wenn er zu weit vom Zentrum entfernt ist, dann gibt es nicht genug schwere Elemente, um Lebensmoleküle zu erzeugen. Das Argument besagt, dass es so

viele Goldlöckchen-Zonen geben könnte, viele davon noch gar nicht entdeckt, die nur einen einzigen Planeten im Universum mit intelligentem Leben zulassen könnten. Immer wenn eine weitere Goldlöckchen-Zone gefunden wird, setzt das die Wahrscheinlichkeit für Leben dramatisch herab. Mit so vielen solcher Zonen ist die aufsummierte Wahrscheinlichkeit für intelligentes Leben praktisch null.

Außerdem wird manchmal gesagt, außerirdisches Leben basiere auf völlig neuen Gesetzen der Chemie und Physik, die sich weit jenseits von dem bewegen, was wir im Labor erzeugen können. Also sei unser Verständnis der Natur einfach zu eng und vereinfachend, um Leben im All zu erklären. Das mag zutreffen. Und es ist sicherlich wahr, dass völlig neue Überraschungen auftreten werden, sobald wir das Universum erforschen. Es ist der Debatte aber nicht förderlich, einfach zu behaupten, dass Alien-Chemie und -Physik existieren könnten. Die Wissenschaft basiert auf Theorien, die überprüfbar, reproduzierbar und falsifizierbar sind, und die Existenz unbekannter Gesetze der Chemie und Physik zu postulieren also nicht hilfreich ist.

Kapitel 13: Weit entwickelte Zivilisationen

1 Siehe David Freeman, «Are Space Aliens Behind the ‹Most Mysterious Star in the Universe›?», *Huffington Post*, 25. August 2016; www.huffingtonpost.com/entry/are-space-aliens-behind-the-most-mysterious-star-in-the-universe_us_57bb5537e4b00d9c3a1942f1

Siehe auch Sarah Kaplan, «The Weirdest Star in the Sky Is Acting Up Again», *Washington Post*, 24. Mai 2017; www.washingtonpost.com/news/speaking-of-science/wp/2017/05/24/the-weirdest-star-in-the-sky-is-acting-up-again/?utm_term=.5301cac2152a

2 Ross Anderson, «The Most Mysterious Star in Our Galaxy», *The Atlantic*, 13. Oktober 2015.

3 N. Kardashev, «Transmission of Information by Extraterrestrial Civilizations», *Soviet Astronomy* 8, 1964: 217.

4 Chris Impey, *Beyond: Our Future in Space* (New York: W. W. Norton, 2016), S. 255–56.

5 David Grinspoon, *Lonely Planets* (New York: HarperCollins, 2003), S. 333.

6 Gelegentlich wird behauptet, gigantische Beschleuniger wie der LHC und nachfolgende Anlagen könnten ein kleines Schwarzes Loch erzeugen, das den gesamten Planeten zerstört. Das ist aus verschiedenen Gründen nicht möglich:

Erstens hat der LHC nicht genug Energie, um ein Schwarzes Loch zu erzeugen, denn dessen Energie ist mit der eines großen Sterns vergleichbar. Die Energie des LHC ist die Energie von subatomaren Teilchen, also viel zu klein, um ein Loch in der Raumzeit zu öffnen. Zweitens bombardiert Mutter Natur die Erde fortwährend mit subatomaren Teilchen, die weitaus energiereicher sind als die, die im LHC erzeugt werden, und doch ist die Erde immer noch da. Elementarteilchen mit größerer Energie als der des LHC sind also harmlos. Und schließlich sagt die Stringtheorie voraus, dass man mit unseren Teilchenbeschleunigern eines Tages kleine Schwarze Löcher finden könnte, doch diese Mini-Löcher sind Elementarteilchen, keine Sterne, und stellen deswegen keine Gefahr dar.

7 Ganz allgemein liegen alle Teilchen im Universum in zwei Sorten vor, als Bosonen (mit ganzzahligem Spin) und als Fermionen (mit halbzahligem Spin). Mit dem Anwachsen der Dimensionen der Raumzeit nimmt auch die Zahl der Fermionen und Bosonen zu. Im Allgemeinen nimmt die Zahl der Fermionen schneller zu als die Zahl der Bosonen. Die beiden Kurven überschneiden sich jedoch bei zehn Dimensionen (für Strings) und elf Dimensionen (für Membranen, wie Kugeln und Blasen). Daher findet man die einzigen konsistenten

supersymmetrischen Theorien in zehn und elf Dimensionen. Wenn wir zehn als Dimension der Raumzeit festlegen, erhalten wir eine konsistente Stringtheorie. Jedoch gibt es in zehn Dimensionen noch fünf verschiedene Typen von Stringtheorien. Für einen Physiker, der nach der letztgültigen Theorie der Raumzeit sucht, ist es schwer zu glauben, dass es fünf verschiedene selbstkonsistente Stringtheorien geben sollte. Letztendlich wollen wir nur eine einzige. (Eine von Einsteins Leitfragen lautete: Hatte Gott bei der Erschaffung des Universums eine Wahl? Das heißt: Ist das Universum einzigartig?)
Später konnte Edward Witten zeigen, dass diese fünf Stringtheorien zu einer einzigen Theorie vereinigt werden können, wenn man eine weitere Dimension hinzufügt, die das Ganze elfdimensional macht. Diese Theorie wird M-Theorie genannt, und sie arbeitet mit Membranen anstelle von Fäden. Wenn man mit einer Membran in elf Dimensionen anfängt und sich dann einer dieser elf Dimensionen entledigt (durch Glätten oder Aufschneiden), dann hat man fünf verschiedene Möglichkeiten, eine Membran auf einen Faden zu reduzieren, was zu den fünf bekannten Stringtheorien führt. Unglücklicherweise ist die fundamentale Theorie hinter der M-Theorie auch heute noch völlig unbekannt. Alles, was wir wissen, ist, dass die M-Theorie sich auf jede der fünf verschiedenen Stringtheorien reduzieren lässt, wenn man die elf Dimensionen auf zehn reduziert, und dass (im Grenzfall niedriger Energie) sich die M-Theorie auf eine elfdimensionale Supergravitionstheorie reduziert.

8 Zeitreisen stellen uns vor ein weiteres theoretisches Problem. Wenn ein Photon in ein Wurmloch eintritt und in der Zeit einige Jahre zurückreist, kann es Jahre später die Gegenwart erreichen und wiederum in das Wurmloch eintreten. Tatsächlich kann es unendlich oft in das Wurmloch eintreten, und folglich wird die Zeitmaschine explodieren. Dies ist einer von Stephen Hawkings Einwänden gegen Zeitmaschinen.

Kapitel 14: Jenseits des Universums

1 Selbst Schwarze Löcher leben nicht ewig. Nach dem Unschärfeprinzip ist alles unscharf, selbst ein Schwarzes Loch. Eigentlich soll ein Schwarzes Loch 100 Prozent der Materie absorbieren, die hineinstürzt. Doch das verletzt das Unschärfeprinzip. Tatsächlich gibt es also eine schwache Strahlung, die aus dem Schwarzen Loch entkommt, die so genannte Hawking-Strahlung. Hawking wies nach, dass es sich um Schwarzkörperstrahlung handelt (der Strahlung vergleichbar, die ein Stück glühendes Metall emittiert) und die deshalb eine Temperatur hat. Man kann ausrechnen, dass ein Schwarzes Loch (das eigentlich grau ist) über große Zeiträume so viel Strahlung abgibt, dass es nicht länger stabil ist. Dann löst sich das Schwarze Loch in einer Explosion auf. Also auch Schwarze Löcher sterben irgendwann. Unter der Annahme, dass der Big Freeze in einer fernen Zukunft stattfindet, müssen wir uns mit der Tatsache auseinandersetzen, dass atomare Materie, wie wir sie kennen, in Billionen von Billionen Jahren zerfallen könnte. Zunächst besagt das Standardmodell der Elementarteilchen, dass das Proton stabil sein sollte. Doch wenn wir das Modell verallgemeinern, um die unterschiedlichen atomaren Kräfte zu vereinigen, stellt sich heraus, dass das Proton schließlich in ein Positron und ein Neutrino zerfällt. Das heißt also, dass Materie, so wie wir sie kennen, schlussendlich instabil wird und in ein Gemisch von Positronen, Neutronen, Elektronen und so weiter zerfällt. Leben kann wahrscheinlich unter derartigen Bedingungen nicht existieren. Nach dem Zweiten Hauptsatz der Thermodynamik lässt sich nutzbare Arbeit nur aus einer Temperaturdifferenz gewinnen. Im Big Freeze jedoch sinken alle Temperaturen auf nahezu absolut Null, sodass es keine Temperaturdifferenz mehr gibt, der man nutzbare Arbeit entnehmen kann. In anderen Worten: Alles endet, auch alle möglichen Lebensformen.

2 Die Dunkle Energie ist eines der größten Mysterien der ganzen

Physik. Die Einstein'schen Gleichungen haben zwei kovariante Terme. Der erste ist der Krümmungstensor, der die Krümmung der Raumzeit durch Sterne, interstellaren Staub, Planeten und so weiter angibt. Der zweite ist das Volumen der Raumzeit. Also hat das Vakuum selbst Energie. Je mehr das Universum expandiert, desto mehr Vakuum entsteht, und folglich steht umso mehr Dunkle Energie zu Verfügung, um die Expansion noch weiter voranzutreiben. In anderen Worten: Die Geschwindigkeit der Ausbreitung des Vakuums ist der Menge an Vakuum selbst proportional. Dies erzeugt per Definition eine exponentielle Expansion des Universums, die man De-Sitter-Expansion nennt (nach dem Physiker, der sie zuerst gefunden hat).
Diese De-Sitter-Expansion könnte der Ursprung der anfänglichen Inflation am Urknall gewesen sein. Sie sorgt aber auch dafür, dass das Universum sich jetzt wieder exponentiell ausbreitet. Unglücklicherweise können Physiker keins von beiden aus ersten Prinzipien ableiten. Die Stringtheorie liefert noch die besten Erklärungen für die Dunkle Energie, doch besteht das Problem, den genauen Gehalt des Universums an Dunkler Energie vorherzusagen. Die Stringtheorie behauptet, dass man verschiedene Werte für die Dunkle Energie bekommen kann, je nachdem, wie man den zehndimensionalen Hyperraum einrollt, doch sagt sie nicht genau vorher, wie viel Dunkle Energie tatsächlich vorhanden ist.

3 Wenn man annimmt, dass Wurmlöcher möglich sind, gibt es noch eine weitere Hürde zu nehmen. Man muss sicher sein, dass die Materie auf der anderen Seite des Wurmlochs stabil ist. Unser Universum zum Beispiel existiert nur deshalb, weil das Proton stabil ist oder zumindest so stabil, dass unser Universum in den letzten 13,8 Milliarden Jahren seiner Existenz noch nicht zerfallen ist. Es ist möglich, dass andere Universen im Multiversum sich in einem Grundzustand befinden, in dem das Proton beispielsweise in ein weniger massives Teilchen wie ein Positron zerfallen kann. In diesem Fall würden alle vertrau-

ten chemischen Elemente aus dem Periodensystem zerfallen, und dieses Universum würde aus einem Gemisch von Elektronen und Neutronen bestehen, wäre also für stabile atomare Materie ungeeignet. Also muss man sicherstellen, dass man ein Paralleluniversum betritt, in dem die Materie der unseren ähnlich und stabil ist.

4 A. Guth, «Eternal Inflation and Its Implications», *Journal of Physics A* 40, 25 (2007): 6811.

5 Auch stimmt die Theorie vom inflationären Universum mit allen Daten überein, die aus der kosmischen Hintergrundstrahlung stammen. Das bedeutet noch nicht, dass die Theorie korrekt ist, sondern nur, dass sie bislang mit allen kosmologischen Daten übereinstimmt. Erst die Zeit wird entscheiden, ob die Theorie richtig ist. Ein ins Auge springendes Problem mit der Inflation ist, dass wir nicht wissen, was sie verursacht hat. Die Theorie funktioniert nach dem Moment der Inflation sehr gut, sagt aber absolut nichts darüber aus, was das ursprüngliche Universum veranlasste, sich aufzublähen.

Weiterführende Literatur

Arny, Thomas und Stephen Schneider. *Explorations: An Introduction to Astronomy*. New York: McGraw-Hill, 2016.

Asimov, Isaac. *Foundation* (deutsch: *Die Foundation-Trilogie*). New York: Random House, 2004.

Barrat, James. *Our Final Invention: Artificial Intelligence and the End of the Human Era*. New York: Thomas Dunn Books, 2013.

Benford, James und Gregory Benford. *Starship Century: Toward the Grandest Horizon*. Middletown, DE: Microwave Sciences, 2013.

Bostrom, Nick. *Superintelligence: Paths, Dangers, Strategies* (deutsch: *Superintelligenz: Szenarien einer kommenden Revolution*). Oxford: Oxford University Press, 2014.

Brockman, John (Hsg.) What to Think About Machines That Think (deutsch: *Was sollen wir von künstlicher Intelligenz halten?*). New York: Harper Perennial, 2015.

Clancy, Paul, Andre Brack und Gerda Horneck. *Looking for Life, Searching the Solar System*. Cambridge: Cambridge University Press, 2005.

Comins, Neil und William Kaufmann III. *Discovering the Universe*. New York: W. H. Freeman, 2008.

Davies, Paul. *The Eerie Silence*. New York: Houghton Mifflin Harcourt, 2010.

Freedman, Roger, Robert M. Geller und William Kaufmann III. Universe. New York: W. H. Freeman, 2011.

Georges, Thomas M. *Digital Soul: Intelligent Machines and Human Values*. New York: Perseus Books, 2003.

Gilster, Paul. *Centauri Dreams*. New York: Springer Books, 2004.

Golub, Leon und Jay Pasachoff. *The Nearest Star*. Cambridge: Harvard University Press, 2001.

Grinspoon, David. *Lonely Planets: The Natural Philosophy of Alien Life*. New York: HarperCollins, 2003.

Impey, Chris. *Beyond: Our Future in Space*. New York: W.W. Norton, 2015.

– *The Living Cosmos: Our Search for Life in the Universe*. New York: Random House, 2007.

Kaku, Michio. *The Future of the Mind* (deutsch: *Die Zukunft des Bewusstseins*). New York: Anchor 2014.

– *The Physics of the Future* (deutsch: *Die Physik der Zukunft*). New York: Anchor Books, 2011.

– *Visions: How Science Will Revolutionize the 21st Century* (deutsch: *Zukunftsvisionen. Wie Wissenschaft und Technik des 21. Jahrhunderts unser Leben revolutionieren*). New York: Anchor Books, 1999.

Kasting, James. *How to Find a Habitable Planet*. Princeton: Princeton University Press, 2010.

Lemonick, Michael D. *Mirror Earth: The Search for Our Planet's Twin*. New York: Walker and Co., 2012.

– *Other Worlds: The Search for Life in the Universe* (deutsch: *Neue Welten im All: Lebenszeichen von fernen Planeten?*). New York: Simon and Schuster, 1998.

Lewis, John S. *Asteroid Mining 101: Wealth for the New Space Economy*. Mountain View, CA: Deep Space Industries, 2014.

Neufeld, Michael. *Von Braun: Dreamer of Space, Engineer of War* (deutsch: *Die Raketen und das Reich. Wernher von Braun, Peenemünde und das Raketenzeitalter*). New York: Vintage Books, 2008.

O'Connell, Mark. *To Be a Machine: Adventures Among Cyborgs, Utopians, Hackers, and the Futurists Solving the Modest Problem of Death* (deutsch: *Unsterblich sein: Reise in die Zukunft des Menschen*). New York: Doubleday Books, 2016.

Odenwald, Sten. *Interstellar Travel: An Astronomer's Guide*. New York: The Astronomy Cafe, 2015.

Petranek, Stephen L. *How We'll Live on Mars* (deutsch: *Unser Leben auf dem Mars*). New York: Simon and Schuster, 2015.

Sasselov, Dimitar. *The Life of Super-Earths*. New York: Basic Books, 2012.

Scharf, Caleb, *The Copernicus Complex: Our Cosmic Significance in a Universe of Planets and Probabilities*. New York: Scientific American/Farrar, Straus and Giroux, 2015.

Seeds, Michael und Dana Backman. *Foundations of Astronomy*. Boston: Books/Cole, 2013.

Shostak, Seth. *Confessions of an Alien Hunter*. New York: Kindle eBooks, 2009.

Stapledon, Olaf. *Star Maker* (deutsch: *Der Sternenmacher*). Mineola, NY: Dover Publications, 2008.

Summers, Michael und James Trefil. *Exoplanets: Diamond Worlds, Super Earths, Pulsar Planets, and the New Search for Life Beyond Our Solar System*. Washington, D. C.: Smithsonian Books, 2017.

Thorne, Kip. *The Science of «Interstellar»*. New York: W. W. Norton, 2014.

Vance, Ashlee und Fred Sanders. *Elon Musk: Tesla, SpaceX, and the Quest for a Fantastic Future*. New York: HarperCollins, 2015.

Wachhorst, Wyn. *The Dream of Spaceflight*. New York: Perseus Books, 2000.

Wohlforth, Charles und Amanda R. Hendrix. *Beyond Earth: Our Path to a New Home in the Planets*. New York: Pantheon Books, 2017.

Woodward, James F. *Making Starships and Stargates: The Science of Interstellar Transport and Absurdly Benign Wormholes*. New York: Springer, 2012.

Zubrin, Robert. *The Case for Mars* (deutsch: *Unternehmen Mars*). New York: Free Press, 2011.

Abbildungen

S. 60, 229	Mapping Specialists, Ltd.
S. 214, 219	Adrian Mann
S. 106, 199, 378	NASA
S. 233	Frank Rademaker
S. 252	The Habitable Exoplanets Catalog, PHL UPR Arecibo (phl.upr.edu)

Abbildungen am Kapitelbeginn Detlev van Ravenswaay/Picture Press/Getty Images

Register

B

C

D

E

F

I

J

K

L

M

N

O

P

Q

R

S

T

U

V

W

Dank

Ich möchte den folgenden Wissenschaftlern und Experten danken, die mir ihre Zeit und ihr Fachwissen großzügig zur Verfügung gestellt haben, sei es in Form von Interviews für dieses Buch oder für meine Radio- und TV-Sendungen. Ihre Expertise und ihr tiefer Einblick in naturwissenschaftliche Zusammenhänge haben mir bei der Realisierung dieses Buches sehr geholfen.

Wie immer möchte ich auch meinem Agenten Stuart Krichevsky danken, der in all den Jahren zum Erfolg meiner Bücher beigetragen hat. Für seine unermüdliche Arbeit schulde ich ihm besonderen Dank. Er ist stets der Erste, an den ich mich wende, wenn ich einen klugen Rat brauche.

Auch Edward Kastenmeier, meinem Redakteur bei Penguin Random House, möchte ich für seine Hilfe und seine Anmerkungen danken, die mir geholfen haben, Inhalte zu präzisieren. Wie immer haben seine Ratschläge zu einer deutlichen Verbesserung des Manuskripts geführt. Seine sichere Hand beim Lektorat dieses Buches ist überall spürbar.

Zudem möchte ich den folgenden Pionieren und Wegbereitern danken, von denen einige leider schon verstorben sind:

Peter Doherty, Nobelpreisträger, St. Jude Children's Research Hospital

Gerald Edelman, Nobelpreisträger, Scripps Research Institute

Murray Gell-Mann, Nobelpreisträger, Santa Fe Institute und Caltech

Walter Gilbert, Nobelpreisträger, Harvard University

David Gross, Nobelpreisträger, Kavli Institute for Theoretical Physics

Henry Kendall, Nobelpreisträger, MIT

Leon Lederman, Nobelpreisträger, Illinois Institute of Technology

Yoichiro Nambu, Nobelpreisträger, University of Chicago

Henry Pollack, Intergovernmental Panel on Climate Change, Friedensnobelpreis

Joseph Rotblat, Nobelpreisträger, St. Bartholomew's Hospital
Steven Weinberg, Nobelpreisträger, University of Texas in Austin
Frank Wilczek, Nobelpreisträger, MIT
Amir Aczel, Autor von Uranium Wars
Buzz Aldrin, Astronaut, NASA, zweiter Mann auf dem Mond
Geoff Andersen, U. S. Air Force Academy, Autor von The Telescope
David Archer, Geophysiker, University of Chicago, Autor von The Long Thaw
Jay Barbree, Koautor von Moon Shot
John Barrow, Physiker, Cambridge University, Autor von Die Entdeckung des Unmöglichen. Forschung an den Grenzen des Wissens (Impossibility)
Marcia Bartusiak, Autor von Einsteins Vermächtnis. Der Wettlauf um das letzte Rätsel der Relativitätstheorie (Einstein's Unfinished Symphony)
Jim Bell, Astronom, Cornell University
Gregory Benford, Physiker, University of California, Irvine
James Benford, Physiker, Präsident von Microwave Sciences
Jeffrey Bennett, Autor von Beyond UFOs
Bob Berman, Astronom, Autor von Secrets of the Night Sky (deutsch Die Wunder des Nachthimmels)
Leslie Biesecker, Senior Investigator, Medizinische Genomik, National Institutes of Health
Piers Bizony, Autor von How to Build Your Own Spaceship
Michael Blaese, Senior Investigator, National Institutes of Health
Alex Boese, Gründer des Museum of Hoaxes
Nick Bostrom, Transhumanist, Oxford University
Lt. Col. Robert Bowman, Leiter des Institute for Space and Security Studies
Travis Bradford, Autor von Solar Revolution
Cynthia Breazeal, Kodirektor, Center for Future Storytelling, MIT Media Laboratory
Lawrence Brody, Senior Investigator, Medizinische Genomik, National Institutes of Health

Rodney Brooks, ehemaliger Direktor, MIT Artificial Intelligence Laboratory
Lester Brown, Gründer und Präsident des Earth Policy Institute
Michael Brown, Astronom, Caltech
James Canton, Autor von The Extreme Future
Arthur Caplan, Gründer der Division of Medical Ethics, NYU School of Medicine
Fritjof Capra, Autor von The Science of Leonardo
Sean Carroll, Kosmologe, Caltech
Andrew Chaikin, Autor von A Man on the Moon
Leroy Chiao, Astronaut, NASA
Eric Chivian, Mediziner, International Physicians for the Prevention of Nuclear War
Deepak Chopra, Autor von Super Brain
George Church, Professor für Genetik, Harvard Medical School
Thomas Cochran, Physiker, Natural Resources Defense Council
Christopher Cokinos, Astronom, Autor von The Fallen Sky
Francis Collins, Direktor, National Institutes of Health
Vicki Colvin, Chemiker, Rice University
Neil Comins, Physiker, University of Maine, Autor von The Hazards of Space Travel
Steve Cook, Dynetics Inc., ehemaliger NASA-Sprecher
Christine Cosgrove, Koautor of Normal at Any Cost
Steve Cousins, Willow Garage Personal Robots Program
Philip Coyle, früherer U. S. Assistant Secretary of Defense (stellvertretender Verteidigungsminister)
Daniel Crevier, Computerwissenschaftler, CEO von Coreco Imaging
Ken Croswell, Astronom, Autor von Magnificent Universe
Steven Cummer, Computerwissenschaftler, Duke University
Mark Cutkosky, Maschinenbauingenieur, Stanford University
Paul Davies, Physiker, Autor von Superforce
Daniel Dennett, Kodirektor, Center for Cognitive Studies, Tufts University

Michael Dertouzos, Computerwissenschaftler, MIT
Jared Diamond, Pulitzer Prize winner, UCLA
Mariette DiChristina, Chefredakteurin, Scientific American
Peter Dilworth, Forscher, MIT Artificial Intelligence Laboratory
John Donoghue, Schöpfer von BrainGate, Brown University
Ann Druyan, Schriftstellerin und Produzentin, Cosmos Studios
Freeman Dyson, Physiker, Institute for Advanced Study, Princeton
David Eagleman, Neurowissenschaftler, Stanford University
Paul Ehrlich, Biologe und Umweltwissenschaftler, Stanford University
John Ellis, Physiker, CERN
Daniel Fairbanks, Genetiker, Utah Valley University, Autor von Relics of Eden
Timothy Ferris, Schriftsteller und Produzent, Autor von Coming of Age in the Milky Way
Maria Finitzo, Filmemacher, Stammzellenexperte, Gewinner des Peabody Award
Robert Finkelstein, Robotik und Computerwissenschaften, Robotic Technology, Inc.
Christopher Flavin, Senior Fellow, Worldwatch Institute
Louis Friedman, Mitbegründer, Planetary Society
Jack Gallant, Neurowissenschaftler, University of California, Berkeley
James Garvin, leitender Wissenschaftler, NASA
Evalyn Gates, frühere Direktorin des Cleveland Museum of Natural History, Autorin von Einstein's Telescope
Michael Gazzaniga, Neurologe, University of California, Santa Barbara
Jack Geiger, Mitgründer, Physicians for Social Responsibility
David Gelernter, Computerwissenschaftler, Yale University
Neil Gershenfeld, Direktor, Center for Bits and Atoms, MIT Media Laboratory
Paul Gilster, Autor von Centauri Dreams
Rebecca Goldburg, Umweltschützerin, Pew Charitable Trusts

Don Goldsmith, Astronom, Autor von The Runaway Universe

David Goodstein, ehemaliger Vizekanzler, Caltech

J. Richard Gott III, Physiker, Princeton University, Autor von Zeitreisen in Einsteins Universum.(Rowohlt) (Time Travel in Einstein's Universe: The Physical Possibilities of Travel Through Time)

Stephen Jay Gould, Biologe, Harvard University (†2002)

Thomas Graham, Ex-US-Diplomat, Experte für Waffenkontrolle und Nichtweiterverbreitung von Atomwaffen unter sechs Präsidenten

John Grant, Autor von Corrupted Science

Eric Green, Direktor, National Human Genome Research Institute, National Institutes of Health

Ronald Green, Genomik und Bioethik, Dartmouth College, Autor von Babies by Design

Brian Greene, Physiker, Columbia University, Autor von Das elegante Universum: Superstrings, verborgene Dimensionen und die Suche nach der Weltformel (The Elegant Universe)

Alan Guth, Physiker, MIT, Autor von Die Geburt des Kosmos aus dem Nichts: Die Theorie des inflationären Universums (The Inflationary Universe)

William Hanson, Autor von The Edge of Medicine

Chris Hadfield, Astronaut, CSA

Leonard Hayflick, University of California, San Francisco School of Medicine

Donald Hillebrand, Direktor, Argonne National Laboratory's Energy Systems Division

Allan Hobson, Psychiater, Harvard University

Jeffrey Hoffman, Astronaut, NASA, MIT

Douglas Hofstadter, Gewinner des Pulitzer-Preises, Autor von Gödel, Escher, Bach – ein Endloses Geflochtenes Band (Gödel, Escher, Bach)

John Horgan, Journalist, Stevens Institute of Technology, Autor von An den Grenzen des Wissens (The End of Science)

Jamie Hyneman, Moderator von MythBusters

Chris Impey, Astronom, University of Arizona, Autor von The Living Cosmos

Robert Irie, Computerwissenschaftler, Cog Project, MIT Artificial Intelligence Laboratory

P. J. Jacobowitz, Journalist, PC Magazine

Jay Jaroslav, Human Intelligence Enterprise, MIT Artificial Intelligence Laboratory

Donald Johanson, Paläoanthropologe, Institute of Human Origins, Entdecker von Lucy

George Johnson, Wissenschaftsjournalist, New York Times

Tom Jones, Astronaut, NASA

Steve Kates, Astronom, TV-Moderator

Jack Kessler, Professor für Medizin, Northwestern Medical Group

Robert Kirshner, Astronom, Harvard University

Kris Koenig, Astronom, Filmemacher

Lawrence Krauss, Physiker, Arizona State University, Autor von The Physics of Star Trek (deutsch Die Physik von Star Trek)

Lawrence Kuhn, Filmemacher, Closer to Truth (US-amerikanische TV-Serie)

Ray Kurzweil, Erfinder und Futurist, Autor von Homo S@piens. Leben im 21. Jahrhundert – Was bleibt vom Menschen? (The Age of Spiritual Machines)

Geoffrey Landis, Physiker, NASA

Robert Lanza, Biotechnologieexperte, Leiter von Astellas Global Regenerative Medicine

Roger Launius, Koautor von Robots in Space

Stan Lee, Schöpfer von Marvel Comics und Spider-Man

Michael Lemonick, ehemaliger leitender Wiissenschaftsredakteur, Time Magazine

Arthur Lerner-Lam, Geologe und Vulkanologe, Earth Institute

Simon LeVay, Autor von When Science Goes Wrong

John Lewis, Astronom, University of Arizona

Alan Lightman, Physiker, MIT, Autor von: Und immer wieder die Zeit (Einstein's Dreams)

Dan Linehan, Autor von SpaceShipOne

Seth Lloyd, Maschinenbauingenieur und Physiker, MIT, Autor von Programming the Universe

Werner R. Loewenstein, ehemaliger Direktor des Cell Physics Laboratory, Columbia University

Joseph Lykken, Physiker, Fermi National Accelerator Laboratory

Pattie Maes, Professor für Medienkunst und -wissenschaften, MIT Media Laboratory

Robert Mann, Autor von Forensic Detective

Michael Paul Mason, Autor von Head Cases

W. Patrick McCray, Autor von Keep Watching the Skies!

Glenn McGee, Autor von The Perfect Baby

James McLurkin, Computerwissenschaftler, Rice University

Paul McMillan, Direktor, Space Watch

Fulvio Melia, Astrophysiker, University of Arizona

William Meller, Autor von Evolution

Paul Meltzer, Center for Cancer Research, National Institutes of Health

Marvin Minsky, Computerwissenschaftler, MIT, Autor von The Society of Mind

Hans Moravec, Robotics Institute of Carnegie Mellon University, Autor von Robot

Philip Morrison, Physiker, MIT

Richard Muller, Astrophysiker, University of California, Berkeley

David Nahamoo, IBM Fellow, IBM Human Language Technologies Group

Christina Neal, Vulkanologe, U. S. Geological Survey

Michael Neufeld, Autor von Die Rakete und das Reich: Wernher von Braun, Peenemünde und der Beginn des Raketenzeitalters (Von Braun: Dreamer of Space, Engineer of War)

Miguel Nicolelis, Neurowissenschaftler, Duke University

Shinji Nishimoto, Neurologe, University of California, Berkeley

Michael Novacek, Paläontologe, American Museum of Natural History

S. Jay Olshansky, Biogerontologie, University of Illinois in Chicago, Koautor von Ewig jung? – Altersforschung und das Versprechen vom langen Leben (The Quest for Immortality)

Michael Oppenheimer, Umweltforscher, Princeton University

Dean Ornish, Professor für Medizin, University of California in San Francisco

Peter Palese, Virologe, Icahn School of Medicine in Mount Sinai

Charles Pellerin, ehemaliger Direktor der Abteilung Astrophysik, NASA

Sidney Perkowitz, Autor von Hollywood Science

John Pike, Direktor, GlobalSecurity.org

Jena Pincott, Autorin von Warum stehen Männer auf Blondinen?: Wie der Funke überspringt – oder auch nicht (Do Gentlemen Really Prefer Blondes?)

Steven Pinker, Psychologe, Harvard University

Tomaso Poggio, Kognitionswissenschaftler, MIT

Corey Powell, Chefredakteur, Discover

John Powell, Gründer, JP Aerospace

Richard Preston, Autor von Hot Zone: Ebola, das tödliche Virus (The Hot Zone and The Demon in the Freezer)

Raman Prinja, Astronom, University College London

David Quammen, Evolutionsbiologe, Autor von Charles Darwin: Der große Naturforscher und seine Theorie der Evolution (The Reluctant Mr. Darwin)

Katherine Ramsland, Forensiker, DeSales University

Lisa Randall, Physikerin Harvard University, Autorin von Verborgene Universen: Eine Reise in den extradimensionalen Raum (Warped Passages)

Sir Martin Rees, Astronom, Cambridge University, Autor von Vor dem Anfang: Eine Geschichte des Universums (Before the Beginning)

Jeremy Rifkin, Gründer, Foundation on Economic Trends

David Riquier, Writing Instructor/Teaching Assistant, Harvard University

Jane Rissler, ehemalige leitende Wissenschaftlerin, Union of Concerned Scientists
Joseph Romm, Senior Fellow am Center for American Progress, Autor von Hell and High Water
Steven Rosenberg, Leiter der Tumor Immunology Section, National Institutes of Health
Oliver Sacks, Neurologe, Columbia University
Paul Saffo, Futurist, Stanford University und Institute for the Future
Carl Sagan, Astronom, Cornell University, Autor von Unser Kosmos. Eine Reise durch das Weltall (Cosmos)
Nick Sagan, Autor einiger Star Trek-Folgen, Koautor von You Call This the Future?
Michael H. Salamon, Discipline Scientist for Fundamental Physics and Beyond Einstein program der NASA
Adam Savage, Moderator von MythBusters
Peter Schwartz, Futurist, Gründer von Global Business Network
Sara Seager, Astronom, MIT
Charles Seife, Autor von Sun in a Bottle
Michael Shermer, Gründer, Skeptic Society und Skeptic Magazine
Donna Shirley, ehemalige Managerin, NASA Mars Exploration Program
Seth Shostak, Astronom, SETI Institute
Neil Shubin, Evolutionsbiologe, University of Chicago, Autor von Der Fisch in uns: Eine Reise durch die 3,5 Milliarden alte Geschichte unseres Körpers (Your Inner Fish)
Paul Shuch, Luft- und Raumfahrtingenieur, ehemaliger geschäftsführender Direktor, SETI League
Peter Singer, Autor von Wired for War
Simon Singh, Schriftsteller und Produzent, Autor von Der Ursprung des Kosmos und die Erfindung der modernen Naturwissenschaft (Big Bang)
Gary Small, Koautor von iBrain

Paul Spudis, Geologe und Mondwissenschaftler, Autor von The Value of the Moon
Steven Squyres, Astronom, Cornell University
Paul Steinhardt, Physiker, Princeton University, Koautor von Endless Universe
Jack Stern, Stammzellenchirurg, Professor für Neurochirurgie, Yale University
Gregory Stock, UCLA, Autor von Redesigning Humans
Richard Stone, Wissenschaftsjournalist, Discover Magazine
Brian Sullivan, Astronom, Hayden Planetarium
Michael Summers, Astronom, Koautor von Exoplanets
Leonard Susskind, Physiker, Stanford University
Daniel Tammet, Autor von Elf ist freundlich und fünf ist laut: Ein genialer Autist erklärt seine Welt (Born on a Blue Day)
Geoffrey Taylor, Physiker, University of Melbourne
Ted Taylor, Physiker, Designer von US-Atomsprengköpfen
Max Tegmark, Kosmologe, MIT
Alvin Toffler, Futurist, Autor von Die dritte Welle (The Third Wave)
Patrick Tucker, Futurist, World Future Society
Chris Turney, Klimatologe, University of Wollongong, Autor von Ice, Mud and Blood
Neil deGrasse Tyson, Astronom, Direktor, Hayden Planetarium
Sesh Velamoor, Futurist, Foundation for the Future
Frank von Hippel, Physiker, Princeton University
Robert Wallace, Koautor von Spycraft
Peter Ward, Koautor von Unsere einsame Erde (Rare Earth)
Kevin Warwick, Experte für menschliche Cyborgs, University of Reading
Fred Watson, Astronom, Autor von Stargazer
Mark Weiser, Wissenschaftler, Xerox PARC
Alan Weisman, Autor von Die Welt ohne uns: Reise über eine unbevölkerte Erde (The World Without Us)
Spencer Wells, Genetiker und Produzent, Autor von Die Wege der

Menschheit: Eine Reise auf den Spuren der genetischen Evolution (The Journey of Man)

Daniel Werthheimer, Astronom, SETI@home, University of California, Berkeley

Mike Wessler, Cog Project, MIT Artificial Intelligence Laboratory

Michael West, CEO, AgeX Therapeutics

Roger Wiens, Astronom, Los Alamos National Laboratory

Arthur Wiggins, Physiker, Autor von The Joy of Physics

Anthony Wynshaw-Boris, Genetiker, Case Western Reserve University

Carl Zimmer, Biologe, Koautor von Evolution

Robert Zimmerman, Autor von Leaving Earth

Robert Zubrin, Gründer der Mars Society